高等教育基础数学教材系列

工程数学

柴惠文　姚永芳　邓　燕　主编

華東理工大學出版社
EAST CHINA UNIVERSITY OF SCIENCE AND TECHNOLOGY PRESS
·上海·

图书在版编目(CIP)数据

工程数学/柴惠文,姚永芳,邓燕主编. —上海:华东理工大学出版社,2017.7(2024.7重印)
高等教育基础数学教材系列
ISBN 978-7-5628-5107-3

Ⅰ.①工… Ⅱ.①柴… ②姚… ③邓… Ⅲ.①工程数学—高等学校—教材 Ⅳ.①TB11

中国版本图书馆CIP数据核字(2017)第154161号

内容提要

本书采用一般本科院校的学生易于接受的方式,科学、系统地介绍了线性代数课程及概率论与数理统计部分课程的基本内容,具有结构清晰、概念准确、深入浅出、可读性强、便于学生自学等特点.

全书共分7章,包括行列式、矩阵、线性方程组与向量组的线性相关性、特征值和特征向量及矩阵的相似对角化、二次型、随机事件与概率、随机变量及其分布。附录中提供了标准正态分布表、习题的参考答案及提示.

本书可作为部分工科类专业(如生物工程、化学工程等)的教材或参考用书,同时也可作为一般本科院校的各专业相关课程的教材和教学参考书.

策划编辑 / 周 颖
责任编辑 / 吴蒙蒙
装帧设计 / 肖 车 靳天宇
出版发行 / 华东理工大学出版社有限公司
地址:上海市梅陇路130号,200237
电话:021-64250306
网址:www.ecustpress.cn
邮箱:zongbianban@ecustpress.cn
印 刷 / 广东虎彩云印刷有限公司
开 本 / 787mm×1092mm 1/16
印 张 / 12.5
字 数 / 380千字
版 次 / 2017年7月第1版
印 次 / 2024年7月第8次
定 价 / 38.00元

前　言

本书参照国家教育部高等院校数学教学指导委员会拟定的线性代数及概率论与数理统计课程教学基本要求，以及全国硕士研究生入学统一考试线性代数部分考试大纲编写而成.

本书包括：行列式，矩阵，线性方程组与向量组的线性相关性，特征值和特征向量、矩阵的相似对角化，二次型，随机事件与概率，随机变量及其分布等内容.教材涵盖了线性代数课程的教学基本要求及概率论与数理统计课程的部分教学基本要求，适合部分工科类专业（如生物工程、化学工程等）相关课程学习；同时也可作为一般本科院校各专业相关课程的教材和教学参考书.

本教材在保留传统的知识体系的前提下，以降低难度、理论够用为尺度，淡化数学抽象的理论和证明，注重具体做法和实用性、可操作性.全书编排以激发学生的学习兴趣、提高学生的学习热情、培养学生的学习方法为突破点，训练学生的抽象思维能力、逻辑思维能力、运算能力以及利用本课程知识去解决实际问题的能力.教材从概念的引入到具体的例子，从定理的证明到定理的应用，力求从实际背景进行介绍和论述，并给出详尽的计算方法和丰富的例题，力求体现内容的可读性，做到由浅入深、深入浅出，便于教学和学生自学.

本书由柴惠文、姚永芳、邓燕担任主编，其中第1,2章由邓燕编写；第3,6,7章由柴惠文编写；第4,5章由姚永芳编写.全书由柴惠文统稿，三位作者相互进行认真仔细的校对.

本教材在编写过程中得到许多专家、同行的指导和帮助，并提出了许多宝贵的建议，编者在编写过程中也采纳了这些建议.马柏林教授对本书的编写给予极大的关心和支持，在此一并表示衷心的感谢.

本教材的书稿虽经过认真的修改及校对，但仍会存在一些错误或不足之处，我们衷心地希望能得到各位专家、同行和读者的批评与指正，使本书在使用过程中不断完善.

编者

2017 年 3 月 8 日

目　录

1 行列式

行列式是为求解线性方程组的需要而建立起来的，是一个重要的数学工具，在物理、工程、经济等多个领域都有广泛的应用. 本章主要介绍 n 阶行列式的定义、行列式的基本性质和计算方法，以及行列式解线性方程组的方法.

1.1 2 阶与 3 阶行列式

本节的主要目的是叙述行列式的来源. 行列式是从二元和三元线性方程组的求解中引出来的.

1.1.1 2 阶行列式

设二元线性方程组

$$\begin{cases} a_{11}x_1+a_{12}x_2=b_1 \\ a_{21}x_1+a_{22}x_2=b_2 \end{cases} \tag{1.1}$$

用消元法解此方程组，得

$$\begin{cases} (a_{11}a_{22}-a_{12}a_{21})x_1=(b_1a_{22}-b_2a_{12}) \\ (a_{11}a_{22}-a_{12}a_{21})x_2=(a_{11}b_2-a_{21}b_1) \end{cases}$$

当 $a_{11}a_{22}-a_{12}a_{21}\neq 0$ 时，可求得式(1.1)方程组的唯一解为

$$\begin{cases} x_1=\dfrac{b_1a_{22}-b_2a_{12}}{a_{11}a_{22}-a_{12}a_{21}} \\ x_2=\dfrac{a_{11}b_2-a_{21}b_1}{a_{11}a_{22}-a_{12}a_{21}} \end{cases} \tag{1.2}$$

式(1.2)给出了二元线性方程组式(1.1)解的一般公式，但它难以记忆，因而有必要引入一个符号来更方便地表示，这就有了行列式.

定义 1.1 称记号

$$\begin{vmatrix} a_{11} & a_{12} \\ a_{21} & a_{22} \end{vmatrix}$$

为 **2 阶行列式**，用它表示代数和 $a_{11}a_{22}-a_{12}a_{21}$，即

$$\begin{vmatrix} a_{11} & a_{12} \\ a_{21} & a_{22} \end{vmatrix}=a_{11}a_{22}-a_{12}a_{21}, \tag{1.3}$$

式(1.3)称为 2 阶行列式的**展开式**，其中 a_{ij} 称为 2 阶行列式的**元素**，第一个下标 i 称为**行标**，第二个下标 j 称为**列标**，它们表示 a_{ij} 位于行列式中的第 i 行第 j 列(横排叫行，纵排叫列).

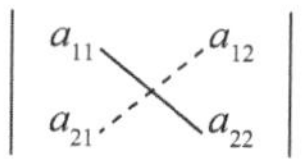

$$\begin{vmatrix} a_{11} & a_{12} \\ a_{21} & a_{22} \end{vmatrix}$$

图 1.1

式(1.3)可以用图 1.1 所示的画线方法帮助记忆. 将左上角与右下角的连线(实线)称为行列式的**主对角线**，将右上角与左下角的连线(虚线)称为**副对角线**(或**次对角线**). 那么式

(1.3)就可以被方便地表述为:2 阶行列式等于主对角线上元素的乘积与副对角线上元素的乘积之差,这个方法称为 2 阶行列式的**对角线法则**.

引入了 2 阶行列式后,式(1.2)中的分子和分母可以分别记为

$$D_1=b_1a_{22}-b_2a_{12}=\begin{vmatrix} b_1 & a_{12} \\ b_2 & a_{22} \end{vmatrix},$$

$$D_2=a_{11}b_2-a_{21}b_1=\begin{vmatrix} a_{11} & b_1 \\ a_{21} & b_2 \end{vmatrix},$$

$$D=a_{11}a_{22}-a_{12}a_{21}=\begin{vmatrix} a_{11} & a_{12} \\ a_{21} & a_{22} \end{vmatrix}.$$

那么当 $D\neq 0$ 时,方程组式(1.1)的解式(1.2)就可以很方便、简洁地表示为

$$x_1=\frac{D_1}{D},x_2=\frac{D_2}{D}. \tag{1.4}$$

特别,还可以注意到其中 $D_j(j=1,2)$分别是用线性方程组(1.1)的常数项 b_1,b_2 取代了 D 中第 j 列元素得到的 2 阶行列式.

[例 1.1] 利用行列式求解 2 元线性方程组

$$\begin{cases} 2x_1+4x_2=1 \\ x_1+3x_2=2 \end{cases}.$$

解 由于

$$D=\begin{vmatrix} 2 & 4 \\ 1 & 3 \end{vmatrix}=2\times 3-1\times 4=2\neq 0,$$

$$D_1=\begin{vmatrix} 1 & 4 \\ 2 & 3 \end{vmatrix}=-5,$$

$$D_2=\begin{vmatrix} 2 & 1 \\ 1 & 2 \end{vmatrix}=3,$$

因此方程组的解为

$$x_1=\frac{D_1}{D}=-\frac{5}{2},\quad x_2=\frac{D_2}{D}=\frac{3}{2}.$$

1.1.2 3 阶行列式

设三元线性方程组的一般形式为

$$\begin{cases} a_{11}x_1+a_{12}x_2+a_{13}x_3=b_1 \\ a_{21}x_1+a_{22}x_2+a_{23}x_3=b_2 \\ a_{31}x_1+a_{32}x_2+a_{33}x_3=b_3 \end{cases} \tag{1.5}$$

当 $a_{11}a_{22}a_{33}+a_{12}a_{23}a_{31}+a_{13}a_{21}a_{32}-a_{11}a_{23}a_{32}-a_{12}a_{21}a_{33}-a_{13}a_{22}a_{31}\neq 0$ 时,仍然利用消元法,可以得到方程组式(1.5)解的一般公式为

$$\begin{cases} x_1=\dfrac{b_1a_{22}a_{33}+a_{12}a_{23}b_3+a_{13}b_2a_{32}-b_1a_{23}a_{32}-a_{12}b_2a_{33}-a_{13}a_{22}b_3}{a_{11}a_{22}a_{33}+a_{12}a_{23}a_{31}+a_{13}a_{21}a_{32}-a_{11}a_{23}a_{32}-a_{12}a_{21}a_{33}-a_{13}a_{22}a_{31}} \\ x_2=\dfrac{a_{11}b_2a_{33}+b_1a_{23}a_{31}+a_{13}a_{21}b_3-a_{11}a_{23}b_3-b_1a_{21}a_{33}-a_{13}b_2a_{31}}{a_{11}a_{22}a_{33}+a_{12}a_{23}a_{31}+a_{13}a_{21}a_{32}-a_{11}a_{23}a_{32}-a_{12}a_{21}a_{33}-a_{13}a_{22}a_{31}} \\ x_3=\dfrac{a_{11}a_{22}b_3+a_{12}b_2a_{31}+b_1a_{21}a_{32}-a_{11}b_2a_{32}-a_{12}a_{21}b_3-b_1a_{22}a_{31}}{a_{11}a_{22}a_{33}+a_{12}a_{23}a_{31}+a_{13}a_{21}a_{32}-a_{11}a_{23}a_{32}-a_{12}a_{21}a_{33}-a_{13}a_{22}a_{31}} \end{cases} \tag{1.6}$$

上述表达式记起来非常困难,为此引入 3 阶行列式.

定义 1.2 称记号

$$\begin{vmatrix} a_{11} & a_{12} & a_{13} \\ a_{21} & a_{22} & a_{23} \\ a_{31} & a_{32} & a_{33} \end{vmatrix}$$

为**3 阶行列式**,用它表示代数和

$$a_{11}a_{22}a_{33}+a_{12}a_{23}a_{31}+a_{13}a_{21}a_{32}-a_{11}a_{23}a_{32}-a_{12}a_{21}a_{33}-a_{13}a_{22}a_{31},$$

即

$$\begin{vmatrix} a_{11} & a_{12} & a_{13} \\ a_{21} & a_{22} & a_{23} \\ a_{31} & a_{32} & a_{33} \end{vmatrix}=a_{11}a_{22}a_{33}+a_{12}a_{23}a_{31}+a_{13}a_{21}a_{32}-a_{11}a_{23}a_{32}-a_{12}a_{21}a_{33}-a_{13}a_{22}a_{31} \tag{1.7}$$

式(1.7)称为 3 阶行列式的**展开式**.

在展开式(1.7)中,可以看到 3 阶行列式的值是 3! 项乘积的代数和,其中 3 项是正号,3 项是负号,且每项都是不同行、不同列的 3 个元素的乘积.

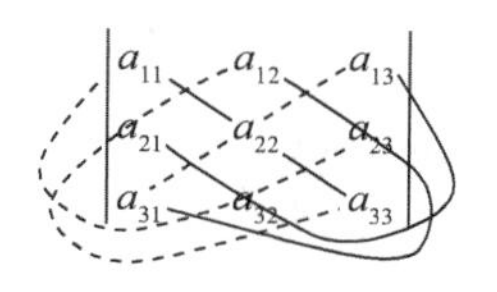

图 1.2

式(1.7)可以用图 1.2 所示的画线方法帮助记忆,即 3 阶行列式的值等于其中三条实线联结的 3 个元素乘积之和与三条虚线连接的 3 个元素乘积之和的差,这个法则也称为 3 阶行列式的**对角线法则**.

类似二元线性方程组,记

$$D=\begin{vmatrix} a_{11} & a_{12} & a_{13} \\ a_{21} & a_{22} & a_{23} \\ a_{31} & a_{32} & a_{33} \end{vmatrix},\quad D_1=\begin{vmatrix} b_1 & a_{12} & a_{13} \\ b_2 & a_{22} & a_{23} \\ b_3 & a_{32} & a_{33} \end{vmatrix},\quad D_2=\begin{vmatrix} a_{11} & b_1 & a_{13} \\ a_{21} & b_2 & a_{23} \\ a_{31} & b_3 & a_{33} \end{vmatrix},\quad D_3=\begin{vmatrix} a_{11} & a_{12} & b_1 \\ a_{21} & a_{22} & b_2 \\ a_{31} & a_{32} & b_3 \end{vmatrix}.$$

当 $D\neq0$ 时,方程组(1.5)解的公式(1.6)就可以方便地表示为

$$x_1=\frac{D_1}{D},\quad x_2=\frac{D_2}{D},\quad x_3=\frac{D_3}{D}, \tag{1.8}$$

其中 $D_j(j=1,2,3)$是用线性方程组(1.5)的常数项 b_1,b_2,b_3 替代 D 中第 j 列相应的元素所得到的 3 阶行列式.

[例 1.2] 计算 3 阶行列式 $D=\begin{vmatrix} 1 & -2 & 3 \\ 2 & 2 & 1 \\ 3 & 0 & 2 \end{vmatrix}$.

解 由 3 阶行列式的对角线法则,得

$D=1\times2\times2+(-2)\times1\times3+3\times2\times0-3\times2\times3-(-2)\times2\times2-1\times0\times1=-12.$

[例 1.3] 利用行列式求解三元线性方程组

$$\begin{cases}2x_1+3x_2+4x_3=16\\x_1+4x_2+2x_3=13\\3x_1+x_2+x_3=7\end{cases}.$$

解 由3阶行列式的对角线法则，得 $D=\begin{vmatrix}2&3&4\\1&4&2\\3&1&1\end{vmatrix}=-25\neq0$，

$$D_1=\begin{vmatrix}16&3&4\\13&4&2\\7&1&1\end{vmatrix}=-25,\quad D_2=\begin{vmatrix}2&16&4\\1&13&2\\3&7&1\end{vmatrix}=-50,\quad D_3=\begin{vmatrix}2&3&16\\1&4&13\\3&1&7\end{vmatrix}=-50.$$

由式(1.8)得方程组的解为

$$x_1=\frac{D_1}{D}=\frac{-25}{-25}=1,x_2=\frac{D_2}{D}=\frac{-50}{-25}=2,x_3=\frac{D_3}{D}=\frac{-50}{-25}=2.$$

从以上叙述可以看出，引入2、3阶行列式的概念后，为表示和记忆二、三元线性方程组的解的公式带来了极大的便利. 但是在实际问题中遇到的线性方程组，未知量往往不止三个，为把上述结果推广到 n 个方程、n 个未知量的线性方程组

$$\begin{cases}a_{11}x_1+a_{12}x_2+\cdots+a_{1n}x_n=b_1\\a_{21}x_1+a_{22}x_2+\cdots+a_{2n}x_n=b_2\\\cdots\cdots\\a_{n1}x_1+a_{n2}x_2+\cdots+a_{nn}x_n=b_n\end{cases}$$

需要引入 n 阶行列式的定义.

习题 1.1

1. 计算下列行列式的值.

(1) $\begin{vmatrix}5&-4\\4&-3\end{vmatrix}$ (2) $\begin{vmatrix}\sin x&-\cos x\\\cos x&\sin x\end{vmatrix}$ (3) $\begin{vmatrix}1&2&3\\2&3&1\\3&1&2\end{vmatrix}$

(4) $\begin{vmatrix}1&0&-5\\-2&3&2\\1&-2&0\end{vmatrix}$ (5) $\begin{vmatrix}2&-1&0\\3&2&1\\1&3&4\end{vmatrix}$ (6) $\begin{vmatrix}a&b&0\\-b&a&0\\1000&1&8\end{vmatrix}$

2. 解下列方程.

(1) $\begin{vmatrix}k&3&4\\-1&k&0\\0&k&1\end{vmatrix}=0$ (2) $\begin{vmatrix}1&1&1\\2&3&x\\4&9&x^2\end{vmatrix}=0$

1.2 n 阶行列式

在引入 n 阶行列式定义的过程中，很自然地希望将2阶和3阶行列式的对角线法则推广. 但是检验发现只有2阶和3阶行列式才具有对角线法则，4阶及以上的行列式并不存在对角线法则. 为了解决这一问题，必须用新的规则来定义 n 阶行列式，这就需要先介绍排列及逆序数等准备知识.

1.2.1 排列及逆序数

在排列组合中，常讨论 n 个不同元素排序的种数，我们这里只研究由 $1,2,\cdots,n$ 这 n 个不同自然数排序的相关知识.

定义 1.3 由数 $1,2,\cdots,n$ 组成的一个有序数组，称为一个 n **级排列**(简称**排列**).

例如，1234 及 2341 都是 4 级排列. n 级排列的一般形式可记为 $p_1p_2\cdots p_n$，其中 $p_i(i=1,2,\cdots,n)$ 为 $1,2,\cdots,n$ 中的某个自然数，且 $p_1,p_2,\cdots,p_n$ 互不相同. 由排列组合的知识可知，n 级排列的总数为 $n!$. 在所有的 n 级排列中，排列 $12\cdots n$ 是唯一从左向右看元素按从小到大顺序形成的排列，称其为**标准排列**；其余的 n 级排列都会有较大的元素在左，而较小的元素在右的现象.

定义 1.4 在一个 n 级排列 $p_1p_2\cdots p_n$ 中，如果较大的元素 p_s 排在较小的元素 p_t 的左侧，则称 p_s 和 p_t 构成一个**逆序**. 一个 n 级排列中逆序的总数，称为这个排列的**逆序数**，记为 $\tau(p_1p_2\cdots p_n)$ 或 $N(p_1p_2\cdots p_n)$.

例如，在排列 23154 中，共有 2 和 1，3 和 1，5 和 4 三个逆序，因此排列 23154 的逆序数为 3，即 $\tau(23154)=3$.

对于一个 n 级排列 $p_1p_2\cdots p_n$，可以用以下两种方法计算它的逆序数：

方法一：将 $p_t(t=1,2,\cdots,n)$ 左侧比 p_t 大的元素的个数称为 p_t **的逆序数**，并记作 τ_t，则该排列的逆序数为

$$\tau(p_1p_2\cdots p_t\cdots p_n)=\tau_1+\tau_2+\cdots+\tau_t+\cdots+\tau_n. \tag{1.9}$$

方法二：观察排在 1 左侧元素的个数，设为 m_1(1 的逆序数)，然后把 1 划去，再观察 2 左侧元素的个数(划去的元素不再计算在内)，设为 m_2(2 的逆序数)，再把 2 划去，如此继续下去，最后设在 n 左侧有 m_n 个元素(实为 0)，则该排列的逆序数为

$$\tau(p_1p_2\cdots p_t\cdots p_n)=m_1+m_2+\cdots+m_t+\cdots+m_n. \tag{1.10}$$

[例 1.4] 求下列各排列的逆序数.

(1) 53412　　(2) 35412　　(3) $123\cdots(n-1)n$

(4) $n(n-1)\cdots21$　　(5) $13\cdots(2n-1)24\cdots(2n)$

解 (1) 由式(1.9)，$\tau(53412)=0+1+1+3+3=8$.

(2) 由式(1.10)，$\tau(35412)=3+3+0+1+0=7$.

(3) 由式(1.10)，$\tau(123\cdots(n-1)n)=0+0+\cdots+0=0$.

(4) 由式(1.10)，$\tau(n(n-1)\cdots21)=(n-1)+(n-2)+\cdots+1+0=\dfrac{n(n-1)}{2}$.

(5) 由式(1.9)，

$$\tau(13\cdots(2n-1)24\cdots(2n))=0+0+\cdots+0+(n-1)+(n-2)+\cdots+1+0=\frac{n(n-1)}{2}.$$

定义 1.5 逆序数为奇数的排列称为**奇排列**，逆序数为偶数的排列称为**偶排列**.

定义 1.6 在一个 n 级排列 $p_1\cdots p_s\cdots p_t\cdots p_n$ 中，如果仅将它的两个元素 p_s 与 p_t 对调，其余元素保持不变，得到另一个排列 $p_1\cdots p_t\cdots p_s\cdots p_n$，这种做出新排列的过程叫做**对换**，记为对换 (p_s,p_t). 特别地，将相邻两个元素对调，叫做**相邻对换**.

在例 1.4 中，可以看到标准排列是一个偶排列，并且注意到偶排列 53412 经过对换(3,

5)后，得到的排列 35412 是一个奇排列. 事实上，我们有以下结论.

定理 1.1 任一排列经过一次对换后必改变其奇偶性.

证* (1) 首先讨论相邻对换的特殊情况，设原排列为

$$\cdots ij\cdots,$$

则经过对换(i,j)后，变为新排列

$$\cdots ji\cdots.$$

由于仅改变了 i 和 j 的次序，其余元素的位置并没有改变，因此新排列的逆序数比原排列的逆序数增加 1(当 $i<j$ 时)，或减少 1(当 $i>j$ 时). 无论哪种情况，经过一次相邻对换之后排列的奇偶性发生改变.

(2) 下面讨论一般情况，设原排列为

$$\cdots ip_1p_2\cdots p_sj\cdots, \tag{1.11}$$

则先经过 s 次相邻对换，将排列(1.11)变为

$$\cdots p_1p_2\cdots p_sij\cdots, \tag{1.12}$$

然后，再经过 $s+1$ 次相邻对换，将排列(1.12)变为

$$\cdots jp_1p_2\cdots p_si\cdots. \tag{1.13}$$

由上面的对换过程可以知道，对排列式(1.11)施以对换(i,j)得到排列式(1.13)的过程，可以分解为施以 $2s+1$ 次相邻对换实现. 而每施行一次相邻对换都改变排列的奇偶性，故排列式(1.11)与排列式(1.13)的奇偶性不同. 可见，任一排列经过一次对换后必改变其奇偶性.

下面研究在一个 n 级排列中，偶排列和奇排列各占多少.

定理 1.2 当 $n>1$ 时，n 级排列中，奇排列和偶排列各占一半，均有$\frac{n!}{2}$个.

证 n 级排列的总数共有 $n!$ 个，设其中偶排列有 p 个，奇排列有 q 个，则 $p+q=n!$. 如果对这 p 个偶排列施以同一个对换[例如对换(1,2)]，则由定理 1.1 知 p 个偶排列全部变为不同的奇排列，且都包含在那 q 个奇排列中，因此 $p\leqslant q$. 同理，可得 $q\leqslant p$. 所以

$$p=q=\frac{n!}{2}.$$

1.2.2 n 阶行列式的定义

在引入逆序数的定义后，下面进一步观察 2 阶和 3 阶行列式的展开规律，以寻求定义 n 阶行列式的新规律.

2 阶行列式的展开式(1.3)为

$$\begin{vmatrix} a_{11} & a_{12} \\ a_{21} & a_{22} \end{vmatrix}=a_{11}a_{22}-a_{12}a_{21}.$$

3 阶行列式的展开式(1.7)为

$$\begin{vmatrix} a_{11} & a_{12} & a_{13} \\ a_{21} & a_{22} & a_{23} \\ a_{31} & a_{32} & a_{33} \end{vmatrix}=a_{11}a_{22}a_{33}+a_{12}a_{23}a_{31}+a_{13}a_{21}a_{32}-a_{11}a_{23}a_{32}-a_{12}a_{21}a_{33}-a_{13}a_{22}a_{31}.$$

通过研究，可以发现以下规律：

(1) 2 阶行列式的展开式是 2! 项的代数和. 3 阶行列式的展开式是 3! 项的代数和.

(2) 2 阶行列式的展开式每项都是取自不同行不同列的 2 个元素的乘积. 3 阶行列式的展开式的每项都是取自不同行不同列的 3 个元素的乘积.

(3) 因为代数和中每个乘积项中的元素次序是可以改变的,所以每项的符号是由该项中元素的行标的排列和列标的排列共同决定的.

事实上,如果记 2 阶行列式的一般项为 $a_{i_1j_1}a_{i_2j_2}$,那么它的符号为$(-1)^{\tau(i_1i_2)+\tau(j_1j_2)}$. 例如:式(1.3)中的第二项,当写成 $a_{12}a_{21}$时,它的符号为$(-1)^{\tau(12)+\tau(21)}$,是负号. 若写成 $a_{21}a_{12}$,它的符号为$(-1)^{\tau(21)+\tau(12)}$,也还是负号.

如果记 3 阶行列式的一般项为 $a_{i_1j_1}a_{i_2j_2}a_{i_3j_3}$,那么它的符号为$(-1)^{\tau(i_1i_2i_3)+\tau(j_1j_2j_3)}$. 例如,式(1.7)中的第六项,当写成 $a_{13}a_{22}a_{31}$时,它的符号为$(-1)^{\tau(123)+\tau(321)}$,是负号. 写成 $a_{22}a_{31}a_{13}$,它的符号为$(-1)^{\tau(231)+\tau(213)}$,也是负号;或写成 $a_{31}a_{22}a_{13}$,它的符号为$(-1)^{\tau(321)+\tau(123)}$,还是负号. 不难验证,该项其他的换序方式也有同样的结果.

因此,可以注意到每项的符号是由该项中元素的行标排列的逆序数与列标排列的逆序数之和的奇偶性决定的.

根据以上规律,展开式(1.3)和式(1.7)可以分别表示为

$$\begin{vmatrix} a_{11} & a_{12} \\ a_{21} & a_{22} \end{vmatrix} = \sum_{i_1i_2} (-1)^{\tau(i_1i_2)+\tau(j_1j_2)} a_{i_1j_1}a_{i_2j_2},$$

其中 i_1i_2,j_1j_2 是两个 2 级排列,$\sum\limits_{i_1i_2}$ 表示对所有的 2 级排列求和;

$$\begin{vmatrix} a_{11} & a_{12} & a_{13} \\ a_{21} & a_{22} & a_{23} \\ a_{31} & a_{32} & a_{33} \end{vmatrix} = \sum_{i_1i_2i_3} (-1)^{\tau(i_1i_2i_3)+\tau(j_1j_2j_3)} a_{i_1j_1}a_{i_2j_2}a_{i_3j_3},$$

其中 $i_1i_2i_3$,$j_1j_2j_3$ 是两个 3 级排列,$\sum\limits_{i_1i_2i_3}$ 表示对所有的 3 级排列求和.

综合 2 阶和 3 阶行列式的最本质的特征,定义 n 阶行列式如下:

定义 1.7　称记号

$$\begin{vmatrix} a_{11} & a_{12} & \cdots & a_{1n} \\ a_{21} & a_{22} & \cdots & a_{2n} \\ \vdots & \vdots & \ddots & \vdots \\ a_{n1} & a_{n2} & \cdots & a_{nn} \end{vmatrix} \tag{1.14}$$

为 ***n* 阶行列式**,它等于所有取自式(1.14)中属于不同行不同列的 n 个元素的乘积

$$a_{i_1j_1}a_{i_2j_2}\cdots a_{i_nj_n} \tag{1.15}$$

的代数和,其中 $i_1i_2\cdots i_n$,$j_1j_2\cdots j_n$ 是两个 n 级排列. 当 $\tau(i_1i_2\cdots i_n)+\tau(j_1j_2\cdots j_n)$为偶数时,乘积项式(1.15)前取正号;当 $\tau(i_1i_2\cdots i_n)+\tau(j_1j_2\cdots j_n)$为奇数时,乘积项式(1.15)前取负号.

因此,n 阶行列式可以表示为

$$\begin{vmatrix} a_{11} & a_{12} & \cdots & a_{1n} \\ a_{21} & a_{22} & \cdots & a_{2n} \\ \vdots & \vdots & \ddots & \vdots \\ a_{n1} & a_{n2} & \cdots & a_{nn} \end{vmatrix} = \sum_{i_1i_2\cdots i_n} (-1)^{\tau(i_1i_2\cdots i_n)+\tau(j_1j_2\cdots j_n)} a_{i_1j_1}a_{i_2j_2}\cdots a_{i_nj_n}, \tag{1.16}$$

其中 $\sum\limits_{i_1 i_2 \cdots i_n}$ 表示对所有的 n 级排列求和，故此代数和共有 $n!$ 项.

为了方便，常用记号 D 或 D_n 来表示 n 阶行列式，也可简记为 $|a_{ij}|_n$ 或 $\det(a_{ij})$，其中 a_{ij} 是 n 阶行列式的第 i 行第 j 列的元素. 当 $n=1$ 时，规定 1 阶行列式 $|a_{11}|=a_{11}$.

特别地，

(1) 若将式(1.16)中行标排列调整为标准排列 $12\cdots n$，则有

$$\begin{vmatrix} a_{11} & a_{12} & \cdots & a_{1n} \\ a_{21} & a_{22} & \cdots & a_{2n} \\ \vdots & \vdots & \ddots & \vdots \\ a_{n1} & a_{n2} & \cdots & a_{nn} \end{vmatrix} = \sum_{s_1 s_2 \cdots s_n} (-1)^{\tau(s_1 s_2 \cdots s_n)} a_{1s_1} a_{2s_2} \cdots a_{ns_n}. \tag{1.17}$$

(2) 若将式(1.16)中列标排列调整为标准排列 $12\cdots n$，则有

$$\begin{vmatrix} a_{11} & a_{12} & \cdots & a_{1n} \\ a_{21} & a_{22} & \cdots & a_{2n} \\ \vdots & \vdots & \ddots & \vdots \\ a_{n1} & a_{n2} & \cdots & a_{nn} \end{vmatrix} = \sum_{t_1 t_2 \cdots t_n} (-1)^{\tau(t_1 t_2 \cdots t_n)} a_{t_1 1} a_{t_2 2} \cdots a_{t_n n}. \tag{1.18}$$

[例 1.5] 确定 4 阶行列式的项 $a_{32}a_{21}a_{14}a_{43}$ 的符号.

解 方法一：因为 $\tau(3214)=3$，$\tau(2143)=2$，利用式(1.16)中确定符号的方法可知，$a_{32}a_{21}a_{14}a_{43}$ 所带的符号为负号.

方法二：先交换项 $a_{32}a_{21}a_{14}a_{43}$ 中元素的次序，使其行标按自然数的顺序排列，成为 $a_{14}a_{21}a_{32}a_{43}$. 因为 $\tau(4123)=3$，由式(1.17)可知，$a_{32}a_{21}a_{14}a_{43}$ 所带的符号为负号.

[例 1.6] 证明 n 阶**下三角行列式**(当 $i<j$ 时，$a_{ij}=0$，即主对角线以上元素全为 0)

$$\begin{vmatrix} a_{11} & 0 & \cdots & 0 \\ a_{21} & a_{22} & \cdots & 0 \\ \vdots & \vdots & \ddots & \vdots \\ a_{n1} & a_{n2} & \cdots & a_{nn} \end{vmatrix} = a_{11}a_{22}\cdots a_{nn}.$$

证 由行列式定义知，行列式的值为

$$\sum_{s_1 s_2 \cdots s_n} (-1)^{\tau(s_1 s_2 \cdots s_n)} a_{1s_1} a_{2s_2} \cdots a_{ns_n}.$$

根据此行列式的特点，我们只需考虑和式中来自不同行不同列的 n 个元素的乘积可能不为零的项. 第一行中，只有取 a_{11}，才可能得到非零的项；第二行中，由于每个乘积项里的元素必须取自不同行不同列，故只有取 a_{22}，才可能得到非零的项……如此继续，第 n 行中只能取 a_{nn}，才可能得到非零的项. 因此在 $n!$ 项的代数和中只有一项 $a_{11}a_{22}\cdots a_{nn}$ 可能非零，其余 $n!-1$ 项均为零. 又由 $\tau(12\cdots n)=0$，可知这一项取正号. 综上可得，

$$\begin{vmatrix} a_{11} & 0 & \cdots & 0 \\ a_{21} & a_{22} & \cdots & 0 \\ \vdots & \vdots & \ddots & \vdots \\ a_{n1} & a_{n2} & \cdots & a_{nn} \end{vmatrix} = a_{11}a_{22}\cdots a_{nn}.$$

同理，利用式(1.18)可得 n 阶**上三角行列式**(当 $i>j$ 时，$a_{ij}=0$，即主对角线以下元素全为 0).

$$\begin{vmatrix} a_{11} & a_{12} & \cdots & a_{1n} \\ 0 & a_{22} & \cdots & a_{2n} \\ \vdots & \vdots & \ddots & \vdots \\ 0 & 0 & \cdots & a_{nn} \end{vmatrix} = a_{11}a_{22}\cdots a_{nn}.$$

上、下三角行列式统称为**三角行列式**. 特别地,n 阶**主对角行列式**

$$\begin{vmatrix} a_{11} & 0 & \cdots & 0 \\ 0 & a_{22} & \cdots & 0 \\ \vdots & \vdots & \ddots & \vdots \\ 0 & 0 & \cdots & a_{nn} \end{vmatrix} = a_{11}a_{22}\cdots a_{nn}.$$

[**例 1.7**] 证明 n 阶行列式

$$\begin{vmatrix} 0 & \cdots & 0 & a_{1n} \\ 0 & \cdots & a_{2,n-1} & a_{2n} \\ \vdots & \ddots & \vdots & \vdots \\ a_{n1} & \cdots & a_{n,n-1} & a_{nn} \end{vmatrix} = (-1)^{\frac{n(n-1)}{2}} a_{1n}a_{2,n-1}\cdots a_{n1}.$$

证 由行列式定义知,行列式的值为

$$\sum_{s_1s_2\cdots s_n} (-1)^{\tau(s_1s_2\cdots s_n)} a_{1s_1}a_{2s_2}\cdots a_{ns_n}.$$

我们只需考虑行列式中可能不为零的项. 第一行中,只有取 a_{1n},才可能得到非零的项;第二行中,由于每个乘积项里的元素必须取自不同行不同列,故只有取 $a_{2,n-1}$,才可能得到非零的项……如此继续,第 n 行中只能取 a_{n1},才可能得到非零的项. 因此在 $n!$ 项的代数和中只有一项 $a_{1n}a_{2,n-1}\cdots a_{n1}$ 可能非零,其余 $n!-1$ 项均为零. 因为 $\tau(n(n-1)\cdots 21)=\frac{n(n-1)}{2}$,故

$$\begin{vmatrix} 0 & \cdots & 0 & a_{1n} \\ 0 & \cdots & a_{2,n-1} & a_{2n} \\ \vdots & \ddots & \vdots & \vdots \\ a_{n1} & \cdots & a_{n,n-1} & a_{nn} \end{vmatrix} = (-1)^{\frac{n(n-1)}{2}} a_{1n}a_{2,n-1}\cdots a_{n1}.$$

同理,可得 n 阶行列式

$$\begin{vmatrix} a_{11} & \cdots & a_{1,n-1} & a_{1n} \\ a_{21} & \cdots & a_{2,n-1} & 0 \\ \vdots & \ddots & \vdots & \vdots \\ a_{n1} & \cdots & 0 & 0 \end{vmatrix} = (-1)^{\frac{n(n-1)}{2}} a_{1n}a_{2,n-1}\cdots a_{n1}.$$

特别地,n 阶**副对角行列式**

$$\begin{vmatrix} 0 & \cdots & 0 & a_{1n} \\ 0 & \cdots & a_{2,n-1} & 0 \\ \vdots & \ddots & \vdots & \vdots \\ a_{n1} & \cdots & 0 & 0 \end{vmatrix} = (-1)^{\frac{n(n-1)}{2}} a_{1n}a_{2,n-1}\cdots a_{n1}.$$

上述这些特殊行列式的结果,在行列式的计算中都可以直接使用,这将使行列式的计算更为简便.

习题 1.2

1. 求下列各排列的逆序数.

(1) 24513　　(2) 146532

(3) $(2k)1(2k-1)2\cdots(k+1)k$　　(4) $24\cdots(2n)(2n-1)\cdots31$

2. 确定下列 5 阶行列式的项所带的符号.

(1) $a_{15}a_{42}a_{33}a_{21}a_{54}$　　(2) $a_{54}a_{42}a_{33}a_{15}a_{21}$

3. 选择 i 与 j，使

(1) $9274i56j1$ 为奇排列　　(2) $2i15j4897$ 为偶排列

4. 按定义计算下列行列式的值.

(1) $\begin{vmatrix} 0 & 1 & 0 & 0 \\ 0 & 0 & 2 & 0 \\ 0 & 0 & 0 & 3 \\ 4 & 0 & 0 & 0 \end{vmatrix}$　　(2) $\begin{vmatrix} 0 & b & f & 0 \\ 0 & 0 & 0 & d \\ a & 0 & 0 & 0 \\ 0 & 0 & c & e \end{vmatrix}$　　(3) $\begin{vmatrix} a & 0 & 0 & b \\ 0 & c & d & 0 \\ 0 & e & f & 0 \\ g & 0 & 0 & h \end{vmatrix}$

5. 根据行列式的定义，计算多项式

$$f(x)=\begin{vmatrix} x & 1 & 1 & 2 \\ 1 & x & 1 & -1 \\ 3 & 2 & x & 1 \\ 1 & 1 & 2x & 1 \end{vmatrix}$$

中 x^3 的系数.

1.3　行列式的性质

直接用行列式的定义计算行列式，在一般情况下比较烦琐. 本节先研究行列式的一些性质，这些性质有助于我们了解行列式的特点，从而更方便地计算行列式.

定义 1.8　设 n 阶行列式 $D=\begin{vmatrix} a_{11} & a_{12} & \cdots & a_{1n} \\ a_{21} & a_{22} & \cdots & a_{2n} \\ \vdots & \vdots & \ddots & \vdots \\ a_{n1} & a_{n2} & \cdots & a_{nn} \end{vmatrix}$，则将 D 的行依次变为相应的列，所得到的 n 阶行列式 $\begin{vmatrix} a_{11} & a_{21} & \cdots & a_{n1} \\ a_{12} & a_{22} & \cdots & a_{n2} \\ \vdots & \vdots & \ddots & \vdots \\ a_{1n} & a_{2n} & \cdots & a_{nn} \end{vmatrix}$ 称为 D **的转置行列式**，记作 D^T，即

$$D^T=\begin{vmatrix} a_{11} & a_{21} & \cdots & a_{n1} \\ a_{12} & a_{22} & \cdots & a_{n2} \\ \vdots & \vdots & \ddots & \vdots \\ a_{1n} & a_{2n} & \cdots & a_{nn} \end{vmatrix}.$$

性质 1　行列式与它的转置行列式的值相等，即 $D=D^T$.

证　设 $D=|a_{ij}|_n$，且记

$$D^T=\begin{vmatrix} b_{11} & b_{12} & \cdots & b_{1n} \\ b_{21} & b_{22} & \cdots & b_{2n} \\ \vdots & \vdots & \ddots & \vdots \\ b_{n1} & b_{n2} & \cdots & b_{nn} \end{vmatrix},$$

则有

$$b_{ij}=a_{ji}\,(i,j=1,2,\cdots,n). \tag{1.19}$$

将 D^T 按式(1.17)展开,并将式(1.19)代入,与式(1.18)比较,得

$$\begin{aligned} D^T &= \sum_{j_1j_2\cdots j_n}(-1)^{\tau(j_1j_2\cdots j_n)}b_{1j_1}b_{2j_2}\cdots b_{nj_n} \\ &= \sum_{j_1j_2\cdots j_n}(-1)^{\tau(j_1j_2\cdots j_n)}a_{j_11}a_{j_22}\cdots a_{j_nn} \\ &= D \end{aligned}$$

性质 1 说明,行列式中行与列具有同等的地位,也就是说行列式的性质凡是对行成立的对列也成立,反之亦然.因此,在证明行列式性质时,只需证明对行成立即可.

性质 2 交换行列式的任意两行(列),行列式的值变号.

证 设

$$D_1=\begin{vmatrix} a_{11} & a_{12} & \cdots & a_{1n} \\ \vdots & \vdots & & \vdots \\ a_{s1} & a_{s2} & \cdots & a_{sn} \\ \vdots & \vdots & & \vdots \\ a_{t1} & a_{t2} & \cdots & a_{tn} \\ \vdots & \vdots & & \vdots \\ a_{n1} & a_{n2} & \cdots & a_{nn} \end{vmatrix}\begin{matrix} \\ \\ \leftarrow \text{第 } s \text{ 行} \\ \\ \leftarrow \text{第 } t \text{ 行} \\ \\ \\ \end{matrix}\quad (s\neq t),$$

交换 D_1 的第 s 行和第 t 行,得到行列式

$$D_2=\begin{vmatrix} a_{11} & a_{12} & \cdots & a_{1n} \\ \vdots & \vdots & & \vdots \\ a_{t1} & a_{t2} & \cdots & a_{tn} \\ \vdots & \vdots & & \vdots \\ a_{s1} & a_{s2} & \cdots & a_{sn} \\ \vdots & \vdots & & \vdots \\ a_{n1} & a_{n2} & \cdots & a_{nn} \end{vmatrix}\begin{matrix} \\ \\ \leftarrow \text{第 } s \text{ 行} \\ \\ \leftarrow \text{第 } t \text{ 行} \\ \\ \\ \end{matrix},$$

将 D_1 和 D_2 分别按式(1.17)展开,得到

$$D_1 = \sum_{j_1j_2\cdots j_n}(-1)^{\tau(\cdots j_s\cdots j_t\cdots)}a_{1j_1}\cdots a_{sj_s}\cdots a_{tj_t}\cdots a_{nj_n}; \tag{1.20}$$

$$D_2 = \sum_{j_1j_2\cdots j_n}(-1)^{\tau(\cdots j_t\cdots j_s\cdots)}a_{1j_1}\cdots a_{tj_t}\cdots a_{sj_s}\cdots a_{nj_n}, \tag{1.21}$$

对比展开式(1.20)和(1.21),由于排列经过一次对换奇偶性改变,故可得 $D_1=-D_2$.

推论 如果行列式中有两行(列)对应元素相同,则该行列式的值为零.

证 显然,将行列式 D 中具有相同对应元素的两行互换,其结果仍为 D.但是根据性质 2,D 中具有相同对应元素的两行互换,结果为 $-D$.则有 $D=-D$,故 $D=0$.

性质 3　行列式某一行(列)的所有元素都乘以数 k，等于用数 k 乘以此行列式，即

$$\begin{vmatrix} a_{11} & a_{12} & \cdots & a_{1n} \\ \vdots & \vdots & \ddots & \vdots \\ ka_{i1} & ka_{i2} & \cdots & ka_{in} \\ \vdots & \vdots & \ddots & \vdots \\ a_{n1} & a_{n2} & \cdots & a_{nn} \end{vmatrix} = k \begin{vmatrix} a_{11} & a_{12} & \cdots & a_{1n} \\ \vdots & \vdots & \ddots & \vdots \\ a_{i1} & a_{i2} & \cdots & a_{in} \\ \vdots & \vdots & \ddots & \vdots \\ a_{n1} & a_{n2} & \cdots & a_{nn} \end{vmatrix}.$$

证　由行列式定义，

$$\begin{aligned} \begin{vmatrix} a_{11} & a_{12} & \cdots & a_{1n} \\ \vdots & \vdots & \ddots & \vdots \\ ka_{i1} & ka_{i2} & \cdots & ka_{in} \\ \vdots & \vdots & \ddots & \vdots \\ a_{n1} & a_{n2} & \cdots & a_{nn} \end{vmatrix} &= \sum_{j_1 j_2 \cdots j_n} (-1)^{\tau(j_1 j_2 \cdots j_n)} a_{1j_1} \cdots (ka_{ij_i}) \cdots a_{nj_n} \\ &= k \sum_{j_1 j_2 \cdots j_n} (-1)^{\tau(j_1 j_2 \cdots j_n)} a_{1j_1} \cdots a_{ij_i} \cdots a_{nj_n} \\ &= k \begin{vmatrix} a_{11} & a_{12} & \cdots & a_{1n} \\ \vdots & \vdots & \ddots & \vdots \\ a_{i1} & a_{i2} & \cdots & a_{in} \\ \vdots & \vdots & \ddots & \vdots \\ a_{n1} & a_{n2} & \cdots & a_{nn} \end{vmatrix}. \end{aligned}$$

推论 1　行列式某一行(列)所有元素的公因子可以提到行列式记号外.

推论 2　若行列式某一行(列)的元素都为零，则此行列式的值为零.

推论 3　若行列式中某两行(列)对应元素成比例，则此行列式的值为零.

性质 4　若行列式的某一行(列)的元素都是两数之和，则此行列式可以写成两个行列式的和，这两个行列式分别以这两个数为所在行(列)对应位置的元素，其他位置的元素与原行列式相同. 即若设

$$D=\begin{vmatrix} a_{11} & a_{12} & \cdots & a_{1n} \\ \vdots & \vdots & \ddots & \vdots \\ b_{i1}+c_{i1} & b_{i2}+c_{i2} & \cdots & b_{in}+c_{in} \\ \vdots & \vdots & \ddots & \vdots \\ a_{n1} & a_{n2} & \cdots & a_{nn} \end{vmatrix}, D_1=\begin{vmatrix} a_{11} & a_{12} & \cdots & a_{1n} \\ \vdots & \vdots & \ddots & \vdots \\ b_{i1} & b_{i2} & \cdots & b_{in} \\ \vdots & \vdots & \ddots & \vdots \\ a_{n1} & a_{n2} & \cdots & a_{nn} \end{vmatrix}, D_2=\begin{vmatrix} a_{11} & a_{12} & \cdots & a_{1n} \\ \vdots & \vdots & \ddots & \vdots \\ c_{i1} & c_{i2} & \cdots & c_{in} \\ \vdots & \vdots & \ddots & \vdots \\ a_{n1} & a_{n2} & \cdots & a_{nn} \end{vmatrix},$$

则 $D=D_1+D_2$.

证　只证性质对行成立. 由行列式定义，

$$\begin{aligned} D &= \sum_{j_1 j_2 \cdots j_n} (-1)^{\tau(j_1 j_2 \cdots j_n)} a_{1j_1} \cdots (b_{ij_i} + c_{ij_i}) \cdots a_{nj_n} \\ &= \sum_{j_1 j_2 \cdots j_n} (-1)^{\tau(j_1 j_2 \cdots j_n)} a_{1j_1} \cdots b_{ij_i} \cdots a_{nj_n} + \sum_{j_1 j_2 \cdots j_n} (-1)^{\tau(j_1 j_2 \cdots j_n)} a_{1j_1} \cdots c_{ij_i} \cdots a_{nj_n} \\ &= D_1 + D_2. \end{aligned}$$

性质 5　行列式的某一行(列)各元素乘以同一数后加到另一行(列)对应元素上去，行列式的值不变. 即若设

$$D=\begin{vmatrix} a_{11} & a_{12} & \cdots & a_{1n} \\ \vdots & \vdots & \ddots & \vdots \\ a_{i1} & a_{i2} & \cdots & a_{in} \\ \vdots & \vdots & \ddots & \vdots \\ a_{s1} & a_{s2} & \cdots & a_{sn} \\ \vdots & \vdots & \ddots & \vdots \\ a_{n1} & a_{n2} & \cdots & a_{nn} \end{vmatrix} \quad (i\neq s),$$

将 D 的第 i 行元素乘以数 k 加到第 s 行元素对应位置的元素上，得到

$$D_1=\begin{vmatrix} a_{11} & a_{12} & \cdots & a_{1n} \\ \vdots & \vdots & \ddots & \vdots \\ a_{i1} & a_{i2} & \cdots & a_{in} \\ \vdots & \vdots & \ddots & \vdots \\ ka_{i1}+a_{s1} & ka_{i2}+a_{s2} & \cdots & ka_{in}+a_{sn} \\ \vdots & \vdots & \ddots & \vdots \\ a_{n1} & a_{n2} & \cdots & a_{nn} \end{vmatrix},$$

则 $D=D_1$.

证 由性质 4 及性质 3 的推论 3，得

$$D_1=\begin{vmatrix} a_{11} & a_{12} & \cdots & a_{1n} \\ \vdots & \vdots & \ddots & \vdots \\ a_{i1} & a_{i2} & \cdots & a_{in} \\ \vdots & \vdots & \ddots & \vdots \\ ka_{i1} & ka_{i2} & \cdots & ka_{in} \\ \vdots & \vdots & \ddots & \vdots \\ a_{n1} & a_{n2} & \cdots & a_{nn} \end{vmatrix}+\begin{vmatrix} a_{11} & a_{12} & \cdots & a_{1n} \\ \vdots & \vdots & \ddots & \vdots \\ a_{i1} & a_{i2} & \cdots & a_{in} \\ \vdots & \vdots & \ddots & \vdots \\ a_{s1} & a_{s2} & \cdots & a_{sn} \\ \vdots & \vdots & \ddots & \vdots \\ a_{n1} & a_{n2} & \cdots & a_{nn} \end{vmatrix}=0+\begin{vmatrix} a_{11} & a_{12} & \cdots & a_{1n} \\ \vdots & \vdots & \ddots & \vdots \\ a_{i1} & a_{i2} & \cdots & a_{in} \\ \vdots & \vdots & \ddots & \vdots \\ a_{s1} & a_{s2} & \cdots & a_{sn} \\ \vdots & \vdots & \ddots & \vdots \\ a_{n1} & a_{n2} & \cdots & a_{nn} \end{vmatrix}=D.$$

在行列式的计算中，通常约定用字母 r_i 表示行列式的第 i 行，字母 c_j 表示行列式的第 j 列，并且引入以下记号：

(1) 用 $r_i\leftrightarrow r_j$ 表示第 i 行与第 j 行互换，用 $c_i\leftrightarrow c_j$ 表示第 i 列与第 j 列互换；

(2) 用 kr_i 表示用数 k 乘以行列式的第 i 行，用 kc_i 表示用数 k 乘以行列式的第 i 列；

(3) 用 r_j+kr_i 表示用数 k 乘以行列式的第 i 行的各元素加到第 j 行上去，用 c_j+kc_i 表示用数 k 乘以行列式的第 i 列的各元素加到第 j 列上去.

[例 1.8] 设 3 阶行列式 $D=\begin{vmatrix} a_1 & a_2 & a_3 \\ b_1 & b_2 & b_3 \\ c_1 & c_2 & c_3 \end{vmatrix}=M\neq 0$，求下列行列式的值.

(1) $D_1=\begin{vmatrix} a_1 & b_1 & c_1 \\ a_2 & b_2 & c_2 \\ a_3 & b_3 & c_3 \end{vmatrix}$　(2) $D_2=\begin{vmatrix} b_1 & a_1 & c_1 \\ b_2 & a_2 & c_2 \\ b_3 & a_3 & c_3 \end{vmatrix}$　(3) $D_3=\begin{vmatrix} b_1 & b_2 & b_3 \\ c_1 & c_2 & c_3 \\ a_1 & a_2 & a_3 \end{vmatrix}$

(4) $D_4=\begin{vmatrix} a_1 & a_2 & a_3 \\ a_1 & a_2 & a_3 \\ c_1 & c_2 & c_3 \end{vmatrix}$　(5) $D_5=\begin{vmatrix} 2a_1 & 2a_2 & 2a_3 \\ b_1 & b_2 & b_3 \\ c_1 & c_2 & c_3 \end{vmatrix}$　(6) $D_6=\begin{vmatrix} 2a_1 & 2a_2 & 2a_3 \\ 2b_1 & 2b_2 & 2b_3 \\ 2c_1 & 2c_2 & 2c_3 \end{vmatrix}$

(7) $D_7=\begin{vmatrix} a_1 & a_2 & a_3 \\ b_1+a_1 & b_2+a_2 & b_3+a_3 \\ c_1 & c_2 & c_3 \end{vmatrix}$　　(8) $D_8=\begin{vmatrix} a_1+2b_1 & b_1+3c_1 & c_1+a_1 \\ a_2+2b_2 & b_2+3c_2 & c_2+a_2 \\ a_3+2b_3 & b_3+3c_3 & c_3+a_3 \end{vmatrix}$

解　(1) 由性质 1,$D_1=D=M$.

(2) 由性质 2,$D_2=\begin{vmatrix} b_1 & a_1 & c_1 \\ b_2 & a_2 & c_2 \\ b_3 & a_3 & c_3 \end{vmatrix} \xlongequal{c_1\leftrightarrow c_2} -\begin{vmatrix} a_1 & b_1 & c_1 \\ a_2 & b_2 & c_2 \\ a_3 & b_3 & c_3 \end{vmatrix}=-D_1=-M.$

(3) 由性质 2,$D_3=\begin{vmatrix} b_1 & b_2 & b_3 \\ c_1 & c_2 & c_3 \\ a_1 & a_2 & a_3 \end{vmatrix} \xlongequal{r_1\leftrightarrow r_2} -\begin{vmatrix} c_1 & c_2 & c_3 \\ b_1 & b_2 & b_3 \\ a_1 & a_2 & a_3 \end{vmatrix} \xlongequal{r_1\leftrightarrow r_3} D=M.$

(4) 由性质 2 的推论,$D_4=0$.

(5) 由性质 3,$D_5=\begin{vmatrix} 2a_1 & 2a_2 & 2a_3 \\ b_1 & b_2 & b_3 \\ c_1 & c_2 & c_3 \end{vmatrix}=2D=2M.$

(6) 由性质 3,$D_6=\begin{vmatrix} 2a_1 & 2a_2 & 2a_3 \\ 2b_1 & 2b_2 & 2b_3 \\ 2c_1 & 2c_2 & 2c_3 \end{vmatrix}=8D=8M.$

(7) 方法一

$$D_7=\begin{vmatrix} a_1 & a_2 & a_3 \\ b_1+a_1 & b_2+a_2 & b_3+a_3 \\ c_1 & c_2 & c_3 \end{vmatrix} \xlongequal{\text{性质 4}} \begin{vmatrix} a_1 & a_2 & a_3 \\ b_1 & b_2 & b_3 \\ c_1 & c_2 & c_3 \end{vmatrix}+\begin{vmatrix} a_1 & a_2 & a_3 \\ a_1 & a_2 & a_3 \\ c_1 & c_2 & c_3 \end{vmatrix}=D+D_4=M.$$

方法二

$$D_7=\begin{vmatrix} a_1 & a_2 & a_3 \\ b_1+a_1 & b_2+a_2 & b_3+a_3 \\ c_1 & c_2 & c_3 \end{vmatrix} \xlongequal{r_2-r_1} \begin{vmatrix} a_1 & a_2 & a_3 \\ b_1 & b_2 & b_3 \\ c_1 & c_2 & c_3 \end{vmatrix}=D=M.$$

(8) $D_8=\begin{vmatrix} a_1+2b_1 & b_1+3c_1 & c_1+a_1 \\ a_2+2b_2 & b_2+3c_2 & c_2+a_2 \\ a_3+2b_3 & b_3+3c_3 & c_3+a_3 \end{vmatrix}$

$$\xlongequal{\text{性质 4}} \begin{vmatrix} a_1 & b_1+3c_1 & c_1+a_1 \\ a_2 & b_2+3c_2 & c_2+a_2 \\ a_3 & b_3+3c_3 & c_3+a_3 \end{vmatrix}+\begin{vmatrix} 2b_1 & b_1+3c_1 & c_1+a_1 \\ 2b_2 & b_2+3c_2 & c_2+a_2 \\ 2b_3 & b_3+3c_3 & c_3+a_3 \end{vmatrix}$$

$$\xlongequal{\text{性质 5}} \begin{vmatrix} a_1 & b_1 & c_1 \\ a_2 & b_2 & c_2 \\ a_3 & b_3 & c_3 \end{vmatrix}+\begin{vmatrix} 2b_1 & 3c_1 & a_1 \\ 2b_2 & 3c_2 & a_2 \\ 2b_3 & 3c_3 & a_3 \end{vmatrix}$$

$$\xlongequal[\text{性质 3}]{\text{性质 2}} \begin{vmatrix} a_1 & b_1 & c_1 \\ a_2 & b_2 & c_2 \\ a_3 & b_3 & c_3 \end{vmatrix}+6\begin{vmatrix} a_1 & b_1 & c_1 \\ a_2 & b_2 & c_2 \\ a_3 & b_3 & c_3 \end{vmatrix}$$

$=7M.$

在例 1.8 的(6)中要特别注意，利用性质 3 提取公因子时，是按一行(列)提取的. 而在(8)中要注意的是若利用性质 4 将 D_8 完全分拆开，应得到 8 个行列式之和.

因为三角行列式容易计算，所以在行列式的计算中，常利用行列式的性质将它化为三角行列式进行计算，这种方法称为**化三角法**.

[例 1.9]　利用化三角法，计算行列式 $D=\begin{vmatrix} 0 & -1 & -1 & 2 \\ 1 & -1 & 0 & 2 \\ -1 & 2 & -1 & 0 \\ 2 & 1 & 1 & 0 \end{vmatrix}$.

解　$$D=\begin{vmatrix} 0 & -1 & -1 & 2 \\ 1 & -1 & 0 & 2 \\ -1 & 2 & -1 & 0 \\ 2 & 1 & 1 & 0 \end{vmatrix} \xlongequal{r_1 \leftrightarrow r_2} -\begin{vmatrix} 1 & -1 & 0 & 2 \\ 0 & -1 & -1 & 2 \\ -1 & 2 & -1 & 0 \\ 2 & 1 & 1 & 0 \end{vmatrix} \xlongequal[r_4-2r_1]{r_3+r_1} -\begin{vmatrix} 1 & -1 & 0 & 2 \\ 0 & -1 & -1 & 2 \\ 0 & 1 & -1 & 2 \\ 0 & 3 & 1 & -4 \end{vmatrix}$$

$$\xlongequal[r_4+3r_2]{r_3+r_2} -\begin{vmatrix} 1 & -1 & 0 & 2 \\ 0 & -1 & -1 & 2 \\ 0 & 0 & -2 & 4 \\ 0 & 0 & -2 & 2 \end{vmatrix} \xlongequal{r_4-r_3} -\begin{vmatrix} 1 & -1 & 0 & 2 \\ 0 & -1 & -1 & 2 \\ 0 & 0 & -2 & 4 \\ 0 & 0 & 0 & -2 \end{vmatrix} = 4.$$

[例 1.10]　利用化三角法，计算 $n+1$ 阶行列式 $D=\begin{vmatrix} x & a_1 & a_2 & \cdots & a_n \\ a_1 & x & a_2 & \cdots & a_n \\ a_1 & a_2 & x & \cdots & a_n \\ \vdots & \vdots & \vdots & \ddots & \vdots \\ a_1 & a_2 & a_3 & \cdots & x \end{vmatrix}$.

解　将 D 的第 $2,3,\cdots,n+1$ 列都加到第 1 列，再提取公因子 $x+\sum\limits_{j=1}^{n}a_j$，得

$$D=\left(x+\sum_{j=1}^{n}a_j\right)\begin{vmatrix} 1 & a_1 & a_2 & \cdots & a_n \\ 1 & x & a_2 & \cdots & a_n \\ 1 & a_2 & x & \cdots & a_n \\ \vdots & \vdots & \vdots & \ddots & \vdots \\ 1 & a_2 & a_3 & \cdots & x \end{vmatrix}.$$

再将第 1 列的 $-a_j$ 倍分别加到第 $j+1$ 列($j=1,2,\cdots,n$)，得

$$D=\left(x+\sum_{j=1}^{n}a_j\right)\begin{vmatrix} 1 & 0 & 0 & \cdots & 0 \\ 1 & x-a_1 & 0 & \cdots & 0 \\ 1 & a_2-a_1 & x-a_2 & \cdots & 0 \\ \vdots & \vdots & \vdots & \ddots & \vdots \\ 1 & a_2-a_1 & a_3-a_2 & \cdots & x-a_n \end{vmatrix}$$

$$=\left(x+\sum_{j=1}^{n}a_j\right)(x-a_1)(x-a_2)\cdots(x-a_n).$$

[例 1.11] 计算爪形行列式

$$D=\begin{vmatrix} a_1 & b_2 & \cdots & b_n \\ c_2 & a_2 & & \\ \vdots & & \ddots & \\ c_n & & & a_n \end{vmatrix} (a_i\neq 0, i=2,\cdots,n),$$

其中未写出的元素为零.

解 将 D 的第 j 列的 $-\frac{c_j}{a_j}$ 倍都加到第 1 列($j=2,3,\cdots,n$),得

$$D=\begin{vmatrix} a_1-\frac{b_2c_2}{a_2}-\cdots-\frac{b_nc_n}{a_n} & b_2 & \cdots & b_n \\ 0 & a_2 & & \\ \vdots & & \ddots & \\ 0 & & & a_n \end{vmatrix}=\left(a_1-\sum_{j=2}^{n}\frac{b_jc_j}{a_j}\right)a_2a_3\cdots a_n.$$

[例 1.12] 设 $D=\begin{vmatrix} a_{11} & \cdots & a_{1k} & 0 & \cdots & 0 \\ \vdots & \ddots & \vdots & \vdots & \ddots & \vdots \\ a_{k1} & \cdots & a_{kk} & 0 & \cdots & 0 \\ c_{11} & \cdots & c_{1k} & b_{11} & \cdots & b_{1n} \\ \vdots & \ddots & \vdots & \vdots & \ddots & \vdots \\ c_{n1} & \cdots & c_{nk} & b_{n1} & \cdots & b_{nn} \end{vmatrix}$, $D_1=\begin{vmatrix} a_{11} & \cdots & a_{1k} \\ \vdots & \ddots & \vdots \\ a_{k1} & \cdots & a_{kk} \end{vmatrix}$,

$D_2=\begin{vmatrix} b_{11} & \cdots & b_{1n} \\ \vdots & \ddots & \vdots \\ b_{n1} & \cdots & b_{nn} \end{vmatrix}$,

利用化三角法,证明:$D=D_1D_2$.

证* 对 D_1 作适当的行运算 r_i+kr_j,可把 D_1 化为下三角行列式

$$D_1=\begin{vmatrix} a'_{11} & & 0 \\ \vdots & \ddots & \\ a'_{k1} & \cdots & a'_{kk} \end{vmatrix}=a'_{11}\cdots a'_{kk}.$$

对 D_2 作适当的列运算 $c_i+k'c_j$,可把 D_2 化为下三角行列式

$$D_2=\begin{vmatrix} b'_{11} & & 0 \\ \vdots & \ddots & \\ b'_{n1} & \cdots & b'_{nn} \end{vmatrix}=b'_{11}\cdots b'_{nn}.$$

因此,先对 D 的前 k 行作行运算 r_i+kr_j,然后对 D 的后 n 列作列运算 $c_i+k'c_j$,把 D 化为下三角行列式

$$D=\begin{vmatrix} a'_{11} & \cdots & 0 & 0 & \cdots & 0 \\ \vdots & \ddots & \vdots & \vdots & \ddots & \vdots \\ a'_{k1} & \cdots & a'_{kk} & 0 & \cdots & 0 \\ c_{11} & \cdots & c_{1k} & b'_{11} & \cdots & 0 \\ \vdots & \ddots & \vdots & \vdots & \ddots & \vdots \\ c_{n1} & \cdots & c_{nk} & b'_{n1} & \cdots & b'_{nn} \end{vmatrix}$$

故，$D=a'_{11}\cdots a'_{kk}\cdot b'_{11}\cdots b'_{nn}=D_1D_2$，即

$$\begin{vmatrix} a_{11} & \cdots & a_{1k} & 0 & \cdots & 0 \\ \vdots & \ddots & \vdots & \vdots & \ddots & \vdots \\ a_{k1} & \cdots & a_{kk} & 0 & \cdots & 0 \\ c_{11} & \cdots & c_{1k} & b_{11} & \cdots & b_{1n} \\ \vdots & \ddots & \vdots & \vdots & \ddots & \vdots \\ c_{n1} & \cdots & c_{nk} & b_{n1} & \cdots & b_{nn} \end{vmatrix} = \begin{vmatrix} a_{11} & \cdots & a_{1k} \\ \vdots & \ddots & \vdots \\ a_{k1} & \cdots & a_{kk} \end{vmatrix} \cdot \begin{vmatrix} b_{11} & \cdots & b_{1n} \\ \vdots & \ddots & \vdots \\ b_{n1} & \cdots & b_{nn} \end{vmatrix}.$$

同理，可以证明

$$\begin{vmatrix} a_{11} & \cdots & a_{1k} & c_{11} & \cdots & c_{1n} \\ \vdots & \ddots & \vdots & \vdots & \ddots & \vdots \\ a_{k1} & \cdots & a_{kk} & c_{k1} & \cdots & c_{kn} \\ 0 & \cdots & 0 & b_{11} & \cdots & b_{1n} \\ \vdots & \ddots & \vdots & \vdots & \ddots & \vdots \\ 0 & \cdots & 0 & b_{n1} & \cdots & b_{nn} \end{vmatrix} = \begin{vmatrix} a_{11} & \cdots & a_{1k} \\ \vdots & \ddots & \vdots \\ a_{k1} & \cdots & a_{kk} \end{vmatrix} \cdot \begin{vmatrix} b_{11} & \cdots & b_{1n} \\ \vdots & \ddots & \vdots \\ b_{n1} & \cdots & b_{nn} \end{vmatrix}.$$

以上两个结论可以作为公式使用.

习题 1.3

1. 计算下列行列式的值.

(1) $\begin{vmatrix} 3 & 1 & -1 & 2 \\ -5 & 1 & 3 & -4 \\ 2 & 0 & 1 & -1 \\ 1 & -5 & 3 & -3 \end{vmatrix}$　　(2) $\begin{vmatrix} 1 & 2 & 2 & 2 \\ 2 & 1 & 2 & 2 \\ 2 & 2 & 1 & 2 \\ 2 & 2 & 2 & 1 \end{vmatrix}$

(3) $\begin{vmatrix} -ab & ac & ae \\ bd & -cd & de \\ bf & cf & -ef \end{vmatrix}$　　(4) $\begin{vmatrix} 1+a & 1 & 1 & 1 \\ 1 & 1-a & 1 & 1 \\ 1 & 1 & 1+b & 1 \\ 1 & 1 & 1 & 1-b \end{vmatrix}$

(5) $\begin{vmatrix} 1 & 1 & 1 & 1 & 1 \\ 2 & 9 & 0 & 0 & 0 \\ 3 & 0 & 9 & 0 & 0 \\ 4 & 0 & 0 & 9 & 0 \\ 5 & 0 & 0 & 0 & 9 \end{vmatrix}$　　(6) $\begin{vmatrix} 5 & 1 & 2 & 3 \\ 1 & 5 & 2 & 3 \\ 1 & 2 & 5 & 3 \\ 1 & 2 & 3 & 5 \end{vmatrix}$

(7) $D_n=\begin{vmatrix} 0 & 1 & 1 & \cdots & 1 \\ 1 & 0 & 1 & \cdots & 1 \\ 1 & 1 & 0 & \cdots & 1 \\ \vdots & \vdots & \vdots & & \vdots \\ 1 & 1 & 1 & \cdots & 0 \end{vmatrix}$　　(8) $\begin{vmatrix} 1 & 1 & 1 & \cdots & 1 \\ 1 & 2-x & 1 & \cdots & 1 \\ 1 & 1 & 3-x & \cdots & 1 \\ \vdots & \vdots & \vdots & & \vdots \\ 1 & 1 & 1 & \cdots & (n-1)-x \end{vmatrix}$

2. 解方程.

(1) $\begin{vmatrix} 1 & -1 & 1 & x-1 \\ 1 & -1 & x+1 & -1 \\ 1 & x-1 & 1 & -1 \\ x+1 & -1 & 1 & -1 \end{vmatrix}=0$　　(2) $\begin{vmatrix} x & 1 & 1 & 1 \\ 1 & x & 1 & 1 \\ 1 & 1 & x & 1 \\ 1 & 1 & 1 & x \end{vmatrix}=0$

3. 用行列式的性质证明.

(1) $\begin{vmatrix} 1+a_1 & 2+a_1 & 3+a_1 \\ 1+a_2 & 2+a_2 & 3+a_2 \\ 1+a_3 & 2+a_3 & 3+a_3 \end{vmatrix}=0$　　(2) $\begin{vmatrix} 1 & 1 & 1 \\ 2a & a+b & 2b \\ a^2 & ab & b^2 \end{vmatrix}=(b-a)^3$

1.4 行列式按行(列)展开

基于低阶行列式的计算要比高阶行列式的计算简单,本节研究将高阶行列式降为低阶行列式的方法.

首先,观察 3 阶行列式与 2 阶行列式的联系:

$$\begin{aligned} D_3 &= \begin{vmatrix} a_{11} & a_{12} & a_{13} \\ a_{21} & a_{22} & a_{23} \\ a_{31} & a_{32} & a_{33} \end{vmatrix} \\ &= a_{11}a_{22}a_{33}+a_{12}a_{23}a_{31}+a_{13}a_{21}a_{32}-a_{11}a_{23}a_{32}-a_{12}a_{21}a_{33}-a_{13}a_{22}a_{31} \\ &= a_{11}(a_{22}a_{33}-a_{23}a_{32})+a_{12}(a_{23}a_{31}-a_{21}a_{33})+a_{13}(a_{21}a_{32}-a_{22}a_{31}), \end{aligned}$$

因此,有

$$D_3=a_{11}\begin{vmatrix} a_{22} & a_{23} \\ a_{32} & a_{33} \end{vmatrix}+a_{12}\left(-\begin{vmatrix} a_{21} & a_{23} \\ a_{31} & a_{33} \end{vmatrix}\right)+a_{13}\begin{vmatrix} a_{21} & a_{22} \\ a_{31} & a_{32} \end{vmatrix}. \tag{1.22}$$

可见 3 阶行列式可以用 2 阶行列式表示,这可推广至用 $n-1$ 阶行列式来表示 n 阶行列式,为此先要引入余子式和代数余子式的概念.

1.4.1 余子式与代数余子式

定义 1.9 在 n 阶行列式 D 中,划去元素 a_{ij} 所在的第 i 行和第 j 列的元素,将剩下的元素按原来的次序构成的 $n-1$ 阶行列式称为元素 a_{ij} 的**余子式**,记作 M_{ij}. 并称 $(-1)^{i+j}M_{ij}$ 为元素 a_{ij} 的**代数余子式**,记作 A_{ij},即 $A_{ij}=(-1)^{i+j}M_{ij}$.

[例 1.13] 设行列式 $D_4=\begin{vmatrix} 1 & 0 & -1 & 1 \\ 0 & -2 & -5 & 1 \\ 1 & x & 2 & 3 \\ 0 & 3 & 0 & 1 \end{vmatrix}$,写出其元素 x 的余子式与代数余子式.

解 元素 x 的位置处于行列式的第三行第二列,故它的余子式与代数余子式分别为

$$M_{32}=\begin{vmatrix} 1 & -1 & 1 \\ 0 & -5 & 1 \\ 0 & 0 & 1 \end{vmatrix}=-5,\quad A_{32}=(-1)^{3+2}\begin{vmatrix} 1 & -1 & 1 \\ 0 & -5 & 1 \\ 0 & 0 & 1 \end{vmatrix}=5.$$

特别要注意的是元素 a_{ij} 的余子式 M_{ij} 和代数余子式 A_{ij} 只与元素 a_{ij} 在原行列式中的位

置有关,而与元素 a_{ij} 本身的值无关.

在 $D_3=\begin{vmatrix} a_{11} & a_{12} & a_{13} \\ a_{21} & a_{22} & a_{23} \\ a_{31} & a_{32} & a_{33} \end{vmatrix}$ 中,第一行元素 a_{11},a_{12},a_{13} 的余子式和代数余子式分别为

$$M_{11}=\begin{vmatrix} a_{22} & a_{23} \\ a_{32} & a_{33} \end{vmatrix}, \quad A_{11}=(-1)^{1+1}M_{11}.$$

$$M_{12}=\begin{vmatrix} a_{21} & a_{23} \\ a_{31} & a_{33} \end{vmatrix}, \quad A_{12}=(-1)^{1+2}M_{12}.$$

$$M_{13}=\begin{vmatrix} a_{21} & a_{22} \\ a_{31} & a_{32} \end{vmatrix}, \quad A_{13}=(-1)^{1+3}M_{13}.$$

因此,表达式(1.22)就可以简洁地表示为

$$D_3=a_{11}A_{11}+a_{12}A_{12}+a_{13}A_{13}. \tag{1.23}$$

下面将表达式(1.23)推广到 n 阶行列式.

1.4.2 行列式按某一行(列)展开

定理 1.3 n 阶行列式 $D=\begin{vmatrix} a_{11} & a_{12} & \cdots & a_{1n} \\ a_{21} & a_{22} & \cdots & a_{2n} \\ \vdots & \vdots & & \vdots \\ a_{n1} & a_{n2} & \cdots & a_{nn} \end{vmatrix}$ 等于它的任意一行(列)的各元素与其对应的代数余子式的乘积之和,即

$$D=a_{i1}A_{i1}+a_{i2}A_{i2}+\cdots+a_{in}A_{in}=\sum_{k=1}^{n}a_{ik}A_{ik} \quad (i=1,2,\cdots,n) \tag{1.24}$$

或

$$D=a_{1j}A_{1j}+a_{2j}A_{2j}+\cdots+a_{nj}A_{nj}=\sum_{k=1}^{n}a_{kj}A_{kj} \quad (j=1,2,\cdots,n). \tag{1.25}$$

证* (1) 首先,研究行列式 D 的第一行除 a_{11} 外,其余元素都为 0 的特殊情形,即

$$D=\begin{vmatrix} a_{11} & 0 & \cdots & 0 \\ a_{21} & a_{22} & \cdots & a_{2n} \\ \vdots & \vdots & \ddots & \vdots \\ a_{n1} & a_{n2} & \cdots & a_{nn} \end{vmatrix}=\sum_{j_2,j_3,\cdots,j_n}(-1)^{\tau(1j_2j_3\cdots j_n)}a_{11}a_{2j_2}a_{3j_3}\cdots a_{nj_n}$$

$$=a_{11}\sum_{j_2,j_3,\cdots,j_n}(-1)^{\tau(1j_2j_3\cdots j_n)}a_{2j_2}a_{3j_3}\cdots a_{nj_n},$$

其中 $(-1)^{\tau(1j_2j_3\cdots j_n)}a_{2j_2}a_{3j_3}\cdots a_{nj_n}$ 恰是 M_{11} 的一般项,所以

$$D=a_{11}M_{11}=a_{11}(-1)^{1+1}M_{11}=a_{11}A_{11}.$$

(2) 其次,研究 D 的第 i 行除了 a_{ij} 外都是 0 的特殊情形,即

$$D=\begin{vmatrix} a_{11} & \cdots & a_{1,j-1} & a_{1j} & a_{1,j+1} & \cdots & a_{1n} \\ \vdots & \ddots & \vdots & \vdots & \vdots & \ddots & \vdots \\ 0 & \cdots & 0 & a_{ij} & 0 & \cdots & 0 \\ \vdots & \ddots & \vdots & \vdots & \vdots & \ddots & \vdots \\ a_{n1} & \cdots & a_{n,j-1} & a_{nj} & a_{n,j+1} & \cdots & a_{nn} \end{vmatrix}.$$

把 D 的第 i 行依次与第 $i-1$ 行，第 $i-2$ 行，…，第 2 行，第 1 行进行交换；再将第 j 列依次与第 $j-1$ 列，第 $j-2$ 列，…，第 2 列，第 1 列进行交换，这样共经过 $(i-1)+(j-1)=i+j-2$ 次交换行与交换列，并由(1)得

$$D=(-1)^{i+j-2}\begin{vmatrix} a_{ij} & 0 & \cdots & 0 & 0 & \cdots & 0 \\ a_{1j} & a_{11} & \cdots & a_{1,j-1} & a_{1,j+1} & \cdots & a_{1,n} \\ \vdots & \vdots & \ddots & \vdots & \vdots & \ddots & \vdots \\ a_{i-1,j} & a_{i-1,1} & \cdots & a_{i-1,j-1} & a_{i-1,j+1} & \cdots & a_{i-1,n} \\ a_{i+1,j} & a_{i+1,1} & \cdots & a_{i+1,j-1} & a_{i+1,j+1} & \cdots & a_{i+1,n} \\ \vdots & \vdots & \ddots & \vdots & \vdots & \ddots & \vdots \\ a_{nj} & a_{n1} & \cdots & a_{n,j-1} & a_{n,j+1} & \cdots & a_{nn} \end{vmatrix}=(-1)^{i+j}a_{ij}M_{ij}=a_{ij}A_{ij}.$$

(3) 最后，研究一般情形

$$D=\begin{vmatrix} a_{11} & a_{12} & \cdots & a_{1n} \\ \vdots & \vdots & \ddots & \vdots \\ a_{i1} & a_{i2} & \cdots & a_{in} \\ \vdots & \vdots & \ddots & \vdots \\ a_{n1} & a_{n2} & \cdots & a_{nn} \end{vmatrix}.$$

利用行列式的性质 4 及上面的讨论(2)有

$$D=\begin{vmatrix} a_{11} & a_{12} & \cdots & a_{1n} \\ \vdots & \vdots & \ddots & \vdots \\ a_{i1}+0+\cdots+0 & 0+a_{i2}+0+\cdots+0 & \cdots & 0+\cdots+0+a_{in} \\ \vdots & \vdots & \ddots & \vdots \\ a_{n1} & a_{n2} & \cdots & a_{nn} \end{vmatrix}$$

$$=\begin{vmatrix} a_{11} & a_{12} & \cdots & a_{1n} \\ \vdots & \vdots & \ddots & \vdots \\ a_{i1} & 0 & \cdots & 0 \\ \vdots & \vdots & \ddots & \vdots \\ a_{n1} & a_{n2} & \cdots & a_{nn} \end{vmatrix}+\begin{vmatrix} a_{11} & a_{12} & \cdots & a_{1n} \\ \vdots & \vdots & \ddots & \vdots \\ 0 & a_{i2} & \cdots & 0 \\ \vdots & \vdots & \ddots & \vdots \\ a_{n1} & a_{n2} & \cdots & a_{nn} \end{vmatrix}+\cdots+\begin{vmatrix} a_{11} & a_{12} & \cdots & a_{1n} \\ \vdots & \vdots & \ddots & \vdots \\ 0 & 0 & \cdots & a_{in} \\ \vdots & \vdots & \ddots & \vdots \\ a_{n1} & a_{n2} & \cdots & a_{nn} \end{vmatrix}$$

$$=a_{i1}A_{i1}+a_{i2}A_{i2}+\cdots+a_{in}A_{in}.$$

利用行列式的展开定理，可以将一个 n 阶行列式的计算问题转化成 n 个 $n-1$ 阶行列式的计算问题. 但是，计算 n 个 $n-1$ 阶行列式往往也非常复杂. 为使计算更为简便的一般做法是：首先利用行列式的性质将行列式的某一行(列)的元素尽可能多地化为零元素，然后再利用行列式展开定理按该行(列)进行展开，实现降阶，这种行列式的计算方法称为**降阶法**.

[例 1.14] 利用降阶法，计算行列式 $D=\begin{vmatrix} 1 & 2 & 0 & 1 \\ -3 & 0 & 2 & 1 \\ 3 & 0 & 3 & 2 \\ -1 & -1 & 0 & 2 \end{vmatrix}$.

解 选择第 2 列实施降阶法，得

$$D=\begin{vmatrix}1&2&0&1\\-3&0&2&1\\3&0&3&2\\-1&-1&0&2\end{vmatrix}\xlongequal{r_1+2r_4}\begin{vmatrix}-1&0&0&5\\-3&0&2&1\\3&0&3&2\\-1&-1&0&2\end{vmatrix}\xlongequal{\text{按第 2 列展开}}(-1)\times(-1)^{2+4}\times$$

$$\begin{vmatrix}-1&0&5\\-3&2&1\\3&3&2\end{vmatrix}\xlongequal{c_3+5c_1}(-1)\times\begin{vmatrix}-1&0&0\\-3&2&-14\\3&3&17\end{vmatrix}\xlongequal{\text{按第 1 行展开}}(-1)^{1+3}\times\begin{vmatrix}2&-14\\3&17\end{vmatrix}=76.$$

在上例中可以看到，选出恰当的行(列)用于行列式的展开，对于降阶法的实施是十分重要的. 在计算时，应充分利用行列式中的 0、1 和 -1 等特殊元素，如果没有则应尽可能地利用行列式的性质，通过变化得到.

［例 1.15］ 利用降阶法，计算 n 阶行列式 $D_n=\begin{vmatrix}a&b&0&\cdots&0&0\\0&a&b&\cdots&0&0\\0&0&a&\cdots&0&0\\\vdots&\vdots&\vdots&\ddots&\vdots&\vdots\\0&0&0&\cdots&a&b\\b&0&0&\cdots&0&a\end{vmatrix}$.

解 将 D_n 按第一列展开，再利用三角行列式，得

$$D_n=(-1)^{1+1}a\begin{vmatrix}a&b&\cdots&0&0\\0&a&\cdots&0&0\\\vdots&\vdots&\ddots&\vdots&\vdots\\0&0&\cdots&a&b\\0&0&\cdots&0&a\end{vmatrix}_{n-1}+(-1)^{n+1}b\begin{vmatrix}b&0&\cdots&0&0\\a&b&\cdots&0&0\\\vdots&\vdots&\ddots&\vdots&\vdots\\0&0&\cdots&b&0\\0&0&\cdots&a&b\end{vmatrix}_{n-1}$$

$$=aa^{n-1}+(-1)^{n+1}bb^{n-1}=a^n+(-1)^{n+1}b^n.$$

如果行列式形式上很有规律，降阶后出现的行列式与原行列式形式上相同，就可以得到递推公式，利用递推公式最终得出行列式的值，这种方法称为**递推法**.

［例 1.16］ 利用递推法，计算 n 阶行列式 $D_n=\begin{vmatrix}x&-1&0&\cdots&0&0\\0&x&-1&\cdots&0&0\\0&0&x&\cdots&0&0\\\vdots&\vdots&\vdots&\ddots&\vdots&\vdots\\0&0&0&\cdots&x&-1\\a_n&a_{n-1}&a_{n-2}&\cdots&a_2&x+a_1\end{vmatrix}$.

解

$$D_n\xlongequal{\text{按第 1 列展开}}x\begin{vmatrix}x&-1&\cdots&0&0\\0&x&\cdots&0&0\\\vdots&\vdots&\ddots&\vdots&\vdots\\0&0&\cdots&x&-1\\a_{n-1}&a_{n-2}&\cdots&a_2&x+a_1\end{vmatrix}_{n-1}+(-1)^{n+1}a_n\begin{vmatrix}-1&0&\cdots&0&0\\x&-1&\cdots&0&0\\0&x&\cdots&0&0\\\vdots&\vdots&\ddots&\vdots&\vdots\\0&0&\cdots&x&-1\end{vmatrix}_{n-1}$$

$$=xD_{n-1}+a_n,$$

得递推公式 $D_n=xD_{n-1}+a_n(n\geqslant2)$，故

$$
\begin{aligned}
D_n &= x(xD_{n-2}+a_{n-1})+a_n = x^2D_{n-2}+a_{n-1}x+a_n \\
&= \cdots = x^{n-2}D_2+a_3x^{n-3}+\cdots+a_{n-2}x^2+a_{n-1}x+a_n \\
&= x^{n-1}D_1+a_2x^{n-2}+a_3x^{n-3}+\cdots+a_{n-2}x^2+a_{n-1}x+a_n,
\end{aligned}
$$

因 $D_1=x+a_1$，则

$$D_n=x^n+a_1x^{n-1}+a_2x^{n-2}+\cdots+a_{n-2}x^2+a_{n-1}x+a_n.$$

[例 1.17] 证明 n 阶**范德蒙德**(Vandermonde)**行列式**

$$D_n=\begin{vmatrix} 1 & 1 & \cdots & 1 \\ x_1 & x_2 & \cdots & x_n \\ x_1^2 & x_2^2 & \cdots & x_n^2 \\ \vdots & \vdots & \ddots & \vdots \\ x_1^{n-1} & x_2^{n-1} & \cdots & x_n^{n-1} \end{vmatrix}=\prod_{1\leqslant j<i\leqslant n}(x_i-x_j), \tag{1.26}$$

其中记号“$\prod$”表示全体同类因子的乘积.

证[*] 利用数学归纳法. 当 $n=2$ 时，有

$$D_2=\begin{vmatrix} 1 & 1 \\ x_1 & x_2 \end{vmatrix}=x_2-x_1=\prod_{1\leqslant j<i\leqslant 2}(x_i-x_j),$$

式(1.26)成立. 假设 $n-1$ 阶时式(1.26)也成立，下面证明，当 n 阶时式(1.26)成立.

从第 n 行起，依次将 D_n 的第 $i-1$ 行乘以$(-x_1)$加到第 i 行，$i=n,n-1,\cdots,2$，得

$$D_n=\begin{vmatrix} 1 & 1 & \cdots & 1 & 1 \\ 0 & x_2-x_1 & \cdots & x_{n-1}-x_1 & x_n-x_1 \\ 0 & x_2(x_2-x_1) & \cdots & x_{n-1}(x_{n-1}-x_1) & x_n(x_n-x_1) \\ \vdots & \vdots & \ddots & \vdots & \vdots \\ 0 & x_2^{n-3}(x_2-x_1) & \cdots & x_{n-1}^{n-3}(x_{n-1}-x_1) & x_n^{n-3}(x_n-x_1) \\ 0 & x_2^{n-2}(x_2-x_1) & \cdots & x_{n-1}^{n-2}(x_{n-1}-x_1) & x_n^{n-2}(x_n-x_1) \end{vmatrix}_n$$

$$\underline{\underline{\text{按第 1 行展开}}}\begin{vmatrix} x_2-x_1 & x_3-x_1 & \cdots & x_{n-1}-x_1 & x_n-x_1 \\ x_2(x_2-x_1) & x_3(x_3-x_1) & \cdots & x_{n-1}(x_{n-1}-x_1) & x_n(x_n-x_1) \\ \vdots & \vdots & \ddots & \vdots & \vdots \\ x_2^{n-3}(x_2-x_1) & x_3^{n-3}(x_3-x_1) & \cdots & x_{n-1}^{n-3}(x_{n-1}-x_1) & x_n^{n-3}(x_n-x_1) \\ x_2^{n-2}(x_2-x_1) & x_3^{n-2}(x_2-x_1) & \cdots & x_{n-1}^{n-2}(x_{n-1}-x_1) & x_n^{n-2}(x_n-x_1) \end{vmatrix}_{n-1}$$

$$\underline{\underline{\text{按列提取公因子}}}(x_2-x_1)(x_3-x_1)\cdots(x_{n-1}-x_1)(x_n-x_1)\begin{vmatrix} 1 & 1 & \cdots & 1 & 1 \\ x_2 & x_3 & \cdots & x_{n-1} & x_n \\ x_2^2 & x_3^2 & \cdots & x_{n-1}^2 & x_n^2 \\ \vdots & \vdots & \ddots & \vdots & \vdots \\ x_2^{n-2} & x_3^{n-2} & \cdots & x_{n-1}^{n-2} & x_n^{n-2} \end{vmatrix}_{n-1}$$

$$\underline{\underline{\text{由归纳假设}}}(x_2-x_1)(x_3-x_1)\cdots(x_{n-1}-x_1)(x_n-x_1)\prod_{2\leqslant j<i\leqslant n}(x_i-x_j)$$

$$=\prod_{1\leqslant j<i\leqslant n}(x_i-x_j).$$

定理 1.4　n 阶行列式 $D=\begin{vmatrix} a_{11} & a_{12} & \cdots & a_{1n} \\ a_{21} & a_{22} & \cdots & a_{2n} \\ \vdots & \vdots & & \vdots \\ a_{n1} & a_{n2} & \cdots & a_{nn} \end{vmatrix}$ 的任意一行(列)的各元素与另一行(列)对应元素的代数余子式的乘积之和为零,即

$$a_{i1}A_{j1}+a_{i2}A_{j2}+\cdots+a_{in}A_{jn}=\sum_{k=1}^{n}a_{ik}A_{jk}=0,(i\neq j)$$

或

$$a_{1i}A_{1j}+a_{2i}A_{2j}+\cdots+a_{ni}A_{nj}=\sum_{k=1}^{n}a_{ki}A_{kj}=0,(i\neq j),$$

其中 $i,j=1,2,\cdots,n.$

证　这里只证明行的情况.由式(1.24)得

$$a_{i1}A_{j1}+a_{i2}A_{j2}+\cdots+a_{in}A_{jn}=\begin{vmatrix} a_{11} & a_{12} & \cdots & a_{1n} \\ \vdots & \vdots & \ddots & \vdots \\ a_{i1} & a_{i2} & \cdots & a_{in} \\ \vdots & \vdots & \ddots & \vdots \\ a_{i1} & a_{i2} & \cdots & a_{in} \\ \vdots & \vdots & \ddots & \vdots \\ a_{n1} & a_{n2} & \cdots & a_{nn} \end{vmatrix}\begin{matrix} \\ \\ \leftarrow 第\ i\ 行 \\ \\ \leftarrow 第\ j\ 行 \\ \\ \\ \end{matrix}\quad(i\neq j),\tag{1.27}$$

由于此行列式中的第 i 行和第 j 行元素对应相等,根据性质 2 的推论得

$$a_{i1}A_{j1}+a_{i2}A_{j2}+\cdots+a_{in}A_{jn}=\sum_{k=1}^{n}a_{ik}A_{jk}=0,(i\neq j).$$

综合定理 1.3 和定理 1.4,得到行列式 D 关于代数余子式的重要性质:

$$a_{i1}A_{j1}+a_{i2}A_{j2}+\cdots+a_{in}A_{jn}=\sum_{k=1}^{n}a_{ik}A_{jk}=\begin{cases}D, & i=j, \\ 0, & i\neq j;\end{cases}\tag{1.28}$$

$$a_{1i}A_{1j}+a_{2i}A_{2j}+\cdots+a_{ni}A_{nj}=\sum_{k=1}^{n}a_{ki}A_{kj}=\begin{cases}D, & i=j, \\ 0, & i\neq j.\end{cases}\tag{1.29}$$

[**例 1.18**]　已知 4 阶行列式 $D=\begin{vmatrix} 3 & 0 & 4 & 0 \\ 2 & 2 & 2 & 2 \\ 0 & -7 & 0 & 0 \\ 5 & 3 & -2 & 2 \end{vmatrix}$,求:

(1) $4A_{14}+2A_{24}-2A_{44}$.　　　　(2) $M_{41}+M_{42}+M_{43}+M_{44}$.

解　(1) $4A_{14}+2A_{24}-2A_{44}=4A_{14}+2A_{24}+0A_{34}+(-2)A_{44}=\begin{vmatrix} 3 & 0 & 4 & 4 \\ 2 & 2 & 2 & 2 \\ 0 & -7 & 0 & 0 \\ 5 & 3 & -2 & -2 \end{vmatrix}=0.$

(2) $M_{41}+M_{42}+M_{43}+M_{44}$

$=(-1)\cdot A_{41}+1\cdot A_{42}+(-1)\cdot A_{43}+1\cdot A_{44}$

$$=\begin{vmatrix} 3 & 0 & 4 & 0 \\ 2 & 2 & 2 & 2 \\ 0 & -7 & 0 & 0 \\ -1 & 1 & -1 & 1 \end{vmatrix}=7\begin{vmatrix} 3 & 4 & 0 \\ 2 & 2 & 2 \\ -1 & -1 & 1 \end{vmatrix}=14\begin{vmatrix} 3 & 4 & 0 \\ 1 & 1 & 1 \\ 0 & 0 & 2 \end{vmatrix}=28\begin{vmatrix} 3 & 4 \\ 1 & 1 \end{vmatrix}=-28.$$

习题 1.4

1. 计算下列行列式的值.

(1) $\begin{vmatrix} 1 & 3 & 1 & 2 \\ 1 & 5 & 3 & -4 \\ 0 & 4 & 1 & -1 \\ -5 & 1 & 3 & -6 \end{vmatrix}$ (2) $\begin{vmatrix} 1 & 1 & 1 & 1 \\ 1 & 2 & -1 & 4 \\ 2 & -3 & -1 & -5 \\ 3 & 1 & 2 & 11 \end{vmatrix}$

(3) $\begin{vmatrix} a & 1 & 0 & 0 \\ -1 & b & 1 & 0 \\ 0 & -1 & c & 1 \\ 0 & 0 & -1 & d \end{vmatrix}$ (4) $\begin{vmatrix} x & y & 0 & 0 \\ 0 & x & y & 0 \\ 0 & 0 & x & y \\ y & 0 & 0 & x \end{vmatrix}$

(5) $\begin{vmatrix} a & b & c & d \\ a & a+b & a+b+c & a+b+c+d \\ a & 2a+b & 3a+2b+c & 4a+3b+2c+d \\ a & 3a+b & 6a+3b+c & 10a+6b+3c+d \end{vmatrix}$ (6) $\begin{vmatrix} 1 & 1 & 1 & 1 \\ a & a-1 & a-2 & a-3 \\ a^2 & (a-1)^2 & (a-2)^2 & (a-3)^2 \\ a^3 & (a-1)^3 & (a-2)^3 & (a-3)^3 \end{vmatrix}$

(7) $\begin{vmatrix} x & a_1 & a_2 & \cdots & a_{n-1} & 1 \\ a_1 & x & a_2 & \cdots & a_{n-1} & 1 \\ a_1 & a_2 & x & \cdots & a_{n-1} & 1 \\ \vdots & \vdots & \vdots & \ddots & \vdots & \vdots \\ a_1 & a_2 & a_3 & \cdots & x & 1 \\ a_1 & a_2 & a_3 & \cdots & a_n & 1 \end{vmatrix}$ (8) $\begin{vmatrix} 1 & 2 & 3 & \cdots & n-2 & n-1 & n \\ 1 & -1 & 0 & \cdots & 0 & 0 & 0 \\ 0 & 2 & -2 & \cdots & 0 & 0 & 0 \\ \vdots & \vdots & \vdots & \ddots & \vdots & \vdots & \vdots \\ 0 & 0 & 0 & \cdots & -(n-3) & 0 & 0 \\ 0 & 0 & 0 & \cdots & n-2 & -(n-2) & 0 \\ 0 & 0 & 0 & \cdots & 0 & n-1 & -(n-1) \end{vmatrix}$

2. 解方程.

(1) $\begin{vmatrix} 1 & 4 & 3 & 2 \\ 2 & x+4 & 6 & 4 \\ 3 & -2 & x & 1 \\ -3 & 2 & 5 & -1 \end{vmatrix}=0$ (2) $\begin{vmatrix} 1 & 1 & 1 & 1 \\ x & 2 & -1 & 1 \\ x^2 & 4 & 1 & 1 \\ x^3 & 8 & -1 & 1 \end{vmatrix}=0$

3. 证明题.

(1) $\begin{vmatrix} 1 & 2 & 3 & \cdots & n \\ 2 & 3 & 4 & \cdots & n+1 \\ 3 & 4 & 5 & \cdots & n+2 \\ \vdots & \vdots & \vdots & \ddots & \vdots \\ n & n+1 & n+2 & \cdots & 2n-1 \end{vmatrix}=0$ (2) $\begin{vmatrix} a+1 & 0 & 0 & 0 & a+2 \\ 0 & a+5 & 0 & a+6 & 0 \\ 0 & 0 & a & 0 & 0 \\ 0 & a+7 & 0 & a+8 & 0 \\ a+3 & 0 & 0 & 0 & a+4 \end{vmatrix}=4a$

4. 已知 4 阶行列式 $D=\begin{vmatrix} 3 & -5 & 2 & 1 \\ 1 & 1 & 0 & -5 \\ -1 & 3 & 1 & 3 \\ 2 & -4 & -1 & -3 \end{vmatrix}$,求

(1) $A_{11}+A_{12}+A_{13}+A_{14}$ (2) $M_{11}+M_{21}+M_{31}+M_{41}$

1.5 克拉默(Cramer)法则

从前面的讨论中已经知道,可以用 2 或 3 阶行列式求解二或三元线性方程组,分别得到式(1.4)和式(1.8).本节中要将此方法推广到用 n 阶行列式求解含 n 个未知数 n 个方程的线性方程组,这就是克拉默(Cramer)法则.

含 n 个未知数 n 个方程的线性方程组的一般形式为

$$\begin{cases} a_{11}x_1+a_{12}x_2+\cdots+a_{1n}x_n=b_1 \\ a_{21}x_1+a_{22}x_2+\cdots+a_{2n}x_n=b_2 \\ \cdots\cdots \\ a_{n1}x_1+a_{n2}x_2+\cdots+a_{nn}x_n=b_n \end{cases} \tag{1.30}$$

当其常数项 $b_1,b_2,\cdots,b_n$ 不全为零时,称线性方程组(1.30)为**非齐次线性方程组**.当其常数项 $b_1,b_2,\cdots,b_n$ 全为零时,即

$$\begin{cases} a_{11}x_1+a_{12}x_2+\cdots+a_{1n}x_n=0 \\ a_{21}x_1+a_{22}x_2+\cdots+a_{2n}x_n=0 \\ \cdots\cdots \\ a_{n1}x_1+a_{n2}x_2+\cdots+a_{nn}x_n=0 \end{cases} \tag{1.31}$$

称为**齐次线性方程组**.

线性方程组(1.30)的系数 $a_{ij}\,(i,j=1,2,\cdots,n)$ 构成的行列式 D,称为该方程组的**系数行列式**,即

$$D=\begin{vmatrix} a_{11} & a_{12} & \cdots & a_{1n} \\ a_{21} & a_{22} & \cdots & a_{2n} \\ \vdots & \vdots & \ddots & \vdots \\ a_{n1} & a_{n2} & \cdots & a_{nn} \end{vmatrix}.$$

定理 1.5 (克拉默法则)如果线性方程组(1.30)的系数行列式 $D\neq0$,则线性方程组(1.30)有唯一解

$$x_1=\frac{D_1}{D},x_2=\frac{D_2}{D},\cdots,x_n=\frac{D_n}{D}, \tag{1.32}$$

其中

$$D_j=\begin{vmatrix} a_{11} & \cdots & a_{1,j-1} & b_1 & a_{1,j+1} & \cdots & a_{1n} \\ a_{21} & \cdots & a_{2,j-1} & b_2 & a_{2,j+1} & \cdots & a_{2n} \\ \vdots & \ddots & \vdots & \vdots & \vdots & \ddots & \vdots \\ a_{n1} & \cdots & a_{n,j-1} & b_n & a_{n,j+1} & \cdots & a_{nn} \end{vmatrix} \quad (j=1,2,\cdots,n),$$

即 D_j 是用线性方程组(1.30)的常数项 $b_1,b_2,\cdots,b_n$ 依次替换系数行列式 D 的第 j 列元素得到的 n 阶行列式.

证* 先证在 $D\neq0$ 的条件下,方程组(1.30)有解.只需验证式(1.32)给出的是方程组(1.30)的解.

由于

$$D_j=b_1A_{1j}+b_2A_{2j}+\cdots+b_nA_{nj},(j=1,2,\cdots,n), \tag{1.33}$$

其中 $A_{1j},A_{2j},\cdots,A_{nj}$ 为系数行列式 D 的第 j 列元素的代数余子式,将

$$x_1=\frac{D_1}{D},x_2=\frac{D_2}{D},\cdots,x_n=\frac{D_n}{D}$$

代入方程组(1.30)的第 i 个方程的左端,得

$$\begin{aligned}
&a_{i1}\cdot\frac{D_1}{D}+a_{i2}\cdot\frac{D_2}{D}+\cdots+a_{in}\cdot\frac{D_n}{D}\\
&=\frac{1}{D}(a_{i1}D_1+a_{i2}D_2+\cdots+a_{in}D_n)\\
&=\frac{1}{D}[a_{i1}(b_1A_{11}+b_2A_{21}+\cdots+b_iA_{i1}+\cdots+b_nA_{n1})\\
&\quad+a_{i2}(b_1A_{12}+b_2A_{22}+\cdots+b_iA_{i2}+\cdots+b_nA_{n2})+\cdots\\
&\quad+a_{in}(b_1A_{1n}+b_2A_{2n}+\cdots+b_iA_{in}+\cdots+b_nA_{nn})]\\
&=\frac{1}{D}[b_1(a_{i1}A_{11}+a_{i2}A_{12}+\cdots+a_{in}A_{1n})\\
&\quad+b_2(a_{i1}A_{21}+a_{i2}A_{22}+\cdots+a_{in}A_{2n})+\cdots\\
&\quad+b_i(a_{i1}A_{i1}+a_{i2}A_{i2}+\cdots+a_{in}A_{in})+\cdots\\
&\quad+b_n(a_{i1}A_{n1}+a_{i2}A_{n2}+\cdots+a_{in}A_{nn})]\\
&=\frac{1}{D}[b_1\times0+b_2\times0+\cdots+b_i\times D+\cdots+b_n\times0]\\
&=b_i.\quad(i=1,2,\cdots,n)
\end{aligned}$$

上述表明 $\frac{D_1}{D},\frac{D_2}{D},\cdots,\frac{D_n}{D}$ 是方程组(1.30)的解.

再证若方程组有解,则式(1.32)是线性方程组(1.30)的唯一解.若有一组数 $c_1,c_2,\cdots,c_n$ 为方程组(1.30)的解,即

$$\begin{cases}a_{11}c_1+\cdots+a_{1j}c_j+\cdots+a_{1n}c_n=b_1\\a_{21}c_1+\cdots+a_{2j}c_j+\cdots+a_{2n}c_n=b_2\\\qquad\cdots\cdots\\a_{n1}c_1+\cdots+a_{nj}c_j+\cdots+a_{nn}c_n=b_n\end{cases}$$

则

$$\begin{aligned}
c_1D&=\begin{vmatrix}a_{11}c_1&a_{12}&\cdots&a_{1n}\\a_{21}c_1&a_{22}&\cdots&a_{2n}\\\vdots&\vdots&\ddots&\vdots\\a_{n1}c_1&a_{n2}&\cdots&a_{nn}\end{vmatrix}\\
&\xlongequal[j=2,\cdots,n]{c_1+a_{1j}\times c_j}\begin{vmatrix}a_{11}c_1+\cdots+a_{1j}c_j+\cdots+a_{1n}c_n&a_{12}&\cdots&a_{1n}\\a_{21}c_1+\cdots+a_{2j}c_j+\cdots+a_{2n}c_n&a_{22}&\cdots&a_{2n}\\\vdots&\vdots&\ddots&\vdots\\a_{n1}c_1+\cdots+a_{nj}c_j+\cdots+a_{nn}c_n&a_{n2}&\cdots&a_{nn}\end{vmatrix}\\
&=\begin{vmatrix}b_1&a_{12}&\cdots&a_{1n}\\b_2&a_{22}&\cdots&a_{2n}\\\vdots&\vdots&\ddots&\vdots\\b_n&a_{n2}&\cdots&a_{nn}\end{vmatrix}=D_1,
\end{aligned}$$

故

$$c_1=\frac{D_1}{D}(D\neq 0).$$

同理可得，$c_j=\frac{D_j}{D}(j=2,3,\cdots,n)$. 因此，式(1.32)是方程组(1.30)的唯一解.

［**例 1.19**］ 解线性方程组

$$\begin{cases}2x_1+x_2-x_3+x_4=1\\x_1+x_2+x_3=5\\x_1+2x_2-x_3+x_4=2\\x_1+3x_2+x_3+4x_4=5\end{cases}.$$

解 因为$D=\begin{vmatrix}2&1&-1&1\\1&1&1&0\\1&2&-1&1\\1&3&1&4\end{vmatrix}=-18\neq 0$，

$$D_1=\begin{vmatrix}1&1&-1&1\\5&1&1&0\\2&2&-1&1\\5&3&1&4\end{vmatrix}=-18,\quad D_2=\begin{vmatrix}2&1&-1&1\\1&5&1&0\\1&2&-1&1\\1&5&1&4\end{vmatrix}=-36,$$

$$D_3=\begin{vmatrix}2&1&1&1\\1&1&5&0\\1&2&2&1\\1&3&5&4\end{vmatrix}=-36,\quad D_4=\begin{vmatrix}2&1&-1&1\\1&1&1&5\\1&2&-1&2\\1&3&1&5\end{vmatrix}=18,$$

所以方程组的解为

$$x_1=\frac{D_1}{D}=1,\quad x_2=\frac{D_2}{D}=2,\quad x_3=\frac{D_3}{D}=2,\quad x_4=\frac{D_4}{D}=-1.$$

如果不考虑克拉默法则的求解公式，定理 1.5 的逆否命题是：如果线性方程组(1.30)无解或有两个不同解，则其系数行列式 $D=0$.

要注意的是克拉默法则只限于研究方程个数与未知数个数相等的线性方程组解的问题，更一般的方程组解的问题将在后面的章节中讨论.

下面研究齐次线性方程组(1.31)的解的问题，易知齐次线性方程组

$$\begin{cases}a_{11}x_1+a_{12}x_2+\cdots+a_{1n}x_n=0\\a_{21}x_1+a_{22}x_2+\cdots+a_{2n}x_n=0\\\qquad\cdots\cdots\\a_{n1}x_1+a_{n2}x_2+\cdots+a_{nn}x_n=0\end{cases}$$

一定有解且至少有一组零解，即 $x_1=x_2=\cdots=x_n=0$，但不一定有非零解.

定理 1.6 如果齐次线性方程组(1.31)的系数行列式 $D\neq 0$，则齐次线性方程组(1.31)只有零解.

推论 如果齐次线性方程组(1.31)有非零解，则其系数行列式 $D=0$.

这表明，齐次线性方程组(1.31)的系数行列式 $D=0$ 是齐次线性方程组(1.31)有非零解

的必要条件，应用第三章的知识还可以证明这个条件也是充分的.

事实上，齐次线性方程组(1.31)只有唯一零解的充要条件是其系数行列式 $D\neq 0$；齐次线性方程组(1.31)有非零解的充要条件是其系数行列式 $D=0$.

[例 1.20] 讨论 λ 为何值时，齐次线性方程组

$$\begin{cases} x_1+\lambda x_2+x_3=0 \\ x_1-x_2+x_3=0 \\ \lambda x_1+x_2+2x_3=0 \end{cases}$$

有非零解.

解 方程组的系数行列式 $D=\begin{vmatrix} 1 & \lambda & 1 \\ 1 & -1 & 1 \\ \lambda & 1 & 2 \end{vmatrix}=-(\lambda+1)(2-\lambda)$，因方程组有非零解，即有 $D=0$，所以当 $\lambda=-1$ 或 $\lambda=2$ 时，方程组有非零解.

习题 1.5

1. 用克拉默法则解下列线性方程组.

(1) $\begin{cases} 2x_1-3x_2+2x_4=8 \\ x_1+5x_2+2x_3+x_4=2 \\ 3x_1-x_2+x_3+x_4=9 \\ 4x_1+x_2+2x_3+2x_4=12 \end{cases}$

(2) $\begin{cases} x_1-x_2+x_3-2x_4=2 \\ 2x_1-x_3+4x_4=4 \\ 3x_1+2x_2+x_3=-1 \\ -x_1+2x_2-x_3+2x_4=-4 \end{cases}$

(3) $\begin{cases} 5x_1+4x_3+2x_4=3 \\ x_1-x_2+2x_3+x_4=1 \\ 4x_1+x_2+2x_3=1 \\ x_1+x_2+x_3+x_4=0 \end{cases}$

(4) $\begin{cases} x_1+x_2+\cdots+x_{n-1}+x_n=2 \\ x_1+x_2+\cdots+2x_{n-1}+x_n=2 \\ \cdots\cdots \\ x_1+(n-1)x_2+\cdots+x_{n-1}+x_n=2 \\ nx_1+x_2+\cdots+x_{n-1}+x_n=2 \end{cases}$

2. 大学生在饮食方面存在很多问题，很多人不重视吃早饭，且多数大学生日常饮食没有规律. 为了身体的健康就要制订营养改善行动计划，大学生一日食谱配餐：需要摄入一定的蛋白质、脂肪和碳水化合物，下表是食谱提供的三种食物，提供的营养以及大学生一日所需的营养

营养成分	每千克食物所含营养/g			一日所需营养/g
	食物一	食物二	食物三	
蛋白质	100	200	200	61
脂肪	0	100	30	18
碳水化合物	500	400	100	125

试建立一个线性方程组，并通过求解方程组来确定每天需要摄入上述三种食物的量.

3. 齐次线性方程组

$$\begin{cases} (1-\lambda)x-2y+4z=0 \\ 2x+(3-\lambda)y+z=0 \\ x+y+(1-\lambda)z=0 \end{cases}$$

有且只有零解，问 λ 应满足什么条件？

4. 讨论 λ,μ 取何值时，齐次线性方程组

$$\begin{cases}\lambda x_1+x_2+x_3=0\\x_1+\mu x_2+x_3=0\\x_1+2\mu x_2+x_3=0\end{cases}$$

有非零解？

复习题一

一、判断题(对的在括号里打"√",错的在括号里打"×")

1. 任意一个排列，经过两次对换，其奇偶性有可能改变.(　　)

2. 奇排列变成标准排列的对换次数为奇数.(　　)

3. n 阶行列式 D 中，若有 $n+1$ 个零元素，则行列式 D 的值一定为 0.(　　)

4. 行列式中所有元素都乘以非零数 k，等于用 k 乘该行列式.(　　)

5. 若 n 阶行列式 D 每行元素之和均为零，则行列式 $D=0$.(　　)

6. 含有 n 个未知数 n 个方程的齐次线性方程组有非零解，则其系数行列式必为零.(　　)

二、填空题

1. 要使 9 阶排列 $3729i14j5$ 为偶排列，则 $i=$__________，$j=$__________.

2. 设行列式 $\begin{vmatrix}k&3&4\\-1&k&0\\0&k&1\end{vmatrix}=0$，则 $k=$________________.

3. 如果 n 阶行列式 D 中等于零的元素个数大于 n^2-n 个，则 $D=$________________.

4. 设 n 阶行列式 $D_n=\begin{vmatrix}x&a&\cdots&a\\a&x&\cdots&a\\\vdots&\vdots&\ddots&\vdots\\a&a&\cdots&x\end{vmatrix}$，则 $A_{n1}+A_{n2}+\cdots+A_{nn}=$________________.

5. 设 $f(x)=\begin{vmatrix}2x&3&1&2\\x&x&0&1\\2&1&x&4\\x&2&1&4x\end{vmatrix}$，则 x^3 的系数为____________，x^4 的系数____________.

6. 设 $f(x)=\begin{vmatrix}x-2&x-1&x-2&x-3\\2x-2&2x-1&2x-2&2x-3\\3x-3&3x-2&4x-5&3x-5\\4x&4x-3&5x-7&4x-3\end{vmatrix}$，则方程 $f(x)=0$ 的根的个数为________.

三、选择题

1. $\begin{vmatrix}2&k-3\\k-3&2\end{vmatrix}\neq 0$ 的充分必要条件是(　　).

(A) $k\neq1$ 且 $k\neq3$　(B) $k\neq1$ 且 $k\neq5$　(C) $k\neq-1$ 且 $k\neq3$　(D) $k\neq2$ 且 $k\neq-1$

2. 4 阶行列式 $\begin{vmatrix}0&a&0&0\\b&c&0&0\\0&0&d&e\\0&0&0&f\end{vmatrix}$ 的值为(　　).

(A) $abcdef$　(B) $-abdf$　(C) $abdf$　(D) cdf

3. 若$\begin{vmatrix} a & b & c \\ 2 & 3 & 4 \\ 1 & 0 & 1 \end{vmatrix}=1$,则$\begin{vmatrix} a+3 & 1 & 1 \\ b+3 & 0 & 3 \\ c+5 & 1 & 3 \end{vmatrix}$的值为(　　).

(A) 0　　(B) 1　　(C) −1　　(D) 2

4. 设$\begin{vmatrix} a_{11} & a_{12} \\ a_{21} & a_{22} \end{vmatrix}=6$,则$\begin{vmatrix} a_{12} & 2a_{11} & 0 \\ a_{22} & 2a_{21} & 0 \\ 0 & -2 & -1 \end{vmatrix}$的值为(　　).

(A) 12　　(B) −12　　(C) 18　　(D) 0

5. 设D为n阶行列式,则D为零的充分必要条件是(　　).

(A) D中有两行(列)的对应元素成比例

(B) D中有一行(列)的所有元素均为零

(C) D中有一行(列)的所有元素均可以化为零

(D) D中有一行(列)的所有元素的代数余子式均为零

6. 设$f(x)=\begin{vmatrix} x & x & 1 & 0 \\ 1 & x & 2 & 3 \\ 2 & 3 & x & 2 \\ 1 & 1 & 2 & x \end{vmatrix}$,则$f(x)$中常数项为(　　).

(A) 0　　(B) 6　　(C) −5　　(D) 2

7. 设A_{ij}是n阶行列式D中元素a_{ij}的代数余子式,则必有(　　).

(A) $a_{11}A_{11}+a_{12}A_{21}+\cdots+a_{1n}A_{n1}=D$　　(B) $a_{11}A_{11}+a_{12}A_{12}+\cdots+a_{1n}A_{1n}=D$

(C) $a_{11}A_{11}+a_{12}A_{21}+\cdots+a_{1n}A_{n1}=0$　　(D) $a_{11}A_{11}+a_{12}A_{12}+\cdots+a_{1n}A_{1n}=0$

8. n阶行列式D的元素a_{ij}的余子式M_{ij}与代数余子式A_{ij}的关系为(　　).

(A) $A_{ij}=M_{ij}$　　(B) $-M_{ij}=A_{ij}$　　(C) $M_{ij}=(-1)^{i+j}A_{ij}$　　(D) $M_{ij}=(-1)^{ij}A_{ij}$

9. 设行列式

$$D_1=\begin{vmatrix} a_{11} & a_{12} & a_{13} \\ a_{21} & a_{22} & a_{23} \\ a_{31} & a_{32} & a_{33} \end{vmatrix},\ D_2=\begin{vmatrix} a_{11} & a_{12} & a_{13} \\ 1 & 1 & 1 \\ a_{31} & a_{32} & a_{33} \end{vmatrix}$$

且M_{ij}和A_{ij}分别为D_1中元素a_{ij}的余子式和代数余子式,则行列式D_2的值为(　　).

(A) $\sum_{j=1}^{3}A_{2j}$　　(B) $\sum_{j=1}^{3}M_{2j}$　　(C) $-\sum_{j=1}^{3}A_{2j}$　　(D) $-\sum_{j=1}^{3}M_{2j}$

10. 设方程组$\begin{cases} a_{11}x_1+a_{12}x_2+\cdots+a_{1n}x_n=b_1 \\ a_{21}x_1+a_{22}x_2+\cdots+a_{2n}x_n=b_2 \\ \cdots\cdots \\ a_{n1}x_1+a_{n2}x_2+\cdots+a_{nn}x_n=b_n \end{cases}$,则下列结论中正确的是(　　).

(A) 若该方程组有解,则其系数行列式$D\neq 0$

(B) 若该方程组无解,则其系数行列式$D=0$

(C) 若其系数行列式$D=0$,则该方程组无解

(D) 该方程组解不唯一的充分必要条件是其系数行列式$D=0$

四、计算题

1. 计算4阶行列式$D_4=\begin{vmatrix} a & b & c & 1 \\ b & c & a & 1 \\ c & a & b & 1 \\ \frac{b+c}{2} & \frac{c+a}{2} & \frac{a+b}{2} & 1 \end{vmatrix}$.

2. 计算 4 阶行列式 $D_4=\begin{vmatrix}1&1&1&1\\a&b&c&d\\a^2&b^2&c^2&d^2\\a^4&b^4&c^4&d^4\end{vmatrix}$.

3. 计算 $n(n\geqslant 2)$阶行列式 $D_n=\begin{vmatrix}1&2&\cdots&2&2\\2&2&\cdots&2&2\\\vdots&\vdots&\ddots&\vdots&\vdots\\2&2&\cdots&n-1&2\\2&2&\cdots&2&n\end{vmatrix}$.

4. 计算 n 阶行列式 $D_n=\begin{vmatrix}5&3&0&\cdots&0&0\\2&5&3&\cdots&0&0\\0&2&5&\cdots&0&0\\\vdots&\vdots&\vdots&\ddots&\vdots&\vdots\\0&0&0&\cdots&5&3\\0&0&0&\cdots&2&5\end{vmatrix}$.

5. 计算 n 阶行列式 $D_n=\begin{vmatrix}a_1+b_1&a_2&\cdots&a_n\\a_1&a_2+b_2&\cdots&a_n\\\vdots&\vdots&\ddots&\vdots\\a_1&a_2&\cdots&a_n+b_n\end{vmatrix}$,其中 $b_1b_2\cdots b_n\neq 0$.

6. 已知 5 阶行列式 $D_5=\begin{vmatrix}1&2&3&4&5\\2&2&2&1&1\\3&1&2&4&5\\1&1&1&2&2\\4&3&1&5&0\end{vmatrix}=27$,求 $A_{41}+A_{42}+A_{43}$ 和 $A_{44}+A_{45}$.

7. 计算 n 阶行列式 $D_n=\begin{vmatrix}1&2&3&\cdots&n\\2&3&4&\cdots&1\\3&4&5&\cdots&2\\\vdots&\vdots&\vdots&\ddots&\vdots\\n&1&2&\cdots&n-1\end{vmatrix}$.

五、证明题

1. 证明：

$$\begin{vmatrix}by+az&bz+ax&bx+ay\\bx+ay&by+az&bz+ax\\bz+ax&bx+ay&by+az\end{vmatrix}=(a^3+b^3)\begin{vmatrix}x&y&z\\z&x&y\\y&z&x\end{vmatrix}.$$

2. 证明：

$$\begin{vmatrix}a_0&-1&0&\cdots&0&0\\a_1&x&-1&\cdots&0&0\\\vdots&\vdots&\vdots&\ddots&\vdots&\vdots\\a_{n-2}&0&0&\cdots&x&-1\\a_{n-1}&0&0&\cdots&0&x\end{vmatrix}=a_0x^{n-1}+a_1x^{n-2}+\cdots+a_{n-1}.$$

3. 证明：当$(a+1)^2=4b$时，齐次线性方程组$\begin{cases} x_1+x_2+x_3+ax_4=0 \\ x_1+2x_2+x_3+x_4=0 \\ x_1+x_2-3x_3+x_4=0 \\ x_1+x_2+ax_3+bx_4=0 \end{cases}$有非零解.

4. 设多项式$f(t)=a_0+a_1t+\cdots+a_nt^n$，证明：若$f(t)$有$n+1$个互异零点，则$f(t)\equiv0$.

2 矩　　阵

矩阵是线性代数的一个最基本的工具，它产生于对线性方程组及线性变换的研究，贯穿于线性代数的各部分内容，并在经济研究工作中有着重要的应用. 本章主要介绍矩阵的概念及其运算、逆矩阵、分块矩阵、矩阵的初等变换和初等矩阵、矩阵的秩等内容.

2.1 矩阵的概念

第 1 章中介绍的行列式是从研究线性方程组的问题中引出来的，但是行列式处理的是未知量个数与方程个数相等的一类特殊的线性方程组. 利用矩阵就可以解决更一般的线性方程组的问题，因而矩阵的应用更为广泛.

2.1.1 矩阵的概念

定义 2.1 由 $m\times n$ 个数 $a_{ij}(i=1,2,\cdots,m;j=1,2,\cdots,n)$ 排成的 m 行 n 列的数表

$$\begin{pmatrix} a_{11} & a_{12} & \cdots & a_{1n} \\ a_{21} & a_{22} & \cdots & a_{2n} \\ \vdots & \vdots & \ddots & \vdots \\ a_{m1} & a_{m2} & \cdots & a_{mn} \end{pmatrix}$$

称为 m **行** n **列矩阵**，简称 $m\times n$ **矩阵**，一般用大写的英文字母 $A,B,C,\cdots$ 表示，其中 a_{ij} 称为矩阵 $\boldsymbol{A}$ 的第 i 行第 j 列的**元素**.

$m\times n$ 矩阵可记为 $\boldsymbol{A}_{m\times n}$ 或 $(a_{ij})_{m\times n}$. 特别要注意矩阵与行列式的区别，它们在实质上和形式上都不同. 例如，矩阵 $\begin{pmatrix} 1 & 2 \\ 3 & 6 \end{pmatrix}$ 表示了一个 2×2 的数表，而 $\begin{vmatrix} 1 & 2 \\ 3 & 6 \end{vmatrix}$ 表示了值为 0 的算式.

定义 2.2 行数与列数分别相等的矩阵称为同型矩阵.

例如：矩阵 $\boldsymbol{A}=\begin{pmatrix} 1 & 2 & 5 \\ 5 & 7 & 9 \end{pmatrix}$ 与 $\boldsymbol{B}=\begin{pmatrix} a & b & c \\ d & e & f \end{pmatrix}$ 是同型矩阵.

定义 2.3 如果矩阵 $\boldsymbol{A}=(a_{ij})_{m\times n}$ 与矩阵 $\boldsymbol{B}=(b_{ij})_{m\times n}$ 为同型矩阵，且它们对应位置的元素均相等，即

$$a_{ij}=b_{ij},i=1,2,\cdots,m;j=1,2,\cdots,n,$$

则称矩阵 $\boldsymbol{A}$ 与矩阵 $\boldsymbol{B}$ 相等，记为 $\boldsymbol{A}=\boldsymbol{B}$.

例如，若 $\begin{pmatrix} x & y \\ 0 & 2 \end{pmatrix}=\begin{pmatrix} 4-x & 5+x \\ 0 & a-y \end{pmatrix}$，则有 $x=2,y=7,a=9$.

2.1.2 几类特殊的矩阵

根据矩阵中元素或形状的特点，分别命名以下几类常用的特殊矩阵：

(1) 复矩阵　元素是复数的矩阵称为**复矩阵**.

(2) 实矩阵　元素为实数的矩阵称为**实矩阵**. 本书中的矩阵如无特殊说明，都指实

矩阵.

(3) 零矩阵　元素都是零的矩阵称为**零矩阵**,记作 $\boldsymbol{O}$. 要注意的是不同型的零矩阵是不相等的.

(4) 行矩阵(或行向量)　仅有一行的矩阵称为**行矩阵**(也称为**行向量**),行矩阵

$$\mathbf{A}=(a_{11}\ a_{12}\cdots\ a_{1n})$$

也可用希腊字母记为 $\boldsymbol{\alpha}=(a_{11}a_{12}\cdots a_{1n})$.

(5) 列矩阵(或列向量)　仅有一列的矩阵称为**列矩阵**(也称为**列向量**),列矩阵

$$\mathbf{A}=\begin{pmatrix} a_{11} \\ a_{21} \\ \vdots \\ a_{m1} \end{pmatrix}$$

也可用希腊字母记为 $\boldsymbol{\beta}=\begin{pmatrix} a_{11} \\ a_{21} \\ \vdots \\ a_{m1} \end{pmatrix}$.

(6) 方阵　行数与列数相等的矩阵称为**方阵**,如

$$\mathbf{A}=\begin{pmatrix} a_{11} & a_{12} & \cdots & a_{1n} \\ a_{21} & a_{22} & \cdots & a_{2n} \\ \vdots & \vdots & \ddots & \vdots \\ a_{n1} & a_{n2} & \cdots & a_{nn} \end{pmatrix}$$

称为 n 阶**方阵**或 n 阶**矩阵**,简记为 $\mathbf{A}=(a_{ij})_n$. 从左上角到右下角的连线称为方阵的**主对角线**.

(7) 三角矩阵　主对角线以下(或上)的元素全为零的方阵称为**上(或下)三角矩阵**.

通常对于矩阵中零元素集中的部分可以将零元素省略不写或集中用 O 表示. 如

$$\begin{pmatrix} a_{11} & a_{12} & \cdots & a_{1n} \\ & a_{22} & \cdots & a_{2n} \\ & & \ddots & \vdots \\ & & & a_{nn} \end{pmatrix}$$

为 n 阶**上三角矩阵**;而矩阵

$$\begin{pmatrix} a_{11} & & & \\ a_{21} & a_{22} & & \\ \vdots & \vdots & \ddots & \\ a_{n1} & a_{n2} & \cdots & a_{nn} \end{pmatrix}$$

为 n 阶**下三角矩阵**.

(8) 对角矩阵　除主对角线上元素外,其他元素全为零的方阵称为**对角矩阵**. 如

$$\begin{pmatrix} \lambda_1 & & & \\ & \lambda_2 & & \\ & & \ddots & \\ & & & \lambda_n \end{pmatrix}$$

为 n 阶**对角矩阵**,记为 $\boldsymbol{\Lambda}$ 或 $\mathrm{diag}(\lambda_1,\lambda_2,\cdots,\lambda_n)$.

(9) 数量矩阵　主对角线上的元素相等,其他元素全为零的对角矩阵称为**数量矩阵**. 如

$$\begin{pmatrix} k & & & \\ & k & & \\ & & \ddots & \\ & & & k \end{pmatrix}$$

为 n 阶**数量矩阵**,记为 $k\boldsymbol{E}_n$ 或 $k\boldsymbol{E}$.

(10) 单位矩阵　主对角线上的元素全为 1,其他元素全为零的数量矩阵称为 n 阶**单位矩阵**,记为 $\boldsymbol{E}_n$,简记为 $\boldsymbol{E}$,即

$$\boldsymbol{E}_n=\begin{pmatrix} 1 & & & \\ & 1 & & \\ & & \ddots & \\ & & & 1 \end{pmatrix}.$$

注意　不同阶的单位矩阵是不相等的.

2.1.3　矩阵应用

下面讨论几个矩阵在实际问题中应用的例子.

[例 2.1]　(运输问题)同一物资的产地为甲、乙共 2 个,销售地为 A,B,C 共三个. 从产地到销售地的单位运价如表:

	销售地 A	销售地 B	销售地 C
产地甲	10	30	20
产地乙	50	50	0

则该调运方案的单位运价矩阵为

$$\begin{pmatrix} 10 & 30 & 20 \\ 50 & 50 & 0 \end{pmatrix}.$$

[例 2.2]　(航线问题)设有 4 个城市的航线关系如图 2.1 所示. 若从城市 i 到城市 j 间有一条直飞的单向航线,则令 $a_{ij}=1$;若从城市 i 到城市 j 间没有直飞的航线,则令 $a_{ij}=0$,其中 $i,j=1,2,3,4$,则四个城市之间的航线关系可以用矩阵表示为

$$\begin{pmatrix} 0 & 1 & 1 & 1 \\ 1 & 0 & 0 & 0 \\ 0 & 1 & 0 & 0 \\ 1 & 0 & 1 & 0 \end{pmatrix}.$$

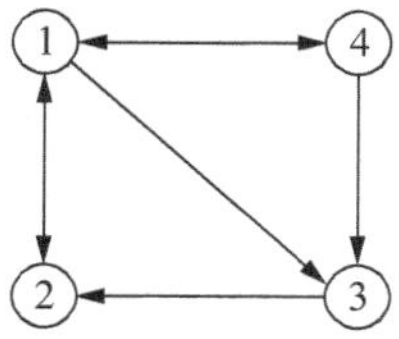

图 2.1

[例 2.3]　(线性变换问题)n 个变量 $x_1,x_2,\cdots,x_n$ 与 m 个变量 $y_1,y_2,\cdots,y_m$ 之间的关系式

$$\begin{cases} y_1=a_{11}x_1+a_{12}x_2+\cdots+a_{1n}x_n \\ y_2=a_{21}x_1+a_{22}x_2+\cdots+a_{2n}x_n \\ \quad\cdots\cdots \\ y_m=a_{m1}x_1+a_{m2}x_2+\cdots+a_{mn}x_n \end{cases} \tag{2.1}$$

表示从变量 $y_1,y_2,\cdots,y_m$ 到变量 $x_1,x_2,\cdots,x_n$ 的线性变换，其中 $a_{ij}\in\mathbf{R},i=1,2,\cdots,m,j=1,2,\cdots,n$. 由式(2.1)中系数 a_{ij} 构成的矩阵

$$\mathbf{A}=\begin{pmatrix} a_{11} & a_{12} & \cdots & a_{1n} \\ a_{21} & a_{22} & \cdots & a_{2n} \\ \vdots & \vdots & \ddots & \vdots \\ a_{m1} & a_{m2} & \cdots & a_{mn} \end{pmatrix}$$

称为线性变换(2.1)的**系数矩阵**.

给定了线性变换(2.1)，那么系数矩阵就被确定；反之，若给出某个矩阵作为线性变换的系数矩阵，则线性变换也被确定. 因此，矩阵与线性变换之间存在着一一对应的关系. 可以用矩阵来研究线性变换，同样也可以用线性变换来更好地认识矩阵.

例如：线性变换

$$\begin{cases} y_1=\lambda_1 x_1 \\ y_2=\lambda_2 x_2 \\ \quad\cdots \\ y_n=\lambda_n x_n \end{cases}$$

所对应的系数矩阵就是 n 阶的对角矩阵

$$\begin{pmatrix} \lambda_1 & & & \\ & \lambda_2 & & \\ & & \ddots & \\ & & & \lambda_n \end{pmatrix}.$$

又如：若变量 y_1,y_2,y_3 到变量 x_1,x_2,x_3 的线性变换的矩阵为 $\begin{pmatrix} 1 & 2 & 1 \\ 0 & 2 & 3 \\ 0 & 0 & 1 \end{pmatrix}$，则表示它对应了线性变换

$$\begin{cases} y_1=x_1+2x_2+x_3 \\ y_2=2x_2+3x_3 \\ y_3=x_3 \end{cases}$$

从上面的应用实例中可以看到，使用矩阵作为工具，就可以把许多实际问题转化为数表，这样就能以更简洁的方式对数据进行研究和处理，从而最终解决问题.

习题 2.1

1. 设线性变换

$$\begin{cases} y_1=2x_1+2x_2+3x_3+x_4 \\ y_2=x_1-3x_2+2x_3-2x_4 \\ y_3=x_1-x_3+5x_4 \end{cases}$$

写出此线性变换的系数矩阵.

2. 设 $\begin{pmatrix} x-2 & y \\ 3 & 2a-y \end{pmatrix}=\begin{pmatrix} 4 & 2+x \\ 3 & 2 \end{pmatrix}$，求 x,y,a 的值.

3. 设有 A，B 两种物资(单位吨)，要从产地 1、2 运往三个销售地甲、乙、丙. 物资 A 从产地到销售地的运输

量见下表：

	销售地甲	销售地乙	销售地丙
产地 1	8	0	5
产地 2	3	7	0

物资 B 从产地到销售地的运输量见下表：

	销售地甲	销售地乙	销售地丙
产地 1	1	7	2
产地 2	2	0	8

试用矩阵表示两种物资的调运方案.

2.2 矩阵的运算

为了更好地使用矩阵工具解决实际问题，就要定义矩阵的运算.

2.2.1 矩阵的线性运算

定义 2.4 设 k 为任意常数，$\boldsymbol{A}=(a_{ij})$ 为 $m\times n$ 矩阵，则数 k 与矩阵 $\boldsymbol{A}$ 的乘积记作 $k\boldsymbol{A}$，定义为

$$k\boldsymbol{A}=(ka_{ij})_{m\times n}=\begin{pmatrix} ka_{11} & ka_{12} & \cdots & ka_{1n} \\ ka_{21} & ka_{22} & \cdots & ka_{2n} \\ \vdots & \vdots & \ddots & \vdots \\ ka_{m1} & ka_{m2} & \cdots & ka_{mn} \end{pmatrix}.$$

数与矩阵的乘积运算简称为矩阵的**数乘运算**.

定义 2.5 设两个 $m\times n$ 矩阵 $\boldsymbol{A}=(a_{ij})_{m\times n}$，$\boldsymbol{B}=(b_{ij})_{m\times n}$，称 $m\times n$ 矩阵

$$(a_{ij}+b_{ij})_{m\times n}$$

为矩阵 $\boldsymbol{A}$ 与矩阵 $\boldsymbol{B}$ 之和，记为 $\boldsymbol{A}+\boldsymbol{B}$，即 $\boldsymbol{A}+\boldsymbol{B}=(a_{ij}+b_{ij})_{m\times n}$，这种运算称为矩阵的**加法运算**.

矩阵的数乘运算和加法运算统称为矩阵的**线性运算**.

对任一矩阵 $\boldsymbol{A}=(a_{ij})_{m\times n}$，称矩阵

$$(-a_{ij})_{m\times n}$$

为 $\boldsymbol{A}$ 的负矩阵，记为 $-\boldsymbol{A}$，即

$$-\boldsymbol{A}=(-a_{ij})_{m\times n}.$$

利用矩阵的加法及负矩阵，矩阵 $\boldsymbol{A}$ 与矩阵 $\boldsymbol{B}$ 之差定义为 $\boldsymbol{A}-\boldsymbol{B}=\boldsymbol{A}+(-\boldsymbol{B})$，故

$$\boldsymbol{A}-\boldsymbol{B}=(a_{ij}-b_{ij})_{m\times n}.$$

［**例 2.4**］ 设矩阵 $\boldsymbol{A}=\begin{pmatrix} 1 & 2 & 3 \\ 4 & 5 & 6 \end{pmatrix}$，$\boldsymbol{B}=\begin{pmatrix} 1 & 3 & 5 \\ 5 & 3 & 1 \end{pmatrix}$，求 $2\boldsymbol{A}+\boldsymbol{B}$ 和 $2\boldsymbol{A}-\boldsymbol{B}$.

解 $2\boldsymbol{A}+\boldsymbol{B}=2\begin{pmatrix} 1 & 2 & 3 \\ 4 & 5 & 6 \end{pmatrix}+\begin{pmatrix} 1 & 3 & 5 \\ 5 & 3 & 1 \end{pmatrix}=\begin{pmatrix} 2 & 4 & 6 \\ 8 & 10 & 12 \end{pmatrix}+\begin{pmatrix} 1 & 3 & 5 \\ 5 & 3 & 1 \end{pmatrix}=\begin{pmatrix} 3 & 7 & 11 \\ 13 & 13 & 13 \end{pmatrix}.$

$$2\boldsymbol{A}-\boldsymbol{B}=2\begin{pmatrix}1&2&3\\4&5&6\end{pmatrix}-\begin{pmatrix}1&3&5\\5&3&1\end{pmatrix}=\begin{pmatrix}2&4&6\\8&10&12\end{pmatrix}-\begin{pmatrix}1&3&5\\5&3&1\end{pmatrix}=\begin{pmatrix}1&1&1\\3&7&11\end{pmatrix}.$$

注意　只有同型矩阵的加(减)运算才有意义.

设 k,l 为任意常数,$\boldsymbol{A},\boldsymbol{B}$ 都是 $m\times n$ 矩阵,容易验证,矩阵的数乘和加法运算满足下列运算律:

(1) $\boldsymbol{A}+\boldsymbol{B}=\boldsymbol{B}+\boldsymbol{A}$;

(2) $(\boldsymbol{A}+\boldsymbol{B})+\boldsymbol{C}=\boldsymbol{A}+(\boldsymbol{B}+\boldsymbol{C})$;

(3) $\boldsymbol{A}+\boldsymbol{O}=\boldsymbol{A}$;

(4) $\boldsymbol{A}+(-\boldsymbol{A})=\boldsymbol{O}$;

(5) $1\cdot\boldsymbol{A}=\boldsymbol{A}$;

(6) $(k+l)\boldsymbol{A}=k\boldsymbol{A}+l\boldsymbol{A}$;

(7) $k(\boldsymbol{A}+\boldsymbol{B})=k\boldsymbol{A}+k\boldsymbol{B}$;

(8) $k(l\boldsymbol{A})=(kl)\boldsymbol{A}=l(k\boldsymbol{A})$;

(9) 若 $k\boldsymbol{A}=\boldsymbol{O}$,则 $k=0$ 或 $\boldsymbol{A}=\boldsymbol{O}$.

2.2.2　矩阵的乘法

定义 2.6　设 $\boldsymbol{A}=(a_{ij})_{m\times s}$ 为 $m\times s$ 矩阵,$\boldsymbol{B}=(b_{ij})_{s\times n}$ 为 $s\times n$ 矩阵,那么矩阵 $\boldsymbol{A}$ 与 $\boldsymbol{B}$ 的乘积 $\boldsymbol{AB}$ 定义为一个 $m\times n$ 矩阵 $\boldsymbol{C}=(c_{ij})_{m\times n}$,即

$$\boldsymbol{AB}=\boldsymbol{C}=(c_{ij})_{m\times n},$$

其中

$$c_{ij}=a_{i1}b_{1j}+a_{i2}b_{2j}+\cdots+a_{is}b_{sj}\quad(i=1,2,\cdots,m;j=1,2,\cdots,n).$$

在使用矩阵乘法定义时,要注意以下三点:

(1) 两个矩阵相乘,只有满足左矩阵的列数等于右矩阵的行数时,矩阵的乘法才有意义;

(2) 乘积矩阵的行数等于左矩阵的行数,列数等于右矩阵的列数;

(3) 乘积矩阵的第 i 行第 j 列的元素等于左矩阵的第 i 行元素与右矩阵的第 j 列对应元素的乘积之和.

例如:设矩阵 $\boldsymbol{A}=\begin{pmatrix}a_{11}&a_{12}&a_{13}\\a_{21}&a_{22}&a_{23}\end{pmatrix}$,$\boldsymbol{B}=\begin{pmatrix}b_{11}&b_{12}\\b_{21}&b_{22}\\b_{31}&b_{32}\end{pmatrix}$,则它们的乘积

$$C=\boldsymbol{A}_{2\times3}B_{3\times2}=\begin{pmatrix}a_{11}&a_{12}&a_{13}\\a_{21}&a_{22}&a_{23}\end{pmatrix}\begin{pmatrix}b_{11}&b_{12}\\b_{21}&b_{22}\\b_{31}&b_{32}\end{pmatrix}$$

$$=\begin{pmatrix}a_{11}b_{11}+a_{12}b_{21}+a_{13}b_{31}&a_{11}b_{12}+a_{12}b_{22}+a_{13}b_{32}\\a_{21}b_{11}+a_{22}b_{21}+a_{23}b_{31}&a_{21}b_{12}+a_{22}b_{22}+a_{23}b_{32}\end{pmatrix}_{2\times2}$$

$$=\begin{pmatrix}c_{11}&c_{12}\\c_{21}&c_{22}\end{pmatrix}_{2\times2}.$$

[例 2.5]　设矩阵 $\boldsymbol{A}=\begin{pmatrix}2&2\\-2&-2\end{pmatrix}$,$\boldsymbol{M}=\begin{pmatrix}5&2\\3&1\end{pmatrix}$,$\boldsymbol{N}=\begin{pmatrix}2&5\\6&-2\end{pmatrix}$,求 $\boldsymbol{M}-\boldsymbol{N}$. $\boldsymbol{A}(\boldsymbol{M}-\boldsymbol{N})$.

$(\boldsymbol{M}-\boldsymbol{N})\boldsymbol{A}$. $\boldsymbol{AM}$. $\boldsymbol{AN}$.

解 令 $\boldsymbol{B}=\boldsymbol{M}-\boldsymbol{N}$,则 $\boldsymbol{B}=\begin{pmatrix}5&2\\3&1\end{pmatrix}-\begin{pmatrix}2&5\\6&-2\end{pmatrix}=\begin{pmatrix}3&-3\\-3&3\end{pmatrix}$.

$\boldsymbol{AB}=\begin{pmatrix}2&2\\-2&-2\end{pmatrix}\begin{pmatrix}3&-3\\-3&3\end{pmatrix}=\begin{pmatrix}0&0\\0&0\end{pmatrix}$. $\boldsymbol{BA}=\begin{pmatrix}3&-3\\-3&3\end{pmatrix}\begin{pmatrix}2&2\\-2&-2\end{pmatrix}=\begin{pmatrix}12&12\\-12&-12\end{pmatrix}$.

$\boldsymbol{AM}=\begin{pmatrix}2&2\\-2&-2\end{pmatrix}\begin{pmatrix}5&2\\3&1\end{pmatrix}=\begin{pmatrix}16&6\\-16&-6\end{pmatrix}$. $\boldsymbol{AN}=\begin{pmatrix}2&2\\-2&-2\end{pmatrix}\begin{pmatrix}2&5\\6&-2\end{pmatrix}=\begin{pmatrix}16&6\\-16&-6\end{pmatrix}$.

在上例中可以发现:

(1) 矩阵乘法一般不满足交换律,即 $\boldsymbol{AB}$ 一般不等于 $\boldsymbol{BA}$. 假如矩阵 $\boldsymbol{A}$ 与 $\boldsymbol{B}$ 满足 $\boldsymbol{AB}=\boldsymbol{BA}$,就称矩阵 $\boldsymbol{A}$ 与 $\boldsymbol{B}$ **可交换**.

(2) 两个非零矩阵的乘积可能为零矩阵,即由 $\boldsymbol{AB}=\boldsymbol{O}$,不一定能得到 $\boldsymbol{A}=\boldsymbol{O}$ 或 $\boldsymbol{B}=\boldsymbol{O}$.

(3) 矩阵乘法一般不满足消去律, 即由 $\boldsymbol{AM}=\boldsymbol{AN}$,且 $\boldsymbol{A}\neq\boldsymbol{O}$,不一定能得到 $\boldsymbol{M}=\boldsymbol{N}$.

尽管矩阵的乘法运算与数的乘法运算有很大差别,但是矩阵乘法满足以下运算规律:(假设相关运算都有意义)

(1) $(\boldsymbol{AB})\boldsymbol{C}=\boldsymbol{A}(\boldsymbol{BC})$(结合律).

(2) $\boldsymbol{A}(\boldsymbol{B}+\boldsymbol{C})=\boldsymbol{AB}+\boldsymbol{AC}$(左分配律),$(\boldsymbol{A}+\boldsymbol{B})\boldsymbol{C}=\boldsymbol{AC}+\boldsymbol{BC}$(右分配律).

(3) $(k\boldsymbol{A})\boldsymbol{B}=k(\boldsymbol{AB})=\boldsymbol{A}(k\boldsymbol{B})$,其中 k 是实数.

(4) $\boldsymbol{AO}=\boldsymbol{O},\boldsymbol{OA}=\boldsymbol{O},\boldsymbol{AE}=\boldsymbol{A},\boldsymbol{EA}=\boldsymbol{A}$.

证 此处只证明(2)中的右分配律,其余运算律类似地可以证得.

设 $\boldsymbol{A}=(a_{ik})_{m\times l},\boldsymbol{B}=(b_{ik})_{m\times l},\boldsymbol{C}=(c_{kj})_{l\times n}$

则

$$\begin{aligned}(\boldsymbol{A}+\boldsymbol{B})\boldsymbol{C}&=((a_{ik})_{m\times l}+(b_{ik})_{m\times l})(c_{kj})_{l\times n}\\&=(a_{ik}+b_{ik})_{m\times l}(c_{kj})_{l\times n}\\&=\Big(\sum_{k=1}^{l}(a_{ik}+b_{ik})c_{kj}\Big)_{m\times n}\\&=\Big(\sum_{k=1}^{l}a_{ik}c_{kj}\Big)_{m\times n}+\Big(\sum_{k=1}^{l}b_{ik}c_{kj}\Big)_{m\times n}\\&=\boldsymbol{AC}+\boldsymbol{BC},\end{aligned}$$

故右分配律成立.

矩阵乘法在解决实际问题中有着广泛的应用.

例如,设 n 元线性方程组

$$\begin{cases}a_{11}x_1+a_{12}x_2+\cdots+a_{1n}x_n=b_1\\a_{21}x_1+a_{22}x_2+\cdots+a_{2n}x_n=b_2\\\quad\cdots\cdots\\a_{m1}x_1+a_{m2}x_2+\cdots+a_{mn}x_n=b_m\end{cases}\tag{2.2}$$

令

$$\boldsymbol{A}_{m\times n}=\begin{pmatrix}a_{11}&a_{12}&\cdots&a_{1n}\\a_{21}&a_{22}&\cdots&a_{2n}\\\vdots&\vdots&\ddots&\vdots\\a_{m1}&a_{m2}&\cdots&a_{mn}\end{pmatrix},\boldsymbol{X}_{n\times 1}=\begin{pmatrix}x_1\\x_2\\\vdots\\x_n\end{pmatrix},b_{m\times 1}=\begin{pmatrix}b_1\\b_2\\\vdots\\b_m\end{pmatrix},$$

利用矩阵的乘法,方程组(2.2)可以表示为

$$AX=b, \tag{2.3}$$

称式(2.3)为线性方程组(2.2)的矩阵表示式.

又如,设从 x_1,x_2,x_3 到 y_1,y_2,y_3 的线性变换

$$\begin{cases} x_1=y_1-y_2 \\ x_2=y_1+y_2 \\ x_3=y_3 \end{cases} \tag{2.4}$$

以及从 y_1,y_2,y_3 到 z_1,z_2,z_3 的线性变换

$$\begin{cases} y_1=z_1+z_3 \\ y_2=z_2-2z_3 \\ y_3=z_3 \end{cases} \tag{2.5}$$

则将式(2.5)代入式(2.4),得到 x_1,x_2,x_3 到 z_1,z_2,z_3 的线性变换

$$\begin{cases} x_1=z_1-z_2+3z_3 \\ x_2=z_1+z_2-z_3 \\ x_3=z_3 \end{cases} \tag{2.6}$$

这一过程可以用线性变换对应的系数矩阵的乘法运算来理解.

如果用矩阵 $\boldsymbol{A},\boldsymbol{B},\boldsymbol{C}$ 分别表示式(2.4)、式(2.5)、式(2.6)的系数矩阵,即

$$\boldsymbol{A}=\begin{pmatrix} 1 & -1 & 0 \\ 1 & 1 & 0 \\ 0 & 0 & 1 \end{pmatrix},\quad \boldsymbol{B}=\begin{pmatrix} 1 & 0 & 1 \\ 0 & 1 & -2 \\ 0 & 0 & 1 \end{pmatrix},\quad \boldsymbol{C}=\begin{pmatrix} 1 & -1 & 3 \\ 1 & 1 & -1 \\ 0 & 0 & 1 \end{pmatrix},$$

且令

$$\boldsymbol{X}=\begin{pmatrix} x_1 \\ x_2 \\ x_3 \end{pmatrix},\boldsymbol{Y}=\begin{pmatrix} y_1 \\ y_2 \\ y_3 \end{pmatrix},\boldsymbol{Z}=\begin{pmatrix} z_1 \\ z_2 \\ z_3 \end{pmatrix},$$

利用矩阵的乘法,式(2.4)可表示为 $\boldsymbol{X}=\boldsymbol{AY}$,式(2.5)可表示为 $\boldsymbol{Y}=\boldsymbol{BZ}$.

于是

$$\boldsymbol{X}=\boldsymbol{A}(\boldsymbol{BZ})=(\boldsymbol{AB})\boldsymbol{Z},$$

这就是线性变换(2.6)的矩阵表示式,当然就有 $\boldsymbol{C}=\boldsymbol{AB}$.

用矩阵表示线性方程组、线性变换方便简洁,连续作两次线性变换相当于线性变换对应的矩阵作乘积.

2.2.3 矩阵的转置

定义 2.7 把 $m\times n$ 矩阵

$$\boldsymbol{A}_{m\times n}=\begin{pmatrix} a_{11} & a_{12} & \cdots & a_{1n} \\ a_{21} & a_{22} & \cdots & a_{2n} \\ \vdots & \vdots & \ddots & \vdots \\ a_{m1} & a_{m2} & \cdots & a_{mn} \end{pmatrix}$$

的行列依次互换得到的一个 $n\times m$ 矩阵,称为矩阵 $\boldsymbol{A}$ 的**转置矩阵**,记为 $\boldsymbol{A}^{\mathrm{T}}$ 或 $\boldsymbol{A}'$,即

$$\boldsymbol{A}^{\mathrm{T}}=\begin{pmatrix} a_{11} & a_{21} & \cdots & a_{m1} \\ a_{12} & a_{22} & \cdots & a_{m2} \\ \vdots & \vdots & \ddots & \vdots \\ a_{1n} & a_{2n} & \cdots & a_{mn} \end{pmatrix}.$$

例如，

$$\boldsymbol{A}=\begin{pmatrix} 1 & 2 & 2 \\ 4 & 5 & 8 \end{pmatrix},\boldsymbol{A}^{\mathrm{T}}=\begin{pmatrix} 1 & 4 \\ 2 & 5 \\ 2 & 8 \end{pmatrix},$$

$$\boldsymbol{\Lambda}=\begin{pmatrix} \lambda_1 & & & \\ & \lambda_2 & & \\ & & \ddots & \\ & & & \lambda_n \end{pmatrix},\boldsymbol{\Lambda}^{\mathrm{T}}=\begin{pmatrix} \lambda_1 & & & \\ & \lambda_2 & & \\ & & \ddots & \\ & & & \lambda_n \end{pmatrix}.$$

矩阵的转置满足以下规律：(假设以下运算均可行)

(1) $(\boldsymbol{A}^{\mathrm{T}})^{\mathrm{T}}=\boldsymbol{A}$.

(2) $(k\boldsymbol{A})^{\mathrm{T}}=k\boldsymbol{A}^{\mathrm{T}}$，其中 k 为实数.

(3) $(\boldsymbol{A}\pm\boldsymbol{B})^{\mathrm{T}}=\boldsymbol{A}^{\mathrm{T}}\pm\boldsymbol{B}^{\mathrm{T}}$.

(4) $(\boldsymbol{AB})^{\mathrm{T}}=\boldsymbol{B}^{\mathrm{T}}\boldsymbol{A}^{\mathrm{T}}$.

将(3)和(4)推广到有限多个矩阵的情形，有

$$(\boldsymbol{A}_1\pm\boldsymbol{A}_2\pm\cdots\pm\boldsymbol{A}_k)^{\mathrm{T}}=\boldsymbol{A}_1^{\mathrm{T}}\pm\boldsymbol{A}_2^{\mathrm{T}}\pm\cdots\pm\boldsymbol{A}_k^{\mathrm{T}}.$$

$$(\boldsymbol{A}_1\boldsymbol{A}_2\cdots\boldsymbol{A}_k)^{\mathrm{T}}=\boldsymbol{A}_k^{\mathrm{T}}\cdots\boldsymbol{A}_2^{\mathrm{T}}\boldsymbol{A}_1^{\mathrm{T}}.$$

证　前三式易证，下面仅证(4).

设 $\boldsymbol{A}=(a_{ij})_{m\times s}$，$\boldsymbol{B}=(b_{ij})_{s\times n}$，显然 $(\boldsymbol{AB})^{\mathrm{T}}$ 和 $\boldsymbol{B}^{\mathrm{T}}\boldsymbol{A}^{\mathrm{T}}$ 都是 $n\times m$ 矩阵.

记 $\boldsymbol{C}=\boldsymbol{AB}=(c_{ij})_{m\times n}$，$\boldsymbol{D}=\boldsymbol{B}^{\mathrm{T}}\boldsymbol{A}^{\mathrm{T}}=(d_{ij})_{n\times m}$，于是 $\boldsymbol{C}$ 在第 j 行第 i 列的元素为

$$c_{ji}=\sum_{k=1}^{s}a_{jk}b_{ki}.$$

故 $\boldsymbol{C}^{\mathrm{T}}$ 在第 i 行第 j 列的元素为

$$c_{ij}=\sum_{k=1}^{s}a_{jk}b_{ki}.$$

另一方面，$\boldsymbol{B}^{\mathrm{T}}$ 的第 i 行为 $(b_{1i},b_{2i},\cdots,b_{si})$，$\boldsymbol{A}^{\mathrm{T}}$ 的第 j 列为 $(a_{j1},a_{j2},\cdots,a_{js})^{\mathrm{T}}$，则

$$d_{ij}=\sum_{k=1}^{s}b_{ki}a_{jk}=\sum_{k=1}^{s}a_{jk}b_{ki}=c_{ij},(i=1,2,\cdots,m;j=1,2,\cdots,n),$$

于是

$$(\boldsymbol{AB})^{\mathrm{T}}=\boldsymbol{B}^{\mathrm{T}}\boldsymbol{A}^{\mathrm{T}}.$$

定义 2.8　设 $\boldsymbol{A}$ 为 n 阶矩阵，如果

(1) $\boldsymbol{A}^{\mathrm{T}}=\boldsymbol{A}$，则称 $\boldsymbol{A}$ 为**对称矩阵**；

(2) $\boldsymbol{A}^{\mathrm{T}}=-\boldsymbol{A}$，则称 $\boldsymbol{A}$ 为**反对称矩阵**.

例如：$\boldsymbol{A}=\begin{pmatrix} 1 & -1 & 7 \\ -1 & 2 & 3 \\ 7 & 3 & 0 \end{pmatrix}$是对称矩阵，$\boldsymbol{B}=\begin{pmatrix} 0 & 2 & 3 \\ -2 & 0 & 4 \\ -3 & -4 & 0 \end{pmatrix}$是反对称矩阵.

由定义易得，对称矩阵和反对称矩阵有下面的性质：

(1) $\boldsymbol{A}=(a_{ij})_{n\times n}$为对称矩阵的充要条件是$a_{ij}=a_{ji}(i,j=1,2,\cdots,n)$.

(2) $\boldsymbol{A}=(a_{ij})_{n\times n}$为反对称矩阵的充要条件是$a_{ij}=-a_{ji}(i,j=1,2,\cdots,n)$.

注意　对称矩阵和反对称矩阵都是方阵. 反对称矩阵主对角线上元素全为零.

［例 2.6］ 设 $\boldsymbol{A}$ 为 n 阶矩阵，证明 $\boldsymbol{A}+\boldsymbol{A}^{\mathrm{T}}$ 为对称矩阵，$\boldsymbol{A}-\boldsymbol{A}^{\mathrm{T}}$ 为反对称矩阵.

证　因为

$$(\boldsymbol{A}+\boldsymbol{A}^{\mathrm{T}})^{\mathrm{T}}=\boldsymbol{A}^{\mathrm{T}}+(\boldsymbol{A}^{\mathrm{T}})^{\mathrm{T}}=\boldsymbol{A}^{\mathrm{T}}+\boldsymbol{A},$$

根据定义 2.8(1)知 $\boldsymbol{A}+\boldsymbol{A}^{\mathrm{T}}$ 为对称矩阵. 又

$$(\boldsymbol{A}-\boldsymbol{A}^{\mathrm{T}})^{\mathrm{T}}=\boldsymbol{A}^{\mathrm{T}}-(\boldsymbol{A}^{\mathrm{T}})^{\mathrm{T}}=\boldsymbol{A}^{\mathrm{T}}-\boldsymbol{A}=-(\boldsymbol{A}-\boldsymbol{A}^{\mathrm{T}}),$$

根据定义 2.8(2)知 $\boldsymbol{A}-\boldsymbol{A}^{\mathrm{T}}$ 为反对称矩阵.

由于任意的 n 阶矩阵 $\boldsymbol{A}$ 可以表示为

$$\boldsymbol{A}=\frac{\boldsymbol{A}+\boldsymbol{A}^{\mathrm{T}}}{2}+\frac{\boldsymbol{A}-\boldsymbol{A}^{\mathrm{T}}}{2},$$

故结合上例可知，任意 n 阶矩阵都可表示为一个对称矩阵与一个反对称矩阵的和.

［例 2.7］ 设列矩阵 $X=(x_1x_2\cdots x_n)^{\mathrm{T}}$ 满足 $X^{\mathrm{T}}X=1,H=E-2XX^{\mathrm{T}}$，证明：$\boldsymbol{H}$ 为对称矩阵且 $\boldsymbol{H}\boldsymbol{H}^{\mathrm{T}}=\boldsymbol{E}$.

证　$\boldsymbol{H}^{\mathrm{T}}=(\boldsymbol{E}-2\boldsymbol{X}\boldsymbol{X}^{\mathrm{T}})^{\mathrm{T}}=\boldsymbol{E}^{\mathrm{T}}-(2\boldsymbol{X}\boldsymbol{X}^{\mathrm{T}})^{\mathrm{T}}=\boldsymbol{E}-2(\boldsymbol{X}^{\mathrm{T}})^{\mathrm{T}}\boldsymbol{X}^{\mathrm{T}}=\boldsymbol{E}-2\boldsymbol{X}\boldsymbol{X}^{\mathrm{T}}=\boldsymbol{H}$，所以 $\boldsymbol{H}$ 为对称矩阵.

$$\begin{aligned}\boldsymbol{H}\boldsymbol{H}^{\mathrm{T}}&=\boldsymbol{H}^2=(\boldsymbol{E}-2\boldsymbol{X}\boldsymbol{X}^{\mathrm{T}})^2=\boldsymbol{E}-4\boldsymbol{X}\boldsymbol{X}^{\mathrm{T}}+4(\boldsymbol{X}\boldsymbol{X}^{\mathrm{T}})^2\\&=\boldsymbol{E}-4\boldsymbol{X}\boldsymbol{X}^{\mathrm{T}}+4\boldsymbol{X}(\boldsymbol{X}^{\mathrm{T}}\boldsymbol{X})\boldsymbol{X}^{\mathrm{T}}=\boldsymbol{E}-4\boldsymbol{X}\boldsymbol{X}^{\mathrm{T}}+4\boldsymbol{X}\boldsymbol{X}^{\mathrm{T}}=\boldsymbol{E}.\end{aligned}$$

上例中要特别注意的是 $\boldsymbol{X}^{\mathrm{T}}\boldsymbol{X}=x_1^2+x_2^2+\cdots+x_n^2$ 是数，而

$$\boldsymbol{X}\boldsymbol{X}^{\mathrm{T}}=\begin{pmatrix}x_1{}^2 & x_1x_2 & \cdots & x_1x_n\\ x_2x_1 & x_2{}^2 & \cdots & x_2x_n\\ \vdots & \vdots & \ddots & \vdots\\ x_nx_1 & x_nx_2 & \cdots & x_n^2\end{pmatrix}$$

是一个 n 阶的方阵.

2.2.4　方阵的行列式

定义 2.9　由 n 阶方阵 $\boldsymbol{A}=(a_{ij})$ 的元素按原位置排列所构成的行列式

$$\boldsymbol{A}=\begin{vmatrix}a_{11} & a_{12} & \cdots & a_{1n}\\ a_{21} & a_{22} & \cdots & a_{2n}\\ \vdots & \vdots & \ddots & \vdots\\ a_{n1} & a_{n2} & \cdots & a_{nn}\end{vmatrix}$$

称为 n 阶**方阵 $\boldsymbol{A}$ 的行列式**，记为$|A|$或 $\det\boldsymbol{A}$.

注意　方阵和方阵的行列式是两个不同的概念，方阵是数表，而方阵的行列式是按一定的运算法则所确定的一个数.

n 阶方阵 $\boldsymbol{A}$ 的行列式满足以下性质(假设运算是可行的)：

(1) $|\boldsymbol{A}^{\mathrm{T}}|=|\boldsymbol{A}|$.

(2) $|k\boldsymbol{A}|=k^n|\boldsymbol{A}|$($k$ 是数).

(3) $|AB|=|A||B|$.

将(3)推广到有限多个方阵的情形,有

$$|A_1A_2\cdots A_k|=|A_1||A_2|\cdots|A_k|.$$

证 前两个性质易证,下面仅证(3).

设 n 阶方阵 $A=(a_{ij})$,$B=(b_{ij})$,$AB=C=(c_{ij})$. 构造 $2n$ 阶行列式

$$|D|=\begin{vmatrix} a_{11} & \cdots & a_{1n} & 0 & \cdots & 0 \\ \vdots & \ddots & \vdots & \vdots & \ddots & \vdots \\ a_{n1} & \cdots & a_{nn} & 0 & \cdots & 0 \\ -1 & \cdots & 0 & b_{11} & \cdots & b_{1n} \\ \vdots & \ddots & \vdots & \vdots & \ddots & \vdots \\ 0 & \cdots & -1 & b_{n1} & \cdots & b_{nn} \end{vmatrix}=\begin{vmatrix} A & O \\ -E & B \end{vmatrix}.$$

一方面,由第 1 章第 3 节的例 1.12 知 $|D|=|A||B|$.

另一方面,在 $|D|$ 中用 b_{1j} 乘以第 1 列,b_{2j} 乘以第 2 列,…,b_{nj} 乘以第 n 列,都加到第 $n+j$ $(j=1,2,\cdots,n)$ 列,得到

$$|D|=\begin{vmatrix} a_{11} & \cdots & a_{1n} & c_{11} & \cdots & c_{1n} \\ \vdots & \ddots & \vdots & \vdots & \ddots & \vdots \\ a_{n1} & \cdots & a_{nn} & c_{n1} & \cdots & c_{nn} \\ -1 & \cdots & 0 & 0 & \cdots & 0 \\ \vdots & \ddots & \vdots & \vdots & \ddots & \vdots \\ 0 & \cdots & -1 & 0 & \cdots & 0 \end{vmatrix}=\begin{vmatrix} A & C \\ -E & O \end{vmatrix},$$

其中 $c_{ij}=\sum\limits_{k=1}^{n}a_{ik}b_{kj}$,$C=(c_{ij})=AB$,故 $|C|=|AB|$.

交换第 1 行与第 $n+1$ 行,第 2 行与第 $n+2$ 行,…,第 n 行与第 $n+n$ 行,得

$$|D|=\begin{vmatrix} a_{11} & \cdots & a_{1n} & c_{11} & \cdots & c_{1n} \\ \vdots & \ddots & \vdots & \vdots & \ddots & \vdots \\ a_{n1} & \cdots & a_{nn} & c_{n1} & \cdots & c_{nn} \\ -1 & \cdots & 0 & 0 & \cdots & 0 \\ \vdots & \ddots & \vdots & \vdots & \ddots & \vdots \\ 0 & \cdots & -1 & 0 & \cdots & 0 \end{vmatrix}=(-1)^n\begin{vmatrix} -1 & \cdots & 0 & 0 & \cdots & 0 \\ \vdots & \ddots & \vdots & \vdots & \ddots & \vdots \\ 0 & \cdots & -1 & 0 & \cdots & 0 \\ a_{11} & \cdots & a_{1n} & c_{11} & \cdots & c_{1n} \\ \vdots & \ddots & \vdots & \vdots & \ddots & \vdots \\ a_{n1} & \cdots & a_{nn} & c_{n1} & \cdots & c_{nn} \end{vmatrix}=|C|.$$

综上,得 $|AB|=|A||B|$.

注意 对 n 阶方阵 A,B,虽然一般 $AB\neq BA$,但是却有 $|AB|=|BA|$.

2.2.5 方阵的幂

定义 2.10 设 A 为 n 阶方阵,定义

$$A^k=\underbrace{AA\cdots A}_{k},$$

称 A^k 为 n 阶方阵 A **的 k 次幂**,其中 k 为正整数. 规定 $A^0=E$,E 为 n 阶单位阵.

对于任意自然数 k,l,方阵的幂有如下性质:

$$A^kA^l=A^{k+l},(A^k)^l=A^{kl},|A^k|=|A|^k.$$

要注意的是，由于矩阵乘法不满足交换律，初等代数中的一些公式一般无法推广到矩阵运算中. 例如，一般情况下

$$(\boldsymbol{AB})^k \neq \boldsymbol{A}^k\boldsymbol{B}^k,(\boldsymbol{A}\pm\boldsymbol{B})^2 \neq \boldsymbol{A}^2 \pm 2\boldsymbol{AB}+\boldsymbol{B}^2,\boldsymbol{A}^2-\boldsymbol{B}^2 \neq (\boldsymbol{A}+\boldsymbol{B})(\boldsymbol{A}-\boldsymbol{B}).$$

仅当 $\boldsymbol{A}$ 与 $\boldsymbol{B}$ 可交换时，才有

$$(\boldsymbol{AB})^k = \boldsymbol{A}^k\boldsymbol{B}^k,(\boldsymbol{A}\pm\boldsymbol{B})^2 = \boldsymbol{A}^2 \pm 2\boldsymbol{AB}+\boldsymbol{B}^2,\boldsymbol{A}^2-\boldsymbol{B}^2 = (\boldsymbol{A}+\boldsymbol{B})(\boldsymbol{A}-\boldsymbol{B}).$$

［例 2.8］　设矩阵 $\boldsymbol{A}=\begin{pmatrix}1 & 0\\ \lambda & 1\end{pmatrix}$，求 $\boldsymbol{A}^2,\boldsymbol{A}^3,\cdots,\boldsymbol{A}^n$.

解　$\boldsymbol{A}^2=\begin{pmatrix}1 & 0\\ \lambda & 1\end{pmatrix}\begin{pmatrix}1 & 0\\ \lambda & 1\end{pmatrix}=\begin{pmatrix}1 & 0\\ 2\lambda & 1\end{pmatrix}$，

$\boldsymbol{A}^3=\boldsymbol{A}^2\boldsymbol{A}=\begin{pmatrix}1 & 0\\ 2\lambda & 1\end{pmatrix}\begin{pmatrix}1 & 0\\ \lambda & 1\end{pmatrix}=\begin{pmatrix}1 & 0\\ 3\lambda & 1\end{pmatrix}$，

利用数学归纳法证明：$\boldsymbol{A}^n=\begin{pmatrix}1 & 0\\ n\lambda & 1\end{pmatrix}$.

当 $n=1$ 时，显然成立，假设 $n=k$ 时成立，则 $n=k+1$ 时

$$\boldsymbol{A}^{k+1}=\boldsymbol{A}^k\boldsymbol{A}=\begin{pmatrix}1 & 0\\ k\lambda & 1\end{pmatrix}\begin{pmatrix}1 & 0\\ \lambda & 1\end{pmatrix}=\begin{pmatrix}1 & 0\\ (k+1)\lambda & 1\end{pmatrix},$$

由数学归纳法原理，得 $\boldsymbol{A}^n=\begin{pmatrix}1 & 0\\ n\lambda & 1\end{pmatrix}$.

定义 2.11　设 x 的 n 次多项式为

$$f(x)=a_nx^n+a_{n-1}x^{n-1}+\cdots+a_1x+a_0,$$

用方阵 $\boldsymbol{A}$ 替代 x 得到

$$f(\boldsymbol{A})=a_n\boldsymbol{A}^n+a_{n-1}\boldsymbol{A}^{n-1}+\cdots+a_1\boldsymbol{A}+a_0\boldsymbol{E},$$

称 $f(\boldsymbol{A})$ 为**方阵 $\boldsymbol{A}$ 的 n 次多项式**.

［例 2.9］　设 $\boldsymbol{A}=(1\ \ 2\ \ 2)$，$\boldsymbol{B}=(2\ \ 1\ \ -1)^{\mathrm{T}}$，$f(x)=x^3-3x+1$，求 $(\boldsymbol{BA})^n$，$f(\boldsymbol{BA})$.

解　$\boldsymbol{BA}=\begin{pmatrix}2 & 4 & 4\\ 1 & 2 & 2\\ -1 & -2 & -2\end{pmatrix}$，$\boldsymbol{AB}=(2)$，

$$(\boldsymbol{BA})^n=\underbrace{(\boldsymbol{BA})(\boldsymbol{BA})\cdots(\boldsymbol{BA})}_{n}=\boldsymbol{B}\underbrace{(\boldsymbol{AB})\cdots(\boldsymbol{AB})}_{n-1}\boldsymbol{A}=2^{n-1}\boldsymbol{BA}=2^{n-1}\begin{pmatrix}2 & 4 & 4\\ 1 & 2 & 2\\ -1 & -2 & -2\end{pmatrix},$$

$$f(\boldsymbol{BA})=(\boldsymbol{BA})^3-3\boldsymbol{BA}+\boldsymbol{E}=4\boldsymbol{BA}-3\boldsymbol{BA}+\boldsymbol{E}=\boldsymbol{BA}+\boldsymbol{E}=\begin{pmatrix}3 & 4 & 4\\ 1 & 3 & 2\\ -1 & -2 & -1\end{pmatrix}.$$

习题 2.2

1. 设矩阵 $\boldsymbol{A}=\begin{pmatrix}5 & -2 & 1\\ 3 & 4 & -1\end{pmatrix}$，$\boldsymbol{B}=\begin{pmatrix}-3 & 2 & 0\\ -2 & 0 & 1\end{pmatrix}$，求 $\boldsymbol{A}+\boldsymbol{B}$，$\boldsymbol{A}-\boldsymbol{B}$，$2\boldsymbol{A}-3\boldsymbol{B}$.

2. 已知两个线性变换

$$\begin{cases}x_1=2y_1+y_3\\x_2=-2y_1+3y_2+2y_3\\x_3=4y_1+y_2+5y_3\end{cases} \quad 和 \quad \begin{cases}y_1=-3z_1+z_2\\y_2=2z_1+z_3\\y_3=-z_2+3z_3\end{cases}$$

利用矩阵的乘法运算,求从 x_1,x_2,x_3 到 z_1,z_2,z_3 的线性变换.

3. 计算下列矩阵的乘积.

(1) $\begin{pmatrix}1&3&-2&1\\2&0&1&1\end{pmatrix}\begin{pmatrix}2\\2\\3\\1\end{pmatrix}$　　(2) $\begin{pmatrix}1&-1&1\\2&0&1\\3&1&-2\end{pmatrix}\begin{pmatrix}1&1\\0&1\\1&0\end{pmatrix}$

(3) $\begin{pmatrix}2&1&-2\\1&0&4\\-3&1&0\\0&1&1\end{pmatrix}\begin{pmatrix}3&1&0\\0&0&1\\-1&2&0\end{pmatrix}$　　(4) $(2\quad 3\quad -1)\begin{pmatrix}1\\-1\\-1\end{pmatrix}$

(5) $\begin{pmatrix}1\\-1\\-1\end{pmatrix}(2\quad 3\quad -1)$　　(6) $(1\quad -1\quad 2)\begin{pmatrix}2&-1&0\\1&1&3\\4&2&1\end{pmatrix}$

(7) $(x\quad y)\begin{pmatrix}a_{11}&a_{12}\\a_{21}&a_{22}\end{pmatrix}\begin{pmatrix}x\\y\end{pmatrix}$　　(8) $\begin{pmatrix}1&-1&0\\1&-1&0\\\frac{1}{2}&\frac{1}{2}&1\end{pmatrix}\begin{pmatrix}0&-2&1\\-2&0&1\\1&1&0\end{pmatrix}\begin{pmatrix}1&1&\frac{1}{2}\\1&-1&\frac{1}{2}\\0&0&1\end{pmatrix}$

4. 已知矩阵 $\boldsymbol{A}=\begin{pmatrix}1&1&1\\1&1&-1\\1&-1&1\end{pmatrix}$,$\boldsymbol{B}=\begin{pmatrix}1&2&3\\-1&-2&4\\1&5&1\end{pmatrix}$,求:$\boldsymbol{AB}$,$\boldsymbol{BA}$,$\boldsymbol{AB}-\boldsymbol{BA}$,$\boldsymbol{A}^{\mathrm{T}}\boldsymbol{B}$.

5. 已知矩阵 $\boldsymbol{A}$,$\boldsymbol{B}$ 是可交换的,证明:矩阵 $\boldsymbol{A}+\boldsymbol{B}$ 与 $\boldsymbol{A}-\boldsymbol{B}$ 是可交换的.

6. 计算下列矩阵,其中 k 为正整数.

(1) $\begin{pmatrix}1&\lambda\\0&1\end{pmatrix}^k$　　(2) $\begin{pmatrix}\lambda_1&0&0\\0&\lambda_2&0\\0&0&\lambda_3\end{pmatrix}^k$

(3) $\begin{pmatrix}\cos\theta&\sin\theta\\-\sin\theta&\cos\theta\end{pmatrix}^k$　　(4) $\begin{pmatrix}\lambda&1&0\\0&\lambda&1\\0&0&\lambda\end{pmatrix}^k$

7. 设有 3 阶方阵

$$\boldsymbol{A}=\begin{pmatrix}a_1&c_1&d_1\\a_2&c_2&d_2\\a_3&c_3&d_3\end{pmatrix},\boldsymbol{B}=\begin{pmatrix}b_1&c_1&d_1\\b_2&c_2&d_2\\b_3&c_3&d_3\end{pmatrix}$$

且已知 $|\boldsymbol{A}|=\frac{1}{2}$,$|\boldsymbol{B}|=2$,求 $|2\boldsymbol{A}+\boldsymbol{B}|$.

8. 设 $\boldsymbol{A}=(1\quad 2\quad 3)^{\mathrm{T}}$,$\boldsymbol{B}=\left(1\quad \frac{1}{2}\quad \frac{1}{3}\right)$,$f(x)=x^2-1$,求 $(\boldsymbol{AB})^n$,$f(\boldsymbol{AB})$.

9. 设 $\boldsymbol{A}$,$\boldsymbol{B}$ 为 n 阶矩阵,且 $\boldsymbol{A}$ 为对称矩阵,证明:$\boldsymbol{B}^{\mathrm{T}}\boldsymbol{AB}$ 也是对称矩阵.

10. 设 $\boldsymbol{A}$,$\boldsymbol{B}$ 都是 n 阶对称矩阵,证明:$\boldsymbol{AB}$ 是对称矩阵的充分必要条件是 $\boldsymbol{AB}=\boldsymbol{BA}$.

2.3　逆矩阵

在 2.2 节中，定义了矩阵的加(减)法和乘法运算，那么矩阵是否有类似于除法的运算呢？在数的运算中，对每个非零的数 a，都有 $aa^{-1}=a^{-1}a=1$，矩阵的运算中是否也有类似的结果呢？

为了解决这一问题，首先引入伴随矩阵的概念.

2.3.1　伴随矩阵

定义 2.12　设 n 阶方阵 $\boldsymbol{A}=(a_{ij})_{n\times n}$，$\boldsymbol{A}_{ij}$ 为 $|\boldsymbol{A}|$ 中元素 a_{ij} 的代数余子式，称 n 阶方阵

$$\begin{pmatrix} \boldsymbol{A}_{11} & \boldsymbol{A}_{21} & \cdots & \boldsymbol{A}_{n1} \\ \boldsymbol{A}_{12} & \boldsymbol{A}_{22} & \cdots & \boldsymbol{A}_{n2} \\ \vdots & \vdots & \ddots & \vdots \\ \boldsymbol{A}_{1n} & \boldsymbol{A}_{2n} & \cdots & \boldsymbol{A}_{nn} \end{pmatrix}$$

为矩阵 $\boldsymbol{A}$ 的**伴随矩阵**，记为 $\boldsymbol{A}^*$，即

$$\boldsymbol{A}^*=(\boldsymbol{A}_{ij})^{\mathrm{T}}.$$

[例 2.10]　设 $\boldsymbol{A}=\begin{pmatrix} 2 & 0 & 3 \\ 1 & -1 & 1 \\ 0 & 1 & -2 \end{pmatrix}$，求 $\boldsymbol{A}^*$.

解　$\boldsymbol{A}_{11}=(-1)^{1+1}\begin{vmatrix} -1 & 1 \\ 1 & -2 \end{vmatrix}=1$；$\boldsymbol{A}_{21}=(-1)^{2+1}\begin{vmatrix} 0 & 3 \\ 1 & -2 \end{vmatrix}=3$；

$\boldsymbol{A}_{31}=(-1)^{3+1}\begin{vmatrix} 0 & 3 \\ -1 & 1 \end{vmatrix}=3$，

同理，得

$$\boldsymbol{A}_{12}=2,\quad \boldsymbol{A}_{22}=-4,\quad \boldsymbol{A}_{32}=1,$$
$$\boldsymbol{A}_{13}=1,\quad \boldsymbol{A}_{23}=-2,\quad \boldsymbol{A}_{33}=-2,$$

故

$$\boldsymbol{A}^*=\begin{pmatrix} 1 & 3 & 3 \\ 2 & -4 & 1 \\ 1 & -2 & -2 \end{pmatrix}.$$

方阵 $\boldsymbol{A}$ 与其伴随矩阵 $\boldsymbol{A}^*$ 有如下重要结论：

定理 2.1　设 $\boldsymbol{A}^*$ 为 n 阶方阵 $\boldsymbol{A}$ 的伴随矩阵，则

$$\boldsymbol{A}\boldsymbol{A}^*=\boldsymbol{A}^*\boldsymbol{A}=|\boldsymbol{A}|\boldsymbol{E}.$$

证　令 $\boldsymbol{A}=(a_{ij})_{n\times n}$，由第 1 章式(1.28)知

$$a_{i1}\boldsymbol{A}_{j1}+a_{i2}\boldsymbol{A}_{j2}+\cdots+a_{in}\boldsymbol{A}_{jn}=\sum_{k=1}^{n}a_{ik}\boldsymbol{A}_{jk}=\begin{cases} |\boldsymbol{A}|, & i=j, \\ 0, & i\neq j, \end{cases}$$

故

$$AA^* = \begin{pmatrix} a_{11} & a_{12} & \cdots & a_{1n} \\ a_{21} & a_{22} & \cdots & a_{2n} \\ \vdots & \vdots & \ddots & \vdots \\ a_{n1} & a_{n2} & \cdots & a_{nn} \end{pmatrix} \begin{pmatrix} \boldsymbol{A}_{11} & \boldsymbol{A}_{21} & \cdots & \boldsymbol{A}_{n1} \\ \boldsymbol{A}_{12} & \boldsymbol{A}_{22} & \cdots & \boldsymbol{A}_{n2} \\ \vdots & \vdots & \ddots & \vdots \\ \boldsymbol{A}_{1n} & \boldsymbol{A}_{2n} & \cdots & \boldsymbol{A}_{nn} \end{pmatrix}$$

$$= \begin{pmatrix} |\boldsymbol{A}| & & & \\ & |\boldsymbol{A}| & & \\ & & \ddots & \\ & & & |\boldsymbol{A}| \end{pmatrix} = |\boldsymbol{A}| \begin{pmatrix} 1 & & & \\ & 1 & & \\ & & \ddots & \\ & & & 1 \end{pmatrix} = |\boldsymbol{A}|\boldsymbol{E}.$$

同理,可得

$$\boldsymbol{A}^*\boldsymbol{A} = |\boldsymbol{A}|\boldsymbol{E}.$$

2.3.2　逆矩阵的概念

定义 2.13　设 $\boldsymbol{A}$ 为 n 阶方阵,如果存在 n 阶方阵 $\boldsymbol{B}$,使得

$$\boldsymbol{AB} = \boldsymbol{BA} = \boldsymbol{E} \tag{2.7}$$

则称矩阵 $\boldsymbol{A}$ 是**可逆矩阵**(或称 $\boldsymbol{A}$ 是**可逆的**),并称 $\boldsymbol{B}$ 是 $\boldsymbol{A}$ 的**逆矩阵**,记为 $\boldsymbol{A}^{-1}$,即 $\boldsymbol{A}^{-1} = \boldsymbol{B}$.

例如:记 $\boldsymbol{A} = \begin{pmatrix} 1 & -1 \\ 1 & 1 \end{pmatrix}$,$\boldsymbol{B} = \begin{pmatrix} \frac{1}{2} & \frac{1}{2} \\ -\frac{1}{2} & \frac{1}{2} \end{pmatrix}$,容易验证它们满足 $\boldsymbol{AB} = \boldsymbol{BA} = \boldsymbol{E}$,则可说 $\boldsymbol{A}$ 是可逆的且 $\boldsymbol{B}$ 是 $\boldsymbol{A}$ 的逆矩阵,同样也可以说 $\boldsymbol{B}$ 是可逆的且 $\boldsymbol{A}$ 是 $\boldsymbol{B}$ 的逆矩阵.

下面的定理解决了可逆矩阵的逆矩阵的个数问题.

定理 2.2　可逆矩阵的逆矩阵是唯一的.

证　设矩阵 $\boldsymbol{B}$,$\boldsymbol{C}$ 分别是可逆矩阵 $\boldsymbol{A}$ 的逆矩阵,则有 $\boldsymbol{AC} = \boldsymbol{CA} = \boldsymbol{E}$ 及 $\boldsymbol{AB} = \boldsymbol{BA} = \boldsymbol{E}$.因此,有

$$\boldsymbol{B} = \boldsymbol{BE} = \boldsymbol{B}(\boldsymbol{AC}) = (\boldsymbol{BA})\boldsymbol{C} = \boldsymbol{EC} = \boldsymbol{C},$$

故 $\boldsymbol{A}$ 的逆矩阵是唯一的.

在研究逆矩阵中要注意的是:

(1) 可逆矩阵和它的逆矩阵是同阶的方阵;

(2) 可逆矩阵和它的逆矩阵地位平等,故它们是一种互逆关系;

(3) 可逆矩阵 $\boldsymbol{A}$ 的逆矩阵记号是 $\boldsymbol{A}^{-1}$,而绝不能用 $\frac{1}{\boldsymbol{A}}$ $\left(或 \frac{\boldsymbol{E}}{\boldsymbol{A}}\right)$.

下面的例子,有助于从线性变换的角度更好地理解逆矩阵的概念.

[例 2.11]　设线性变换

$$\begin{cases} y_1 = \lambda_1 x_1 \\ y_2 = \lambda_2 x_2 \\ \quad \cdots\cdots \\ y_n = \lambda_n x_n \end{cases} \tag{2.8}$$

及

$$\begin{cases} x_1 = \dfrac{1}{\lambda_1} y_1 \\ x_2 = \dfrac{1}{\lambda_2} y_2 \\ \cdots\cdots \\ x_n = \dfrac{1}{\lambda_n} y_n \end{cases} \tag{2.9}$$

其中 $\lambda_i \neq 0 (i=1,2,\cdots,n)$. 显然,线性变换式(2.9)是线性变换式(2.8)的逆变换. 从矩阵的角度可以看到,线性变换式(2.8)和式(2.9)对应的矩阵分别为

$$\boldsymbol{A} = \begin{pmatrix} \lambda_1 & & & \\ & \lambda_2 & & \\ & & \ddots & \\ & & & \lambda_n \end{pmatrix}, \boldsymbol{B} = \begin{pmatrix} \dfrac{1}{\lambda_1} & & & \\ & \dfrac{1}{\lambda_2} & & \\ & & \ddots & \\ & & & \dfrac{1}{\lambda_n} \end{pmatrix},$$

并且满足 $\boldsymbol{AB} = \boldsymbol{BA} = \boldsymbol{E}$.

2.3.3 矩阵可逆的等价条件

下面研究逆矩阵存在的条件.

定理 2.3 n 阶方阵 $\boldsymbol{A}$ 可逆的充分必要条件是 $|\boldsymbol{A}| \neq 0$,且当 $\boldsymbol{A}$ 可逆时,有

$$\boldsymbol{A}^{-1} = \frac{1}{|\boldsymbol{A}|} \boldsymbol{A}^*. \tag{2.10}$$

证 必要性:由 $\boldsymbol{A}$ 可逆,有 $\boldsymbol{AA}^{-1} = \boldsymbol{E}$,故

$$|\boldsymbol{A}| \cdot |\boldsymbol{A}^{-1}| = |\boldsymbol{AA}^{-1}| = |\boldsymbol{E}| = 1,$$

所以 $|\boldsymbol{A}| \neq 0$.

充分性:由定理 2.1,知 $\boldsymbol{AA}^* = \boldsymbol{A}^*\boldsymbol{A} = |\boldsymbol{A}|\boldsymbol{E}$. 因为 $|\boldsymbol{A}| \neq 0$,两边除以 $|\boldsymbol{A}|$,得

$$\boldsymbol{A} \cdot \left(\frac{1}{|\boldsymbol{A}|} \boldsymbol{A}^* \right) = \left(\frac{1}{|\boldsymbol{A}|} \boldsymbol{A}^* \right) \cdot \boldsymbol{A} = \boldsymbol{E},$$

故 $\boldsymbol{A}$ 可逆,且 $\boldsymbol{A}^{-1} = \dfrac{1}{|\boldsymbol{A}|} \boldsymbol{A}^*$.

习惯上,如果 $|\boldsymbol{A}| \neq 0$,则称 $\boldsymbol{A}$ 为**非奇异矩阵**;如果 $|\boldsymbol{A}| = 0$,则称 $\boldsymbol{A}$ 为**奇异矩阵**. 显然,可逆矩阵是非奇异矩阵.

定理 2.3 不但给出了矩阵可逆的充要条件,而且提供了一种用伴随矩阵求逆矩阵的方法. 利用公式(2.10)求逆矩阵的方法称为**伴随矩阵法**.

[例 2.12] 设 $\boldsymbol{A} = \begin{pmatrix} a & b \\ c & d \end{pmatrix}$,且 $ad - bc \neq 0$,求 $\boldsymbol{A}^{-1}$.

解 $|\boldsymbol{A}| = ad - bc \neq 0$,则 $\boldsymbol{A}^{-1}$ 存在. 又

$$\boldsymbol{A}^* = \begin{pmatrix} d & -b \\ -c & a \end{pmatrix},$$

由式(2.10),得

$$A^{-1}=\frac{1}{|A|}A^{*}=\frac{1}{ad-bc}\begin{pmatrix} d & -b \\ -c & a \end{pmatrix}.$$

[例 2.13] 解矩阵方程：$\begin{pmatrix} 1 & 4 \\ -1 & 2 \end{pmatrix}X\begin{pmatrix} 2 & 0 \\ -1 & 1 \end{pmatrix}=\begin{pmatrix} 3 & 1 \\ 0 & -1 \end{pmatrix}$.

解 令 $A=\begin{pmatrix} 1 & 4 \\ -1 & 2 \end{pmatrix}$，$B=\begin{pmatrix} 2 & 0 \\ -1 & 1 \end{pmatrix}$，$C=\begin{pmatrix} 3 & 1 \\ 0 & -1 \end{pmatrix}$，可求得 $|A|=6\neq 0$，$|B|=2\neq 0$，故 A，B 都是可逆的. 因此，在矩阵方程 $AXB=C$ 两端同时左乘 A^{-1}、右乘 B^{-1}，得

$$X=A^{-1}CB^{-1},$$

即

$$X=\begin{pmatrix} 1 & 4 \\ -1 & 2 \end{pmatrix}^{-1}\begin{pmatrix} 3 & 1 \\ 0 & -1 \end{pmatrix}\begin{pmatrix} 2 & 0 \\ -1 & 1 \end{pmatrix}^{-1}$$

由例 2.12 得 $X=\frac{1}{6}\begin{pmatrix} 2 & -4 \\ 1 & 1 \end{pmatrix}\begin{pmatrix} 3 & 1 \\ 0 & -1 \end{pmatrix}\frac{1}{2}\begin{pmatrix} 1 & 0 \\ 1 & 2 \end{pmatrix}=\begin{pmatrix} 1 & 1 \\ \frac{1}{4} & 0 \end{pmatrix}$.

[例 2.14] 设 $A=\begin{pmatrix} 1 & 2 & -1 \\ 3 & 4 & -2 \\ 5 & -4 & 1 \end{pmatrix}$，用伴随矩阵法求 A^{-1}.

解 因 $|A|=2\neq 0$，故 A 可逆. 计算得

$$A_{11}=-4,\quad A_{21}=2,\quad A_{31}=0,$$
$$A_{12}=-13,\quad A_{22}=6,\quad A_{32}=-1,$$
$$A_{13}=-32;\quad A_{23}=14;\quad A_{33}=-2,$$

则

$$A^{*}=\begin{pmatrix} -4 & 2 & 0 \\ -13 & 6 & -1 \\ -32 & 14 & -2 \end{pmatrix},$$

所以

$$A^{-1}=\frac{1}{|A|}A^{*}=\frac{1}{2}\begin{pmatrix} -4 & 2 & 0 \\ -13 & 6 & -1 \\ -32 & 14 & -2 \end{pmatrix}=\begin{pmatrix} -2 & 1 & 0 \\ -\frac{13}{2} & 3 & -\frac{1}{2} \\ -16 & 7 & -1 \end{pmatrix}.$$

[例 2.15] 设 $A=\begin{pmatrix} 1 & 0 & 1 \\ 0 & 2 & 0 \\ 1 & 0 & 1 \end{pmatrix}$，方阵 X 满足矩阵方程 $X=AX-A^2+E$，求 X.

解 因为 $X=AX-A^2+E$，进而 $(E-A)X=E-A^2$，即

$$(E-A)X=(E-A)(E+A).$$

由于 $|E-A|=\begin{vmatrix} 0 & 0 & -1 \\ 0 & -1 & 0 \\ -1 & 0 & 0 \end{vmatrix}=1\neq 0$，故 $E-A$ 是可逆的. 用 $(E-A)^{-1}$ 同时左乘等式两端，得 $X=E+A$，最后求得

$$X=\begin{pmatrix}1&0&0\\0&1&0\\0&0&1\end{pmatrix}+\begin{pmatrix}1&0&1\\0&2&0\\1&0&1\end{pmatrix}=\begin{pmatrix}2&0&1\\0&3&0\\1&0&2\end{pmatrix}.$$

推论 若 n 阶矩阵 $\boldsymbol{A}$ 和 $\boldsymbol{B}$ 满足 $\boldsymbol{AB}=\boldsymbol{E}$(或 $\boldsymbol{BA}=\boldsymbol{E}$),则 $\boldsymbol{A}$ 可逆,且 $\boldsymbol{B}$ 为 $\boldsymbol{A}$ 的逆矩阵.

证 若 $\boldsymbol{AB}=\boldsymbol{E}$,则 $|\boldsymbol{A}||\boldsymbol{B}|=|\boldsymbol{AB}|=|\boldsymbol{E}|\neq 0$,从而 $|\boldsymbol{A}|\neq 0$. 根据定理 2.3,$\boldsymbol{A}$ 可逆且

$$\boldsymbol{A}^{-1}=\boldsymbol{A}^{-1}\boldsymbol{E}=\boldsymbol{A}^{-1}(\boldsymbol{AB})=(\boldsymbol{A}^{-1}\boldsymbol{A})\boldsymbol{B}=\boldsymbol{EB}=\boldsymbol{B}.$$

同理可证 $\boldsymbol{BA}=\boldsymbol{E}$ 的情况.

利用这个推论,证明 $\boldsymbol{B}$ 为 $\boldsymbol{A}$ 的逆矩阵变得更为方便,只需验证等式 $\boldsymbol{AB}=\boldsymbol{E}$、$\boldsymbol{BA}=\boldsymbol{E}$ 中的一个等式成立即可,而不必按定义验证两个等式.

[**例 2.16**] 设方阵 $\boldsymbol{A}$ 满足等式 $\boldsymbol{A}^2-\boldsymbol{A}-2\boldsymbol{E}=\boldsymbol{O}$,证明 $\boldsymbol{A}+2\boldsymbol{E}$ 可逆,并求 $(\boldsymbol{A}+2\boldsymbol{E})^{-1}$.

证 由 $\boldsymbol{A}^2-\boldsymbol{A}-2\boldsymbol{E}=\boldsymbol{O}$,得

$$(\boldsymbol{A}+2\boldsymbol{E})(\boldsymbol{A}-3\boldsymbol{E})=-4\boldsymbol{E},$$

故有

$$(\boldsymbol{A}+2\boldsymbol{E})\left[-\frac{1}{4}(\boldsymbol{A}-3\boldsymbol{E})\right]=\boldsymbol{E},$$

所以 $\boldsymbol{A}+2\boldsymbol{E}$ 可逆且 $(\boldsymbol{A}+2\boldsymbol{E})^{-1}=-\frac{1}{4}(\boldsymbol{A}-3\boldsymbol{E})$.

[**例 2.17**] 设 n 阶方阵 $\boldsymbol{A}$ 和 $\boldsymbol{B}$ 满足 $\boldsymbol{A}+\boldsymbol{B}=\boldsymbol{AB}$,证明 $\boldsymbol{A}-\boldsymbol{E}$ 可逆,并求 $(\boldsymbol{A}-\boldsymbol{E})^{-1}$.

证 由 $\boldsymbol{A}+\boldsymbol{B}=\boldsymbol{AB}$,得 $\boldsymbol{AB}-\boldsymbol{A}-\boldsymbol{B}=\boldsymbol{O}$,进而 $\boldsymbol{AB}-\boldsymbol{A}-\boldsymbol{B}+\boldsymbol{E}=\boldsymbol{E}$,即

$$(\boldsymbol{A}-\boldsymbol{E})(\boldsymbol{B}-\boldsymbol{E})=\boldsymbol{E},$$

所以 $\boldsymbol{A}-\boldsymbol{E}$ 可逆且 $(\boldsymbol{A}-\boldsymbol{E})^{-1}=\boldsymbol{B}-\boldsymbol{E}$.

2.3.4 逆矩阵的性质

方阵的逆矩阵满足下述性质:

性质 1 设 $\boldsymbol{A}$ 可逆,则 A^{-1} 可逆,且 $(\boldsymbol{A}^{-1})^{-1}=\boldsymbol{A}$.

性质 2 设 $\boldsymbol{A}$ 可逆,λ 是非零实数,则 $\lambda\boldsymbol{A}$ 可逆,且 $(\lambda\boldsymbol{A})^{-1}=\frac{1}{\lambda}\boldsymbol{A}^{-1}$.

性质 3 设 $\boldsymbol{A},\boldsymbol{B}$ 为 n 阶可逆矩阵,则 $\boldsymbol{AB}$ 可逆,且 $(\boldsymbol{AB})^{-1}=\boldsymbol{B}^{-1}\boldsymbol{A}^{-1}$.

此性质可推广到有限多个矩阵的情形,即若 $\boldsymbol{A}_1,\boldsymbol{A}_2,\cdots,\boldsymbol{A}_k$ 都是 n 阶可逆矩阵,则 $\boldsymbol{A}_1\boldsymbol{A}_2\cdots\boldsymbol{A}_k$ 也可逆,且

$$(\boldsymbol{A}_1\boldsymbol{A}_2\cdots\boldsymbol{A}_k)^{-1}=\boldsymbol{A}_k^{-1}\cdots\boldsymbol{A}_2^{-1}\boldsymbol{A}_1^{-1}.$$

性质 4 设 $\boldsymbol{A}$ 可逆,则 $\boldsymbol{A}^{\mathrm{T}}$ 可逆,且 $(\boldsymbol{A}^{\mathrm{T}})^{-1}=(\boldsymbol{A}^{-1})^{\mathrm{T}}$.

性质 5 设 $\boldsymbol{A}$ 可逆,则 $|\boldsymbol{A}^{-1}|=|\boldsymbol{A}|^{-1}$.

性质 6 (1)设 $\boldsymbol{A}$ 可逆时,则 $\boldsymbol{A}^*$ 可逆,且 $(\boldsymbol{A}^*)^{-1}=\frac{1}{|\boldsymbol{A}|}\boldsymbol{A}$.

(2)设 $\boldsymbol{A}$ 为 n 阶矩阵,则 $|\boldsymbol{A}^*|=|\boldsymbol{A}|^{n-1}$.

下面我们证明性质 3 和性质 6,其余的利用可逆矩阵的定义易证得.

证 先证明性质 3. 由 $(\boldsymbol{AB})(\boldsymbol{B}^{-1}\boldsymbol{A}^{-1})=\boldsymbol{A}(\boldsymbol{BB}^{-1})\boldsymbol{A}^{-1}=\boldsymbol{AEA}^{-1}=\boldsymbol{AA}^{-1}=\boldsymbol{E}$,得 $\boldsymbol{AB}$ 可逆,且

$$(\boldsymbol{AB})^{-1}=\boldsymbol{B}^{-1}\boldsymbol{A}^{-1}.$$

再证明性质 6 中的(1). 根据定理 2.1 有

$$AA^{*}=|A|E \tag{2.11}$$

当 A 可逆时，$|A|\neq 0$，故

$$\left(\frac{1}{|A|}A\right)A^{*}=E,$$

因此，A^{*} 可逆且 $(A^{*})^{-1}=\frac{1}{|A|}A$.

最后证明性质 6 中的(2). 将式(2.11)两边取行列式，得

$$|A||A^{*}|=|A|^{n}. \tag{2.12}$$

下面分 A 可逆与 A 不可逆两种情况讨论.

当 A 可逆时，$|A|\neq 0$，故由式(2.12)得 $|A^{*}|=|A|^{n-1}$.

当 A 不可逆时，$|A|=0$. 又分两种情况：若 $A=O$，则 $A^{*}=O$，有 $|A^{*}|=0$，则 $|A^{*}|=|A|^{n-1}$；若 $A\neq O$，假设 $|A^{*}|\neq 0$，则 A^{*} 可逆. 由 $AA^{*}=|A|E$，得 $AA^{*}=O$. 等式两边右乘以 $(A^{*})^{-1}$，得 $A=O$，与 $A\neq O$ 矛盾，所以 $|A^{*}|=0$，这时也有 $|A^{*}|=|A|^{n-1}$.

[例 2.18] 设 A 为三阶矩阵，且 $|A|=\frac{1}{3}$，求 $|(2A)^{-1}-3A^{*}|$.

解 $(2A)^{-1}-3A^{*}=\frac{1}{2}A^{-1}-3A^{*}=\frac{1}{2}\cdot\frac{1}{|A|}A^{*}-3A^{*}=-\frac{3}{2}A^{*}$，则

$$|(2A)^{-1}-3A^{*}|=\left|-\frac{3}{2}A^{*}\right|=\left(-\frac{3}{2}\right)^{3}|A^{*}|=\left(-\frac{3}{2}\right)^{3}|A|^{2}=-\frac{3}{8}.$$

[例 2.19] 设 $A=\begin{pmatrix}1&2&3\\0&5&4\\0&0&2\end{pmatrix}$，求 $(A^{*})^{-1}$.

解 $|A|=10$，则

$$(A^{*})^{-1}=\frac{1}{|A|}A=\frac{1}{10}\begin{pmatrix}1&2&3\\0&5&4\\0&0&2\end{pmatrix}.$$

习题 2.3

1. 求下列方阵的逆矩阵.

(1) $\begin{pmatrix}3&1\\2&-5\end{pmatrix}$　　(2) $\begin{pmatrix}\cos\theta&-\sin\theta\\\sin\theta&\cos\theta\end{pmatrix}$

(3) $\begin{pmatrix}2&2&3\\1&-1&0\\-1&2&1\end{pmatrix}$　　(4) $\begin{pmatrix}1&2&3\\2&2&1\\3&4&3\end{pmatrix}$

2. 解矩阵方程.

(1) $\begin{pmatrix}2&5\\1&3\end{pmatrix}X=\begin{pmatrix}4&-6\\2&1\end{pmatrix}$　　(2) $\begin{pmatrix}1&4\\-1&2\end{pmatrix}X\begin{pmatrix}2&0\\-1&1\end{pmatrix}=\begin{pmatrix}3&1\\0&-1\end{pmatrix}$

(3) $\begin{pmatrix}0&1&0\\1&0&0\\0&0&1\end{pmatrix}X\begin{pmatrix}1&0&0\\0&0&1\\0&1&0\end{pmatrix}=\begin{pmatrix}1&-4&3\\2&0&-1\\1&-2&0\end{pmatrix}$

3. 设 $\boldsymbol{A}$ 为三阶矩阵，且 $|\boldsymbol{A}|=\frac{1}{2}$，求 $|(3\boldsymbol{A})^{-1}-2\boldsymbol{A}^*|$.

4. 设方阵 $\boldsymbol{A}$ 满足方程 $\boldsymbol{A}^2-3\boldsymbol{A}-10\boldsymbol{E}=0$，证明：$\boldsymbol{A}$ 和 $\boldsymbol{A}-4\boldsymbol{E}$ 都可逆，并求它们的逆矩阵.

5. 设 $\boldsymbol{A}$ 为 n 阶方阵，且 $\boldsymbol{A}^k=\boldsymbol{O}$($k$ 为某一正整数)，证明：$\boldsymbol{E}-\boldsymbol{A}$ 可逆且

$$(\boldsymbol{E}-\boldsymbol{A})^{-1}=\boldsymbol{E}+\boldsymbol{A}+\boldsymbol{A}^2+\cdots+\boldsymbol{A}^{k-1}.$$

6. 设 $\boldsymbol{A}$ 为 n 阶方阵，$\boldsymbol{A}$，$\boldsymbol{B}$ 和 $\boldsymbol{A}+\boldsymbol{B}$ 均可逆，证明：$\boldsymbol{A}^{-1}+\boldsymbol{B}^{-1}$ 也可逆，且

$$(\boldsymbol{A}^{-1}+\boldsymbol{B}^{-1})^{-1}=\boldsymbol{A}(\boldsymbol{A}+\boldsymbol{B})^{-1}\boldsymbol{B}=\boldsymbol{B}(\boldsymbol{A}+\boldsymbol{B})^{-1}\boldsymbol{A}.$$

2.4 分块矩阵

对于行数和列数较多的矩阵(称大矩阵)，为了研究和计算的方便，常采用矩阵分块的方法，将大矩阵的问题转化为若干个行数与列数较少的矩阵(称小矩阵)的问题.

2.4.1 分块矩阵的概念

定义 2.14 用一些横线与纵线将矩阵分成若干小块，每个小块称为矩阵的**子块**或**子矩阵**，以子块为元素的形式上的矩阵称为**分块矩阵**.

一般地，对于 $m\times n$ 矩阵 $\boldsymbol{A}$，如果在行的方向分成 p 块，在列的方向分成 q 块，就得到 $\boldsymbol{A}$ 的一个 $p\times q$ 分块矩阵，记作 $\boldsymbol{A}=(\boldsymbol{A}_{kl})_{p\times q}$，其中 $\boldsymbol{A}_{kl}(k=1,2,\cdots,p;l=1,2,\cdots,q)$ 即为 $\boldsymbol{A}$ 的子块.

例如，矩阵

$$\boldsymbol{A}=\begin{pmatrix}-1&0&0&0&0\\0&2&0&0&0\\2&0&1&0&0\\0&3&0&1&0\\5&8&0&0&1\end{pmatrix}\tag{2.13}$$

有下述分块方法

$$\boldsymbol{A}=\left(\begin{array}{ccc:cc}-1&0&0&0&0\\0&2&0&0&0\\\hdashline 2&0&1&0&0\\0&3&0&1&0\\5&8&0&0&1\end{array}\right)=\begin{pmatrix}\boldsymbol{A}_1&\boldsymbol{O}_2\\\boldsymbol{A}_2&\boldsymbol{A}_3\end{pmatrix},$$

其中 $\boldsymbol{A}_1=\begin{pmatrix}-1&0&0\\0&2&0\end{pmatrix}$，$\boldsymbol{A}_2=\begin{pmatrix}2&0&1\\0&3&0\\5&8&0\end{pmatrix}$，$\boldsymbol{A}_3=\begin{pmatrix}0&0\\1&0\\0&1\end{pmatrix}$.

事实上，矩阵的分块方式可以是多种多样的，要根据实际需要采用合理的分块方式. 最常用的分块形式有以下几种.

(1) 按矩阵本身的特征分块，如式(2.13)矩阵可分为

$$\boldsymbol{A}=\begin{pmatrix}\boldsymbol{A}_{11}&\boldsymbol{O}_{2\times3}\\\boldsymbol{A}_{21}&\boldsymbol{E}_3\end{pmatrix},$$

其中 $\boldsymbol{A}_{11}=\begin{pmatrix}-1 & 0\\ 0 & 2\end{pmatrix}$，$\boldsymbol{A}_{21}=\begin{pmatrix}2 & 0\\ 0 & 3\\ 5 & 8\end{pmatrix}$.

（2）按列分块

$$\boldsymbol{A}=(a_{ij})_{m\times n}=(\boldsymbol{\beta}_1\quad \boldsymbol{\beta}_2\cdots\boldsymbol{\beta}_j\cdots\boldsymbol{\beta}_n),$$

其中 $\boldsymbol{\beta}_j$ 为第 j 列元素形成的列矩阵.

（3）按行分块

$$\boldsymbol{A}=(a_{ij})_{m\times n}=\begin{pmatrix}\boldsymbol{\alpha}_1\\ \boldsymbol{\alpha}_2\\ \vdots\\ \boldsymbol{\alpha}_i\\ \vdots\\ \boldsymbol{\alpha}_m\end{pmatrix},$$

其中 $\boldsymbol{\alpha}_i$ 为第 i 行元素形成的行矩阵，即 $\boldsymbol{\alpha}_i=(\boldsymbol{\alpha}_{i1}\quad \boldsymbol{\alpha}_{i2}\cdots\boldsymbol{\alpha}_{in})$，$i=1,2,\cdots,m$.

2.4.2　分块矩阵的运算

矩阵的运算在以分块矩阵形式运算时会与原来的运算有一些变化.

（1）分块矩阵的加法

设分块矩阵 $\boldsymbol{A}=(\boldsymbol{A}_{kl})_{p\times q}$，$\boldsymbol{B}=(\boldsymbol{B}_{kl})_{p\times q}$，其中 $\boldsymbol{A}$ 与 $\boldsymbol{B}$ 的对应子块 $\boldsymbol{A}_{kl}$ 和 $\boldsymbol{B}_{kl}$ 都是同型矩阵，则

$$\boldsymbol{A}+\boldsymbol{B}=\begin{pmatrix}A_{11}+B_{11} & A_{12}+B_{12} & \cdots & A_{1q}+B_{1q}\\ A_{21}+B_{21} & A_{22}+B_{22} & \cdots & A_{2q}+B_{2q}\\ \vdots & \vdots & & \vdots\\ A_{p1}+B_{p1} & A_{p2}+B_{p2} & \cdots & A_{pq}+B_{pq}\end{pmatrix}.$$

（2）分块矩阵的数乘

设分块矩阵 $\boldsymbol{A}=(A_{ij})_{p\times q}$，$k$ 是一个实数，则

$$k\boldsymbol{A}=\begin{pmatrix}kA_{11} & kA_{12} & \cdots & kA_{1q}\\ kA_{21} & kA_{22} & \cdots & kA_{2q}\\ \vdots & \vdots & & \vdots\\ kA_{p1} & kA_{p2} & \cdots & kA_{pq}\end{pmatrix}.$$

（3）分块矩阵的乘积

设 $\boldsymbol{A}=(a_{ij})_{m\times l}$，$\boldsymbol{B}=(b_{ij})_{l\times n}$，按 $\boldsymbol{A}$ 的列的分法与 $\boldsymbol{B}$ 的行的分法相同的分块原则（$\boldsymbol{A}$ 的行的分法与 $\boldsymbol{B}$ 的列的分法不限），把 $\boldsymbol{A}$ 与 $\boldsymbol{B}$ 分成

$$\boldsymbol{A}=\begin{pmatrix}A_{11} & A_{12} & \cdots & A_{1t}\\ A_{21} & A_{22} & \cdots & A_{2t}\\ \vdots & \vdots & & \vdots\\ A_{r1} & A_{r2} & \cdots & A_{rt}\end{pmatrix},\quad \boldsymbol{B}=\begin{pmatrix}B_{11} & B_{12} & \cdots & B_{1s}\\ B_{21} & B_{22} & \cdots & B_{2s}\\ \vdots & \vdots & & \vdots\\ B_{t1} & B_{t2} & \cdots & B_{ts}\end{pmatrix}$$

则 $\boldsymbol{AB}=\boldsymbol{C}=(C_{ij})_{r\times s}$，其中

$$C_{ij}=A_{i1}B_{1j}+A_{i2}B_{2j}+\cdots+A_{it}B_{tj}\quad i=1,2,\cdots,r;j=1,2,\cdots,s.$$

特别要强调是，在进行两个分块矩阵的乘法运算时，左矩阵 $\boldsymbol{A}$ 的列的分法必须与右矩阵 $\boldsymbol{B}$ 的行的分法完全一致，即子块 $A_{i1},A_{i2},\cdots,A_{it}$ 各自的列数分别等于子块 $B_{1j},B_{2j},\cdots,B_{tj}$ 各自的行数，其中 $i=1,2,\cdots,r;j=1,2,\cdots,s.$

（4）分块矩阵的转置

设分块矩阵为

$$\boldsymbol{A}=\begin{pmatrix}A_{11}&A_{12}&\cdots&A_{1q}\\A_{21}&A_{22}&\cdots&A_{2q}\\\vdots&\vdots&\ddots&\vdots\\A_{p1}&A_{p2}&\cdots&A_{pq}\end{pmatrix},$$

则 $\boldsymbol{A}$ 的转置矩阵为

$$\boldsymbol{A}^{\mathrm{T}}=\begin{pmatrix}A_{11}^{\mathrm{T}}&A_{21}^{\mathrm{T}}&\cdots&A_{p1}^{\mathrm{T}}\\A_{12}^{\mathrm{T}}&A_{22}^{\mathrm{T}}&\cdots&A_{p2}^{\mathrm{T}}\\\vdots&\vdots&\ddots&\vdots\\A_{1q}^{\mathrm{T}}&A_{2q}^{\mathrm{T}}&\cdots&A_{pq}^{\mathrm{T}}\end{pmatrix}.$$

注意　分块矩阵的转置，不但要把以子块为元素的行、列互换，且每个子块也要转置.

合理地分块可以使矩阵内元素分布的特点更为清晰，运算更为简洁.

[例 2.20]　设 $\boldsymbol{A}=\begin{pmatrix}1&0&0&0\\0&1&0&0\\1&1&1&0\\2&-1&0&1\end{pmatrix}$，$\boldsymbol{B}=\begin{pmatrix}1&0&-1&-2\\0&1&-1&1\end{pmatrix}$. 利用矩阵的分块，求 $\boldsymbol{B}^{\mathrm{T}}$ 和 $\boldsymbol{A}\boldsymbol{B}^{\mathrm{T}}$.

解　把矩阵 $\boldsymbol{B}$ 分成

$$\boldsymbol{B}=\left(\begin{array}{cc:cc}1&0&-1&-2\\0&1&-1&1\end{array}\right)=(\boldsymbol{E}\quad\boldsymbol{B}_1),$$

则

$$\boldsymbol{B}^{\mathrm{T}}=\begin{pmatrix}\boldsymbol{E}^{\mathrm{T}}\\\boldsymbol{B}_1^{\mathrm{T}}\end{pmatrix}=\begin{pmatrix}1&0\\0&1\\-1&-1\\-2&1\end{pmatrix}.$$

把矩阵 $\boldsymbol{A}$ 与 $\boldsymbol{B}^{\mathrm{T}}$ 分别进行如下的分块

$$\boldsymbol{A}=\left(\begin{array}{cc:cc}1&0&0&0\\0&1&0&0\\\hdashline1&1&1&0\\2&-1&0&1\end{array}\right)=\begin{pmatrix}\boldsymbol{E}&\boldsymbol{O}\\\boldsymbol{A}_1&\boldsymbol{E}\end{pmatrix},\boldsymbol{B}^{\mathrm{T}}=\left(\begin{array}{cc}1&0\\0&1\\\hdashline-1&-1\\-2&1\end{array}\right)=\begin{pmatrix}\boldsymbol{E}\\\boldsymbol{B}_1^{\mathrm{T}}\end{pmatrix}$$

则

$$\boldsymbol{A}\boldsymbol{B}^{\mathrm{T}}=\begin{pmatrix}\boldsymbol{E}&\boldsymbol{O}\\\boldsymbol{A}_1&\boldsymbol{E}\end{pmatrix}\begin{pmatrix}\boldsymbol{E}\\\boldsymbol{B}_1^{\mathrm{T}}\end{pmatrix}=\begin{pmatrix}\boldsymbol{E}+\boldsymbol{O}\boldsymbol{B}_1^{\mathrm{T}}\\\boldsymbol{A}_1\boldsymbol{E}+\boldsymbol{E}\boldsymbol{B}_1^{\mathrm{T}}\end{pmatrix}=\begin{pmatrix}\boldsymbol{E}\\\boldsymbol{O}\end{pmatrix}=\begin{pmatrix}1&0\\0&1\\0&0\\0&0\end{pmatrix}.$$

[例 2.21] 设方阵 $\boldsymbol{A}=\begin{pmatrix}\boldsymbol{B} & \boldsymbol{D}\\ \boldsymbol{O} & \boldsymbol{C}\end{pmatrix}$,其中 $\boldsymbol{B}$ 和 $\boldsymbol{C}$ 都为可逆矩阵,证明:矩阵 $\boldsymbol{A}$ 可逆,并求 $\boldsymbol{A}^{-1}$.

证 因为 $|\boldsymbol{A}|=|\boldsymbol{B}||\boldsymbol{C}|\neq 0$,所以 $\boldsymbol{A}$ 可逆.设 $\boldsymbol{A}$ 有逆矩阵,为 $\boldsymbol{H}$,将 $\boldsymbol{H}$ 按 $\boldsymbol{A}$ 的分块方法进行分块,并记

$$\boldsymbol{H}=\begin{pmatrix}\boldsymbol{X} & \boldsymbol{Z}\\ \boldsymbol{W} & \boldsymbol{Y}\end{pmatrix},$$

则有

$$\begin{pmatrix}\boldsymbol{B} & \boldsymbol{D}\\ \boldsymbol{O} & \boldsymbol{C}\end{pmatrix}\begin{pmatrix}\boldsymbol{X} & \boldsymbol{Z}\\ \boldsymbol{W} & \boldsymbol{Y}\end{pmatrix}=\begin{pmatrix}\boldsymbol{E} & \boldsymbol{O}\\ \boldsymbol{O} & \boldsymbol{E}\end{pmatrix},$$

得

$$\begin{cases}\boldsymbol{BX}+\boldsymbol{DW}=\boldsymbol{E}\\ \boldsymbol{BZ}+\boldsymbol{DY}=\boldsymbol{O}\\ \boldsymbol{CW}=\boldsymbol{O}\\ \boldsymbol{CY}=\boldsymbol{E}\end{cases}$$

由于 $\boldsymbol{B}$ 和 $\boldsymbol{C}$ 都为可逆矩阵,可解得

$$\begin{cases}\boldsymbol{X}=\boldsymbol{B}^{-1}\\ \boldsymbol{Y}=\boldsymbol{C}^{-1}\\ \boldsymbol{Z}=-\boldsymbol{B}^{-1}\boldsymbol{D}\boldsymbol{C}^{-1}\\ \boldsymbol{W}=\boldsymbol{O}\end{cases}$$

因此,矩阵 $\boldsymbol{A}$ 可逆,且 $\boldsymbol{A}^{-1}=\begin{pmatrix}\boldsymbol{B}^{-1} & -\boldsymbol{B}^{-1}\boldsymbol{D}\boldsymbol{C}^{-1}\\ \boldsymbol{O} & \boldsymbol{C}^{-1}\end{pmatrix}$.

从本例可以看到,利用将矩阵分块进行求逆的方法,可以将高阶矩阵的求逆问题转化成低阶矩阵的求逆问题,从而大大减少计算量.

2.4.3 分块对角矩阵

由于对角矩阵形式简单,运算方便,因而也常将一些特殊的方阵分块成对角矩阵,再进行矩阵的运算.

定义 2.15 设 $\boldsymbol{A}$ 为 n 阶矩阵,若将 $\boldsymbol{A}$ 分块后只在对角线上有非零子块,其余子块都为零矩阵,且对角线上的子块都是方阵,即

$$\boldsymbol{A}=\begin{pmatrix}\boldsymbol{A}_1 & & & \\ & \boldsymbol{A}_2 & & \\ & & \ddots & \\ & & & \boldsymbol{A}_s\end{pmatrix},$$

其中 $\boldsymbol{A}_i(i=1,2,\cdots,s)$ 分别为 n_i 阶 $\left(\sum\limits_{i=1}^{s}n_i=n\right)$ 方阵,则称 $\boldsymbol{A}$ 为**分块对角矩阵**,也记为 $\boldsymbol{A}=\mathrm{diag}(\boldsymbol{A}_1,\boldsymbol{A}_2,\cdots,\boldsymbol{A}_s)$.

例如,矩阵

$$A=\left(\begin{array}{cc:ccc}-1&0&0&0&0\\0&2&0&0&0\\ \hdashline 0&0&1&2&1\\0&0&3&2&0\\0&0&5&0&8\end{array}\right)=\begin{pmatrix}A_1&O\\O&A_2\end{pmatrix},$$

其中 $A_1=\begin{pmatrix}-1&0\\0&2\end{pmatrix}$，$A_2=\begin{pmatrix}1&2&1\\3&2&0\\5&0&8\end{pmatrix}$，这样的分块方法就形成了分块对角矩阵.

分块对角矩阵具有类似于对角矩阵的运算性质.

设 A，B 为分法相同的同型分块对角矩阵，即

$$A=\text{diag}(A_1,A_2,\cdots,A_t),B=\text{diag}(B_1,B_2,\cdots,B_t)$$

则有如下性质

性质 1 $A\pm B=\text{diag}(A_1\pm B_1,A_2\pm B_2,\cdots,A_t\pm B_t)$.

性质 2 $kA=\text{diag}(kA_1,kA_2,\cdots,kA_t)$，其中 k 为实数.

性质 3 $AB=\text{diag}(A_1B_1,A_2B_2,\cdots,A_tB_t)$.

性质 4 $A^k=\text{diag}(A_1^k,A_2^k,\cdots,A_t^k)$，其中 k 为正整数.

性质 5 若 $A_i(i=1,2,\cdots,t)$ 均可逆，则 $A^{-1}=\text{diag}(A_1^{-1},A_2^{-1},\cdots,A_t^{-1})$.

性质 6 $A^{\mathrm{T}}=\text{diag}(A_1^{\mathrm{T}},A_2^{\mathrm{T}},\cdots,A_t^{\mathrm{T}})$.

性质 7 $|A|=|A_1|\cdot|A_2|\cdot\cdots\cdot|A_t|$.

特别地，若

$$A=\text{diag}(a_1,a_2,\cdots,a_t),B=\text{diag}(b_1,b_2,\cdots,b_t),$$

其中 $a_i,b_i(i=1,2,\cdots,t)$ 为实数，上述性质也成立，即

性质 1′ $A\pm B=\text{diag}(a_1\pm b_1,a_2\pm b_2,\cdots,a_t\pm b_t)$.

性质 2′ $kA=\text{diag}(ka_1,ka_2,\cdots,ka_t)$，其中 k 为实数.

性质 3′ $AB=\text{diag}(a_1b_1,a_2b_2,\cdots,a_tb_t)$.

性质 4′ $A^k=\text{diag}(a_1^k,a_2^k,\cdots,a_t^k)$，其中 k 为正整数.

性质 5′ 若 $a_i\neq0(i=1,2,\cdots,t)$，则 $A^{-1}=\text{diag}(a_1^{-1},a_2^{-1},\cdots,a_t^{-1})$.

性质 6′ $A^{\mathrm{T}}=A$.

性质 7′ $|A|=a_1\cdot a_2\cdot\cdots\cdot a_t$.

[例 2.22] 设矩阵 $A=\begin{pmatrix}5&2&0&0\\2&1&0&0\\0&0&8&3\\0&0&5&2\end{pmatrix}$，求 $|A|$ 和 A^{-1}.

解 将矩阵 A 分成，$A=\left(\begin{array}{cc:cc}5&2&0&0\\2&1&0&0\\ \hdashline 0&0&8&3\\0&0&5&2\end{array}\right)=\begin{pmatrix}A_1&O\\O&A_2\end{pmatrix}$，

则

$$|\boldsymbol{A}|=|\boldsymbol{A}_1|\cdot|\boldsymbol{A}_2|=\begin{vmatrix}5&2\\2&1\end{vmatrix}\cdot\begin{vmatrix}8&3\\5&2\end{vmatrix}=1.$$

又

$$\boldsymbol{A}_1^{-1}=\begin{pmatrix}1&-2\\-2&5\end{pmatrix},\boldsymbol{A}_2^{-1}=\begin{pmatrix}2&-3\\-5&8\end{pmatrix},$$

所以

$$\boldsymbol{A}^{-1}=\begin{pmatrix}\boldsymbol{A}_1^{-1}&\boldsymbol{O}\\\boldsymbol{O}&\boldsymbol{A}_2^{-1}\end{pmatrix}=\left(\begin{array}{cc:cc}1&-2&0&0\\-2&5&0&0\\\hdashline 0&0&2&-3\\0&0&-5&8\end{array}\right).$$

习题 2.4

1. 用矩阵分块计算下列矩阵的乘积.

(1) $\begin{pmatrix}1&2&1&0\\0&1&0&1\\0&0&2&1\\0&0&0&3\end{pmatrix}\begin{pmatrix}1&0&3&1\\0&1&2&-1\\0&0&-2&3\\0&0&0&-3\end{pmatrix}$　　(2) $\begin{pmatrix}a&0&1&0\\0&a&0&1\\1&0&b&0\\0&1&0&b\end{pmatrix}\begin{pmatrix}0&c\\c&0\\d&0\\0&d\end{pmatrix}$

2. 设 $\boldsymbol{A},\boldsymbol{B}$ 都是可逆矩阵,求下列分块矩阵的逆矩阵.

(1) $\begin{pmatrix}\boldsymbol{O}&\boldsymbol{A}\\\boldsymbol{B}&\boldsymbol{O}\end{pmatrix}$　　(2) $\begin{pmatrix}\boldsymbol{A}&\boldsymbol{O}\\\boldsymbol{C}&\boldsymbol{B}\end{pmatrix}$

3. 用矩阵分块求下列矩阵的逆矩阵.

(1) $\begin{pmatrix}5&2&0&0\\2&1&0&0\\0&0&1&-2\\0&0&1&1\end{pmatrix}$　　(2) $\begin{pmatrix}1&0&0&0\\1&2&0&0\\2&1&3&0\\1&2&1&4\end{pmatrix}$

(3) $\begin{pmatrix}0&a_1&0&\cdots&0\\0&0&a_2&\cdots&0\\\vdots&\vdots&\vdots&\ddots&\vdots\\0&0&0&\cdots&a_{n-1}\\a_n&0&0&\cdots&0\end{pmatrix}$,其中 $a_1,a_2,\cdots,a_n$ 为非零常数

4. 设矩阵 $\boldsymbol{A}=\begin{pmatrix}3&4&0&0\\4&-3&0&0\\0&0&2&0\\0&0&2&2\end{pmatrix}$,求 $|\boldsymbol{A}^8|$ 和 $\boldsymbol{A}^4$.

2.5　初等变换与初等矩阵

矩阵的初等变换是处理矩阵问题的一种基本的方法,在矩阵理论以及解线性方程组等方面应用广泛.本节将介绍矩阵的初等变换、初等矩阵的概念,并研究它们之间的联系.

2.5.1　阶梯形矩阵

在对矩阵进行初等变换后,常要求将矩阵化为以下几种特殊形式的矩阵.

(1) 阶梯形矩阵

定义 2.16　如果一个矩阵满足下列两个条件：

①若有零行(即元素全为零的行),各零行都位于非零行(即元素不全为零的行)的下方；

②各非零行左起的首个非零元素位于上一行首个非零元素的右侧.

则称该矩阵为**行阶梯形矩阵**,简称为**阶梯形矩阵**.

例如,矩阵

$$\begin{pmatrix}1&2&3&1\\0&0&1&4\\0&0&0&2\\0&0&0&0\end{pmatrix},\begin{pmatrix}0&1&0&0&1\\0&0&2&3&2\\0&0&0&1&3\\0&0&0&0&4\end{pmatrix},\begin{pmatrix}2&1&2&1\\0&1&1&1\\0&0&1&2\\0&0&0&5\end{pmatrix},\begin{pmatrix}1&2&3&1\\0&6&1&4\\0&0&0&2\\0&0&0&0\end{pmatrix}$$

都是阶梯形矩阵,而矩阵

$$\begin{pmatrix}0&1&2&1\\0&2&0&5\\0&0&0&0\end{pmatrix},\begin{pmatrix}0&0&0&0&1\\0&0&0&0&0\\0&0&0&1&2\end{pmatrix},\begin{pmatrix}1&2&3&1\\0&0&1&4\\0&0&3&2\\0&0&0&0\end{pmatrix},$$

都不是阶梯形矩阵.

(2) 行最简形矩阵

定义 2.17　如果矩阵满足下列三个条件：

①此矩阵为行阶梯形矩阵,

②各非零行左起的首个非零元素均为 1,

③每行左起的首个非零元素所在列的其余元素全为零,

则称该矩阵为**行最简形矩阵**.

例如,矩阵

$$\begin{pmatrix}1&2&0&0\\0&0&1&0\\0&0&0&1\\0&0&0&0\end{pmatrix},\begin{pmatrix}0&1&0&0&0\\0&0&1&0&0\\0&0&0&1&0\\0&0&0&0&1\end{pmatrix},\begin{pmatrix}1&0&0&0\\0&1&0&0\\0&0&1&0\\0&0&0&1\end{pmatrix},\begin{pmatrix}1&0&0&0\\0&1&5&0\\0&0&0&1\\0&0&0&0\end{pmatrix}$$

都是行最简形矩阵,而矩阵

$$\begin{pmatrix}0&1&2&1\\0&2&0&5\\0&0&0&0\end{pmatrix},\begin{pmatrix}0&1&2&0\\0&0&0&5\\0&0&0&0\end{pmatrix},\begin{pmatrix}1&0&2&0\\0&0&1&0\\0&0&0&1\\0&0&0&0\end{pmatrix}$$

都不是行最简形矩阵.

(3) 标准形矩阵

定义 2.18　如果非零矩阵可以分块为

$$\begin{pmatrix}\boldsymbol{E}_r&\boldsymbol{O}\\\boldsymbol{O}&\boldsymbol{O}\end{pmatrix}$$

则称这个矩阵为**标准形矩阵**,其中 $\boldsymbol{E}_r$ 是 r 阶单位矩阵.

例如,矩阵

$$\begin{pmatrix}1&0&0&0\\0&1&0&0\\0&0&0&0\end{pmatrix},\begin{pmatrix}1&0&0&0&0\\0&1&0&0&0\\0&0&1&0&0\end{pmatrix},\begin{pmatrix}1&0&0&0\\0&1&0&0\\0&0&1&0\\0&0&0&1\end{pmatrix}$$

都是标准形矩阵.

2.5.2　初等变换

在利用消元法解线性方程组的过程中，常用到下面的三种变换：

(1) 交换线性方程组中某两个方程；

(2) 以一个非零的常数 k 同时乘以线性方程组中某个方程的两边；

(3) 将线性方程组中某个方程的 k 倍加到另一个方程.

把这种变换的思想方法引入处理矩阵的问题中，就得到了矩阵的初等变换.

定义 2.19　下面三种对矩阵的变换，统称为矩阵的**初等变换**：

(1) 交换矩阵的第 i,j 行(或列)，记作 $r_i\leftrightarrow r_j$(或 $c_i\leftrightarrow c_j$)；

(2) 以数 $k\neq0$ 乘矩阵的第 i 行(或列)，记作 kr_i(或 kc_i)；

(3) 矩阵的第 i 行(或列)的 k 倍加到矩阵的第 j 行(或列)，其中 k 为任意常数，记作 r_j+kr_i(或 c_j+kc_i).

对矩阵的行实施的初等变换称**初等行变换**，对矩阵的列实施的初等变换称**初等列变换**. 本书中用符号 $\boldsymbol{A}\xrightarrow{r}\boldsymbol{B}$ 表示矩阵 $\boldsymbol{A}$ 经过有限次初等行变换化为矩阵 $\boldsymbol{B}$，用符号 $\boldsymbol{A}\to\boldsymbol{B}$ 表示矩阵 $\boldsymbol{A}$ 经过有限次初等变换化为矩阵 $\boldsymbol{B}$.

[例 2.23]　将矩阵 $\boldsymbol{A}=\begin{pmatrix}0&0&0&0\\0&2&6&10\\0&3&8&13\\0&1&2&3\end{pmatrix}$ 用初等变换化为：(1)行阶梯形矩阵；(2)行最简形矩阵；(3)标准形矩阵.

解　(1) 首先，利用初等行变换将 $\boldsymbol{A}$ 化为行阶梯形矩阵

$$\boldsymbol{A}=\begin{pmatrix}0&0&0&0\\0&2&6&10\\0&3&8&13\\0&1&2&3\end{pmatrix}\xrightarrow{r_1\leftrightarrow r_4}\begin{pmatrix}0&1&2&3\\0&2&6&10\\0&3&8&13\\0&0&0&0\end{pmatrix}(\text{记作 }\boldsymbol{B}_1)$$

$$\xrightarrow[r_3+(-3)r_1]{r_2+(-2)r_1}\begin{pmatrix}0&1&2&3\\0&0&2&4\\0&0&2&4\\0&0&0&0\end{pmatrix}(\text{记作 }\boldsymbol{B}_2)$$

$$\xrightarrow{r_3+(-1)r_2}\begin{pmatrix}0&1&2&3\\0&0&2&4\\0&0&0&0\\0&0&0&0\end{pmatrix}(\text{记作 }\boldsymbol{B}_3)(\text{行阶梯形矩阵}).$$

(2) 然后,进一步用初等行变换将 $\boldsymbol{B}_3$ 化为行最简形矩阵

$$\boldsymbol{B}_3 \xrightarrow[\frac{1}{2}r_2]{r_1+(-1)r_2} \begin{pmatrix} 0 & 1 & 0 & -1 \\ 0 & 0 & 1 & 2 \\ 0 & 0 & 0 & 0 \\ 0 & 0 & 0 & 0 \end{pmatrix} (\text{记作 } \boldsymbol{B}_4)(\text{行最简形矩阵});$$

(3) 最后,要将 $\boldsymbol{B}_4$ 化为标准形矩阵. 注意到只用初等行变换不能实现,故改用初等列变换继续将 $\boldsymbol{B}_4$ 化为标准形矩阵.

$$\boldsymbol{B}_4 \xrightarrow[c_4+(-2)c_3]{c_4+c_2} \begin{pmatrix} 0 & 1 & 0 & 0 \\ 0 & 0 & 1 & 0 \\ 0 & 0 & 0 & 0 \\ 0 & 0 & 0 & 0 \end{pmatrix} (\text{记作 } \boldsymbol{B}_5)$$

$$\xrightarrow[c_2\leftrightarrow c_3]{c_1\leftrightarrow c_2} \begin{pmatrix} 1 & 0 & 0 & 0 \\ 0 & 1 & 0 & 0 \\ 0 & 0 & 0 & 0 \\ 0 & 0 & 0 & 0 \end{pmatrix} = \begin{pmatrix} \boldsymbol{E}_2 & \boldsymbol{O} \\ \boldsymbol{O} & \boldsymbol{O} \end{pmatrix} (\text{标准形矩阵}).$$

定义 2.20 如果矩阵 $\boldsymbol{A}$ 经过有限次初等变换化为矩阵 $\boldsymbol{B}$,则称矩阵 $\boldsymbol{A}$ 与矩阵 $\boldsymbol{B}$ 等价,记为 $\boldsymbol{A}\Leftrightarrow\boldsymbol{B}$.

等价作为矩阵之间的一种关系,易知具有下面三条性质:

(1) 反身性:任意矩阵 $\boldsymbol{A}$ 与自身等价;

(2) 对称性:若矩阵 $\boldsymbol{A}$ 与矩阵 $\boldsymbol{B}$ 等价,则矩阵 $\boldsymbol{B}$ 与矩阵 $\boldsymbol{A}$ 等价;

(3) 传递性:若矩阵 $\boldsymbol{A}$ 与 $\boldsymbol{B}$ 等价,矩阵 $\boldsymbol{B}$ 与 $\boldsymbol{C}$ 等价,则矩阵 $\boldsymbol{A}$ 与 $\boldsymbol{C}$ 等价.

从例 2.23 中可以看到,利用矩阵的初等变换可以把矩阵化为更简单特殊的形式. 事实上,有下面的定理成立.

定理 2.4 对任意非零矩阵 $\boldsymbol{A}$,

(1) 利用有限次初等行变换可以变为行阶梯形矩阵;

(2) 利用有限次初等行变换可以变为行最简形矩阵;

(3) 利用有限次初等变换可以变为标准形矩阵.

定理 2.4 的证明是与例 2.23 相类似的过程.

由此可见,要将某个矩阵化为标准形矩阵,可以先用初等行变换将其化为行阶梯形矩阵,然后用初等行变换化为行最简形矩阵,最后用初等列变换化得标准形矩阵.

2.5.3 初等矩阵

定义 2.21 单位矩阵 $\boldsymbol{E}$ 经过一次初等变换后得到的矩阵称为**初等矩阵**. 三类初等变换对应三类初等矩阵.

(1) 交换单位矩阵 $\boldsymbol{E}$ 的第 i 行(列)与第 j 行(列)所得到的矩阵,记为 $\boldsymbol{E}(i,j)$ 或 $\boldsymbol{E}_{ij}$,即

$$
\boldsymbol{E}(i,j)=\begin{pmatrix}
1 & & & & & & & & & \\
& \ddots & & & & & & & & \\
& & 1 & & & & & & & \\
& & & 0 & \cdots & \cdots & \cdots & 1 & & \\
& & & \vdots & 1 & & & \vdots & & \\
& & & \vdots & & \ddots & & \vdots & & \\
& & & \vdots & & & 1 & \vdots & & \\
& & & 1 & \cdots & \cdots & \cdots & 0 & & \\
& & & & & & & & 1 & \\
& & & & & & & & & \ddots \\
& & & & & & & & & & 1
\end{pmatrix}
\begin{matrix} \\ \\ \\ \leftarrow r_i \\ \\ \\ \\ \leftarrow r_j \\ \\ \\ \\ \end{matrix}
$$

$$\qquad\qquad\qquad\qquad \uparrow c_i \qquad\qquad\qquad \uparrow c_j$$

(2) 单位矩阵 $\boldsymbol{E}$ 的第 i 行(列)的元素乘以非零常数 k 所得到的矩阵,记为 $\boldsymbol{E}(i(k))$ 或 $\boldsymbol{E}_i(k)$,即

$$
\boldsymbol{E}(i(k))=\begin{pmatrix}
1 & & & & & & \\
& \ddots & & & & & \\
& & 1 & & & & \\
& & & k & & & \\
& & & & 1 & & \\
& & & & & \ddots & \\
& & & & & & 1
\end{pmatrix}
\begin{matrix} \\ \\ \\ \leftarrow r_i \\ \\ \\ \\ \end{matrix}
$$

$$\qquad\qquad \uparrow c_i$$

(3) 单位矩阵 $\boldsymbol{E}$ 的第 j 行(第 i 列)的元素乘以常数 k 加到第 i 行(第 j 列)所得到的矩阵,记为 $\boldsymbol{E}(i,j(k))$ 或 $\boldsymbol{E}_{ij}(k)$,即

$$
\boldsymbol{E}(i,j(k))=\begin{pmatrix}
1 & & & & & & & & & \\
& \ddots & & & & & & & & \\
& & 1 & & & & & & & \\
& & & 1 & \cdots & \cdots & \cdots & k & & \\
& & & \vdots & 1 & & & \vdots & & \\
& & & \vdots & & \ddots & & \vdots & & \\
& & & \vdots & & & 1 & \vdots & & \\
& & & 0 & \cdots & \cdots & \cdots & 1 & & \\
& & & & & & & & 1 & \\
& & & & & & & & & \ddots \\
& & & & & & & & & & 1
\end{pmatrix}
\begin{matrix} \\ \\ \\ \leftarrow r_i \\ \\ \\ \\ \leftarrow r_j \\ \\ \\ \\ \end{matrix}
$$

$$\qquad\qquad\qquad\qquad \uparrow c_i \qquad\qquad\qquad \uparrow c_j$$

容易验证,初等矩阵都是可逆矩阵,且其转置矩阵和逆矩阵仍然为同类的初等矩阵.事实上,有

$$\boldsymbol{E}(i,j)\boldsymbol{E}(i,j)=\boldsymbol{E},\boldsymbol{E}\left(i\left(\frac{1}{k}\right)\right)\boldsymbol{E}(i(k))=\boldsymbol{E},\boldsymbol{E}(i,j(-k))\boldsymbol{E}(i,j(k))=\boldsymbol{E}.$$

2.5.4 初等变换与初等矩阵的关系

初等变换将一个矩阵变成了另一个矩阵,前后两个矩阵不是相等的关系,为了建立它们之间的变化关系式,就要研究初等变换与初等矩阵之间的关系.

例如,设矩阵 $\boldsymbol{A}=\begin{pmatrix}a_{11}&a_{12}\\a_{21}&a_{22}\\a_{31}&a_{32}\end{pmatrix}$,任意常数 $k\neq0$,则有

$$\boldsymbol{A}=\begin{pmatrix}a_{11}&a_{12}\\a_{21}&a_{22}\\a_{31}&a_{32}\end{pmatrix}\xrightarrow{kr_2}\begin{pmatrix}a_{11}&a_{12}\\ka_{21}&ka_{22}\\a_{31}&a_{32}\end{pmatrix}(\text{记作 }\boldsymbol{B})\tag{2.14}$$

以及

$$\boldsymbol{E}(2(k))\boldsymbol{A}=\begin{pmatrix}1&0&0\\0&k&0\\0&0&1\end{pmatrix}\begin{pmatrix}a_{11}&a_{12}\\a_{21}&a_{22}\\a_{31}&a_{32}\end{pmatrix}=\begin{pmatrix}a_{11}&a_{12}\\ka_{21}&ka_{22}\\a_{31}&a_{32}\end{pmatrix}=\boldsymbol{B},\tag{2.15}$$

比较式(2.14)和式(2.15)发现,矩阵 $\boldsymbol{B}$ 是 $\boldsymbol{A}$ 作一次第二类初等行变换的结果,同样也是在 $\boldsymbol{A}$ 的左边乘以一个第二类初等矩阵的结果.另有,

$$\boldsymbol{A}=\begin{pmatrix}a_{11}&a_{12}\\a_{21}&a_{22}\\a_{31}&a_{32}\end{pmatrix}\xrightarrow{kc_2}\begin{pmatrix}a_{11}&ka_{12}\\a_{21}&ka_{22}\\a_{31}&ka_{32}\end{pmatrix}(\text{记作 }\boldsymbol{C})\tag{2.16}$$

以及

$$\boldsymbol{A}\boldsymbol{E}(2(k))=\begin{pmatrix}a_{11}&a_{12}\\a_{21}&a_{22}\\a_{31}&a_{32}\end{pmatrix}\begin{pmatrix}1&0\\0&k\end{pmatrix}=\begin{pmatrix}a_{11}&ka_{12}\\a_{21}&ka_{22}\\a_{31}&ka_{32}\end{pmatrix}=\boldsymbol{C}\tag{2.17}$$

比较式(2.16)和式(2.17)发现,矩阵 $\boldsymbol{C}$ 是 $\boldsymbol{A}$ 作一次第二类初等列变换的结果,同样也是在 $\boldsymbol{A}$ 的右边乘以一个第二类初等矩阵的结果.

一般地,有以下结论.

定理 2.5 设 $\boldsymbol{A}$ 是一个 $m\times n$ 矩阵,

(1) 对 $\boldsymbol{A}$ 作一次初等行变换,相当于在 $\boldsymbol{A}$ 的左边乘以一个同类的 m 阶初等矩阵;

(2) 对 $\boldsymbol{A}$ 作一次初等列变换,相当于在 $\boldsymbol{A}$ 的右边乘以一个同类的 n 阶初等矩阵.

证 我们只看列变换的情形,行变换的情形可同样证明.令 $\boldsymbol{B}=(b_{ij})$ 是任意一个 $n\times n$ 矩阵,将 $\boldsymbol{A}$ 按列分块成 $\boldsymbol{A}=(\boldsymbol{A}_1,\boldsymbol{A}_2,\cdots,\boldsymbol{A}_n)$,由分块矩阵的乘法,得

$$\boldsymbol{A}\boldsymbol{B}=\left(\sum_{k=1}^{n}b_{k1}\boldsymbol{A}_k,\sum_{k=1}^{n}b_{k2}\boldsymbol{A}_k,\cdots,\sum_{k=1}^{n}b_{kn}\boldsymbol{A}_k\right).$$

特别地,令 $\boldsymbol{B}=\boldsymbol{E}(i,j)$,则

$$AE(i,j)=(A_1,\cdots,A_j,\cdots,A_i,\cdots,A_n),$$

i列 j列

这相当于把 A 的第 i 列与第 j 列互换.类似地,可以证明另两个变换情况.

结合定理 2.4 和定理 2.5,得到下面的结论.

定理 2.6 设 A 是一个 $m\times n$ 矩阵,则存在 m 阶初等矩阵 $P_1,P_2,\cdots,P_s$ 和 n 阶初等矩阵 $Q_1,Q_2,\cdots,Q_t$,使得

$$P_s\cdots P_2P_1AQ_1Q_2\cdots Q_t=\begin{pmatrix}E_r & O\\ O & O\end{pmatrix}_{m\times n}.$$

例 2.23 中矩阵 A 化为标准形的初等变换过程可利用下列关系式表示

$$E\left(2\left(\frac{1}{2}\right)\right)E(1,2(-1))E(3,2(-1))E(3,1(-3))E(2,1(-2))E(1,4)$$

$$AE(2,4(1))E(3,4(-2))E(1,2)E(2,3)=\begin{pmatrix}E_2 & O\\ O & O\end{pmatrix}.$$

推论 1 设 A 为 $m\times n$ 矩阵,则存在 m 阶可逆矩阵 P 和 n 阶可逆矩阵 Q,使得

$$PAQ=\begin{pmatrix}E_r & O\\ O & O\end{pmatrix}_{m\times n}.$$

证 在定理 2.6 中,令 $P=P_sP_{s-1}\cdots P_1$,$Q=Q_1Q_2\cdots Q_t$,显然 P,Q 都是可逆矩阵.

推论 2 设 A 和 B 都是 $m\times n$ 矩阵,则 A 等价于 B 的充分必要条件是:存在 m 阶可逆矩阵 P 和 n 阶可逆矩阵 Q,使得

$$PAQ=B.$$

该推论的证明请读者自行完成.

推论 3 n 阶矩阵 A 可逆,当且仅当 A 的标准形为单位矩阵 E_n.

证 必要性:由推论 1 知,对 n 阶可逆矩阵 A,存在 n 阶可逆矩阵 P 和 Q,使得

$$PAQ=\begin{pmatrix}E_r & O\\ O & O\end{pmatrix},$$

将上式两边取行列式,有

$$|PAQ|=\left|\begin{pmatrix}E_r & O\\ O & O\end{pmatrix}\right|,$$

若 $r<n$,有

$$\left|\begin{pmatrix}E_r & 0\\ 0 & 0\end{pmatrix}\right|=0,$$

这与 $|P|\neq 0$,$|Q|\neq 0$,$|A|\neq 0$ 产生矛盾,故 $r=n$.

充分性:若 n 阶矩阵 A 的标准形为 E_n,则由定理 2.6 知,存在有限多个 n 阶初等矩阵 $P_1,P_2,\cdots,P_s$ 和 $Q_1,Q_2,\cdots,Q_t$,使得

$$P_s\cdots P_2P_1AQ_1Q_2\cdots Q_t=E_n,$$

则有

$$A=P_1^{-1}P_2^{-1}\cdots P_s^{-1}E_nQ_t^{-1}\cdots Q_2^{-1}Q_1^{-1},$$

显然,矩阵 A 是可逆矩阵.

推论 4　n 阶可逆矩阵 $\boldsymbol{A}$ 可以表示成有限个初等矩阵的乘积.

证　由推论 3 及其证明过程易证得.

2.5.5　求逆矩阵的初等变换法

在本章 3.3 节中，给出的利用伴随矩阵求可逆矩阵的逆矩阵的方法，当遇到较高阶的矩阵求逆矩阵时，该方法计算量太大. 下面介绍一种更为简便的方法，即用初等变换求逆矩阵的方法，称为**初等变换法**.

设 n 阶矩阵 $\boldsymbol{A}$ 可逆，则 $\boldsymbol{A}^{-1}$ 也是可逆的，根据定理 2.6 的推论 4，存在有限个 n 阶初等矩阵 $\boldsymbol{G}_1,\boldsymbol{G}_2,\cdots,\boldsymbol{G}_k$，使得

$$\boldsymbol{A}^{-1}=\boldsymbol{G}_1\boldsymbol{G}_2\cdots\boldsymbol{G}_k, \tag{2.18}$$

用 $\boldsymbol{A}$ 右乘式(2.18)得

$$\boldsymbol{A}^{-1}\boldsymbol{A}=(\boldsymbol{G}_1\boldsymbol{G}_2\cdots\boldsymbol{G}_k)\boldsymbol{A},$$

即

$$(\boldsymbol{G}_1\boldsymbol{G}_2\cdots\boldsymbol{G}_k)\boldsymbol{A}=\boldsymbol{E}. \tag{2.19}$$

由式(2.18)，又有

$$(\boldsymbol{G}_1\boldsymbol{G}_2\cdots\boldsymbol{G}_k)\boldsymbol{E}=\boldsymbol{A}^{-1}. \tag{2.20}$$

比较式(2.19)和式(2.20)可发现左乘初等矩阵 $\boldsymbol{G}_1\boldsymbol{G}_2\cdots\boldsymbol{G}_k$ 可以将 $\boldsymbol{A}$ 转化成 $\boldsymbol{E}$，同时也可以将 $\boldsymbol{E}$ 转化为 $\boldsymbol{A}^{-1}$. 根据定理 2.5，上述两式也表明：当用一系列初等行变换将可逆矩阵 $\boldsymbol{A}$ 化为单位矩阵 $\boldsymbol{E}$ 时，这同一组初等变换也能将单位矩阵 $\boldsymbol{E}$ 化为矩阵 $\boldsymbol{A}^{-1}$. 于是，可设计如下一种求逆矩阵的方法：

(1) 构造一个 $n\times 2n$ 的矩阵 $(\boldsymbol{A}\,\vdots\,\boldsymbol{E})$；

(2) 利用初等行变换将 $(\boldsymbol{A}\,\vdots\,\boldsymbol{E})$ 中的子块 $\boldsymbol{A}$ 化为 $\boldsymbol{E}$，同时子块 $\boldsymbol{E}$ 就化为 $\boldsymbol{A}^{-1}$；

(3) 写出 $\boldsymbol{A}$ 的逆矩阵 $\boldsymbol{A}^{-1}$.

特别要注意，对 $(\boldsymbol{A}\,\vdots\,\boldsymbol{E})$ 实施的初等变换仅限于初等行变换. 这个方法也可以简单地表示为

$$(\boldsymbol{A}\,\vdots\,\boldsymbol{E})\xrightarrow{\text{初等行变换}}(\boldsymbol{E}\,\vdots\,\boldsymbol{A}^{-1}).$$

同理，也可以设计为仅利用初等列变换求逆矩阵，可以表示为

$$\begin{pmatrix}\boldsymbol{A}\\ \cdots\\ \boldsymbol{E}\end{pmatrix}\xrightarrow{\text{初等列变换}}\begin{pmatrix}\boldsymbol{E}\\ \cdots\\ \boldsymbol{A}^{-1}\end{pmatrix}.$$

[例 2.24]　利用初等变换法，求矩阵 $\boldsymbol{A}=\begin{pmatrix}3&-1&0\\-2&1&1\\2&-1&4\end{pmatrix}$ 的逆矩阵.

解　$$(\boldsymbol{A}\,\vdots\,\boldsymbol{E})=\left(\begin{array}{ccc:ccc}3&-1&0&1&0&0\\-2&1&1&0&1&0\\2&-1&4&0&0&1\end{array}\right)\xrightarrow[r_3+r_2]{r_1+r_2}\left(\begin{array}{ccc:ccc}1&0&1&1&1&0\\-2&1&1&0&1&0\\0&0&5&0&1&1\end{array}\right)$$

$$\xrightarrow{r_2+2r_1}\left(\begin{array}{ccc:ccc}1&0&1&1&1&0\\0&1&3&2&3&0\\0&0&5&0&1&1\end{array}\right)\xrightarrow{\frac{1}{5}r_3}\left(\begin{array}{ccc:ccc}1&0&1&1&1&0\\0&1&3&2&3&0\\0&0&1&0&\frac{1}{5}&\frac{1}{5}\end{array}\right)$$

$$\xrightarrow[r_1+(-1)r_3]{r_2+(-3)r_3}\left(\begin{array}{ccc:ccc}1&0&0&1&\frac{4}{5}&-\frac{1}{5}\\0&1&0&2&\frac{12}{5}&-\frac{3}{5}\\0&0&1&0&\frac{1}{5}&\frac{1}{5}\end{array}\right)=(\boldsymbol{E}\,\vdots\,\boldsymbol{A}^{-1})\quad \text{所以}\boldsymbol{A}^{-1}=\begin{pmatrix}1&\frac{4}{5}&-\frac{1}{5}\\2&\frac{12}{5}&-\frac{3}{5}\\0&\frac{1}{5}&\frac{1}{5}\end{pmatrix}.$$

下面介绍利用初等变换法求解矩阵方程.

对于矩阵方程 $\boldsymbol{AX}=\boldsymbol{B}$,若 $\boldsymbol{A}$ 可逆,则存在有限个 n 阶初等矩阵 $\boldsymbol{G}_1,\boldsymbol{G}_2,\cdots,\boldsymbol{G}_k$,使得 $\boldsymbol{A}^{-1}=\boldsymbol{G}_1\boldsymbol{G}_2\cdots\boldsymbol{G}_k$,故

$$\boldsymbol{E}=\boldsymbol{A}^{-1}\boldsymbol{A}=(\boldsymbol{G}_1\boldsymbol{G}_2\cdots\boldsymbol{G}_k)\boldsymbol{A},\tag{2.21}$$

又

$$\boldsymbol{X}=\boldsymbol{A}^{-1}\boldsymbol{B}=(\boldsymbol{G}_1\boldsymbol{G}_2\cdots\boldsymbol{G}_k)\boldsymbol{B}.\tag{2.22}$$

比较式(2.21)、式(2.22),可知当用有限个初等行变换将 $\boldsymbol{A}$ 化为 $\boldsymbol{E}$ 时,这组初等行变换同时也能将 $\boldsymbol{B}$ 化为 $\boldsymbol{X}$,即

$$(\boldsymbol{A}\,\vdots\,\boldsymbol{B})\xrightarrow{\text{初等行变换}}(\boldsymbol{E}\,\vdots\,\boldsymbol{X}).$$

类似地,对于矩阵方程 $\boldsymbol{XA}=\boldsymbol{B}$,其中 $\boldsymbol{A}$ 可逆,则 $\boldsymbol{X}=\boldsymbol{BA}^{-1}$,仅用列初等变换的求法可以表示为

$$\begin{pmatrix}\boldsymbol{A}\\\cdots\\\boldsymbol{B}\end{pmatrix}\xrightarrow{\text{初等列变换}}\begin{pmatrix}\boldsymbol{E}\\\cdots\\\boldsymbol{X}\end{pmatrix}.$$

[例 2.25] 利用初等变换法,求解矩阵方程 $\boldsymbol{AX}=\boldsymbol{B}$,其中

$$\boldsymbol{A}=\begin{pmatrix}1&2&3\\2&2&1\\3&4&3\end{pmatrix},\quad \boldsymbol{B}=\begin{pmatrix}2&5\\3&1\\4&3\end{pmatrix}.$$

解
$$(\boldsymbol{A}\,\vdots\,\boldsymbol{B})=\left(\begin{array}{ccc:cc}1&2&3&2&5\\2&2&1&3&1\\3&4&3&4&3\end{array}\right)\xrightarrow[r_3-3r_1]{r_2-2r_1}\left(\begin{array}{ccc:cc}1&2&3&2&5\\0&-2&-5&-1&-9\\0&-2&-6&-2&-12\end{array}\right)$$

$$\xrightarrow[r_3-r_2]{r_1+r_2}\left(\begin{array}{ccc:cc}1&0&-2&1&-4\\0&-2&-5&-1&-9\\0&0&-1&-1&-3\end{array}\right)\xrightarrow[r_2-5r_3]{r_1-2r_3}\left(\begin{array}{ccc:cc}1&0&0&3&2\\0&-2&0&4&6\\0&0&-1&-1&-3\end{array}\right)$$

$$\xrightarrow[r_3\div(-1)]{r_2\div(-2)}\left(\begin{array}{ccc:cc}1&0&0&3&2\\0&1&0&-2&-3\\0&0&1&1&3\end{array}\right),$$

由此知 $\boldsymbol{A}$ 可逆,且

$$\boldsymbol{X}=\boldsymbol{A}^{-1}\boldsymbol{B}=\begin{pmatrix}3&2\\-2&-3\\1&3\end{pmatrix}.$$

习题 2.5

1. 用初等变换将下列矩阵化为标准形.

(1) $\begin{pmatrix} 2 & 1 & 2 & 3 \\ 4 & 1 & 3 & 5 \\ 2 & 0 & 1 & 2 \end{pmatrix}$　(2) $\begin{pmatrix} 1 & 0 & 1 \\ 2 & 1 & 0 \\ -3 & 2 & -5 \end{pmatrix}$　(3) $\begin{pmatrix} 1 & -1 & 2 \\ 3 & -3 & 1 \\ -2 & 2 & -4 \end{pmatrix}$　(4) $\begin{pmatrix} 1 & 3 \\ -1 & -3 \\ 2 & 1 \end{pmatrix}$

2. 用矩阵的初等变换法求其逆矩阵.

(1) $\begin{pmatrix} 1 & 2 & 3 \\ -1 & 0 & 1 \\ 3 & 3 & 4 \end{pmatrix}$　(2) $\begin{pmatrix} 2 & 1 & -1 \\ 1 & 1 & 1 \\ 3 & 2 & 1 \end{pmatrix}$　(3) $\begin{pmatrix} 1 & 0 & 0 & 0 \\ 1 & 2 & 0 & 0 \\ 1 & 2 & 3 & 0 \\ 1 & 2 & 3 & 4 \end{pmatrix}$　(4) $\begin{pmatrix} 1 & 1 & 1 & 1 \\ 1 & 1 & -1 & -1 \\ 1 & -1 & 1 & -1 \\ 1 & -1 & -1 & 1 \end{pmatrix}$

3. 利用初等变换法,求解矩阵方程 $\boldsymbol{AX}=\boldsymbol{B}$,其中

$$\boldsymbol{A}=\begin{pmatrix} 0 & 0 & -1 \\ -2 & 0 & 0 \\ 3 & -2 & 6 \end{pmatrix},\quad \boldsymbol{B}=\begin{pmatrix} 1 & 0 & 1 \\ 2 & 1 & 0 \\ -3 & 2 & -5 \end{pmatrix}.$$

2.6 矩阵的秩

本节研究矩阵的秩,它是一个反映矩阵内在特性的重要数值.

2.6.1 矩阵的秩的概念

定义 2.22 设 $\boldsymbol{A}$ 为 $m\times n$ 矩阵,在 $\boldsymbol{A}$ 中任取 k 行 k 列($k\leqslant\min\{m,n\}$)交叉处的 k^2 个元素,按原来的顺序构成一个 k 阶行列式,称为矩阵 $\boldsymbol{A}$ 的 k 阶**子式**.

例如,在矩阵 $\boldsymbol{A}=\begin{pmatrix} 1 & -1 & 2 & 0 \\ 1 & -3 & 0 & 4 \\ 1 & 1 & 2 & 5 \end{pmatrix}$中,选择第 1 行、第 2 行和第 2 列、第 4 列,它们交叉位置上的元素构成行列式$\begin{vmatrix} -1 & 0 \\ -3 & 4 \end{vmatrix}$就是 $\boldsymbol{A}$ 的一个 2 阶子式. 不难发现,$m\times n$ 矩阵 $\boldsymbol{A}$ 共有 $C_m^k C_n^k$ 个 k 阶子式.

定义 2.23 设 $\boldsymbol{A}$ 为 $m\times n$ 矩阵,如果 $\boldsymbol{A}$ 中存在一个 r 阶子式不为零,而所有 $r+1$ 阶子式(如果存在的话)全为零,那么称数 r 为矩阵 $\boldsymbol{A}$ 的秩,记为 $R(\boldsymbol{A})$,并规定零矩阵的秩为零.

根据矩阵的秩的定义,$\boldsymbol{A}$ 的秩就是 $\boldsymbol{A}$ 中不为零的子式的最高阶数;若 $\boldsymbol{A}$ 为 $m\times n$ 矩阵,则

(1) $0\leqslant R(\boldsymbol{A})\leqslant\min\{m,n\}$.

(2) $R(\boldsymbol{A}^{\mathrm{T}})=R(\boldsymbol{A})$.

(3) $R(\lambda\boldsymbol{A})=R(\boldsymbol{A})$,其中 $\lambda\neq 0$ 为常数.

特别地,对于 n 阶方阵 $\boldsymbol{A}$,若 $R(\boldsymbol{A})=n$,称 $\boldsymbol{A}$ 为**满秩矩阵**;若 $R(\boldsymbol{A})<n$,称 $\boldsymbol{A}$ 为**降秩矩阵**. 显然,可逆矩阵是满秩矩阵,也是非奇异矩阵;不可逆矩阵是降秩矩阵,也是奇异矩阵.

[例 2.26] 设矩阵 $\boldsymbol{A}=\begin{pmatrix} 1 & 3 & -2 & 2 \\ 0 & 2 & -1 & 3 \\ -2 & 0 & 1 & 5 \end{pmatrix}$,利用矩阵秩的定义,求 $\boldsymbol{A}$ 的秩.

解 $\boldsymbol{A}$ 中存在二阶子式 $\begin{vmatrix}1 & 3\\0 & 2\end{vmatrix}=2\neq0$，而更高阶的 4 个三阶子式

$$\begin{vmatrix}1 & 3 & -2\\0 & 2 & -1\\-2 & 0 & 1\end{vmatrix}=\begin{vmatrix}1 & 3 & 2\\0 & 2 & 3\\-2 & 0 & 5\end{vmatrix}=\begin{vmatrix}1 & -2 & 2\\0 & -1 & 3\\-2 & 1 & 5\end{vmatrix}=\begin{vmatrix}3 & -2 & 2\\2 & -1 & 3\\0 & 1 & 5\end{vmatrix}=0,$$

所以 $R(\boldsymbol{A})=2$.

［例 2.27］ 设矩阵 $\boldsymbol{A}=\begin{pmatrix}2 & -1 & 0 & 3 & -2\\0 & 3 & 1 & -2 & 5\\0 & 0 & 0 & 4 & -3\\0 & 0 & 0 & 0 & 0\end{pmatrix}$，利用矩阵秩的定义，求 $\boldsymbol{A}$ 的秩.

解 $\boldsymbol{A}$ 中存在三阶子式 $\begin{vmatrix}2 & -1 & 3\\0 & 3 & -2\\0 & 0 & 4\end{vmatrix}=24\neq0$，因第 4 行为零行，故四阶子式全为零，所以 $R(\boldsymbol{A})=3$.

比较例 2.26 和例 2.27，发现

(1) 相对于一般矩阵而言，阶梯形矩阵的秩更容易求得；

(2) 对于阶梯形矩阵，它的秩就等于它非零行的行数.

因此，考虑是否能借助初等变换将一般矩阵的求秩问题转化为阶梯形矩阵的求秩问题. 这一转化的关键在于研究矩阵初等变换对矩阵的秩的影响.

2.6.2 用初等变换法求矩阵的秩

定理 2.7 初等变换不改变矩阵的秩.

证 由于对矩阵作初等列变换就相当于对其转置矩阵作初等行变换，因而只需证明，作一次初等行变换不改变矩阵的秩即可.

由于 k 阶子式是行列式，利用行列式的性质，不难证明第一种与第二种初等行变换不改变矩阵的秩，下面仅就第三种初等行变换给出证明. 设 $R(\boldsymbol{A}_{m\times n})=r$，且按行分块有

$$\boldsymbol{A}=\begin{pmatrix}\alpha_1\\\vdots\\\alpha_i\\\vdots\\\alpha_j\\\vdots\\\alpha_m\end{pmatrix}\xrightarrow{r_j+kr_i}\boldsymbol{B}=\begin{pmatrix}\alpha_1\\\vdots\\\alpha_i\\\vdots\\\alpha_j+k\alpha_i\\\vdots\\\alpha_m\end{pmatrix},$$

先证明 $R(\boldsymbol{B})\leqslant R(\boldsymbol{A})$. 只需证明矩阵 $\boldsymbol{B}$ 的所有 $r+1$ 阶子式 $M_{r+1}=0$. 分以下三种情况：

(1) M_{r+1} 不含 $\boldsymbol{B}$ 的第 j 行的元素，则 M_{r+1} 就是 $\boldsymbol{A}$ 的 $r+1$ 阶子式，则 $M_{r+1}=0$；

(2) M_{r+1} 既含 $\boldsymbol{B}$ 的第 j 行的元素，同时也含 $\boldsymbol{B}$ 的第 i 行的元素，则由行列式的性质得 $M_{r+1}=0$；

(3) M_{r+1} 含 $\boldsymbol{B}$ 的第 j 行的元素，不含 $\boldsymbol{B}$ 的第 i 行的元素，则由行列式的性质必定有

$$M_{r+1}=M_1+kM_2,$$

其中 M_1 是 $\boldsymbol{A}$ 的 $r+1$ 阶子式，M_2 经过行重新排列也是 $\boldsymbol{A}$ 的 $r+1$ 阶子式，且由行列式的性质得 $M_2=0$，故 $M_{r+1}=0$.

综上，$R(\boldsymbol{B})\leqslant R(\boldsymbol{A})$.

由于初等变换是可逆的，类似，可证 $R(\boldsymbol{A})\leqslant R(\boldsymbol{B})$.

综上讨论得 $R(\boldsymbol{A})=R(\boldsymbol{B})$，所以初等变换都不改变矩阵的秩.

推论 1　若矩阵 $\boldsymbol{A}$ 与 $\boldsymbol{B}$ 等价，则 $R(\boldsymbol{A})=R(\boldsymbol{B})$.

推论 2　设 $\boldsymbol{A}$ 为 $m\times n$ 矩阵，$\boldsymbol{P}$ 为 m 阶可逆矩阵，$\boldsymbol{Q}$ 为 n 阶可逆矩阵，则

$$R(\boldsymbol{PA})=R(\boldsymbol{AQ})=R(\boldsymbol{PAQ})=R(\boldsymbol{A}).$$

证　由于 $\boldsymbol{P}$ 可逆，则存在初等矩阵 $\boldsymbol{P}_1,\boldsymbol{P}_2,\cdots,\boldsymbol{P}_s$，使得 $\boldsymbol{P}=\boldsymbol{P}_1\boldsymbol{P}_2\cdots\boldsymbol{P}_s$，而 $\boldsymbol{PA}=\boldsymbol{P}_1\boldsymbol{P}_2\cdots\boldsymbol{P}_s\boldsymbol{A}$，即 $\boldsymbol{PA}$ 是由 $\boldsymbol{A}$ 经过 s 次初等变换得出的，故 $R(\boldsymbol{PA})=R(\boldsymbol{A})$.

同理可证，$R(\boldsymbol{AQ})=R(\boldsymbol{PAQ})=R(\boldsymbol{A})$.

由定理 2.7 可知：尽管初等变换改变了矩阵的外在形式，但是矩阵的一些最本质的内在性质却没有随之改变，矩阵的秩正是反映了矩阵固有的性质.

另外，利用定理 2.7，可归纳出利用初等变换求矩阵的秩的方法，即把矩阵用初等行变换化为行阶梯形矩阵，则行阶梯形矩阵中非零行的行数就是该矩阵的秩.

[例 2.28]　利用初等变换，求矩阵 $\boldsymbol{A}=\begin{pmatrix}-2&0&1&3\\1&2&2&-1\\0&4&5&1\end{pmatrix}$ 的秩.

解

$$\boldsymbol{A}=\begin{pmatrix}-2&0&1&3\\1&2&2&-1\\0&4&5&1\end{pmatrix}\xrightarrow{r_1\leftrightarrow r_2}\begin{pmatrix}1&2&2&-1\\-2&0&1&3\\0&4&5&1\end{pmatrix}\xrightarrow{r_2+2r_1}\begin{pmatrix}1&2&2&-1\\0&4&5&1\\0&4&5&1\end{pmatrix}$$

$$\xrightarrow{r_3-r_2}\begin{pmatrix}1&2&2&-1\\0&4&5&1\\0&0&0&0\end{pmatrix}，所以 R(\boldsymbol{A})=2.$$

[例 2.29]　利用初等变换，求矩阵 $\boldsymbol{A}=\begin{pmatrix}1&1&-2&3&0\\2&1&-6&4&-1\\3&2&a&7&-1\\1&-1&-6&-1&b\end{pmatrix}$ 的秩，其中 a,b 为未知常数.

解

$$\boldsymbol{A}=\begin{pmatrix}1&1&-2&3&0\\2&1&-6&4&-1\\3&2&a&7&-1\\1&-1&-6&-1&b\end{pmatrix}\xrightarrow[r_4-r_1]{\substack{r_2-2r_1\\r_3-3r_1}}\begin{pmatrix}1&1&-2&3&0\\0&-1&-2&-2&-1\\0&-1&a+6&-2&-1\\0&-2&-4&-4&b\end{pmatrix}$$

$$\xrightarrow[r_4-2r_2]{r_3-r_2}\begin{pmatrix}1&1&-2&3&0\\0&-1&-2&-2&-1\\0&0&a+8&0&0\\0&0&0&0&b+2\end{pmatrix}=\boldsymbol{B},$$

(1) 当 $a=-8$ 且 $b=-2$ 时，$\boldsymbol{B}=\begin{pmatrix}1&1&-2&3&0\\0&-1&-2&-2&-1\\0&0&0&0&0\\0&0&0&0&0\end{pmatrix}$，所以 $R(\boldsymbol{A})=2$；

(2) 当 $a\neq-8$ 且 $b=-2$ 时，$\boldsymbol{B}=\begin{pmatrix}1&1&-2&3&0\\0&-1&-2&-2&-1\\0&0&a+8&0&0\\0&0&0&0&0\end{pmatrix}$，所以 $R(\boldsymbol{A})=3$；

(3) 当 $a=-8$ 且 $b\neq-2$ 时，$\boldsymbol{B}\rightarrow\begin{pmatrix}1&1&-2&3&0\\0&-1&-2&-2&-1\\0&0&0&0&b+2\\0&0&0&0&0\end{pmatrix}$，所以 $R(\boldsymbol{A})=3$；

(4) 当 $a\neq-8$ 且 $b\neq-2$ 时，$\boldsymbol{B}=\begin{pmatrix}1&1&-2&3&0\\0&-1&-2&-2&-1\\0&0&a+8&0&0\\0&0&0&0&b+2\end{pmatrix}$，所以 $R(\boldsymbol{A})=4$.

[例 2.30] 求矩阵 $\boldsymbol{A}=\begin{pmatrix}\lambda&1&1\\1&\lambda&1\\1&1&\lambda\end{pmatrix}$ 的秩，其中 λ 为未知常数.

解 由于 $|\boldsymbol{A}|=\begin{vmatrix}\lambda&1&1\\1&\lambda&1\\1&1&\lambda\end{vmatrix}=(\lambda+2)\begin{vmatrix}1&1&1\\1&\lambda&1\\1&1&\lambda\end{vmatrix}=(\lambda-1)^2(\lambda+2)$，于是

(1) 当 $\lambda\neq1$ 且 $\lambda\neq-2$ 时，$|\boldsymbol{A}|\neq0$，故 $R(\boldsymbol{A})=3$；

(2) 当 $\lambda=1$ 时，有 $\boldsymbol{A}=\begin{pmatrix}1&1&1\\1&1&1\\1&1&1\end{pmatrix}\xrightarrow{r}\begin{pmatrix}1&1&1\\0&0&0\\0&0&0\end{pmatrix}$，则 $R(\boldsymbol{A})=1$；

(3) 当 $\lambda=-2$ 时，有 $\boldsymbol{A}=\begin{pmatrix}-2&1&1\\1&-2&1\\1&1&-2\end{pmatrix}\xrightarrow{r}\begin{pmatrix}1&1&-2\\0&-3&3\\0&0&0\end{pmatrix}$，则 $R(\boldsymbol{A})=2$.

[例 2.31] 设 4×3 矩阵 $\boldsymbol{A}$ 的秩 $R(\boldsymbol{A})=2$，$B=\begin{pmatrix}6&0&2\\0&3&0\\-6&0&7\end{pmatrix}$，试求 $R(\boldsymbol{AB})$.

解 $\boldsymbol{B}=\begin{pmatrix}6&0&2\\0&3&0\\-6&0&7\end{pmatrix}\xrightarrow{r}\begin{pmatrix}6&0&2\\0&3&0\\0&0&9\end{pmatrix}$，则 $R(\boldsymbol{B})=3$，故 $\boldsymbol{B}$ 为可逆矩阵. 由定理 2.7 的推论 2，$R(\boldsymbol{AB})=R(\boldsymbol{A})=2$.

习题 2.6

1. 求下列矩阵的秩.

(1) $\begin{pmatrix} 2 & 1 & 3 & 4 \\ -2 & 1 & 4 & 5 \\ 10 & 1 & 1 & 2 \end{pmatrix}$　(2) $\begin{pmatrix} 1 & -1 & 0 & 0 \\ 0 & 1 & -1 & 0 \\ 0 & 0 & 1 & -1 \\ -1 & 0 & 0 & -1 \end{pmatrix}$

(3) $\begin{pmatrix} 3 & 2 & -1 & -3 & -2 \\ 2 & -1 & 3 & 1 & -3 \\ 7 & 0 & 5 & -1 & -8 \end{pmatrix}$　(4) $\begin{pmatrix} 0 & -1 & 3 & 0 & 2 \\ 2 & -4 & 1 & 5 & 3 \\ -4 & 5 & 7 & -10 & 0 \end{pmatrix}$

2. 利用初等变换,求矩阵$\begin{pmatrix} 1 & 1 & \lambda & -2 \\ 1 & -2 & \lambda & 1 \\ -2 & 1 & -2 & \lambda \end{pmatrix}$的秩,其中$\lambda$为未知常数.

3. 设矩阵$\boldsymbol{A}=\begin{pmatrix} \lambda & 1 & 1 \\ -1 & 1 & 0 \\ 1 & 2 & 1 \end{pmatrix}$,$\boldsymbol{B}=\begin{pmatrix} 1 & 2 & 0 \\ 2 & 1 & 0 \\ 0 & 0 & 1 \end{pmatrix}$,且$R(\boldsymbol{AB})=2$,求$\lambda$的值.

4. 设矩阵$\boldsymbol{A}=\begin{pmatrix} 1 & -1 & 2 & 1 \\ -1 & a & 2 & 1 \\ 3 & 1 & b & -1 \end{pmatrix}$,且$R(\boldsymbol{A})=2$,求$a,b$的值.

5. 证明:若矩阵添加一列(或一行),则其秩不变或增加 1.

复习题二

一、判断题(对的在括号里打"√",错的在括号里打"×")

1. 零矩阵一定是相等的.(　　)
2. 设n阶方阵$\boldsymbol{A},\boldsymbol{B}$等价,则若$|\boldsymbol{A}|>0$,必定有$|\boldsymbol{B}|>0$.(　　)
3. 设n阶方阵$\boldsymbol{A},\boldsymbol{B}$等价,则$R(\boldsymbol{A})=R(\boldsymbol{B})$.(　　)
4. 设矩阵$\boldsymbol{A}$的秩为r,则矩阵$\boldsymbol{A}$中任意的r阶子式不等于 0.(　　)
5. 矩阵$\begin{pmatrix} 0 & 0 & 1 \\ 0 & -1 & 0 \\ 1 & 0 & 0 \end{pmatrix}$是一个初等矩阵.(　　)
6. 若矩阵的秩等于零,则该矩阵一定是零矩阵.(　　)
7. 设$\boldsymbol{A},\boldsymbol{B}$均为$n$阶非零矩阵,且$\boldsymbol{AB}=\boldsymbol{O}$,则$R(\boldsymbol{A})$和$R(\boldsymbol{B})$都小于$n$.(　　)
8. 设矩阵$\boldsymbol{A},\boldsymbol{B},\boldsymbol{C}$满足$\boldsymbol{AB}=\boldsymbol{AC}$,且$\boldsymbol{A}\neq\boldsymbol{O}$,则必有$\boldsymbol{B}=\boldsymbol{C}$.(　　)

二、填空题

1. 设$\boldsymbol{A}=\begin{pmatrix} 0 & 1 & 0 & 0 \\ 1 & 0 & 0 & 0 \\ 0 & 0 & 1 & 1 \\ 0 & 0 & 1 & 2 \end{pmatrix}$,则$\boldsymbol{A}^{-1}=$________________.
2. 设$\boldsymbol{A}^*$为n阶方阵$\boldsymbol{A}$的伴随矩阵,则$||\boldsymbol{A}|\boldsymbol{A}^*|=$________________.
3. 设$\boldsymbol{A}^{-1}$为n阶方阵$\boldsymbol{A}$的逆矩阵,则$||\boldsymbol{A}^{-1}|\boldsymbol{A}^{\mathrm{T}}|=$________________.
4. 设$\boldsymbol{A}=(1\ \ 2\ \ 3)$,$\boldsymbol{B}=(1\ \ 1\ \ 1)$,则$R(\boldsymbol{A}^{\mathrm{T}}\boldsymbol{B})=$________________.
5. 设$\boldsymbol{A}$是5×6矩阵,$R(\boldsymbol{A})=4$,$\boldsymbol{P}$是 6 阶可逆矩阵,$\boldsymbol{Q}$是 5 阶初等矩阵,则$R(\boldsymbol{QAP})=$________________.
6. 设$\boldsymbol{A}=\begin{pmatrix} 1 & 2 & 2 \\ -2 & 0 & 1 \\ 0 & 4 & x \end{pmatrix}$是不可逆矩阵,则$x=$________________.

三、选择题

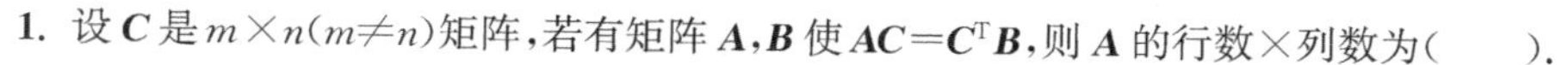

1. 设 $\boldsymbol{C}$ 是 $m\times n(m\neq n)$ 矩阵，若有矩阵 $\boldsymbol{A},\boldsymbol{B}$ 使 $\boldsymbol{AC}=\boldsymbol{C}^{\mathrm{T}}\boldsymbol{B}$，则 $\boldsymbol{A}$ 的行数×列数为(　　).

(A) $m\times n$　　(B) $n\times m$　　(C) $m\times m$　　(D) $n\times n$

2. 设 $\boldsymbol{A}$ 为 n 阶矩阵，则下列命题必定成立的是(　　).

(A) 若 $\boldsymbol{A}^2=\boldsymbol{O}$，则 $\boldsymbol{A}=\boldsymbol{O}$　　(B) 若 $\boldsymbol{A}^2=\boldsymbol{A}$，则 $\boldsymbol{A}=\boldsymbol{O}$ 或 $\boldsymbol{A}=\boldsymbol{E}$

(C) 若 $\boldsymbol{A}\neq\boldsymbol{O}$，则 $|\boldsymbol{A}|\neq 0$　　(D) 若 $|\boldsymbol{A}|\neq 0$，则 $\boldsymbol{A}\neq\boldsymbol{O}$

3. 设 $\boldsymbol{A}$ 和 $\boldsymbol{B}$ 均为 $n\times n$ 矩阵，则必有(　　).

(A) $|\boldsymbol{A}+\boldsymbol{B}|=|\boldsymbol{A}|+|\boldsymbol{B}|$　　(B) $\boldsymbol{AB}=\boldsymbol{BA}$

(C) $|\boldsymbol{AB}|=|\boldsymbol{BA}|$　　(D) $(\boldsymbol{A}+\boldsymbol{B})^{-1}=\boldsymbol{A}^{-1}+\boldsymbol{B}^{-1}$

4. $\boldsymbol{A},\boldsymbol{B}$ 是 n 阶可逆方阵，则下列结论必定正确的是(　　).

(A) $(\boldsymbol{AB})^{-1}=\boldsymbol{B}^{-1}\boldsymbol{A}^{-1}$　　(B) $(\boldsymbol{A}^{-1}\boldsymbol{B}^{-1})^{-1}=\boldsymbol{AB}$

(C) $(\boldsymbol{A}+\boldsymbol{B})(\boldsymbol{A}-\boldsymbol{B})=\boldsymbol{A}^2-\boldsymbol{B}^2$　　(D) $(k\boldsymbol{A})^{-1}=k\boldsymbol{A}^{-1}(k\neq 0)$

5. 设 $\boldsymbol{A}$ 是 n 阶可逆矩阵，$\boldsymbol{A}^*$ 是 $\boldsymbol{A}$ 的伴随矩阵，则必定有(　　).

(A) $|\boldsymbol{A}^*|=|\boldsymbol{A}|$　　(B) $|\boldsymbol{A}^*|=|\boldsymbol{A}|^{n-1}$　　(C) $|\boldsymbol{A}^*|=|\boldsymbol{A}|^n$　　(D) $|\boldsymbol{A}^*|=|\boldsymbol{A}^{-1}|$

6. 设矩阵 $\boldsymbol{A}=\begin{pmatrix}a_{11}&a_{12}&a_{13}\\a_{21}&a_{22}&a_{23}\\a_{31}&a_{32}&a_{33}\end{pmatrix}$，$\boldsymbol{B}=\begin{pmatrix}a_{21}&a_{22}&a_{23}\\a_{11}&a_{12}&a_{13}\\a_{31}+a_{11}&a_{32}+a_{12}&a_{33}+a_{13}\end{pmatrix}$，$\boldsymbol{P}_1=\begin{pmatrix}0&1&0\\1&0&0\\0&0&1\end{pmatrix}$，$\boldsymbol{P}_2=\begin{pmatrix}1&0&0\\0&1&0\\1&0&1\end{pmatrix}$，则必有(　　).

(A) $\boldsymbol{AP}_1\boldsymbol{P}_2=\boldsymbol{B}$　　(B) $\boldsymbol{AP}_2\boldsymbol{P}_1=\boldsymbol{B}$　　(C) $\boldsymbol{P}_1\boldsymbol{P}_2\boldsymbol{A}=\boldsymbol{B}$　　(D) $\boldsymbol{P}_2\boldsymbol{P}_1\boldsymbol{A}=\boldsymbol{B}$

7. 设 $\boldsymbol{A},\boldsymbol{B}$ 为 n 阶可逆矩阵，$\boldsymbol{O}$ 为 n 阶零矩阵，则 $\left|-2\begin{pmatrix}\boldsymbol{A}^{\mathrm{T}}&\boldsymbol{O}\\\boldsymbol{O}&\boldsymbol{B}^{-1}\end{pmatrix}\right|=$(　　).

(A) $\dfrac{4^n|\boldsymbol{A}|}{|\boldsymbol{B}|}$　　(B) $\dfrac{(-2)^n|\boldsymbol{A}|}{|\boldsymbol{B}|}$　　(C) $4^n|\boldsymbol{A}||\boldsymbol{B}|$　　(D) $(-2)^n|\boldsymbol{A}||\boldsymbol{B}|$

8. 设 $\boldsymbol{A}$ 为 n 阶可逆矩阵，则下列结论必定正确的是(　　).

(A) 若 $\boldsymbol{AB}=\boldsymbol{CB}$，则 $\boldsymbol{A}=\boldsymbol{C}$

(B) $\boldsymbol{A}$ 总可以经过初等变换化为 $\boldsymbol{E}$

(C) 对矩阵 $(\boldsymbol{A}\,\vdots\,\boldsymbol{E})$ 施行若干次初等变换，当 $\boldsymbol{A}$ 变为 $\boldsymbol{E}$ 时，相应 $\boldsymbol{E}$ 变为 $\boldsymbol{A}^{-1}$

(D) 对矩阵 $\begin{pmatrix}\boldsymbol{A}\\\cdots\\\boldsymbol{E}\end{pmatrix}$ 施行若干次初等变换，当 $\boldsymbol{A}$ 变为 $\boldsymbol{E}$ 时，相应 $\boldsymbol{E}$ 变为 $\boldsymbol{A}^{-1}$

9. $\boldsymbol{A},\boldsymbol{B}$ 都是 n 阶可逆矩阵，且满足 $(AB)^2=\boldsymbol{E}$，则下列等式不一定成立的是(　　).

(A) $\boldsymbol{A}=\boldsymbol{B}^{-1}$　　(B) $\boldsymbol{ABA}=\boldsymbol{B}^{-1}$　　(C) $\boldsymbol{BAB}=\boldsymbol{A}^{-1}$　　(D) $(\boldsymbol{BA})^2=\boldsymbol{E}$

10. 设 A,B 为同阶的可逆矩阵，则下列结论必定成立的是(　　).

(A) $\boldsymbol{AB}=\boldsymbol{BA}$　　(B) 存在可逆矩阵 $\boldsymbol{P}$，使 $\boldsymbol{P}^{-1}\boldsymbol{AP}=\boldsymbol{B}$

(C) 存在可逆矩阵 $\boldsymbol{C}$，使 $\boldsymbol{C}^{\mathrm{T}}\boldsymbol{AC}=\boldsymbol{B}$　　(D) 存在可逆矩阵 $\boldsymbol{P}$ 和 $\boldsymbol{Q}$，使 $\boldsymbol{P}^{-1}\boldsymbol{AQ}=\boldsymbol{B}$

四、计算题

1. 设矩阵 $\boldsymbol{A}=\begin{pmatrix}1&-1&0\\2&2&0\\3&4&5\end{pmatrix}$，求 $(\boldsymbol{A}^*)^{-1}$.

2. 设矩阵 $\boldsymbol{A}=\begin{pmatrix}\frac{1}{2}&-\frac{\sqrt{3}}{2}\\\frac{\sqrt{3}}{2}&\frac{1}{2}\end{pmatrix}$，且 $\boldsymbol{A}^6=\boldsymbol{E}$，求 $\boldsymbol{A}^{11}$.

3. 设矩阵 $\boldsymbol{A}=\begin{pmatrix} 0 & 3 & 3 \\ 1 & 1 & 0 \\ -1 & 2 & 3 \end{pmatrix}$，且矩阵 $\boldsymbol{A},\boldsymbol{B}$ 满足 $\boldsymbol{AB}=\boldsymbol{A}+2\boldsymbol{B}$，求 $\boldsymbol{B}$.

4. 设矩阵 $\boldsymbol{A}=\begin{pmatrix} 1 & 0 & 1 \\ 0 & 2 & 0 \\ 1 & 0 & 1 \end{pmatrix}$，且矩阵 $\boldsymbol{A},\boldsymbol{B}$ 满足 $\boldsymbol{AB}+\boldsymbol{E}=\boldsymbol{A}^2+\boldsymbol{B}$，求 $\boldsymbol{B}$.

5. 设矩阵 $\boldsymbol{A}=\begin{pmatrix} 1 & 0 & 0 \\ 0 & -2 & 0 \\ 0 & 0 & 1 \end{pmatrix}$，且矩阵 $\boldsymbol{A},\boldsymbol{B}$ 满足 $\boldsymbol{A}^*\boldsymbol{BA}=2\boldsymbol{BA}-8\boldsymbol{E}$，求 $\boldsymbol{B}$.

6. 设 $\boldsymbol{\alpha}=(1\quad 0\quad 1)^{\mathrm{T}}$，$\boldsymbol{\beta}=(0\quad 1\quad 1)^{\mathrm{T}}$，$\boldsymbol{P}=\begin{pmatrix} 1 & 0 & 0 \\ 1 & 1 & 0 \\ 0 & 0 & 1 \end{pmatrix}$，$\boldsymbol{A}=\boldsymbol{P}^{-1}\boldsymbol{\alpha}\boldsymbol{\beta}^{\mathrm{T}}\boldsymbol{P}$，求 $\boldsymbol{A}^n$.

7. 设 $\boldsymbol{A}=\begin{pmatrix} 1 & -2 & 3k \\ -1 & 2k & -3 \\ k & -2 & 3 \end{pmatrix}$，问 k 为何值，可使(1) $R(\boldsymbol{A})=1$. (2) $R(\boldsymbol{A})=2$. (3) $R(\boldsymbol{A})=3$.

8. 设 4 阶方阵 $\boldsymbol{A}$ 的秩为 2，求 $\boldsymbol{A}$ 的伴随矩阵 $\boldsymbol{A}^*$ 的秩.

五、证明题

1. 设 $\boldsymbol{A}$ 是反对称矩阵，$\boldsymbol{B}$ 为对称矩阵，证明：

(1) $\boldsymbol{A}^2$ 是对称矩阵.

(2) $\boldsymbol{AB}$ 是反对称矩阵的充分必要条件为 $\boldsymbol{AB}=\boldsymbol{BA}$.

2. 已知 n 阶方阵 $\boldsymbol{A}$ 满足 $\boldsymbol{A}^2=\boldsymbol{A}$，证明：$\boldsymbol{A}+\boldsymbol{E}$ 可逆，并求 $(\boldsymbol{A}+\boldsymbol{E})^{-1}$.

3. 设 $\boldsymbol{A},\boldsymbol{B},\boldsymbol{C}$ 为同阶方阵，$\boldsymbol{C}$ 为可逆矩阵，且 $\boldsymbol{C}^{-1}\boldsymbol{AC}=\boldsymbol{B}$，试证：$\boldsymbol{C}^{-1}\boldsymbol{A}^m\boldsymbol{C}=\boldsymbol{B}^m$（$m$ 是正整数）.

4. 设 $\boldsymbol{A},\boldsymbol{B}$ 均为 n 阶矩阵，且 $\boldsymbol{B}=\boldsymbol{B}^2$，$\boldsymbol{A}=\boldsymbol{E}+\boldsymbol{B}$，证明 $\boldsymbol{A}$ 可逆，并求其逆.

5. 设 n 阶方阵 $\boldsymbol{A}$ 满足关系式 $\boldsymbol{A}^3+\boldsymbol{A}^2-\boldsymbol{A}-\boldsymbol{E}=\boldsymbol{O}$，且 $|\boldsymbol{A}-\boldsymbol{E}|\neq 0$，证明：$\boldsymbol{A}$ 可逆，且 $\boldsymbol{A}^{-1}=-(\boldsymbol{A}+2\boldsymbol{E})$.

3 线性方程组与向量组的线性相关性

在第 1 章，我们利用行列式这个工具，找到了当方程个数与未知量个数相等且方程组的系数行列式不为零时的线性方程组的求解方法（克拉默法则）. 但如果方程个数与未知量个数不相等或方程组的系数行列式为零时，线性方程组该利用哪种工具求解呢？在本章中，我们将利用向量组的线性相关性来解决线性方程组的有解、无解问题；在有解时，解决是有唯一解还是无穷多解问题；在有无穷多解时，解决解的表示及相互间的关系等问题.

3.1 消元法解线性方程组

3.1.1 一般形式的线性方程组

一般形式的线性方程组为

$$\begin{cases} a_{11}x_1+a_{12}x_2+\cdots+a_{1n}x_n=b_1 \\ a_{21}x_1+a_{22}x_2+\cdots+a_{2n}x_n=b_2 \\ \cdots\cdots \\ a_{m1}x_1+a_{m2}x_2+\cdots+a_{mn}x_n=b_m \end{cases} \tag{3.1}$$

此方程组中含有 n 个未知量 $x_1,x_2,\cdots,x_n$ 和 m 个方程.

若记矩阵 $\boldsymbol{A}=(a_{ij})_{m\times n}$，$\boldsymbol{X}=(x_1\quad x_2\quad \cdots\quad x_n)^{\mathrm{T}}$，$\boldsymbol{b}=(b_1\quad b_2\quad \cdots\quad b_m)^{\mathrm{T}}$，则方程组(3.1)的矩阵形式表示为

$$\boldsymbol{A}_{m\times n}\boldsymbol{X}_{n\times 1}=\boldsymbol{b}_{m\times 1}$$

其中 $m\times n$ 矩阵 $\boldsymbol{A}$ 称为线性方程组(3.1)的**系数矩阵**；$m\times(n+1)$ 矩阵

$$\widetilde{\boldsymbol{A}}=(\boldsymbol{A}\ \vdots\ b)$$

称为线性方程组(3.1)的**增广矩阵**. 显然线性方程组与它的增广矩阵是一一对应的.

如方程组(3.1)中的常数项 $b_1,b_2,\cdots,b_n$ 全为零时，称这样的线性方程组为**齐次线性方程组**；常数项 $b_1,b_2,\cdots,b_n$ 不全为零的方程组称为**非齐次线性方程组**.

3.1.2 线性方程组的同解变换

解线性方程组最基本的方法是消元法，在消元过程中不外乎进行下列三种变换.

定义 3.1 以下三种变换：

(1) 交换两个方程的位置，

(2) 用一个非零常数乘以某一个方程，

(3) 一个方程乘以某常数加到另一个方程上去，

称为线性方程组的**同解变换**.

为表述方便，对线性方程组的同解变换使用如下记号：

(1) 交换第 i 个方程与第 j 个方程的位置，记为 $r_i\leftrightarrow r_j$，

(2) 用一个非零常数 k 乘以第 i 个方程，记为 $r_i\times k$，

(3) 第 j 个方程乘以常数 k 加到第 i 个方程，记为 r_i+kr_j.

由初等代数知识，显然可得下面结论.

定理 3.1　线性方程组经同解变换后得另一线性方程组，则该两个线性方程组同解.

3.1.3 消元法解线性方程组

因为线性方程组与其增广矩阵是一一对应的，所以对线性方程组进行上述的三种同解变换，相当于对该线性方程组的增广矩阵进行对应的三种初等行变换. 当线性方程组(Ⅰ)经过若干次消元(即同解变换)得到同解的线性方程组(Ⅱ)时，其过程相当于该线性方程组(Ⅰ)的增广矩阵经过若干次初等行变换得到线性方程组(Ⅱ)的增广矩阵，详见下例.

[**例 3.1**]　求解线性方程组

$$\begin{cases}2x_1+x_2+x_3=2\\x_1+3x_2+x_3=5\\x_1+x_2+5x_3=-7\\2x_1+3x_2-3x_3=14\end{cases}$$

解

$$\begin{cases}2x_1+x_2+x_3=2\\x_1+3x_2+x_3=5\\x_1+x_2+5x_3=-7\\2x_1+3x_2-3x_3=14\end{cases}\qquad \text{增广矩阵 } \widetilde{\mathbf{A}}=\left(\begin{array}{ccc:c}2&1&1&2\\1&3&1&5\\1&1&5&-7\\2&3&-3&14\end{array}\right)$$

$$\xrightarrow{r_1\leftrightarrow r_2}\begin{cases}x_1+3x_2+x_3=5\\2x_1+x_2+x_3=2\\x_1+x_2+5x_3=-7\\2x_1+3x_2-3x_3=14\end{cases}\qquad \xrightarrow{r_1\leftrightarrow r_2}\left(\begin{array}{ccc:c}1&3&1&5\\2&1&1&2\\1&1&5&-7\\2&3&-3&14\end{array}\right)$$

$$\xrightarrow[\substack{r_3-r_1\\r_4-2r_1}]{r_2-2r_1}\begin{cases}x_1+3x_2+x_3=5\\-5x_2-x_3=-8\\-2x_2+4x_3=-12\\-3x_2-5x_3=4\end{cases}\qquad \xrightarrow[\substack{r_3-r_1\\r_4-2r_1}]{r_2-2r_1}\left(\begin{array}{ccc:c}1&3&1&5\\0&-5&-1&-8\\0&-2&4&-12\\0&-3&-5&4\end{array}\right)$$

$$\xrightarrow[r_2\leftrightarrow r_3]{r_3\times\left(-\frac{1}{2}\right)}\begin{cases}x_1+3x_2+x_3=5\\x_2-2x_3=6\\-5x_2-x_3=-8\\-3x_2-5x_3=4\end{cases}\qquad \xrightarrow[r_2\leftrightarrow r_3]{r_3\times\left(-\frac{1}{2}\right)}\left(\begin{array}{ccc:c}1&3&1&5\\0&1&-2&6\\0&-5&-1&-8\\0&-3&-5&4\end{array}\right)$$

$$\xrightarrow[r_4+3r_2]{r_3+5r_2}\begin{cases}x_1+3x_2+x_3=5\\x_2-2x_3=6\\-11x_3=22\\-11x_3=22\end{cases}\qquad \xrightarrow[r_4+3r_2]{r_3+5r_2}\left(\begin{array}{ccc:c}1&3&1&5\\0&1&-2&6\\0&0&-11&22\\0&0&-11&22\end{array}\right)$$

$$\xrightarrow[r_3\times\left(-\frac{1}{11}\right)]{r_4-r_3}\begin{cases}x_1+3x_2+x_3=5\\x_2-2x_3=6\\x_3=-2\end{cases}\qquad \xrightarrow[r_3\times\left(-\frac{1}{11}\right)]{r_4-r_3}\left(\begin{array}{ccc:c}1&3&1&5\\0&1&-2&6\\0&0&1&-2\\0&0&0&0\end{array}\right)$$

$$\xrightarrow[r_1-r_3]{r_2+2r_3}\begin{cases}x_1+3x_2=7\\ \quad\quad\ x_2=2\\ \quad\quad\ x_3=-2\end{cases}\qquad \xrightarrow[r_1-r_3]{r_2+2r_3}\left(\begin{array}{ccc:c}1&3&0&7\\0&1&0&2\\0&0&1&-2\\0&0&0&0\end{array}\right)$$

$$\xrightarrow{r_1-3r_2}\begin{cases}x_1=1\\x_2=2\\x_3=-2\end{cases}\qquad \xrightarrow{r_1-3r_2}\left(\begin{array}{ccc:c}1&0&0&1\\0&1&0&2\\0&0&1&-2\\0&0&0&0\end{array}\right)$$

可得原方程组有唯一解，且为 $x_1=1,x_2=2,x_3=-2$.

由于线性方程组的解与未知量的符号无关，因此利用消元法求解线性方程组完全可用其对应的增广矩阵的初等行变换过程来替代.

［**例 3.2**］　求解线性方程组

$$\begin{cases}x_1+3x_2-3x_3=2\\3x_1-x_2+2x_3=3\\4x_1+2x_2-x_3=2\end{cases}$$

解　对方程组的增广矩阵进行初等行变换.

$$\widetilde{A}=\left(\begin{array}{ccc:c}1&3&-3&2\\3&-1&2&3\\4&2&-1&2\end{array}\right)\xrightarrow[r_3-4r_1]{r_2-3r_1}\left(\begin{array}{ccc:c}1&3&-3&2\\0&-10&11&-3\\0&-10&11&-6\end{array}\right)\xrightarrow{r_3-r_2}\left(\begin{array}{ccc:c}1&3&-3&2\\0&-10&11&-3\\0&0&0&-3\end{array}\right)$$

上式最后一个矩阵的第 3 行对应的方程为 $0=-3$，此为矛盾方程，故原方程组无解.

［**例 3.3**］　求解线性方程组

$$\begin{cases}x_1-x_2-x_3-3x_4=-2\\x_1-x_2+x_3+5x_4=4\\-4x_1+4x_2+x_3=-1\end{cases}$$

解　对方程组的增广矩阵进行初等行变换.

$$\widetilde{\boldsymbol{A}}=\left(\begin{array}{cccc:c}1&-1&-1&-3&-2\\1&-1&1&5&4\\-4&4&1&0&-1\end{array}\right)\xrightarrow[r_3+4r_1]{r_2-r_1}\left(\begin{array}{cccc:c}1&-1&-1&-3&-2\\0&0&2&8&6\\0&0&-3&-12&-9\end{array}\right)$$

$$\xrightarrow{\frac{1}{2}\times r_2}\left(\begin{array}{cccc:c}1&-1&-1&-3&-2\\0&0&1&4&3\\0&0&-3&-12&-9\end{array}\right)\xrightarrow[r_3+3r_2]{r_1+r_2}\left(\begin{array}{cccc:c}1&-1&0&1&1\\0&0&1&4&3\\0&0&0&0&0\end{array}\right)$$

原方程组的同解方程组为

$$\begin{cases}x_1-x_2+\ x_4=1\\ \quad\quad\quad x_3+4x_4=3\end{cases}$$

即

$$\begin{cases}x_1=x_2-x_4+1\\x_3=\ -4x_4+3\end{cases}$$

其中的未知量 x_2,x_4 称为**自由未知量**，x_1,x_3 称为**非自由未知量**（注：一般取行最简形矩阵非零行的第一个非零元对应的未知量为非自由未知量），此时可得原方程组有无穷多解；

令自由未知量 $x_2=c_1, x_4=c_2$，方程组的解可表示为

$$\begin{cases} x_1=1+c_1-c_2 \\ x_2=c_1 \\ x_3=3-4c_2 \\ x_4=c_2 \end{cases}$$

其中 c_1, c_2 为任意常数. 以如此形式表示的线性方程组的解习惯上被称为**一般解或通解.**

从前面的 3 个实例可以看出，用消元法解线性方程组，实质上就是对该方程组的增广矩阵进行初等行变换至行最简形矩阵.

综上所述，用消元法解线性方程组的一般步骤如下：

(1) 写出线性方程组(3.1)的增广矩阵 $\widetilde{\mathbf{A}}$.

(2) 对增广矩阵 $\widetilde{\mathbf{A}}$ 进行初等行变换至行阶最简形矩阵. 不妨设 $\widetilde{\mathbf{A}}$ 的行最简形矩阵为(必要时可重新排列方程中未知量的次序)

$$\left(\begin{array}{ccccccc:c} 1 & 0 & \cdots & 0 & c_{1,r+1} & \cdots & c_{1n} & d_1 \\ 0 & 1 & \cdots & 0 & c_{2,r+1} & \cdots & c_{2n} & d_2 \\ \vdots & \vdots & \ddots & \vdots & \vdots & \ddots & \vdots & \vdots \\ 0 & 0 & \cdots & 1 & c_{r,r+1} & \cdots & c_{rn} & d_r \\ 0 & 0 & \cdots & 0 & 0 & \cdots & 0 & d_{r+1} \\ \vdots & \vdots & \ddots & \vdots & \vdots & \ddots & \vdots & \vdots \\ 0 & 0 & \cdots & 0 & 0 & \cdots & 0 & 0 \end{array}\right)$$

此时，该增广矩阵对应的线性方程组为

$$\begin{cases} x_1 \quad +c_{1,r+1}x_{r+1}+\cdots+c_{1n}x_n=d_1 \\ \quad x_2 \quad +c_{2,r+1}x_{r+1}+\cdots+c_{2n}x_n=d_2 \\ \quad\quad \cdots\cdots \\ \quad\quad x_r+c_{r,r+1}x_{r+1}+\cdots+c_{rn}x_n=d_r \\ \quad\quad\quad 0=d_{r+1} \\ \quad\quad\quad 0=0 \\ \quad\quad\quad \cdots \\ \quad\quad\quad 0=0 \end{cases} \tag{3.2}$$

且方程组(3.2)与方程组(3.1)是同解方程组，及有以下三种情形：

(1) 如果方程组(3.2)中的 $d_{r+1}\neq 0$，则方程组(3.2)无解，从而原方程组(3.1)无解(如例 3.2).

(2) 如果方程组(3.2)中的 $d_{r+1}=0$，且 $r=n$ 时，方程组(3.2)可改写为

$$\begin{cases} x_1=d_1 \\ x_2=d_2 \\ \cdots\cdots \\ x_n=d_n \end{cases}$$

此时方程组(3.2)有唯一解，从而原方程组(3.1)有唯一解(如例 3.1).

(3) 如果方程组(3.2)中的 $d_{r+1}=0$，且 $r<n$ 时，方程组(3.2)可改写为

$$\begin{cases}x_1=d_1-c_{1,r+1}x_{r+1}-\cdots-c_{1n}x_n\\x_2=d_2-c_{2,r+1}x_{r+1}-\cdots-c_{2n}x_n\\\qquad\cdots\cdots\\x_r=d_r-c_{r,r+1}x_{r+1}-\cdots-c_{rn}x_n\end{cases}$$

其中 $x_{r+1},\cdots,x_n$ 为自由未知量. 此时方程组(3.2)有无穷多解,则原方程组(3.1)也有无穷多解. 令自由未知量 $x_{r+1}=k_1,\cdots,x_n=k_{n-r}$,则方程组(3.2)的通解为

$$\begin{cases}x_1=d_1-c_{1,r+1}k_1-\cdots-c_{1n}k_{n-r}\\x_2=d_2-c_{2,r+1}k_1-\cdots-c_{2n}k_{n-r}\\\qquad\cdots\cdots\\x_r=d_r-c_{r,r+1}k_1-\cdots-c_{rn}k_{n-r}\\x_{r+1}=\qquad k_1\\\qquad\cdots\cdots\\x_n=\qquad\qquad k_{n-r}\end{cases}$$

其中 $k_1,\cdots,k_{n-r}$ 为任意常数,这也是原方程组(3.1)的通解(如例 3.3).

结合矩阵的秩,可更简练地表达为:

当 $d_{r+1}\neq0$ 时,方程组(3.1)的系数矩阵的秩 $R(\mathbf{A})=r$,增广矩阵的秩 $R(\widetilde{\mathbf{A}})=r+1$,则有 $R(\widetilde{\mathbf{A}})\neq R(\mathbf{A})$,此时方程组(3.1)无解.

当 $d_{r+1}=0$ 时,方程组(3.1)的系数矩阵的秩 $R(\mathbf{A})=r$,增广矩阵的秩 $R(\widetilde{\mathbf{A}})=r$,则有 $R(\widetilde{\mathbf{A}})=R(\mathbf{A})$,此时方程组(3.1)有解. 且当 $r=n$ 时方程组(3.1)有唯一解;当 $r<n$ 时方程组(3.1)有无穷多解.

定理 3.2　线性方程组(3.1)有解的充分必要条件是 $R(\mathbf{A})=R(\widetilde{\mathbf{A}})$. 且当 $R(\mathbf{A})=n$ 时,方程组有唯一解;当 $R(\mathbf{A})<n$ 时,方程组有无穷多解,其中 n 为未知量的个数.(证略)

推论　线性方程组(3.1)无解的充分必要条件是 $R(\mathbf{A})\neq R(\widetilde{\mathbf{A}})$.

[例 3.4]　当 a,b 取何值时,线性方程组

$$\begin{cases}x_1+x_2+x_3+x_4=1\\x_2-x_3+2x_4=1\\2x_1+3x_2+(a+2)x_3+4x_4=b+3\\3x_1+5x_2+x_3+(a+8)x_4=5\end{cases}$$

(1) 有唯一解;(2) 无解;(3) 有无穷多解并求解.

解　对方程组的增广矩阵进行初等行变换变成行阶梯形矩阵.

$$\widetilde{\mathbf{A}}=\left(\begin{array}{cccc:c}1&1&1&1&1\\0&1&-1&2&1\\2&3&a+2&4&b+3\\3&5&1&a+8&5\end{array}\right)\xrightarrow[r_4-3r_1]{r_3-2r_1}\left(\begin{array}{cccc:c}1&1&1&1&1\\0&1&-1&2&1\\0&1&a&2&b+1\\0&2&-2&a+5&2\end{array}\right)$$

$$\xrightarrow[r_4-2r_2]{r_3-r_2}\left(\begin{array}{cccc:c}1&1&1&1&1\\0&1&-1&2&1\\0&0&a+1&0&b\\0&0&0&a+1&0\end{array}\right)\xrightarrow{r_1-r_2}\left(\begin{array}{ccccc}1&0&2&-1&0\\0&1&-1&2&1\\0&0&a+1&0&b\\0&0&0&a+1&0\end{array}\right).$$

可得：

(1) 当 $a\neq-1$ 时，因 $R(\widetilde{\mathbf{A}})=R(\mathbf{A})=4$，故方程组有唯一解.

(2) 当 $a=-1,b\neq0$ 时，因 $R(\mathbf{A})=2$，而 $R(\widetilde{\mathbf{A}})=3$，故方程组无解.

(3) 当 $a=-1,b=0$ 时，因 $R(\widetilde{\mathbf{A}})=R(\mathbf{A})=2<4$，故方程组有无穷多解. 原方程组同解于

$$\begin{cases}x_1 \quad +2x_3-x_4=0\\ \quad x_2-x_3+2x_4=1\end{cases}$$

令自由未知量 $x_3=c_1, x_4=c_2$，方程组的解可表示为

$$\begin{cases}x_1=-2c_1+c_2\\ x_2=1+c_1-2c_2\\ x_3=\quad c_1\\ x_4=\quad\quad c_2\end{cases}$$

其中 c_1, c_2 为任意常数.

对于一般形式的齐次线性方程组

$$\begin{cases}a_{11}x_1+a_{12}x_2+\cdots+a_{1n}x_n=0\\ a_{21}x_1+a_{22}x_2+\cdots+a_{2n}x_n=0\\ \quad\cdots\cdots\\ a_{m1}x_1+a_{m2}x_2+\cdots+a_{mn}x_n=0\end{cases} \tag{3.3}$$

其矩阵表示形式为

$$\mathbf{A}_{m\times n}\mathbf{X}_{n\times 1}=\mathbf{O}_{m\times 1}$$

显然方程组(3.3)至少有零解(未知量全为零的解)，由定理 3.2 易得以下结论.

定理 3.3 齐次线性方程组(3.3)有非零解的充分必要条件是 $R(\mathbf{A})<n$.

推论 当 $m<n$ 时，齐次线性方程组(3.3)有非零解.

［**例 3.5**］ 求解齐次线性方程组

$$\begin{cases}x_1+2x_2+x_3-x_4=0\\ 3x_1+6x_2-x_3-3x_4=0\\ 5x_1+10x_2+x_3-5x_4=0\end{cases}$$

解 方程组的系数矩阵

$$\mathbf{A}=\begin{pmatrix}1&2&1&-1\\3&6&-1&-3\\5&10&1&-5\end{pmatrix}\xrightarrow[r_3-5r_1]{r_2-3r_1}\begin{pmatrix}1&2&1&-1\\0&0&-4&0\\0&0&-4&0\end{pmatrix}$$

$$\xrightarrow[\left(-\frac{1}{4}\right)\times r_2]{r_3-r_2}\begin{pmatrix}1&2&1&-1\\0&0&1&0\\0&0&0&0\end{pmatrix}\xrightarrow{r_1-r_2}\begin{pmatrix}1&2&0&-1\\0&0&1&0\\0&0&0&0\end{pmatrix}$$

得 $R(\mathbf{A})=2<4$，故方程组有非零解. 取 x_2, x_4 为自由未知量，得同解方程组为

$$\begin{cases}x_1=-2x_2+x_4\\ x_3=0\end{cases}$$

令 $x_2=c_1, x_4=c_2$，则方程组的通解为

$$\begin{cases} x_1 = -2c_1 + c_2 \\ x_2 = c_1 \\ x_3 = 0 \\ x_4 = c_2 \end{cases}$$

其中 c_1, c_2 为任意常数.

［**例 3.6**］　当 λ 取何值时,齐次线性方程组

$$\begin{cases} 3x_1 + x_2 - x_3 = 0 \\ 3x_1 + 2x_2 + 3x_3 = 0 \\ x_2 + \lambda x_3 = 0 \end{cases}$$

有非零解?

解　方程组的系数矩阵

$$\boldsymbol{A} = \begin{pmatrix} 3 & 1 & -1 \\ 3 & 2 & 3 \\ 0 & 1 & \lambda \end{pmatrix} \xrightarrow{r_2 - r_1} \begin{pmatrix} 3 & 1 & -1 \\ 0 & 1 & 4 \\ 0 & 1 & \lambda \end{pmatrix} \xrightarrow{r_3 - r_2} \begin{pmatrix} 3 & 1 & -1 \\ 0 & 1 & 4 \\ 0 & 0 & \lambda - 4 \end{pmatrix}$$

则当 $\lambda = 4$ 时,因 $R(\boldsymbol{A}) = 2 < 3$,故线性方程组有非零解.

习题 3.1

1. 判别下列命题是否正确.

(1) 当 $m > n$ 时,非齐次线性方程组 $\boldsymbol{A}_{m\times n}\boldsymbol{X}_{n\times 1} = \boldsymbol{b}_{m\times 1}$ 必无解.

(2) 当 $m < n$ 时,非齐次线性方程组 $\boldsymbol{A}_{m\times n}\boldsymbol{X}_{n\times 1} = \boldsymbol{b}_{m\times 1}$ 必有无穷多解.

(3) 当 $m = n$ 时,非齐次线性方程组 $\boldsymbol{A}_{m\times n}\boldsymbol{X}_{n\times 1} = \boldsymbol{b}_{m\times 1}$ 必有唯一解.

(4) 当 $m = n$ 时,齐次线性方程组 $\boldsymbol{A}_{m\times n}\boldsymbol{X}_{n\times 1} = \boldsymbol{O}_{m\times 1}$ 必有唯一零解.

(5) 当 $m < n$ 时,齐次线性方程组 $\boldsymbol{A}_{m\times n}\boldsymbol{X}_{n\times 1} = \boldsymbol{O}_{m\times 1}$ 必有非零解.

2. 利用消元法求解下列线性方程组.

(1) $\begin{cases} x_1 + 2x_2 - 3x_3 = 0 \\ 2x_1 + 5x_2 + 2x_3 = 0 \\ 3x_1 - x_2 - 4x_3 = 0 \\ 4x_1 + 9x_2 - 4x_3 = 0 \end{cases}$　　(2) $\begin{cases} 2x_1 + x_2 - 5x_3 + x_4 = 8 \\ x_1 - 3x_2 - 6x_4 = 9 \\ 2x_2 - x_3 + 2x_4 = -5 \\ x_1 + 4x_2 - 7x_3 + 6x_4 = 0 \end{cases}$

(3) $\begin{cases} x_1 - 2x_2 + x_3 + x_4 = 1 \\ x_1 - 2x_2 + x_3 - x_4 = -1 \\ x_1 - 2x_2 + x_3 + 5x_4 = 5 \end{cases}$　　(4) $\begin{cases} x_1 + x_2 + 2x_3 + 3x_4 = 1 \\ x_2 + x_3 - 4x_4 = 1 \\ x_1 + 2x_2 + 3x_3 - x_4 = 4 \\ 2x_1 + 3x_2 - x_3 - x_4 = -6 \end{cases}$

(5) $\begin{cases} x_1 + x_2 - 2x_3 + 3x_4 = 0 \\ x_1 + 3x_2 - 9x_3 + 7x_4 = 0 \\ 3x_1 - x_2 + 8x_3 + x_4 = 0 \\ x_1 - x_2 + 5x_3 - x_4 = 0 \end{cases}$　　(6) $\begin{cases} x_1 + x_2 - 3x_3 - x_4 = 1 \\ 3x_1 + 2x_2 - 3x_3 + 4x_4 = 5 \\ x_1 + 2x_2 - 9x_3 - 8x_4 = -1 \end{cases}$

3. 已知线性方程组

$$\begin{cases} x_1 + x_2 + x_3 + x_4 + x_5 = a \\ 3x_1 + 2x_2 + x_3 + x_4 - 3x_5 = 0 \\ x_2 + 2x_3 + 2x_4 + 6x_5 = b \\ 5x_1 + 4x_2 + 3x_3 + 3x_4 - x_5 = 2 \end{cases},$$

（1）试确定 a,b 的值，使该方程组有解；

（2）当方程组有解时，求方程组的通解.

4. 当 k 取何值时，线性方程组

$$\begin{cases} kx_1+x_2+x_3=1 \\ x_1+kx_2+x_3=k \\ x_1+x_2+kx_3=k^2 \end{cases},$$

（1）有唯一解；（2）无解；（3）有无穷多解，并在有无穷多解时，求出其通解.

5. 当 a,b 取何值时，线性方程组

$$\begin{cases} x_1+2x_2-2x_3+2x_4=2 \\ x_2-x_3-x_4=1 \\ x_1+x_2-x_3+3x_4=a \\ x_1-x_2+x_3+5x_4=b \end{cases}$$

无解. 有解. 并在有解时，求出其解.

6. 当 a 取何值时，线性方程组

$$\begin{cases} x_1+x_2+x_3=a \\ ax_1+x_2+x_3=1 \\ x_1+x_2+ax_3=1 \end{cases}$$

有解. 并在有解时，求出其解.

3.2　向量组的线性相关性

在上一节中，我们利用消元法得到了线性方程组有解的充分必要条件，以及解的求法，但还不明白线性方程组的解的结构. 本节和下一节引入向量的理论，它是线性代数的核心理论，且利用向量理论可以解决线性方程组的解的结构问题.

3.2.1　向量及其线性运算

向量的概念是平面的二维向量及空间的三维向量的自然推广，通过建立坐标系使一个矢量与它的坐标（即有序数组）一一对应起来，从而把矢量的运算转化为有序数组（即坐标）的代数运算，这样的推广在线性代数中极为重要.

首先我们将二、三元有序数组推广到更一般的 n 元有序数组，从而建立 n 元向量的概念.

定义 3.2　由 n 个数 $a_1,a_2,\cdots,a_n$ 组成的有序数组，称为 **n 元向量**（或 **n 维向量**），常用 $\boldsymbol{\alpha}$、$\boldsymbol{\beta}$、$\boldsymbol{\gamma}$ 等表示 n 元向量. 记为

$$\boldsymbol{\alpha}=(a_1,a_2,\cdots,a_n) \quad \text{或} \quad \boldsymbol{\alpha}=(a_1 \quad a_2 \quad \cdots \quad a_n)$$

称以一行这种形式表示的向量为 n 元**行向量**；而以一列的形式表示的 n 元向量

$$\boldsymbol{\alpha}=\begin{pmatrix} a_1 \\ a_2 \\ \vdots \\ a_n \end{pmatrix}$$

称为 n 元**列向量**，也常记为 $\boldsymbol{\alpha}=(a_1,a_2,\cdots,a_n)^{\mathrm{T}}$. 其中 a_i 称为 n 元向量的**第 i 个分量**. 以后若不加特别声明，本书中提到的 n 元向量均指 n 元列向量.

特别地，分量全为零的向量称为**零向量**，记作 $\mathbf{0}=(0,0,\cdots,0)^{\mathrm{T}}$；$n$ 元向量

$$(-a_1,-a_2,\cdots,-a_n)^{\mathrm{T}}$$

称为 n 元向量 $\boldsymbol{\alpha}=(a_1,a_2,\cdots,a_n)^{\mathrm{T}}$ 的**负向量**，记为 $-\boldsymbol{\alpha}$.

显然，一个 n 元行向量就是一个 $1\times n$ 矩阵；而一个 n 元列向量就是一个 $n\times 1$ 矩阵.

例如，含有 n 个未知量的线性方程组的解就是一个 n 元列向量 $(x_1,x_2,\cdots,x_n)^{\mathrm{T}}$；线性方程组的第 i 个方程的未知量的系数即组成一个 n 元行向量 $(a_{i1},a_{i2},\cdots,a_{in})$；$m\times n$ 矩阵的每一列都可看作一个 m 元列向量，而其每一行可看作一个 n 元行向量. 将 m 个 n 元行向量按行排列就可构成一个 $m\times n$ 矩阵；同样，将 n 个 m 元列向量按列排列也可构成一个 $m\times n$ 矩阵.

设有两个 n 元向量 $\boldsymbol{\alpha}=(a_1,a_2,\cdots,a_n)^{\mathrm{T}}$，$\boldsymbol{\beta}=(b_1,b_2,\cdots,b_n)^{\mathrm{T}}$，若它们的分量都对应相等，即 $a_i=b_i$，$i=1,2,\cdots,n$，则称向量 $\boldsymbol{\alpha}$ 与 $\boldsymbol{\beta}$ **相等**，记作 $\boldsymbol{\alpha}=\boldsymbol{\beta}$.

下面给出在 2 维、3 维向量中我们熟知的加法与数乘运算推广至 n 元向量.

定义 3.3　设有两个 n 元向量 $\boldsymbol{\alpha}=(a_1,a_2,\cdots,a_n)^{\mathrm{T}}$，$\boldsymbol{\beta}=(b_1,b_2,\cdots,b_n)^{\mathrm{T}}$，$k$ 为实数，n 元向量

$$\begin{pmatrix} a_1+b_1 \\ a_2+b_2 \\ \vdots \\ a_n+b_n \end{pmatrix}$$

称为向量 $\boldsymbol{\alpha}$ 与 $\boldsymbol{\beta}$ 的**和**，记作 $\boldsymbol{\alpha}+\boldsymbol{\beta}$. n 元向量

$$\begin{pmatrix} ka_1 \\ ka_2 \\ \vdots \\ ka_n \end{pmatrix}$$

称为数 k 与向量 $\boldsymbol{\alpha}$ 的**乘积**，记作 $k\boldsymbol{\alpha}$. 通常将向量的加法与数乘运算统称为**向量的线性运算**.

因 n 元向量其实就是矩阵，且 n 元向量的加法、数乘运算与矩阵的加法、数乘运算一致，所以 n 元向量的线性运算满足的规律与矩阵也相同，即有

$$\boldsymbol{\alpha}+\boldsymbol{\beta}=\boldsymbol{\beta}+\boldsymbol{\alpha},(\boldsymbol{\alpha}+\boldsymbol{\beta})+\boldsymbol{\gamma}=\boldsymbol{\alpha}+(\boldsymbol{\beta}+\boldsymbol{\gamma}),\boldsymbol{\alpha}+\boldsymbol{0}=\boldsymbol{\alpha},\boldsymbol{\alpha}+(-\boldsymbol{\alpha})=\boldsymbol{0};$$

$$1\cdot\boldsymbol{\alpha}=\boldsymbol{\alpha},k(l\boldsymbol{\alpha})=l(k\boldsymbol{\alpha}),k(\boldsymbol{\alpha}+\boldsymbol{\beta})=k\boldsymbol{\alpha}+k\boldsymbol{\beta},(k+l)\boldsymbol{\alpha}=k\boldsymbol{\alpha}+l\boldsymbol{\alpha}.$$

其中 $\boldsymbol{\alpha},\boldsymbol{\beta},\boldsymbol{\gamma}$ 是同维向量，$\boldsymbol{0}$是零向量；k,l 是常数.

由定义 3.3 及上述向量的线性运算规律易得向量的以下性质：

性质 1　$\boldsymbol{0}\cdot\boldsymbol{\alpha}=\boldsymbol{0}$;

性质 2　$k\cdot\boldsymbol{0}=\boldsymbol{0}$，$k$ 是常数；

性质 3　$(-1)\cdot\boldsymbol{\alpha}=-\boldsymbol{\alpha}$;

性质 4　若 $k\cdot\boldsymbol{\alpha}=\boldsymbol{0}$，则 $k=0$，或 $\boldsymbol{\alpha}=\boldsymbol{0}$.

3.2.2　向量组的线性组合

若干个同维的向量可组成一个向量组.

如 $\boldsymbol{e}_1=(1,0,\cdots,0)^{\mathrm{T}}$，$\boldsymbol{e}_2=(0,1,\cdots,0)^{\mathrm{T}}$，$\cdots$，$\boldsymbol{e}_n=(0,0,\cdots,1)^{\mathrm{T}}$ 是一个向量组，习惯上把 $\boldsymbol{e}_1,\boldsymbol{e}_2,\cdots,\boldsymbol{e}_n$ 称为**坐标单位向量组**，简称**单位向量组**.

矩阵 $\boldsymbol{A}=(a_{ij})_{m\times n}$ 的每一列 $(a_{1j},a_{2j},\cdots,a_{mj})^{\mathrm{T}}(j=1,2,\cdots,n)$ 即组成 m 维的一个向量组，

称为矩阵 $\mathbf{A}$ 的**列向量组**.

矩阵 $\mathbf{A}=(a_{ij})_{m\times n}$ 的每一行 $(a_{i1},a_{i2},\cdots,a_{in})(i=1,2,\cdots,m)$ 即组成 n 维的一个向量组，称为矩阵 $\mathbf{A}$ 的**行向量组**.

线性方程组与向量组有以下关系：

线性方程组

$$\begin{cases} x_1 \qquad\quad +2x_3-\ x_4=0 \\ 2x_1-3x_2-\ x_3+2x_4=1 \end{cases}$$

的增广矩阵为

$$\begin{pmatrix} 1 & 0 & 2 & -1 & 0 \\ 2 & -3 & -1 & 2 & 1 \end{pmatrix}$$

我们记第 1 至第 4 列为 $\boldsymbol{\alpha}_1,\boldsymbol{\alpha}_2,\boldsymbol{\alpha}_3,\boldsymbol{\alpha}_4$，第 5 列为 $\boldsymbol{\beta}$，即

$$\boldsymbol{\alpha}_1=\begin{pmatrix}1\\2\end{pmatrix},\boldsymbol{\alpha}_2=\begin{pmatrix}0\\-3\end{pmatrix},\boldsymbol{\alpha}_3=\begin{pmatrix}2\\-1\end{pmatrix},\boldsymbol{\alpha}_4=\begin{pmatrix}-1\\2\end{pmatrix},\boldsymbol{\beta}=\begin{pmatrix}0\\1\end{pmatrix}$$

不难发现

$$x_1\boldsymbol{\alpha}_1+x_2\boldsymbol{\alpha}_2+x_3\boldsymbol{\alpha}_3+x_4\boldsymbol{\alpha}_4=\boldsymbol{\beta}$$

即为原方程，只是表达形式改变了.

一般地，线性方程组(3.1)可表示为常数项组成的列向量与线性方程组的系数矩阵的列向量组有如下的线性关系式

$$x_1\boldsymbol{\alpha}_1+x_2\boldsymbol{\alpha}_2+\cdots+x_n\boldsymbol{\alpha}_n=\boldsymbol{\beta}$$

此式称为线性方程组(3.1)的**向量形式**，其中

$$\boldsymbol{\alpha}_j=\begin{pmatrix}a_{1j}\\a_{2j}\\\vdots\\a_{mj}\end{pmatrix},j=1,2,\cdots,n;\boldsymbol{\beta}=\begin{pmatrix}b_1\\b_2\\\vdots\\b_m\end{pmatrix}$$

均为 m 维向量. 于是讨论线性方程组(3.1)是否有解，相当于讨论是否存在一组数 $x_1=k_1$，$x_2=k_2,\cdots,x_n=k_n$，使得表示式

$$k_1\boldsymbol{\alpha}_1+k_2\boldsymbol{\alpha}_2+\cdots+k_n\boldsymbol{\alpha}_n=\boldsymbol{\beta}$$

成立，即常数项组成的列向量 $\boldsymbol{\beta}$ 是否可表示成方程组的系数矩阵的列向量组 $\boldsymbol{\alpha}_1,\boldsymbol{\alpha}_2,\cdots,\boldsymbol{\alpha}_n$ 的线性表示式. 如可以，则方程组有解；否则，方程组无解. 基于此，定义如下：

定义 3.4 设 $\boldsymbol{\beta},\boldsymbol{\alpha}_1,\boldsymbol{\alpha}_2,\cdots,\boldsymbol{\alpha}_s$ 为一组 n 元向量，若存在一组数 $k_1,k_2,\cdots,k_s$，使得

$$\boldsymbol{\beta}=k_1\boldsymbol{\alpha}_1+k_2\boldsymbol{\alpha}_2+\cdots+k_s\boldsymbol{\alpha}_s \tag{3.4}$$

成立，则称向量 $\boldsymbol{\beta}$ 是向量组 $\boldsymbol{\alpha}_1,\boldsymbol{\alpha}_2,\cdots,\boldsymbol{\alpha}_s$ 的**线性组合**，或称向量 $\boldsymbol{\beta}$ 可由向量组 $\boldsymbol{\alpha}_1,\boldsymbol{\alpha}_2,\cdots,\boldsymbol{\alpha}_s$ **线性表示**(或**线性表出**).

[**例 3.7**] (1) 零向量可由任意一个同维向量组线性表示，因为

$$\mathbf{0}=0\cdot\boldsymbol{\alpha}_1+0\cdot\boldsymbol{\alpha}_2+\cdots+0\cdot\boldsymbol{\alpha}_s.$$

(2) 任一 n 元向量 $\boldsymbol{\alpha}=(a_1,a_2,\cdots,a_n)^{\mathrm{T}}$ 可由 n 元单位向量组 $\boldsymbol{e}_1=(1,0,\cdots,0)^{\mathrm{T}},\boldsymbol{e}_2=(0,1,\cdots,0)^{\mathrm{T}},\cdots,\boldsymbol{e}_n=(0,0,\cdots,1)^{\mathrm{T}}$ 线性表示，即

$$\boldsymbol{\alpha}=a_1\boldsymbol{e}_1+a_2\boldsymbol{e}_2+\cdots+a_n\boldsymbol{e}_n.$$

(3) 向量组 $\boldsymbol{\alpha}_1,\boldsymbol{\alpha}_2,\cdots,\boldsymbol{\alpha}_s$ 中的任一向量 $\boldsymbol{\alpha}_j(j=1,2,\cdots,s)$ 都是此向量组的一个线性组

合，因为$\boldsymbol{\alpha}_j=0\cdot\boldsymbol{\alpha}_1+0\cdot\boldsymbol{\alpha}_2+\cdots+1\cdot\boldsymbol{\alpha}_j+\cdots+0\cdot\boldsymbol{\alpha}_s$.

(4) 设$\boldsymbol{\alpha}_1=(1,0,2,-1)^{\mathrm{T}}$，$\boldsymbol{\alpha}_2=(3,0,4,1)^{\mathrm{T}}$，$\boldsymbol{\beta}=(-1,0,0,-3)^{\mathrm{T}}$，因为$\boldsymbol{\beta}=2\boldsymbol{\alpha}_1-\boldsymbol{\alpha}_2$，所以向量$\boldsymbol{\beta}$可由向量组$\boldsymbol{\alpha}_1,\boldsymbol{\alpha}_2$线性表示.

如何判别向量$\boldsymbol{\beta}$能否由向量组$\boldsymbol{\alpha}_1,\boldsymbol{\alpha}_2,\cdots,\boldsymbol{\alpha}_s$线性表示呢？从定义3.4易得下列结果.

定理 3.4 向量$\boldsymbol{\beta}$可由向量组$\boldsymbol{\alpha}_1,\boldsymbol{\alpha}_2,\cdots,\boldsymbol{\alpha}_n$线性表示的充分必要条件是：以向量组$\boldsymbol{\alpha}_1,\boldsymbol{\alpha}_2,\cdots,\boldsymbol{\alpha}_n$为系数矩阵列向量组，向量$\boldsymbol{\beta}$为常数项列向量的线性方程组(3.1)有解，即

$$R(\boldsymbol{\alpha}_1,\boldsymbol{\alpha}_2,\cdots,\boldsymbol{\alpha}_n)=R(\boldsymbol{\alpha}_1,\boldsymbol{\alpha}_2,\cdots,\boldsymbol{\alpha}_n,\boldsymbol{\beta}).$$

至于向量$\boldsymbol{\beta}$可由向量组$\boldsymbol{\alpha}_1,\boldsymbol{\alpha}_2,\cdots,\boldsymbol{\alpha}_n$线性表示的表示式，只需解线性方程组

$$k_1\boldsymbol{\alpha}_1+k_2\boldsymbol{\alpha}_2+\cdots+k_n\boldsymbol{\alpha}_n=\boldsymbol{\beta}$$

如果是唯一解，则说明表示式唯一；如果解不唯一，则说明表示式不唯一.

[例 3.8] 设向量$\boldsymbol{\beta}_1=(2,6,8,7)^{\mathrm{T}}$，$\boldsymbol{\beta}_2=(2,6,4,5)^{\mathrm{T}}$，向量组$\boldsymbol{A}$：

$\boldsymbol{\alpha}_1=(1,3,2,0)^{\mathrm{T}}$，$\boldsymbol{\alpha}_2=(-2,-1,1,5)^{\mathrm{T}}$，$\boldsymbol{\alpha}_3=(3,5,2,-4)^{\mathrm{T}}$，$\boldsymbol{\alpha}_4=(-1,-3,-2,5)^{\mathrm{T}}$

问向量$\boldsymbol{\beta}_1,\boldsymbol{\beta}_2$能否由向量组$\boldsymbol{A}$线性表示？

解 设$\boldsymbol{\beta}_1=k_1\boldsymbol{\alpha}_1+k_2\boldsymbol{\alpha}_2+k_3\boldsymbol{\alpha}_3+k_4\boldsymbol{\alpha}_4$，则该线性方程组的增广矩阵

$$\widetilde{\boldsymbol{A}}_1=(\boldsymbol{A}\,\vdots\,\boldsymbol{\beta}_1)=\begin{pmatrix}1&-2&3&-1&\vdots&2\\3&-1&5&-3&\vdots&6\\2&1&2&-2&\vdots&8\\0&5&-4&5&\vdots&7\end{pmatrix}\xrightarrow[r_3-2r_1]{r_2-3r_1}\begin{pmatrix}1&-2&3&-1&\vdots&2\\0&5&-4&0&\vdots&0\\0&5&-4&0&\vdots&4\\0&5&-4&5&\vdots&7\end{pmatrix}$$

$$\xrightarrow[\substack{r_4-r_2\\r_3\leftrightarrow r_4}]{r_3-r_2}\begin{pmatrix}1&-2&3&-1&\vdots&2\\0&5&-4&0&\vdots&0\\0&0&0&5&\vdots&7\\0&0&0&0&\vdots&4\end{pmatrix}$$

因为$R(\boldsymbol{A})=3$，$R(\widetilde{\boldsymbol{A}}_1)=4$，所以向量$\boldsymbol{\beta}_1$不能由向量组$\boldsymbol{A}$线性表示.

设$\boldsymbol{\beta}_2=k_1\boldsymbol{\alpha}_1+k_2\boldsymbol{\alpha}_2+k_3\boldsymbol{\alpha}_3+k_4\boldsymbol{\alpha}_4$，则该线性方程组的增广矩阵

$$\widetilde{\boldsymbol{A}}_2=(\boldsymbol{A}\,\vdots\,\boldsymbol{\beta}_2)=\begin{pmatrix}1&-2&3&-1&\vdots&2\\3&-1&5&-3&\vdots&6\\2&1&2&-2&\vdots&4\\0&5&-4&5&\vdots&5\end{pmatrix}\xrightarrow[r_3-2r_1]{r_2-3r_1}\begin{pmatrix}1&-2&3&-1&\vdots&2\\0&5&-4&0&\vdots&0\\0&5&-4&0&\vdots&0\\0&5&-4&5&\vdots&5\end{pmatrix}$$

$$\xrightarrow[\substack{r_4-r_2\\r_3\leftrightarrow r_4\\\frac{1}{5}r_3}]{r_3-r_2}\begin{pmatrix}1&-2&3&-1&\vdots&2\\0&5&-4&0&\vdots&0\\0&0&0&1&\vdots&1\\0&0&0&0&\vdots&0\end{pmatrix}\xrightarrow[\substack{\frac{1}{5}r_2\\r_1+2r_2}]{r_1+r_3}\begin{pmatrix}1&0&7/5&0&\vdots&3\\0&1&-4/5&0&\vdots&0\\0&0&0&1&\vdots&1\\0&0&0&0&\vdots&0\end{pmatrix}$$

因为$R(\boldsymbol{A})=R(\widetilde{\boldsymbol{A}}_2)=3$，所以向量$\boldsymbol{\beta}_2$能由向量组$\boldsymbol{A}$线性表示. 且从上式中可求得

$$k_1=3-\frac{7}{5}c,\quad k_2=\frac{4}{5}c,\quad k_3=c,\quad k_4=1$$

其中c为任意常数；如取$c=5$，则可得$\boldsymbol{\beta}_2$由向量组$\boldsymbol{A}$线性表示的一个表示式

$$\boldsymbol{\beta}_2=-4\boldsymbol{\alpha}_1+4\boldsymbol{\alpha}_2+5\boldsymbol{\alpha}_3+\boldsymbol{\alpha}_4.$$

定义 3.5 如果向量组$\boldsymbol{\alpha}_1,\boldsymbol{\alpha}_2,\cdots,\boldsymbol{\alpha}_s$中的每一个向量都可以由向量组$\boldsymbol{\beta}_1,\boldsymbol{\beta}_2,\cdots,\boldsymbol{\beta}_t$线性表示，则称向量组$\boldsymbol{\alpha}_1,\boldsymbol{\alpha}_2,\cdots,\boldsymbol{\alpha}_s$可由向量组$\boldsymbol{\beta}_1,\boldsymbol{\beta}_2,\cdots,\boldsymbol{\beta}_t$线性表示；如果向量组$\boldsymbol{\alpha}_1,\boldsymbol{\alpha}_2,\cdots,\boldsymbol{\alpha}_s$

与向量组$\boldsymbol{\beta}_1,\boldsymbol{\beta}_2,\cdots,\boldsymbol{\beta}_t$可以互相线性表示，则称向量组$\boldsymbol{\alpha}_1,\boldsymbol{\alpha}_2,\cdots,\boldsymbol{\alpha}_s$与向量组$\boldsymbol{\beta}_1,\boldsymbol{\beta}_2,\cdots,\boldsymbol{\beta}_t$**等价**.

向量组的等价关系是向量组与向量组之间的一种关系，易得这种等价关系满足：

(1) 自反性　向量组$\boldsymbol{\alpha}_1,\boldsymbol{\alpha}_2,\cdots,\boldsymbol{\alpha}_s$与向量组$\boldsymbol{\alpha}_1,\boldsymbol{\alpha}_2,\cdots,\boldsymbol{\alpha}_s$等价.

(2) 对称性　若向量组$\boldsymbol{\alpha}_1,\boldsymbol{\alpha}_2,\cdots,\boldsymbol{\alpha}_s$与向量组$\boldsymbol{\beta}_1,\boldsymbol{\beta}_2,\cdots,\boldsymbol{\beta}_t$等价，则向量组$\boldsymbol{\beta}_1,\boldsymbol{\beta}_2,\cdots,\boldsymbol{\beta}_t$也与向量组$\boldsymbol{\alpha}_1,\boldsymbol{\alpha}_2,\cdots,\boldsymbol{\alpha}_s$等价.

(3) 传递性　若向量组$\boldsymbol{\alpha}_1,\boldsymbol{\alpha}_2,\cdots,\boldsymbol{\alpha}_s$与向量组$\boldsymbol{\beta}_1,\boldsymbol{\beta}_2,\cdots,\boldsymbol{\beta}_t$等价，且向量组$\boldsymbol{\beta}_1,\boldsymbol{\beta}_2,\cdots,\boldsymbol{\beta}_t$与向量组$\boldsymbol{\gamma}_1,\boldsymbol{\gamma}_2,\cdots,\boldsymbol{\gamma}_p$等价，则向量组$\boldsymbol{\alpha}_1,\boldsymbol{\alpha}_2,\cdots,\boldsymbol{\alpha}_s$也与向量组$\boldsymbol{\gamma}_1,\boldsymbol{\gamma}_2,\cdots,\boldsymbol{\gamma}_p$等价.

3.2.3　线性相关与线性无关

对于线性方程组(3.1)，我们利用新的概念——向量组的线性组合，可把方程组是否有解的问题转化为方程组的常数列向量能否由方程组的系数矩阵的列向量组线性表示的问题，借此可以很好解决方程组解的结构问题，此是后话.

与线性方程组(3.1)相仿，齐次线性方程组(3.3)可表示为

$$x_1\boldsymbol{\alpha}_1+x_2\boldsymbol{\alpha}_2+\cdots+x_n\boldsymbol{\alpha}_n=\mathbf{0}$$

此式称为齐次线性方程组(3.3)的**向量式方程**，其中$\boldsymbol{\alpha}_1,\boldsymbol{\alpha}_2,\cdots,\boldsymbol{\alpha}_n$是方程组的系数矩阵的列向量组. 因

$$0\cdot\boldsymbol{\alpha}_1+0\cdot\boldsymbol{\alpha}_2+\cdots+0\cdot\boldsymbol{\alpha}_n=\mathbf{0}$$

必然成立，则齐次线性方程组(3.3)必有零解，所以我们更关注齐次线性方程组(3.3)除了零解以外的解——非零解是否存在，即是否存在一组不全为零的数$k_1,k_2,\cdots,k_n$，使得

$$k_1\boldsymbol{\alpha}_1+k_2\boldsymbol{\alpha}_2+\cdots+k_n\boldsymbol{\alpha}_n=\mathbf{0}$$

成立. 例如，齐次线性方程组

$$\begin{cases}x_1-3x_2=0\\-2x_1+6x_2=0\end{cases}$$

除了有零解外，还有其他的解，如$x_1=3,x_2=1$，即方程组的系数矩阵的列向量组$\boldsymbol{\alpha}_1=\begin{pmatrix}1\\-2\end{pmatrix},\boldsymbol{\alpha}_2=\begin{pmatrix}-3\\6\end{pmatrix}$与零向量$\mathbf{0}=\begin{pmatrix}0\\0\end{pmatrix}$间，显然有$0\cdot\boldsymbol{\alpha}_1+0\cdot\boldsymbol{\alpha}_2=\mathbf{0}$成立，但也有$3\boldsymbol{\alpha}_1+\boldsymbol{\alpha}_2=\mathbf{0}$成立，这说明向量$\boldsymbol{\alpha}_1,\boldsymbol{\alpha}_2$之间有某种"特殊"关系. 而齐次线性方程组

$$\begin{cases}x_1-3x_2=0\\-x_1+6x_2=0\end{cases}$$

只有零解，即方程组的系数组成的列向量组$\boldsymbol{\alpha}_1=\begin{pmatrix}1\\-1\end{pmatrix},\boldsymbol{\alpha}_2=\begin{pmatrix}-3\\6\end{pmatrix}$与零向量$\mathbf{0}=\begin{pmatrix}0\\0\end{pmatrix}$间，只有$0\cdot\boldsymbol{\alpha}_1+0\cdot\boldsymbol{\alpha}_2=\mathbf{0}$成立，这说明向量$\boldsymbol{\alpha}_1,\boldsymbol{\alpha}_2$之间没有某种"特殊"关系.

定义 3.6　对于向量组$\boldsymbol{\alpha}_1,\boldsymbol{\alpha}_2,\cdots,\boldsymbol{\alpha}_n$，若存在不全为零的数$\lambda_1,\lambda_2,\cdots,\lambda_n$，使得

$$\lambda_1\boldsymbol{\alpha}_1+\lambda_2\boldsymbol{\alpha}_2+\cdots+\lambda_n\boldsymbol{\alpha}_n=\mathbf{0}\tag{3.5}$$

成立，则称向量组$\boldsymbol{\alpha}_1,\boldsymbol{\alpha}_2,\cdots,\boldsymbol{\alpha}_n$**线性相关**；否则，仅当$\lambda_1=\lambda_2=\cdots=\lambda_n=0$时式(3.5)成立，则称向量组$\boldsymbol{\alpha}_1,\boldsymbol{\alpha}_2,\cdots,\boldsymbol{\alpha}_n$**线性无关**.

由定义知，上述中的向量组$\boldsymbol{\alpha}_1=\begin{pmatrix}1\\-2\end{pmatrix},\boldsymbol{\alpha}_2=\begin{pmatrix}-3\\6\end{pmatrix}$线性相关；而向量组$\boldsymbol{\alpha}_1=\begin{pmatrix}1\\-1\end{pmatrix},\boldsymbol{\alpha}_2=$

$\begin{pmatrix} -3 \\ 6 \end{pmatrix}$则线性无关.

［例 3.9］　设 $\boldsymbol{\alpha}_1=(1,0,1)^{\mathrm{T}},\boldsymbol{\alpha}_2=(-1,2,2)^{\mathrm{T}},\boldsymbol{\alpha}_3=(1,2,4)^{\mathrm{T}}$，试问向量组 $\boldsymbol{\alpha}_1,\boldsymbol{\alpha}_2$ 及向量组 $\boldsymbol{\alpha}_1,\boldsymbol{\alpha}_2,\boldsymbol{\alpha}_3$ 的线性相关性各如何？

解　对向量组 $\boldsymbol{\alpha}_1,\boldsymbol{\alpha}_2$，设 $\lambda_1\boldsymbol{\alpha}_1+\lambda_2\boldsymbol{\alpha}_2=\mathbf{0}$，即

$$\lambda_1\begin{pmatrix}1\\0\\1\end{pmatrix}+\lambda_2\begin{pmatrix}-1\\2\\2\end{pmatrix}=\begin{pmatrix}0\\0\\0\end{pmatrix}$$

可得

$$\begin{cases}\lambda_1-\lambda_2=0\\2\lambda_2=0\\\lambda_1+2\lambda_2=0\end{cases}$$

解得 $\lambda_1=\lambda_2=0$，故向量组 $\boldsymbol{\alpha}_1,\boldsymbol{\alpha}_2$ 线性无关.

对向量组 $\boldsymbol{\alpha}_1,\boldsymbol{\alpha}_2,\boldsymbol{\alpha}_3$，设 $\lambda_1\boldsymbol{\alpha}_1+\lambda_2\boldsymbol{\alpha}_2+\lambda_3\boldsymbol{\alpha}_3=\mathbf{0}$，即

$$\lambda_1\begin{pmatrix}1\\0\\1\end{pmatrix}+\lambda_2\begin{pmatrix}-1\\2\\2\end{pmatrix}+\lambda_3\begin{pmatrix}1\\2\\4\end{pmatrix}=\begin{pmatrix}0\\0\\0\end{pmatrix}$$

可得

$$\begin{cases}\lambda_1-\lambda_2+\lambda_3=0\\2\lambda_2+2\lambda_3=0\\\lambda_1+2\lambda_2+4\lambda_3=0\end{cases}$$

解得

$$\begin{cases}\lambda_1=-2c\\\lambda_2=-c\\\lambda_3=c\end{cases}$$

取 $c=-1$，得 $\lambda_1=2,\lambda_2=1,\lambda_3=-1$，则有

$$2\boldsymbol{\alpha}_1+\boldsymbol{\alpha}_2-\boldsymbol{\alpha}_3=\mathbf{0}$$

所以向量组 $\boldsymbol{\alpha}_1,\boldsymbol{\alpha}_2,\boldsymbol{\alpha}_3$ 线性相关.

从例 3.9 可进一步得到判别一个向量组的线性相关性的简便方法.

定理 3.5　(1) m 维向量组 $\boldsymbol{\alpha}_1,\boldsymbol{\alpha}_2,\cdots,\boldsymbol{\alpha}_n$ 线性相关的充分必要条件是：以 $\boldsymbol{\alpha}_1,\boldsymbol{\alpha}_2,\cdots,\boldsymbol{\alpha}_n$ 为列向量组成的矩阵 $\boldsymbol{A}=(\boldsymbol{\alpha}_1,\boldsymbol{\alpha}_2,\cdots,\boldsymbol{\alpha}_n)$ 的秩小于向量的个数 n，即 $R(\boldsymbol{A})<n$.

(2) m 维向量组 $\boldsymbol{\alpha}_1,\boldsymbol{\alpha}_2,\cdots,\boldsymbol{\alpha}_n$ 线性无关的充分必要条件是：以 $\boldsymbol{\alpha}_1,\boldsymbol{\alpha}_2,\cdots,\boldsymbol{\alpha}_n$ 为列向量组成的矩阵 $\boldsymbol{A}=(\boldsymbol{\alpha}_1,\boldsymbol{\alpha}_2,\cdots,\boldsymbol{\alpha}_n)$ 的秩等于向量的个数 n，即 $R(\boldsymbol{A})=n$.

推论　n 个 n 维向量 $\boldsymbol{\alpha}_1,\boldsymbol{\alpha}_2,\cdots,\boldsymbol{\alpha}_n$ 线性无关的充分必要条件是 $|\boldsymbol{A}|\neq 0$；n 个 n 维向量 $\boldsymbol{\alpha}_1,\boldsymbol{\alpha}_2,\cdots,\boldsymbol{\alpha}_n$ 线性相关的充分必要条件是 $|\boldsymbol{A}|=0$，其中 $\boldsymbol{A}=(\boldsymbol{\alpha}_1,\boldsymbol{\alpha}_2,\cdots,\boldsymbol{\alpha}_n)$.

［例 3.10］　已知 $\boldsymbol{\alpha}_1=\begin{pmatrix}1\\3\\2\\0\end{pmatrix},\boldsymbol{\alpha}_2=\begin{pmatrix}-2\\-1\\1\\5\end{pmatrix},\boldsymbol{\alpha}_3=\begin{pmatrix}3\\5\\2\\-4\end{pmatrix},\boldsymbol{\alpha}_4=\begin{pmatrix}-1\\-3\\-2\\5\end{pmatrix}$，判别向量组 $\boldsymbol{A}:\boldsymbol{\alpha}_1,\boldsymbol{\alpha}_2,$

$\boldsymbol{\alpha}_4$ 及向量组 $\boldsymbol{B}:\boldsymbol{\alpha}_1,\boldsymbol{\alpha}_2,\boldsymbol{\alpha}_3,\boldsymbol{\alpha}_4$ 的线性相关性.

解　记 $\boldsymbol{A}=(\boldsymbol{\alpha}_1,\boldsymbol{\alpha}_2,\boldsymbol{\alpha}_4)$，$\boldsymbol{B}=(\boldsymbol{\alpha}_1,\boldsymbol{\alpha}_2,\boldsymbol{\alpha}_3,\boldsymbol{\alpha}_4)$，则

$$\boldsymbol{B}=\begin{pmatrix}1&-2&3&-1\\3&-1&5&-3\\2&1&2&-2\\0&5&-4&5\end{pmatrix}\xrightarrow[r_3+(-2)\times r_1]{r_2+(-3)\times r_1}\begin{pmatrix}1&-2&3&-1\\0&5&-4&0\\0&5&-4&0\\0&5&-4&5\end{pmatrix}\xrightarrow[\substack{r_4-r_2\\r_3\leftrightarrow r_4}]{r_3-r_2}\begin{pmatrix}1&-2&3&-1\\0&5&-4&0\\0&0&0&5\\0&0&0&0\end{pmatrix}$$

因只对矩阵 $\boldsymbol{B}$ 作行初等变换，各列的次序没有改变，则从上述矩阵的第 1、2、4 列组成的矩阵可得 $R(\boldsymbol{A})=3$，所以向量组 $\boldsymbol{A}:\boldsymbol{\alpha}_1,\boldsymbol{\alpha}_2,\boldsymbol{\alpha}_4$ 线性无关；又因 $R(\boldsymbol{B})=3<4$，所以向量组 $\boldsymbol{B}:\boldsymbol{\alpha}_1,\boldsymbol{\alpha}_2,\boldsymbol{\alpha}_3,\boldsymbol{\alpha}_4$ 线性相关.

[例 3.11]　证明下列命题：

(1) 含有零向量的向量组必线性相关.

(2) 只有一个零向量的向量组线性相关，只有一个非零向量的向量组线性无关.

(3) 坐标单位向量组线性无关.

(4) 如果向量组所含向量的个数大于向量组中向量的维数，则该向量组线性相关.

证　(1) 设含有零向量的向量组为 $\boldsymbol{\alpha}_1,\boldsymbol{\alpha}_2,\cdots,\boldsymbol{\alpha}_s,\boldsymbol{0}$，因为存在不全为零的数 $0,0,\cdots,0,1$，使得

$$0\cdot\boldsymbol{\alpha}_1+0\cdot\boldsymbol{\alpha}_2+\cdots+0\cdot\boldsymbol{\alpha}_s+1\cdot\boldsymbol{0}=\boldsymbol{0}$$

所以 $\boldsymbol{\alpha}_1,\boldsymbol{\alpha}_2,\cdots,\boldsymbol{\alpha}_s,\boldsymbol{0}$ 线性相关.

(2) 因为对任意的 $k\neq0$，有 $k\cdot\boldsymbol{0}=\boldsymbol{0}$ 成立，所以一个零向量的向量组线性相关；而当一个向量 $\boldsymbol{\alpha}\neq\boldsymbol{0}$ 时，当且仅当只有 $k=0$ 时才有 $k\cdot\boldsymbol{\alpha}=\boldsymbol{0}$ 成立，所以一个非零向量的向量组线性无关.

(3) 因 $R(\boldsymbol{e}_1,\boldsymbol{e}_2,\cdots,\boldsymbol{e}_n)=R(\boldsymbol{E}_n)=n$，所以坐标单位向量组 $\boldsymbol{e}_1,\boldsymbol{e}_2,\cdots,\boldsymbol{e}_n$ 线性无关.

(4) 设向量组为 n 个 m 维向量所组成的向量组 $\boldsymbol{\alpha}_1,\boldsymbol{\alpha}_2,\cdots,\boldsymbol{\alpha}_n$，且 $m<n$. 记 $\boldsymbol{A}=(\boldsymbol{\alpha}_1,\boldsymbol{\alpha}_2,\cdots,\boldsymbol{\alpha}_n)$，则 $R(\boldsymbol{A})\leqslant\min\{m,n\}=m<n$，所以该向量组线性相关.

[例 3.12]　若向量组 $\boldsymbol{\alpha}_1,\boldsymbol{\alpha}_2,\boldsymbol{\alpha}_3$ 线性无关，则向量组 $\boldsymbol{\alpha}_1+2\boldsymbol{\alpha}_2,\boldsymbol{\alpha}_2+3\boldsymbol{\alpha}_3,\boldsymbol{\alpha}_3+4\boldsymbol{\alpha}_1$ 也线性无关.

证　设有一组数 k_1,k_2,k_3，使得

$$k_1(\boldsymbol{\alpha}_1+2\boldsymbol{\alpha}_2)+k_2(\boldsymbol{\alpha}_2+3\boldsymbol{\alpha}_3)+k_3(\boldsymbol{\alpha}_3+4\boldsymbol{\alpha}_1)=\boldsymbol{0}\tag{3.6}$$

成立，整理可得

$$(k_1+4k_3)\boldsymbol{\alpha}_1+(2k_1+k_2)\boldsymbol{\alpha}_2+(3k_2+k_3)\boldsymbol{\alpha}_3=\boldsymbol{0}$$

因为向量组 $\boldsymbol{\alpha}_1,\boldsymbol{\alpha}_2,\boldsymbol{\alpha}_3$ 线性无关，则

$$\begin{cases}k_1+4k_3=0\\2k_1+k_2=0\\3k_2+k_3=0\end{cases}$$

易知该齐次线性方程组仅有零解，即只有 $k_1=k_2=k_3=0$ 时式(3.6)才成立，所以向量组线性无关.

定理 3.6　如果向量组中有一部分向量组(称为部分组)线性相关，则整个向量组线性相关.

证　不妨设向量组 $\boldsymbol{\alpha}_1,\boldsymbol{\alpha}_2,\cdots,\boldsymbol{\alpha}_s,\boldsymbol{\alpha}_{s+1},\cdots,\boldsymbol{\alpha}_n$ 中的部分组 $\boldsymbol{\alpha}_1,\boldsymbol{\alpha}_2,\cdots,\boldsymbol{\alpha}_s$ 线性相关，其中

$s\leqslant n$,由向量组线性相关的定义,存在一组不全为零的数 $k_1,k_2,\cdots,k_s$,使得

$$k_1\boldsymbol{\alpha}_1+k_2\boldsymbol{\alpha}_2+\cdots+k_s\boldsymbol{\alpha}_s=\mathbf{0}$$

成立. 则存在一组不全为零的数 $k_1,k_2,\cdots,k_s,0,\cdots,0$,使得

$$k_1\boldsymbol{\alpha}_1+k_2\boldsymbol{\alpha}_2+\cdots+k_s\boldsymbol{\alpha}_s+0\cdot\boldsymbol{\alpha}_{s+1}+\cdots+0\cdot\boldsymbol{\alpha}_n=\mathbf{0}$$

所以向量组 $\boldsymbol{\alpha}_1,\boldsymbol{\alpha}_2,\cdots,\boldsymbol{\alpha}_s,\boldsymbol{\alpha}_{s+1},\cdots,\boldsymbol{\alpha}_n$ 线性相关.

推论　线性无关的向量组中的任一部分组必线性无关.

上述两结论给出了向量组中向量个数的增加与减少对向量组的线性相关性的影响.

定理 3.7*　若 m 维向量组 $\boldsymbol{A}:\boldsymbol{\alpha}_j=(a_{1j},a_{2j},\cdots,a_{mj})^{\mathrm{T}}(j=1,2,\cdots,n)$ 线性无关,则此向量组在每个向量上添加 $k(k\geqslant1)$ 个分量后得到的 $m+k$ 维的新的向量组(称为**接长向量组**) $\boldsymbol{B}:\boldsymbol{\beta}_j=(a_{1j},\cdots,a_{mj},a_{m+1,j},\cdots,a_{m+k,j})^{\mathrm{T}}(j=1,2,\cdots,n)$ 也线性无关.

证　因为向量组 $\boldsymbol{A}$ 线性无关,则齐次线性方程组

$$x_1\boldsymbol{\alpha}_1+x_2\boldsymbol{\alpha}_2+\cdots+x_n\boldsymbol{\alpha}_n=\mathbf{0}$$

即

$$\begin{cases}a_{11}x_1+a_{12}x_2+\cdots+a_{1n}x_n=0\\a_{21}x_1+a_{22}x_2+\cdots+a_{2n}x_n=0\\\qquad\cdots\cdots\\a_{m1}x_1+a_{m2}x_2+\cdots+a_{mn}x_n=0\end{cases}\tag{3.7}$$

只有唯一零解. 再考虑以向量组 $\boldsymbol{B}:\boldsymbol{\beta}_1,\boldsymbol{\beta}_2,\cdots,\boldsymbol{\beta}_n$ 为系数列向量的齐次线性方程组

$$x_1\boldsymbol{\beta}_1+x_2\boldsymbol{\beta}_2+\cdots+x_n\boldsymbol{\beta}_n=\mathbf{0}$$

即

$$\begin{cases}a_{11}x_1+a_{12}x_2+\cdots+a_{1n}x_n=0\\\qquad\cdots\cdots\\a_{m1}x_1+a_{m2}x_2+\cdots+a_{mn}x_n=0\\a_{m+1,1}x_1+a_{m+1,2}x_2+\cdots+a_{m+1,n}x_n=0\\\qquad\cdots\cdots\\a_{m+k,1}x_1+a_{m+k,2}x_2+\cdots+a_{m+k,n}x_n=0\end{cases}\tag{3.8}$$

在式(3.8)的 $m+k$ 个方程中,前 m 个方程即为式(3.7). 因为方程组(3.7)只有唯一零解,所以方程组(3.8)也只有唯一零解,从而向量组 $\boldsymbol{B}$ 线性无关.

推论　若 m 维向量组 $\boldsymbol{\alpha}_1,\boldsymbol{\alpha}_2,\cdots,\boldsymbol{\alpha}_n$ 线性相关,则将其每个向量去掉 $i(i<m)$ 个分量后得到的 $m-i$ 维的新的向量组也线性相关.

上述两结论给出了向量组中向量维数的增加与减少对向量组的线性相关性的影响.

3.2.4　关于线性组合与线性相关的几个重要定理

定理 3.8　向量组 $\boldsymbol{\alpha}_1,\boldsymbol{\alpha}_2,\cdots,\boldsymbol{\alpha}_n(n\geqslant2)$ 线性相关的充分必要条件是:该向量组中至少有一个向量可由其余向量线性表示.

证　必要性. 因为向量组 $\boldsymbol{\alpha}_1,\boldsymbol{\alpha}_2,\cdots,\boldsymbol{\alpha}_n$ 线性相关,所以存在一组不全为零的数 $k_1,k_2,\cdots,k_n$,使得

$$k_1\boldsymbol{\alpha}_1+k_2\boldsymbol{\alpha}_2+\cdots+k_n\boldsymbol{\alpha}_n=\mathbf{0}$$

成立. 不妨设 $k_1 \neq 0$，于是有

$$\boldsymbol{\alpha}_1 = \left(-\frac{k_2}{k_1}\right)\boldsymbol{\alpha}_2 + \left(-\frac{k_3}{k_1}\right)\boldsymbol{\alpha}_3 + \cdots + \left(-\frac{k_n}{k_1}\right)\boldsymbol{\alpha}_n$$

即 $\boldsymbol{\alpha}_1$ 可由 $\boldsymbol{\alpha}_2, \cdots, \boldsymbol{\alpha}_n$ 线性表示.

充分性. 因为向量组 $\boldsymbol{\alpha}_1, \boldsymbol{\alpha}_2, \cdots, \boldsymbol{\alpha}_n$ 中至少有一个向量可由其余向量线性表示，不妨设 $\boldsymbol{\alpha}_j$ 可由 $\boldsymbol{\alpha}_1, \boldsymbol{\alpha}_2, \cdots, \boldsymbol{\alpha}_{j-1}, \boldsymbol{\alpha}_{j+1}, \cdots, \boldsymbol{\alpha}_n$ 线性表示，即

$$\boldsymbol{\alpha}_j = k_1\boldsymbol{\alpha}_1 + k_2\boldsymbol{\alpha}_2 + \cdots + k_{j-1}\boldsymbol{\alpha}_{j-1} + k_{j+1}\boldsymbol{\alpha}_{j+1} + \cdots + k_n\boldsymbol{\alpha}_n$$

则存在一组不全为零的数 $k_1, k_2, \cdots, k_{j-1}, -1, k_{j+1}, \cdots, k_n$，使得

$$k_1\boldsymbol{\alpha}_1 + k_2\boldsymbol{\alpha}_2 + \cdots + k_{j-1}\boldsymbol{\alpha}_{j-1} + (-1)\boldsymbol{\alpha}_j + k_{j+1}\boldsymbol{\alpha}_{j+1} + \cdots + k_n\boldsymbol{\alpha}_n = \mathbf{0}$$

成立，即向量组 $\boldsymbol{\alpha}_1, \boldsymbol{\alpha}_2, \cdots, \boldsymbol{\alpha}_n$ 线性相关.

定理 3.9 设向量组 $\boldsymbol{\alpha}_1, \boldsymbol{\alpha}_2, \cdots, \boldsymbol{\alpha}_n$ 线性无关，而向量组 $\boldsymbol{\alpha}_1, \boldsymbol{\alpha}_2, \cdots, \boldsymbol{\alpha}_n, \boldsymbol{\beta}$ 线性相关，则向量 $\boldsymbol{\beta}$ 必可由向量组 $\boldsymbol{\alpha}_1, \boldsymbol{\alpha}_2, \cdots, \boldsymbol{\alpha}_n$ 线性表示，且表示式唯一.

证 向量组 $\boldsymbol{\alpha}_1, \boldsymbol{\alpha}_2, \cdots, \boldsymbol{\alpha}_n, \boldsymbol{\beta}$ 线性相关，则存在一组不全为零的数 $k_1, k_2, \cdots, k_n, k$，使得

$$k_1\boldsymbol{\alpha}_1 + k_2\boldsymbol{\alpha}_2 + \cdots + k_n\boldsymbol{\alpha}_n + k\boldsymbol{\beta} = \mathbf{0} \tag{3.9}$$

此时必有 $k \neq 0$，因为如 $k = 0$，则式(3.9)即成为

$$k_1\boldsymbol{\alpha}_1 + k_2\boldsymbol{\alpha}_2 + \cdots + k_n\boldsymbol{\alpha}_n = \mathbf{0}$$

且 $k_1, k_2, \cdots, k_n$ 不全为零，这与已知的向量组 $\boldsymbol{\alpha}_1, \boldsymbol{\alpha}_2, \cdots, \boldsymbol{\alpha}_n$ 线性无关矛盾. 因此 $k \neq 0$，从而

$$\boldsymbol{\beta} = \left(-\frac{k_1}{k}\right)\boldsymbol{\alpha}_1 + \left(-\frac{k_2}{k}\right)\boldsymbol{\alpha}_2 + \cdots + \left(-\frac{k_n}{k}\right)\boldsymbol{\alpha}_n$$

即向量 $\boldsymbol{\beta}$ 可由向量组 $\boldsymbol{\alpha}_1, \boldsymbol{\alpha}_2, \cdots, \boldsymbol{\alpha}_n$ 线性表示.

再证表示式的唯一性. 假设 $\boldsymbol{\beta}$ 可由向量组 $\boldsymbol{\alpha}_1, \boldsymbol{\alpha}_2, \cdots, \boldsymbol{\alpha}_n$ 线性表示为

$$\boldsymbol{\beta} = l_1\boldsymbol{\alpha}_1 + l_2\boldsymbol{\alpha}_2 + \cdots + l_n\boldsymbol{\alpha}_n, \boldsymbol{\beta} = \lambda_1\boldsymbol{\alpha}_1 + \lambda_2\boldsymbol{\alpha}_2 + \cdots + \lambda_n\boldsymbol{\alpha}_n$$

则两式相减得

$$(l_1 - \lambda_1)\boldsymbol{\alpha}_1 + (l_2 - \lambda_2)\boldsymbol{\alpha}_2 + \cdots + (l_n - \lambda_n)\boldsymbol{\alpha}_n = \mathbf{0}$$

因为已知向量组 $\boldsymbol{\alpha}_1, \boldsymbol{\alpha}_2, \cdots, \boldsymbol{\alpha}_n$ 线性无关，则必有

$$l_1 - \lambda_1 = l_2 - \lambda_2 = \cdots = l_n - \lambda_n = 0$$

即 $l_1 = \lambda_1, l_2 = \lambda_2, \cdots, l_n = \lambda_n$，所以表达式唯一.

定理 3.10 设向量组 $\boldsymbol{A}: \boldsymbol{\alpha}_1, \boldsymbol{\alpha}_2, \cdots, \boldsymbol{\alpha}_s$ 可由向量组 $\boldsymbol{B}: \boldsymbol{\beta}_1, \boldsymbol{\beta}_2, \cdots, \boldsymbol{\beta}_t$ 线性表示，且 $s > t$，则向量组 $\boldsymbol{A}$ 必线性相关.

证 因向量组 $\boldsymbol{A}$ 可由向量组 $\boldsymbol{B}$ 线性表示，不妨设

$$\boldsymbol{\alpha}_j = c_{1j}\boldsymbol{\beta}_1 + c_{2j}\boldsymbol{\beta}_2 + \cdots + c_{tj}\boldsymbol{\beta}_t, (j = 1, 2, \cdots, s) \tag{3.10}$$

如果有一组数 $k_1, k_2, \cdots, k_s$ 使得

$$k_1\boldsymbol{\alpha}_1 + k_2\boldsymbol{\alpha}_2 + \cdots + k_s\boldsymbol{\alpha}_s = \mathbf{0} \tag{3.11}$$

成立，只需证明 $k_1, k_2, \cdots, k_s$ 不全为零，即得向量组 $\boldsymbol{A}: \boldsymbol{\alpha}_1, \boldsymbol{\alpha}_2, \cdots, \boldsymbol{\alpha}_s$ 线性相关.

将式(3.10)代入式(3.11)，得

$$\begin{aligned} & k_1 (c_{11}\boldsymbol{\beta}_1 + c_{21}\boldsymbol{\beta}_2 + \cdots + c_{t1}\boldsymbol{\beta}_t) \\ & + k_2 (c_{12}\boldsymbol{\beta}_1 + c_{22}\boldsymbol{\beta}_2 + \cdots + c_{t2}\boldsymbol{\beta}_t) \\ & + \cdots + k_s (c_{1s}\boldsymbol{\beta}_1 + c_{2s}\boldsymbol{\beta}_2 + \cdots + c_{ts}\boldsymbol{\beta}_t) = \mathbf{0} \end{aligned} \tag{3.12}$$

整理，可得

$$
\begin{aligned}
&(c_{11}k_1+c_{12}k_2+\cdots+c_{1s}k_s)\boldsymbol{\beta}_1\\
&+(c_{21}k_1+c_{22}k_2+\cdots+c_{2s}k_s)\boldsymbol{\beta}_2\\
&\quad+\cdots+(c_{t1}k_1+c_{t2}k_2+\cdots+c_{ts}k_s)\boldsymbol{\beta}_t=\mathbf{0}
\end{aligned}
\tag{3.13}
$$

要使(3.13)式必成立;可令

$$
\begin{cases}
c_{11}k_1+c_{12}k_2+\cdots+c_{1s}k_s=0\\
c_{21}k_1+c_{22}k_2+\cdots+c_{2s}k_s=0\\
\cdots\cdots\cdots\cdots\\
c_{t1}k_1+c_{t2}k_2+\cdots+c_{ts}k_s=0
\end{cases}
\tag{3.14}
$$

此时只需把式(3.14)考虑为以 $k_1,k_2,\cdots,k_s$ 为未知量的齐次线性方程组(3.14),因为 $s>t$,故方程组(3.14)有非零解,即有不全为零的数 $k_1,k_2,\cdots,k_s$,使得式(3.14)成立,而式(3.14)成立必有式(3.13)成立;从而存在不全为零的数 $k_1,k_2,\cdots,k_s$ 使得式(3.12),也就是式(3.11)成立;所以向量组 $\boldsymbol{A}:\boldsymbol{\alpha}_1,\boldsymbol{\alpha}_2,\cdots,\boldsymbol{\alpha}_s$ 线性相关.

推论 1 如果向量组 $\boldsymbol{A}:\boldsymbol{\alpha}_1,\boldsymbol{\alpha}_2,\cdots,\boldsymbol{\alpha}_s$ 可由向量组 $\boldsymbol{B}:\boldsymbol{\beta}_1,\boldsymbol{\beta}_2,\cdots,\boldsymbol{\beta}_t$ 线性表示,且向量组 $\boldsymbol{A}:\boldsymbol{\alpha}_1,\boldsymbol{\alpha}_2,\cdots,\boldsymbol{\alpha}_s$ 线性无关,则 $s\leqslant t$.

推论 2 设向量组 $\boldsymbol{A}:\boldsymbol{\alpha}_1,\boldsymbol{\alpha}_2,\cdots,\boldsymbol{\alpha}_s$ 与向量组 $\boldsymbol{B}:\boldsymbol{\beta}_1,\boldsymbol{\beta}_2,\cdots,\boldsymbol{\beta}_t$ 等价,且两向量组都线性无关,则 $s=t$.

证 一方面,向量组 $\boldsymbol{A}$ 可由向量组 $\boldsymbol{B}$ 线性表示,且向量组 $\boldsymbol{A}$ 线性无关,由推论 1 得 $s\leqslant t$.

另一方面,向量组 $\boldsymbol{B}$ 可由向量组 $\boldsymbol{A}$ 线性表示,且向量组 $\boldsymbol{B}$ 线性无关,由推论 1 得 $t\leqslant s$. 综上可得 $s=t$.

[例 3.13] 设向量组 $\boldsymbol{\alpha}_1,\boldsymbol{\alpha}_2,\boldsymbol{\alpha}_3$ 线性相关,且向量组 $\boldsymbol{\alpha}_2,\boldsymbol{\alpha}_3,\boldsymbol{\alpha}_4$ 线性无关. 问

(1) $\boldsymbol{\alpha}_1$ 能否由 $\boldsymbol{\alpha}_2,\boldsymbol{\alpha}_3$ 线性表示. (2) $\boldsymbol{\alpha}_4$ 能否由 $\boldsymbol{\alpha}_1,\boldsymbol{\alpha}_2,\boldsymbol{\alpha}_3$ 线性表示.

解 (1) 能. 向量组 $\boldsymbol{\alpha}_2,\boldsymbol{\alpha}_3,\boldsymbol{\alpha}_4$ 线性无关,由定理 3.6 的推论得,$\boldsymbol{\alpha}_2,\boldsymbol{\alpha}_3$ 线性无关;又向量组 $\boldsymbol{\alpha}_1,\boldsymbol{\alpha}_2,\boldsymbol{\alpha}_3$ 线性相关,由定理 3.9 即可得 $\boldsymbol{\alpha}_1$ 可由 $\boldsymbol{\alpha}_2,\boldsymbol{\alpha}_3$ 线性表示.

(2) 不能. 如果 $\boldsymbol{\alpha}_4$ 能由 $\boldsymbol{\alpha}_1,\boldsymbol{\alpha}_2,\boldsymbol{\alpha}_3$ 线性表示,而由(1)知 $\boldsymbol{\alpha}_1$ 可由 $\boldsymbol{\alpha}_2,\boldsymbol{\alpha}_3$ 线性表示,那么 $\boldsymbol{\alpha}_4$ 能由 $\boldsymbol{\alpha}_2,\boldsymbol{\alpha}_3$ 线性表示,即向量组 $\boldsymbol{\alpha}_2,\boldsymbol{\alpha}_3,\boldsymbol{\alpha}_4$ 线性相关,与已知矛盾.

习题 3.2

1. 判断下列说法是否正确,正确的加以说明,不正确的请举反例.

(1) 若向量组 $\boldsymbol{\alpha}_1,\boldsymbol{\alpha}_2,\boldsymbol{\alpha}_3$ 线性相关,则向量组 $\boldsymbol{\alpha}_1-\boldsymbol{\alpha}_2,\boldsymbol{\alpha}_2-\boldsymbol{\alpha}_3,\boldsymbol{\alpha}_3-\boldsymbol{\alpha}_1$ 线性相关.

(2) 若向量组 $\boldsymbol{\alpha}_1,\boldsymbol{\alpha}_2,\boldsymbol{\alpha}_3$ 线性无关,则向量组 $\boldsymbol{\alpha}_1-\boldsymbol{\alpha}_2,\boldsymbol{\alpha}_2-\boldsymbol{\alpha}_3,\boldsymbol{\alpha}_3-\boldsymbol{\alpha}_1$ 线性无关.

(3) 若向量组 $\boldsymbol{\alpha}_1,\boldsymbol{\alpha}_2,\cdots,\boldsymbol{\alpha}_n$ 线性相关,则 $\boldsymbol{\alpha}_1$ 可由向量组 $\boldsymbol{\alpha}_2,\cdots,\boldsymbol{\alpha}_n$ 线性表示.

(4) 若向量组 $\boldsymbol{\alpha}_1,\boldsymbol{\alpha}_2$ 线性无关,向量组 $\boldsymbol{\beta}_1,\boldsymbol{\beta}_2$ 也线性无关,则向量组 $\boldsymbol{\alpha}_1+\boldsymbol{\beta}_1,\boldsymbol{\alpha}_2+\boldsymbol{\beta}_2$ 也线性无关.

2. 已知向量 $\boldsymbol{\alpha}_1=(1,-1,4)^{\mathrm{T}},\boldsymbol{\alpha}_2=(0,1,2)^{\mathrm{T}},\boldsymbol{\alpha}_3=(-2,0,3)^{\mathrm{T}}$,求:

(1) $2\boldsymbol{\alpha}_1-\boldsymbol{\alpha}_2+3\boldsymbol{\alpha}_3$. (2) $3(2\boldsymbol{\alpha}_1-\boldsymbol{\alpha}_2)-(2\boldsymbol{\alpha}_2+\boldsymbol{\alpha}_3)+2(\boldsymbol{\alpha}_1+\boldsymbol{\alpha}_2-3\boldsymbol{\alpha}_3)$.

(3) $(\boldsymbol{\alpha}_1\ \ \boldsymbol{\alpha}_2\ \ \boldsymbol{\alpha}_3)(2,-1,3)^{\mathrm{T}}$. (4) $(2\boldsymbol{\alpha}_1-\boldsymbol{\alpha}_2\ \ 2\boldsymbol{\alpha}_2+\boldsymbol{\alpha}_3\ \ \boldsymbol{\alpha}_1+\boldsymbol{\alpha}_2-3\boldsymbol{\alpha}_3)(3,-1,2)^{\mathrm{T}}$.

3. 求下列各题中向量 $\boldsymbol{\beta}$ 表示为其余向量的线性组合.

(1) $\boldsymbol{\beta}=(3,5,-6)^{\mathrm{T}},\boldsymbol{\alpha}_1=(1,0,1)^{\mathrm{T}},\boldsymbol{\alpha}_2=(1,1,1)^{\mathrm{T}},\boldsymbol{\alpha}_3=(0,-1,-1)^{\mathrm{T}}$.

(2) $\boldsymbol{\beta}=(4,11,11)^{\mathrm{T}},\boldsymbol{\alpha}_1=(2,3,3)^{\mathrm{T}},\boldsymbol{\alpha}_2=(-1,4,-2)^{\mathrm{T}},\boldsymbol{\alpha}_3=(-1,-2,4)^{\mathrm{T}}$.

(3) $\boldsymbol{\beta}=(1,2,2,1)^{\mathrm{T}},\boldsymbol{\alpha}_1=(2,1,5,-3)^{\mathrm{T}},\boldsymbol{\alpha}_2=(3,0,8,-7)^{\mathrm{T}}$.

4. 判别下列向量组的线性相关性.

(1) $\boldsymbol{\alpha}_1=(2,0,3)^{\mathrm{T}},\boldsymbol{\alpha}_2=(1,-1,-2)^{\mathrm{T}},\boldsymbol{\alpha}_3=(-3,1,0)^{\mathrm{T}}$.

(2) $\boldsymbol{\alpha}_1=(1,0,1)^{\mathrm{T}},\boldsymbol{\alpha}_2=(0,1,1)^{\mathrm{T}},\boldsymbol{\alpha}_3=(0,1,-1)^{\mathrm{T}},\boldsymbol{\alpha}_4=(2,1,-1)^{\mathrm{T}}$.

(3) $\boldsymbol{\alpha}_1=(2,-1,5,-3)^{\mathrm{T}},\boldsymbol{\alpha}_2=(5,2,1,-2)^{\mathrm{T}},\boldsymbol{\alpha}_3=(1,2,-2,1)^{\mathrm{T}},\boldsymbol{\alpha}_4=(2,2,3,-1)^{\mathrm{T}}$.

(4) $\boldsymbol{\alpha}_1=(3,4,2,0)^{\mathrm{T}},\boldsymbol{\alpha}_2=(-2,0,1,4)^{\mathrm{T}},\boldsymbol{\alpha}_3=(1,8,7,-4)^{\mathrm{T}}$.

5. 已知向量组 $\boldsymbol{\alpha}_1,\boldsymbol{\alpha}_2,\boldsymbol{\alpha}_3$ 线性无关,利用定义证明向量组 $\boldsymbol{\alpha}_1,\boldsymbol{\alpha}_1+\boldsymbol{\alpha}_2,\boldsymbol{\alpha}_1+\boldsymbol{\alpha}_2+\boldsymbol{\alpha}_3$ 也线性无关.

6. 已知向量组 $\boldsymbol{\alpha}_1,\boldsymbol{\alpha}_2,\boldsymbol{\alpha}_3,\boldsymbol{\alpha}_4$ 线性相关,而向量组 $\boldsymbol{\alpha}_2,\boldsymbol{\alpha}_3,\boldsymbol{\alpha}_4,\boldsymbol{\alpha}_5$ 线性无关,证明 $\boldsymbol{\alpha}_1$ 可由向量组 $\boldsymbol{\alpha}_2,\boldsymbol{\alpha}_3,\boldsymbol{\alpha}_4$ 线性表示,但 $\boldsymbol{\alpha}_5$ 不能由向量组 $\boldsymbol{\alpha}_1,\boldsymbol{\alpha}_2,\boldsymbol{\alpha}_3$ 线性表示.

7. 已知向量组 $\boldsymbol{\alpha}_1=(k,2,1)^{\mathrm{T}},\boldsymbol{\alpha}_2=(2,k,0)^{\mathrm{T}},\boldsymbol{\alpha}_3=(1,-1,1)^{\mathrm{T}}$,试讨论向量组 $\boldsymbol{\alpha}_1,\boldsymbol{\alpha}_2,\boldsymbol{\alpha}_3$ 的线性相关性.

8. 已知向量组 $\boldsymbol{B}:\boldsymbol{\beta}_1,\boldsymbol{\beta}_2,\boldsymbol{\beta}_3$ 由向量组 $\boldsymbol{A}:\boldsymbol{\alpha}_1,\boldsymbol{\alpha}_2,\boldsymbol{\alpha}_3$ 线性表示的表示式为

$$\boldsymbol{\beta}_1=\boldsymbol{\alpha}_1-\boldsymbol{\alpha}_2+\boldsymbol{\alpha}_3,\boldsymbol{\beta}_2=\boldsymbol{\alpha}_1+\boldsymbol{\alpha}_2-\boldsymbol{\alpha}_3,\boldsymbol{\beta}_3=-\boldsymbol{\alpha}_1+\boldsymbol{\alpha}_2+\boldsymbol{\alpha}_3$$

试验证向量组 $\boldsymbol{A}$ 与向量组 $\boldsymbol{B}$ 等价.

9. 设向量组 $\boldsymbol{\alpha}_1,\boldsymbol{\alpha}_2,\boldsymbol{\alpha}_3$ 线性无关,且已知

$$\boldsymbol{\beta}_1=m\boldsymbol{\alpha}_1+\boldsymbol{\alpha}_2+n\boldsymbol{\alpha}_3,\boldsymbol{\beta}_2=\boldsymbol{\alpha}_1+n\boldsymbol{\alpha}_2+(n+1)\boldsymbol{\alpha}_3,\boldsymbol{\beta}_3=\boldsymbol{\alpha}_1+\boldsymbol{\alpha}_2+\boldsymbol{\alpha}_3$$

试问:(1)m,n 满足何种关系时,$\boldsymbol{\beta}_1,\boldsymbol{\beta}_2,\boldsymbol{\beta}_3$ 线性无关? (2)m,n 满足何种关系时,$\boldsymbol{\beta}_1,\boldsymbol{\beta}_2,\boldsymbol{\beta}_3$ 线性相关?

3.3 向量组的极大无关组与向量组的秩

一个向量组可以包含多个向量,也可以包含无穷多个向量;我们在研究向量组中的向量间的关系时,希望能找到向量组的一个部分组,该部分组能够“代表”整个向量组,且能够“代表”这个向量组的性质. 而对给定的一个向量组,只要其中的向量不全是零向量,总能找到该向量组中由若干个向量构成的部分组是线性无关的,而所有包含这个部分组的向量组则一定线性相关. 例如,对所有的 n 维向量,坐标单位向量组就起到了这样的作用:任一 n 维向量能由 $\boldsymbol{e}_1,\boldsymbol{e}_2,\cdots,\boldsymbol{e}_n$ 线性表示,且 $\boldsymbol{e}_1,\boldsymbol{e}_2,\cdots,\boldsymbol{e}_n$ 是线性无关的,如再增加一个 n 维向量则必定线性相关. 这样的部分组就是下面要定义的向量组的极大无关组.

定义 3.7 设 $\boldsymbol{\alpha}_1,\boldsymbol{\alpha}_2,\cdots,\boldsymbol{\alpha}_r$ 是向量组 $\boldsymbol{A}$ 的部分组,如果满足:

(1) $\boldsymbol{\alpha}_1,\boldsymbol{\alpha}_2,\cdots,\boldsymbol{\alpha}_r$ 线性无关,

(2) 从向量组 $\boldsymbol{A}$ 中任意取一个向量(如还有的话)加入该部分组,此含有 $r+1$ 个向量的向量组都线性相关,则称向量组 $\boldsymbol{\alpha}_1,\boldsymbol{\alpha}_2,\cdots,\boldsymbol{\alpha}_r$ 为向量组 $\boldsymbol{A}$ 的**极大线性无关组**,简称**极大无关组**.

显然,一个线性无关向量组的极大无关组就是该向量组本身. 全由零向量组成的向量组是没有极大无关组的.

例如,设向量组 $\boldsymbol{\alpha}_1=(1,0)^{\mathrm{T}},\boldsymbol{\alpha}_2=(0,1)^{\mathrm{T}},\boldsymbol{\alpha}_3=(1,1)^{\mathrm{T}}$,易得 $\boldsymbol{\alpha}_1,\boldsymbol{\alpha}_2$ 线性无关,$\boldsymbol{\alpha}_1,\boldsymbol{\alpha}_2,\boldsymbol{\alpha}_3$ 线性相关,则 $\boldsymbol{\alpha}_1,\boldsymbol{\alpha}_2$ 是向量组 $\boldsymbol{\alpha}_1,\boldsymbol{\alpha}_2,\boldsymbol{\alpha}_3$ 的极大无关组. 另外,我们容易发现 $\boldsymbol{\alpha}_2,\boldsymbol{\alpha}_3$ 及 $\boldsymbol{\alpha}_1,\boldsymbol{\alpha}_3$ 也是向量组 $\boldsymbol{\alpha}_1,\boldsymbol{\alpha}_2,\boldsymbol{\alpha}_3$ 的极大无关组,因此知一个向量组的极大无关组一般不唯一;而且也可发现 $\boldsymbol{\alpha}_1,\boldsymbol{\alpha}_2,\boldsymbol{\alpha}_3$ 的三个极大无关组中所含的向量个数相等,而这并不是偶然的.

定理 3.11 (1) 向量组与它的极大无关组等价.

(2) 向量组的任意两个极大无关组等价,且所含向量的个数相等.

证 (1) 设向量组 $\boldsymbol{A}$ 有极大无关组 $\boldsymbol{\alpha}_1,\boldsymbol{\alpha}_2,\cdots,\boldsymbol{\alpha}_s$. 由定义 3.7,向量组 $\boldsymbol{A}$ 中的任一向量 $\boldsymbol{\gamma}$ 与向量组 $\boldsymbol{\alpha}_1,\boldsymbol{\alpha}_2,\cdots,\boldsymbol{\alpha}_s$ 组成的 $s+1$ 个向量线性相关,而 $\boldsymbol{\alpha}_1,\boldsymbol{\alpha}_2,\cdots,\boldsymbol{\alpha}_s$ 线性无关,由定理 3.9,向量 $\boldsymbol{\gamma}$ 可由向量组 $\boldsymbol{\alpha}_1,\boldsymbol{\alpha}_2,\cdots,\boldsymbol{\alpha}_s$ 线性表示,即向量组 $\boldsymbol{A}$ 可由向量组 $\boldsymbol{\alpha}_1,\boldsymbol{\alpha}_2,\cdots,\boldsymbol{\alpha}_s$ 线性表示.

反之，向量组 $\boldsymbol{\alpha}_1,\boldsymbol{\alpha}_2,\cdots,\boldsymbol{\alpha}_s$ 是向量组 $\boldsymbol{A}$ 的一个部分组，向量组 $\boldsymbol{\alpha}_1,\boldsymbol{\alpha}_2,\cdots,\boldsymbol{\alpha}_s$ 当然能由向量组 $\boldsymbol{A}$ 线性表示. 所以向量组 $\boldsymbol{A}$ 与它的极大无关组 $\boldsymbol{\alpha}_1,\boldsymbol{\alpha}_2,\cdots,\boldsymbol{\alpha}_s$ 等价.

(2) 设向量组 $\boldsymbol{A}$ 有两个极大无关组，分别为 $\boldsymbol{\alpha}_1,\boldsymbol{\alpha}_2,\cdots,\boldsymbol{\alpha}_s$ 及 $\boldsymbol{\beta}_1,\boldsymbol{\beta}_2,\cdots,\boldsymbol{\beta}_t$. 由(1)知，向量组 $\boldsymbol{\alpha}_1,\boldsymbol{\alpha}_2,\cdots,\boldsymbol{\alpha}_s$ 与向量组 $\boldsymbol{A}$ 等价，向量组 $\boldsymbol{A}$ 也与向量组 $\boldsymbol{\beta}_1,\boldsymbol{\beta}_2,\cdots,\boldsymbol{\beta}_t$ 等价，由等价的传递性可得，向量组 $\boldsymbol{\alpha}_1,\boldsymbol{\alpha}_2,\cdots,\boldsymbol{\alpha}_s$ 与向量组 $\boldsymbol{\beta}_1,\boldsymbol{\beta}_2,\cdots,\boldsymbol{\beta}_t$ 等价.

再证明 $s=t$. 因为向量组 $\boldsymbol{\alpha}_1,\boldsymbol{\alpha}_2,\cdots,\boldsymbol{\alpha}_s$ 与向量组 $\boldsymbol{\beta}_1,\boldsymbol{\beta}_2,\cdots,\boldsymbol{\beta}_t$ 等价，且向量组 $\boldsymbol{\alpha}_1,\boldsymbol{\alpha}_2,\cdots,\boldsymbol{\alpha}_s$ 及 $\boldsymbol{\beta}_1,\boldsymbol{\beta}_2,\cdots,\boldsymbol{\beta}_t$ 都线性无关，由定理 3.10 的推论 2 得，$s=t$.

定义 3.8 向量组 $\boldsymbol{\alpha}_1,\boldsymbol{\alpha}_2,\cdots,\boldsymbol{\alpha}_n$ 的极大无关组中所含向量的个数称为该**向量组的秩**，记为 $R(\boldsymbol{\alpha}_1,\boldsymbol{\alpha}_2,\cdots,\boldsymbol{\alpha}_n)$.

若将一个向量组组成矩阵，那么该矩阵的秩与该向量组的秩实际是相等的.

定理 3.12 矩阵的秩＝矩阵的列向量组的秩(称为矩阵的**列秩**)＝矩阵的行向量组的秩(称为矩阵的**行秩**).

证 因为矩阵的秩与其转置矩阵的秩相等，故只需证明矩阵的秩与其列秩相等即可.

设矩阵 $\boldsymbol{A}=(a_{ij})_{m\times n}$，$\boldsymbol{A}$ 的列向量组记为 $\boldsymbol{\alpha}_1,\boldsymbol{\alpha}_2,\cdots,\boldsymbol{\alpha}_n$，其中

$$\boldsymbol{\alpha}_j=(a_{1j},a_{2j},\cdots,a_{mj})^{\mathrm{T}},j=1,2,\cdots,n,$$

且 $R(\boldsymbol{A})=r$，则矩阵 $\boldsymbol{A}$ 中存在 r 阶子式不等于零且所有 $r+1$ 阶及以上的子式(如果有的话)均等于零. 不妨设矩阵的前 r 行 r 列组成的 r 阶子式

$$\boldsymbol{D}_r=\begin{vmatrix} a_{11} & a_{12} & \cdots & a_{1r} \\ a_{21} & a_{22} & \cdots & a_{2r} \\ \vdots & \vdots & & \vdots \\ a_{r1} & a_{r2} & \cdots & a_{rr} \end{vmatrix}\neq 0$$

则该子式的 r 列组成的 r 维列向量组 $\boldsymbol{\beta}_1,\boldsymbol{\beta}_2,\cdots,\boldsymbol{\beta}_r$(其中 $\boldsymbol{\beta}_j=(a_{1j},\cdots,a_{rj})^{\mathrm{T}},j=1,2,\cdots,r$)必线性无关，由定理 3.7 可得 $\boldsymbol{\alpha}_1,\boldsymbol{\alpha}_2,\cdots,\boldsymbol{\alpha}_r$ 线性无关. 所以向量组 $\boldsymbol{\alpha}_1,\boldsymbol{\alpha}_2,\cdots,\boldsymbol{\alpha}_n$ 的秩 $R(\boldsymbol{\alpha}_1,\boldsymbol{\alpha}_2,\cdots,\boldsymbol{\alpha}_n)\geqslant r=R(\boldsymbol{A})$.

再证向量组 $\boldsymbol{\alpha}_1,\boldsymbol{\alpha}_2,\cdots,\boldsymbol{\alpha}_n$ 的秩 $R(\boldsymbol{\alpha}_1,\boldsymbol{\alpha}_2,\cdots,\boldsymbol{\alpha}_n)\leqslant R(\boldsymbol{A})=r$.

用反证法. 假设 $R(\boldsymbol{\alpha}_1,\boldsymbol{\alpha}_2,\cdots,\boldsymbol{\alpha}_n)>r$，不妨设 $R(\boldsymbol{\alpha}_1,\boldsymbol{\alpha}_2,\cdots,\boldsymbol{\alpha}_n)=r+1$，即向量组 $\boldsymbol{\alpha}_1,\boldsymbol{\alpha}_2,\cdots,\boldsymbol{\alpha}_n$ 中有 $r+1$ 个向量可组成一个线性无关的向量组，为了方便，不妨设这 $r+1$ 个向量为 $\boldsymbol{\alpha}_1,\boldsymbol{\alpha}_2,\cdots,\boldsymbol{\alpha}_{r+1}$，则这 $r+1$ 个向量所组成的矩阵必存在一个 $r+1$ 阶子式 $D_{r+1}\neq 0$，即在矩阵 $\boldsymbol{A}$ 中存在一个 $r+1$ 阶子式 $D_{r+1}\neq 0$，可得矩阵 $\boldsymbol{A}$ 的秩 $R(\boldsymbol{A})\geqslant r+1$，与 $R(\boldsymbol{A})=r$ 矛盾. 所以 $R(\boldsymbol{\alpha}_1,\boldsymbol{\alpha}_2,\cdots,\boldsymbol{\alpha}_n)\leqslant r=R(\boldsymbol{A})$.

综上可得 $R(\boldsymbol{\alpha}_1,\boldsymbol{\alpha}_2,\cdots,\boldsymbol{\alpha}_n)=R(\boldsymbol{A})$.

我们还可以得到如下结论：如果对列向量组 $\boldsymbol{\alpha}_1,\boldsymbol{\alpha}_2,\cdots,\boldsymbol{\alpha}_n$ 组成的矩阵 $\boldsymbol{A}$ 施以行初等变换得到矩阵 $\boldsymbol{B}$，记 $\boldsymbol{B}$ 的列向量组为 $\boldsymbol{\beta}_1,\boldsymbol{\beta}_2,\cdots,\boldsymbol{\beta}_n$，则矩阵 $\boldsymbol{A}$ 与矩阵 $\boldsymbol{B}$ 的列向量组有相同的线性关系.

事实上，对矩阵 $\boldsymbol{A}$ 施以行初等变换得到矩阵 $\boldsymbol{B}$，则存在可逆矩阵 $\boldsymbol{P}$，使 $\boldsymbol{PA}=\boldsymbol{B}$，即

$$\boldsymbol{P}(\boldsymbol{\alpha}_1,\boldsymbol{\alpha}_2,\cdots,\boldsymbol{\alpha}_n)=(\boldsymbol{P\alpha}_1,\boldsymbol{P\alpha}_2,\cdots,\boldsymbol{P\alpha}_n)=(\boldsymbol{\beta}_1,\boldsymbol{\beta}_2,\cdots,\boldsymbol{\beta}_n)$$

可得 $\boldsymbol{\beta}_i=\boldsymbol{P\alpha}_i,i=1,2,\cdots,n$. 假设向量组 $\boldsymbol{\alpha}_1,\boldsymbol{\alpha}_2,\cdots,\boldsymbol{\alpha}_n$ 的向量间的线性关系可表示为

$$k_1\boldsymbol{\alpha}_1+k_2\boldsymbol{\alpha}_2+\cdots+k_n\boldsymbol{\alpha}_n=\boldsymbol{0} \tag{3.15}$$

等式两边左乘矩阵 $\boldsymbol{P}$，得

$$k_1\boldsymbol{P\alpha}_1+k_2\boldsymbol{P\alpha}_2+\cdots+k_n\boldsymbol{P\alpha}_n=\mathbf{0}$$

即
$$k_1\boldsymbol{\beta}_1+k_2\boldsymbol{\beta}_2+\cdots+k_n\boldsymbol{\beta}_n=\mathbf{0} \tag{3.16}$$

(3.15)与(3.16)说明向量组 $\boldsymbol{\alpha}_1,\boldsymbol{\alpha}_2,\cdots,\boldsymbol{\alpha}_n$ 与 $\boldsymbol{\beta}_1,\boldsymbol{\beta}_2,\cdots,\boldsymbol{\beta}_n$ 有相同的线性关系.

至此,我们可给出求一个列向量组的极大无关组及秩的方法:将此列向量组组成矩阵,并对其进行初等行变换使之成为行阶梯形矩阵,则该矩阵的秩即为所求列向量组的秩,此行阶梯形矩阵的非零行的第一个非零元所在的列向量组成的向量组即为所求列向量组的一个极大无关组.

[例 3.14] 求向量组

$\boldsymbol{\alpha}_1=(1,2,2,3)^{\mathrm{T}}$, $\boldsymbol{\alpha}_2=(1,-1,-3,6)^{\mathrm{T}}$, $\boldsymbol{\alpha}_3=(-2,-1,1,-9)^{\mathrm{T}}$, $\boldsymbol{\alpha}_4=(1,1,-1,6)^{\mathrm{T}}$

的秩和一个极大无关组,并求其余向量用该极大无关组线性表示的表达式.

解 记矩阵 $\boldsymbol{A}=(\boldsymbol{\alpha}_1,\boldsymbol{\alpha}_2,\boldsymbol{\alpha}_3,\boldsymbol{\alpha}_4)$,用初等行变换把 $\boldsymbol{A}$ 化为行阶梯形矩阵,即

$$\boldsymbol{A}=\begin{pmatrix}1&1&-2&1\\2&-1&-1&1\\2&-3&1&-1\\3&6&-9&6\end{pmatrix}\xrightarrow[\substack{r_3-2r_1\\r_4-3r_1}]{r_2-2r_1}\begin{pmatrix}1&1&-2&1\\0&-3&3&-1\\0&-5&5&-3\\0&3&-3&3\end{pmatrix}\xrightarrow[\substack{r_4+3r_2\\r_4-r_3}]{\substack{r_4\times\frac{1}{3}\leftrightarrow r_2\\r_3+5r_2}}\begin{pmatrix}1&1&-2&1\\0&1&-1&1\\0&0&0&2\\0&0&0&0\end{pmatrix}$$

得 $R(\boldsymbol{A})=3$,所以向量组 $\boldsymbol{\alpha}_1,\boldsymbol{\alpha}_2,\boldsymbol{\alpha}_3,\boldsymbol{\alpha}_4$ 的秩等于 3 .

因为矩阵 $\boldsymbol{A}$ 变换后的非零行首非零元对应的向量为 $\boldsymbol{\alpha}_1,\boldsymbol{\alpha}_2,\boldsymbol{\alpha}_4$,所以向量组 $\boldsymbol{\alpha}_1,\boldsymbol{\alpha}_2,\boldsymbol{\alpha}_3,\boldsymbol{\alpha}_4$ 的一个极大无关组为 $\boldsymbol{\alpha}_1,\boldsymbol{\alpha}_2,\boldsymbol{\alpha}_4$.

再求 $\boldsymbol{\alpha}_3$ 由 $\boldsymbol{\alpha}_1,\boldsymbol{\alpha}_2,\boldsymbol{\alpha}_4$ 线性表示的表达式. 设 $\boldsymbol{\alpha}_3=k_1\boldsymbol{\alpha}_1+k_2\boldsymbol{\alpha}_2+k_3\boldsymbol{\alpha}_4$,利用上述矩阵 $\boldsymbol{A}$ 的初等行变换过程,只需将 $\boldsymbol{\alpha}_3$ 与 $\boldsymbol{\alpha}_4$ 的列交换后得

$$(\boldsymbol{\alpha}_1,\boldsymbol{\alpha}_2,\boldsymbol{\alpha}_4,\boldsymbol{\alpha}_3)\xrightarrow{r}\begin{pmatrix}1&1&1&-2\\0&1&1&-1\\0&0&2&0\\0&0&0&0\end{pmatrix}\xrightarrow[\substack{r_1-r_3\\r_1-r_2}]{\substack{r_3\times\left(-\frac{1}{2}\right)\\r_2-r_3}}\begin{pmatrix}1&0&0&-1\\0&1&0&-1\\0&0&1&0\\0&0&0&0\end{pmatrix}$$

解得 $k_1=-1,k_2=-1,k_3=0$,所以 $\boldsymbol{\alpha}_3=-\boldsymbol{\alpha}_1-\boldsymbol{\alpha}_2$.

[例 3.15] 证明:如果向量组 $\boldsymbol{A}$ 能由向量组 $\boldsymbol{B}$ 线性表示,那么向量组 $\boldsymbol{A}$ 的秩不大于向量组 $\boldsymbol{B}$ 的秩.

证 设向量组 $\boldsymbol{A}$ 的一个极大无关组为 $\boldsymbol{\alpha}_1,\boldsymbol{\alpha}_2,\cdots,\boldsymbol{\alpha}_r$,向量组 $\boldsymbol{B}$ 的秩为 s,只要证 $r\leqslant s$.

因为向量组 $\boldsymbol{A}$ 能由向量组 $\boldsymbol{B}$ 线性表示,而向量组 $\boldsymbol{A}$ 的极大无关组 $\boldsymbol{\alpha}_1,\boldsymbol{\alpha}_2,\cdots,\boldsymbol{\alpha}_r$ 能由向量组 $\boldsymbol{A}$ 线性表示,所以向量组 $\boldsymbol{A}$ 的极大无关组 $\boldsymbol{\alpha}_1,\boldsymbol{\alpha}_2,\cdots,\boldsymbol{\alpha}_r$ 能由向量组 $\boldsymbol{B}$ 线性表示,再由定理 3.10 的推论 1,可得 $r\leqslant s$.

从例 3.15 不难得出结论:**等价向量组的秩必相等.**

[例 3.16] 设 $\boldsymbol{A}$ 是 $m\times n$ 矩阵,$\boldsymbol{B}$ 为 $n\times s$ 矩阵,证明:$R(\boldsymbol{AB})\leqslant\min\{R(\boldsymbol{A}),R(\boldsymbol{B})\}$.

证 设 $\boldsymbol{A}=(\boldsymbol{\alpha}_1,\boldsymbol{\alpha}_2,\cdots,\boldsymbol{\alpha}_n)$,$\boldsymbol{B}=(b_{ij})_{n\times s}$,及 $\boldsymbol{AB}=\boldsymbol{C}=(\boldsymbol{\gamma}_1,\boldsymbol{\gamma}_2,\cdots,\boldsymbol{\gamma}_s)$,则

$$(\boldsymbol{\gamma}_1,\boldsymbol{\gamma}_2,\cdots,\boldsymbol{\gamma}_s)=(\boldsymbol{\alpha}_1,\boldsymbol{\alpha}_2,\cdots,\boldsymbol{\alpha}_n)\begin{pmatrix}b_{11}&b_{12}&\cdots&b_{1s}\\b_{21}&b_{22}&\cdots&b_{2s}\\\vdots&\vdots&\ddots&\vdots\\b_{n1}&b_{n2}&\cdots&b_{ns}\end{pmatrix}$$

从而
$$\boldsymbol{\gamma}_j=b_{1j}\boldsymbol{\alpha}_1+b_{2j}\boldsymbol{\alpha}_2+\cdots+b_{nj}\boldsymbol{\alpha}_n,(j=1,2,\cdots,s)$$

上式表明,向量组 $\boldsymbol{\gamma}_1,\boldsymbol{\gamma}_2,\cdots,\boldsymbol{\gamma}_s$ 可由向量组 $\boldsymbol{\alpha}_1,\boldsymbol{\alpha}_2,\cdots,\boldsymbol{\alpha}_n$ 线性表示,由例 3.16,得

$$R(\boldsymbol{\gamma}_1,\boldsymbol{\gamma}_2,\cdots,\boldsymbol{\gamma}_s)\leqslant R(\boldsymbol{\alpha}_1,\boldsymbol{\alpha}_2,\cdots,\boldsymbol{\alpha}_n)$$

即 $R(\boldsymbol{AB})\leqslant R(\boldsymbol{A})$.

又 $R(\boldsymbol{AB})=R((\boldsymbol{AB})^{\mathrm{T}})=R(\boldsymbol{B}^{\mathrm{T}}\boldsymbol{A}^{\mathrm{T}})\leqslant R(\boldsymbol{B}^{\mathrm{T}})=R(\boldsymbol{B})$,从而得 $R(\boldsymbol{AB})\leqslant R(\boldsymbol{B})$.

综上可得,$R(\boldsymbol{AB})\leqslant\min\{R(\boldsymbol{A}),R(\boldsymbol{B})\}$.

[例 3.17] 设 $\boldsymbol{A},\boldsymbol{B}$ 是 $m\times n$ 矩阵,证明:$R(\boldsymbol{A}\pm\boldsymbol{B})\leqslant R(\boldsymbol{A})+R(\boldsymbol{B})$.

证 记 $\boldsymbol{A}=(\boldsymbol{\alpha}_1,\boldsymbol{\alpha}_2,\cdots,\boldsymbol{\alpha}_n)$,$\boldsymbol{B}=(\boldsymbol{\beta}_1,\boldsymbol{\beta}_2,\cdots,\boldsymbol{\beta}_n)$,则

$$\boldsymbol{A}\pm\boldsymbol{B}=(\boldsymbol{\alpha}_1\pm\boldsymbol{\beta}_1,\boldsymbol{\alpha}_2\pm\boldsymbol{\beta}_2,\cdots,\boldsymbol{\alpha}_n\pm\boldsymbol{\beta}_n)$$

显然向量组 $\boldsymbol{\alpha}_1\pm\boldsymbol{\beta}_1,\boldsymbol{\alpha}_2\pm\boldsymbol{\beta}_2,\cdots,\boldsymbol{\alpha}_n\pm\boldsymbol{\beta}_n$ 能由向量组 $\boldsymbol{\alpha}_1,\boldsymbol{\alpha}_2,\cdots,\boldsymbol{\alpha}_n,\boldsymbol{\beta}_1,\boldsymbol{\beta}_2,\cdots,\boldsymbol{\beta}_n$ 线性表示,所以

$$R(\boldsymbol{A}\pm\boldsymbol{B})=R(\boldsymbol{\alpha}_1\pm\boldsymbol{\beta}_1,\boldsymbol{\alpha}_2\pm\boldsymbol{\beta}_2,\cdots,\boldsymbol{\alpha}_n\pm\boldsymbol{\beta}_n)\leqslant R(\boldsymbol{\alpha}_1,\boldsymbol{\alpha}_2,\cdots,\boldsymbol{\alpha}_n,\boldsymbol{\beta}_1,\boldsymbol{\beta}_2,\cdots,\boldsymbol{\beta}_n)$$

又

$$R(\boldsymbol{\alpha}_1,\boldsymbol{\alpha}_2,\cdots,\boldsymbol{\alpha}_n,\boldsymbol{\beta}_1,\boldsymbol{\beta}_2,\cdots,\boldsymbol{\beta}_n)\leqslant R(\boldsymbol{\alpha}_1,\boldsymbol{\alpha}_2,\cdots,\boldsymbol{\alpha}_n)+R(\boldsymbol{\beta}_1,\boldsymbol{\beta}_2,\cdots,\boldsymbol{\beta}_n)=R(\boldsymbol{A})+R(\boldsymbol{B})$$

所以 $R(\boldsymbol{A}\pm\boldsymbol{B})\leqslant R(\boldsymbol{A})+R(\boldsymbol{B})$.

习题 3.3

1. 求下列矩阵的列向量组的一个极大无关组.

(1) $\begin{pmatrix}1&1&0\\2&0&4\\2&3&-2\end{pmatrix}$　　(2) $\begin{pmatrix}1&1&2&2&1\\0&2&1&5&-1\\2&0&3&-1&3\\1&1&0&4&-1\end{pmatrix}$

2. 求下列向量组的秩及它的一个极大线性无关组,并将其余向量用极大无关组线性表示.

(1) $\boldsymbol{\alpha}_1=(1,2,1,-1)^{\mathrm{T}},\boldsymbol{\alpha}_2=(-1,1,2,-3)^{\mathrm{T}},\boldsymbol{\alpha}_3=(-1,4,5,-7)^{\mathrm{T}}$.

(2) $\boldsymbol{\alpha}_1=(2,-1,1,3)^{\mathrm{T}},\boldsymbol{\alpha}_2=(1,2,-1,2)^{\mathrm{T}},\boldsymbol{\alpha}_3=(3,-1,-2,4)^{\mathrm{T}},\boldsymbol{\alpha}_4=(7,2,-3,11)^{\mathrm{T}}$.

(3) $\boldsymbol{\alpha}_1=(2,1,-1)^{\mathrm{T}},\boldsymbol{\alpha}_2=(-2,2,4)^{\mathrm{T}},\boldsymbol{\alpha}_3=(1,2,3)^{\mathrm{T}}$.

(4) $\boldsymbol{\alpha}_1=(1,2,3)^{\mathrm{T}},\boldsymbol{\alpha}_2=(2,1,2)^{\mathrm{T}},\boldsymbol{\alpha}_3=(0,3,4)^{\mathrm{T}},\boldsymbol{\alpha}_4=(3,3,5)^{\mathrm{T}},\boldsymbol{\alpha}_5=(-5,-1,-3)^{\mathrm{T}}$.

3. 若向量组 $\boldsymbol{\alpha}_1=(1,2,-1,1)^{\mathrm{T}},\boldsymbol{\alpha}_2=(2,0,t,0)^{\mathrm{T}},\boldsymbol{\alpha}_3=(0,-4,5,-2)^{\mathrm{T}}$ 的秩为 2,求常数 t.

4. 设向量组

$$\boldsymbol{\alpha}_1=\begin{pmatrix}a\\3\\1\end{pmatrix},\boldsymbol{\alpha}_2=\begin{pmatrix}2\\b\\3\end{pmatrix},\boldsymbol{\alpha}_3=\begin{pmatrix}1\\2\\1\end{pmatrix},\boldsymbol{\alpha}_4=\begin{pmatrix}2\\3\\1\end{pmatrix}$$

的秩为 2,求常数 a,b.

5. 已知向量组 $\boldsymbol{A}:\boldsymbol{\alpha}_1,\boldsymbol{\alpha}_2,\boldsymbol{\alpha}_3$,向量组 $\boldsymbol{B}:\boldsymbol{\alpha}_1,\boldsymbol{\alpha}_2,\boldsymbol{\alpha}_3,\boldsymbol{\alpha}_4$,且 $R(\boldsymbol{A})=R(\boldsymbol{B})=3$;证明:向量组 $\boldsymbol{\alpha}_1,\boldsymbol{\alpha}_2,\boldsymbol{\alpha}_3,\boldsymbol{\alpha}_4-\boldsymbol{\alpha}_3$ 的秩为 3.

6. 设 $\boldsymbol{A}$ 为 n 阶矩阵($n>1$),且 $R(\boldsymbol{A})=1$,则矩阵 $\boldsymbol{A}$ 可表示为 $n\times1$ 矩阵与 $1\times n$ 矩阵的乘积.

3.4 线性方程组解的结构

对于线性方程组(3.1),我们已知道:当其增广矩阵 $\widetilde{\boldsymbol{A}}$ 的秩与系数矩阵 $\boldsymbol{A}$ 的秩满足 $R(\widetilde{\boldsymbol{A}})=R(\boldsymbol{A})=r<n$ 时,方程组(3.1)一定有无穷多解,且通过消元法已能求得它的解;但它

是否代表了线性方程组(3.1)的全部解呢？现在我们可利用向量组线性相关性理论来解决这个问题,并解决线性方程组解的结构问题.

3.4.1　齐次线性方程组解的结构

齐次线性方程组(3.3)的矩阵形式为

$$\mathbf{A}_{m\times n}\mathbf{X}_{n\times 1}=\mathbf{0} \tag{3.17}$$

若 $x_1=c_1,x_2=c_2,\cdots,x_n=c_n$ 是齐次线性方程组(3.17)的解,则 $\boldsymbol{\xi}=(c_1,c_2,\cdots,c_n)^{\mathrm{T}}$ 称为方程组(3.17)的**解向量**,简称为方程组(3.17)的**解**.

易得齐次方程组(3.17)的解具有下列性质：

性质 1　若 $\boldsymbol{\xi}_1,\boldsymbol{\xi}_2$ 为齐次线性方程组(3.17)的两个解,则 $\boldsymbol{\xi}_1+\boldsymbol{\xi}_2$ 也是它的解.

性质 2　若 $\boldsymbol{\xi}$ 为齐次线性方程组(3.17)的解,k 为常数,则 $k\boldsymbol{\xi}$ 也是它的解.

由性质 1、性质 2 可知,如果方程组(3.17)有解 $\boldsymbol{\xi}_1,\boldsymbol{\xi}_2,\cdots,\boldsymbol{\xi}_t$,则它们的一个线性组合

$$k_1\boldsymbol{\xi}_1+k_2\boldsymbol{\xi}_2+\cdots+k_t\boldsymbol{\xi}_t$$

也是方程组(3.17)的解,其中 $k_1,k_2,\cdots,k_t$ 是任意常数.基于此,我们考虑:当线性方程组(3.17)有非零解时,能否找到解向量组(有无穷多个解组成)的一个极大无关组,那么方程组的全部解就可由该极大无关组来线性表示了.为此我们引入齐次线性方程组基础解系的概念.

定义 3.9　设 $\boldsymbol{\xi}_1,\boldsymbol{\xi}_2,\cdots,\boldsymbol{\xi}_t$ 是齐次线性方程组(3.17)的解向量,若其满足：

(1) $\boldsymbol{\xi}_1,\boldsymbol{\xi}_2,\cdots,\boldsymbol{\xi}_t$ 线性无关.

(2) 齐次线性方程组(3.17)的任一解向量都能由 $\boldsymbol{\xi}_1,\boldsymbol{\xi}_2,\cdots,\boldsymbol{\xi}_t$ 线性表示.

则称向量组 $\boldsymbol{\xi}_1,\boldsymbol{\xi}_2,\cdots,\boldsymbol{\xi}_t$ 为齐次线性方程组(3.17)的**基础解系**.

显然,齐次线性方程组的解向量组的极大无关组即为方程组的基础解系;当然线性方程组的基础解系是不唯一的.

定理 3.13　如果齐次线性方程组(3.17)的系数矩阵的秩 $R(\mathbf{A})=r<n$,则方程组(3.17)的基础解系一定存在,且每个基础解系中恰含有 $n-r$ 个解向量.

证*　因 $R(\mathbf{A})=r<n$,由本章 1.2 中的讨论知,对齐次线性方程组(3.17)的系数矩阵进行初等行变换(必要时在记住未知量的顺序时可进行交换两列的变换),则系数矩阵可化为形如

$$\begin{pmatrix} 1 & 0 & \cdots & 0 & c_{1,r+1} & c_{1,r+2} & \cdots & c_{1n} \\ 0 & 1 & \cdots & 0 & c_{2,r+1} & c_{2,r+2} & \cdots & c_{2n} \\ \vdots & \vdots & \ddots & \vdots & \vdots & \vdots & \ddots & \vdots \\ 0 & 0 & \cdots & 1 & c_{r,r+1} & c_{r,r+2} & \cdots & c_{rn} \\ 0 & 0 & \cdots & 0 & 0 & 0 & \cdots & 0 \\ \vdots & \vdots & \ddots & \vdots & \vdots & \vdots & \ddots & \vdots \\ 0 & 0 & \cdots & 0 & 0 & 0 & \cdots & 0 \end{pmatrix} \tag{3.18}$$

的矩阵.得方程组(3.17)的解为

$$\begin{cases} x_1=-c_{1,r+1}x_{r+1}-c_{1,r+2}x_{r+2}-\cdots-c_{1n}x_n \\ x_2=-c_{2,r+1}x_{r+1}-c_{2,r+2}x_{r+2}-\cdots-c_{2n}x_n \\ \cdots\cdots \\ x_r=-c_{r,r+1}x_{r+1}-c_{r,r+2}x_{r+2}-\cdots-c_{rn}x_n \end{cases} \tag{3.19}$$

其中 $x_{r+1},x_{r+2},\cdots,x_n$ 为自由未知量.

对自由未知量 $x_{r+1},x_{r+2},\cdots,x_n$ 分别取值

$$\begin{pmatrix} x_{r+1} \\ x_{r+2} \\ \vdots \\ x_n \end{pmatrix}=\begin{pmatrix} 1 \\ 0 \\ \vdots \\ 0 \end{pmatrix},\begin{pmatrix} 0 \\ 1 \\ \vdots \\ 0 \end{pmatrix},\cdots,\begin{pmatrix} 0 \\ 0 \\ \vdots \\ 1 \end{pmatrix} \tag{3.20}$$

将式(3.20)分别代入式(3.18)的右端,可得齐次线性方程组(3.17)的 $n-r$ 个解向量

$$\boldsymbol{\xi}_1=\begin{pmatrix} -c_{1,r+1} \\ -c_{2,r+1} \\ \vdots \\ -c_{r,r+1} \\ 1 \\ 0 \\ \vdots \\ 0 \end{pmatrix},\boldsymbol{\xi}_2=\begin{pmatrix} -c_{1,r+2} \\ -c_{2,r+2} \\ \vdots \\ -c_{r,r+2} \\ 0 \\ 1 \\ \vdots \\ 0 \end{pmatrix},\cdots,\boldsymbol{\xi}_{n-r}=\begin{pmatrix} -c_{1n} \\ -c_{2n} \\ \vdots \\ -c_{rn} \\ 0 \\ 0 \\ \vdots \\ 1 \end{pmatrix}$$

下面证明解向量组 $\boldsymbol{\xi}_1,\boldsymbol{\xi}_2,\cdots,\boldsymbol{\xi}_{n-r}$ 就是齐次线性方程组的一个基础解系.

首先,因为式(3.20)的向量组线性无关,由定理 3.7 知,该向量的接长向量组 $\xi_1,\xi_2,\cdots,\xi_{n-r}$ 也线性无关.

其次,证明齐次线性方程组(3.17)的任意一个解向量

$$\boldsymbol{X}=(d_1,d_2,\cdots,d_n)^{\mathrm{T}}$$

都可由 $\boldsymbol{\xi}_1,\boldsymbol{\xi}_2,\cdots,\boldsymbol{\xi}_{n-r}$ 线性表示. $\boldsymbol{X}=(d_1,d_2,\cdots,d_n)^{\mathrm{T}}$ 满足式(3.19),即

$$\begin{cases} d_1=-c_{1,r+1}d_{r+1}-c_{1,r+2}d_{r+2}-\cdots-c_{1n}d_n \\ d_2=-c_{2,r+1}d_{r+1}-c_{2,r+2}d_{r+2}-\cdots-c_{2n}d_n \\ \cdots\cdots \\ d_r=-c_{r,r+1}d_{r+1}-c_{r,r+2}d_{r+2}-\cdots-c_{rn}d_n \end{cases} \tag{3.21}$$

令

$$\widetilde{\boldsymbol{X}}=d_{r+1}\boldsymbol{\xi}_1+d_{r+2}\boldsymbol{\xi}_2+\cdots+d_n\boldsymbol{\xi}_{n-r}$$

则 $\widetilde{\boldsymbol{X}}$ 是齐次线性方程组(3.17)的解,且

$$\boldsymbol{X}-\widetilde{\boldsymbol{X}}=\begin{pmatrix} d_1+c_{1,r+1}d_{r+1}+c_{1,r+2}d_{r+2}+\cdots+c_{1n}d_n \\ d_2+c_{2,r+1}d_{r+1}+c_{2,r+2}d_{r+2}+\cdots+c_{2n}d_n \\ \vdots \\ d_r+c_{r,r+1}d_{r+1}+c_{r,r+2}d_{r+2}+\cdots+c_{rn}d_n \\ 0 \\ 0 \\ \vdots \\ 0 \end{pmatrix}$$

由式(3.21),得 $\boldsymbol{X}-\widetilde{\boldsymbol{X}}=\boldsymbol{0}$,即

$$\boldsymbol{X}=d_{r+1}\boldsymbol{\xi}_1+d_{r+2}\boldsymbol{\xi}_2+\cdots+d_n\boldsymbol{\xi}_{n-r}$$

所以方程组(3.17)的任一解 $\boldsymbol{X}$ 可由 $\boldsymbol{\xi}_1,\boldsymbol{\xi}_2,\cdots,\boldsymbol{\xi}_{n-r}$ 的线性表示，即 $\boldsymbol{\xi}_1,\boldsymbol{\xi}_2,\cdots,\boldsymbol{\xi}_{n-r}$ 是齐次线性方程组(3.17)的基础解系，且含有 $n-r$ 个解向量.

对方程组(3.17)不同的基础解系，由基础解系的定义知它们是等价的线性无关向量组，再由定理 3.10 的推论 2 得，它们所含向量的个数相等，所以齐次线性方程组(3.17)的任一基础解系都恰好含有 $n-r$ 个解向量.

至此，齐次线性方程组(3.17)的解的结构完全清楚了. 当方程组(3.17)有非零解时，我们只需找到方程组的基础解系，则方程组的任意解都可由其基础解系线性表示. 如何找到解向量组的基础解系呢？定理 3.13 的证明过程实际已给出了基础解系的求法：

(1) 利用消元法求得齐次线性方程组的一般解.

(2) 将一般解中的 $n-r$ 个自由未知量组成的向量组分别取为 $n-r$ 维的坐标单位向量组[如式(3.20)]，确定其余的 r 个分量后得到的 $n-r$ 个解向量即为方程组的基础解系.

[例 3.18] 求齐次线性方程组

$$\begin{cases}2x_1+x_2-2x_3+3x_4=0\\3x_1+2x_2-x_3+2x_4=0\\x_1+x_2+x_3-x_4=0\end{cases}$$

的基础解系与通解.

解 对方程组的系数矩阵 $\boldsymbol{A}$ 作初等行变换

$$\boldsymbol{A}=\begin{pmatrix}2&1&-2&3\\3&2&-1&2\\1&1&1&-1\end{pmatrix}\xrightarrow[\substack{r_2-3r_1\\r_3-2r_1}]{r_1\leftrightarrow r_3}\begin{pmatrix}1&1&1&-1\\0&-1&-4&5\\0&-1&-4&5\end{pmatrix}$$

$$\xrightarrow{r_3-r_2}\begin{pmatrix}1&1&1&-1\\0&-1&-4&5\\0&0&0&0\end{pmatrix}\xrightarrow[(-1)r_2]{r_1+r_2}\begin{pmatrix}1&0&-3&4\\0&1&4&-5\\0&0&0&0\end{pmatrix}$$

得同解方程组为

$$\begin{cases}x_1=3x_3-4x_4\\x_2=-4x_3+5x_4\end{cases}$$

取 $\begin{pmatrix}x_3\\x_4\end{pmatrix}=\begin{pmatrix}1\\0\end{pmatrix},\begin{pmatrix}0\\1\end{pmatrix}$，得方程组的基础解系为

$$\boldsymbol{\xi}_1=\begin{pmatrix}3\\-4\\1\\0\end{pmatrix},\boldsymbol{\xi}_2=\begin{pmatrix}-4\\5\\0\\1\end{pmatrix}$$

从而得方程组的通解为 $\boldsymbol{X}=k_1\boldsymbol{\xi}_1+k_2\boldsymbol{\xi}_2$，其中 k_1,k_2 是任意常数.

[例 3.19] 求齐次线性方程组

$$\begin{cases}x_1+2x_2-x_3+3x_4=0\\2x_1+4x_2-2x_3+5x_4=0\\-x_1-2x_2+x_3-x_4=0\end{cases}$$

的基础解系与通解.

解 对方程组的系数矩阵 A 进行初等行变换

$$\boldsymbol{A}=\begin{pmatrix}1 & 2 & -1 & 3\\ 2 & 4 & -2 & 5\\ -1 & -2 & 1 & -1\end{pmatrix}\xrightarrow[r_3+r_1]{r_2-2r_1}\begin{pmatrix}1 & 2 & -1 & 3\\ 0 & 0 & 0 & -1\\ 0 & 0 & 0 & 0\end{pmatrix}\xrightarrow[r_2\times(-1)]{r_3+2r_2}\begin{pmatrix}1 & 2 & -1 & 0\\ 0 & 0 & 0 & 1\\ 0 & 0 & 0 & 0\end{pmatrix}$$

得同解方程组为

$$\begin{cases}x_1=-2x_2+x_3\\ x_4=0\end{cases}$$

取 $\begin{pmatrix}x_2\\ x_3\end{pmatrix}=\begin{pmatrix}1\\ 0\end{pmatrix},\begin{pmatrix}0\\ 1\end{pmatrix}$，得方程组的基础解系为

$$\boldsymbol{\xi}_1=\begin{pmatrix}-2\\ 1\\ 0\\ 0\end{pmatrix},\boldsymbol{\xi}_2=\begin{pmatrix}1\\ 0\\ 1\\ 0\end{pmatrix}$$

从而得方程组的通解为 $\boldsymbol{X}=k_1\boldsymbol{\xi}_1+k_2\boldsymbol{\xi}_2$，其中 k_1,k_2 是任意常数.

[例 3.20] 设 $\boldsymbol{\xi}_1,\boldsymbol{\xi}_2$ 是齐次线性方程组 $\boldsymbol{AX}=\boldsymbol{0}$ 的一个基础解系，证明 $\boldsymbol{\xi}_1+\boldsymbol{\xi}_2,k\boldsymbol{\xi}_2$ 也是该方程组的基础解系，其中 $k\neq 0$.

证 由齐次线性方程组解的性质，知 $\boldsymbol{\xi}_1+\boldsymbol{\xi}_2,k\boldsymbol{\xi}_2$ 也是方程组 $\boldsymbol{AX}=\boldsymbol{0}$ 的两个解. 又 $\boldsymbol{\xi}_1,\boldsymbol{\xi}_2$ 是方程组的基础解系，所以 $\boldsymbol{\xi}_1,\boldsymbol{\xi}_2$ 线性无关. 而当 $k\neq 0$ 时，向量组 $\boldsymbol{\xi}_1+\boldsymbol{\xi}_2,k\boldsymbol{\xi}_2$ 与向量组 $\boldsymbol{\xi}_1,\boldsymbol{\xi}_2$ 等价，则 $\boldsymbol{\xi}_1+\boldsymbol{\xi}_2,k\boldsymbol{\xi}_2$ 线性无关，因此 $\boldsymbol{\xi}_1+\boldsymbol{\xi}_2,k\boldsymbol{\xi}_2$ 是齐次方程组的基础解系.

[例 3.21] 设 $\boldsymbol{A},\boldsymbol{B}$ 都是 n 阶矩阵，且 $\boldsymbol{AB}=\boldsymbol{0}$，证明 $R(\boldsymbol{A})+R(\boldsymbol{B})\leqslant n$.

证 当 $R(\boldsymbol{A})=n$ 时，$\boldsymbol{A}$ 为可逆矩阵，则有 $\boldsymbol{B}=\boldsymbol{0}$，所以 $R(\boldsymbol{A})+R(\boldsymbol{B})=n$.

当 $R(\boldsymbol{A})=r<n$ 时，设矩阵 $\boldsymbol{B}=(\boldsymbol{\beta}_1,\boldsymbol{\beta}_2,\cdots,\boldsymbol{\beta}_n)$，则

$$\boldsymbol{AB}=\boldsymbol{A}(\boldsymbol{\beta}_1,\boldsymbol{\beta}_2,\cdots,\boldsymbol{\beta}_n)=(\boldsymbol{A\beta}_1,\boldsymbol{A\beta}_2,\cdots,\boldsymbol{A\beta}_n)=\boldsymbol{0}$$

即有

$$\boldsymbol{A\beta}_j=\boldsymbol{0},j=1,2,\cdots,n$$

上式表明矩阵 $\boldsymbol{B}$ 的列向量组 $\boldsymbol{\beta}_1,\boldsymbol{\beta}_2,\cdots,\boldsymbol{\beta}_n$ 都是齐次线性方程组 $\boldsymbol{AX}=\boldsymbol{0}$ 的解向量；因为 $R(\boldsymbol{A})=r<n$，由定理 3.13，方程组 $\boldsymbol{AX}=\boldsymbol{0}$ 的基础解系恰含有 $n-r$ 个解向量，因而有 $R(\boldsymbol{B})\leqslant n-r$，所以 $R(\boldsymbol{A})+R(\boldsymbol{B})\leqslant n$.

3.4.2 非齐次线性方程组解的结构

非齐次线性方程组(3.1)的矩阵形式为

$$\boldsymbol{A}_{m\times n}\boldsymbol{X}_{n\times 1}=\boldsymbol{b}_{m\times 1}\tag{3.22}$$

令式(3.22)中的向量 $\boldsymbol{b}$ 为零向量得到的方程组

$$\boldsymbol{A}_{m\times n}\boldsymbol{X}_{n\times 1}=\boldsymbol{0}\tag{3.23}$$

称为非齐次线性方程组(3.22)的**相应的齐次线性方程组**.

易得非齐次线性方程组(3.22)的解具有以下性质：

性质 1 若 $\boldsymbol{\eta}_1,\boldsymbol{\eta}_2$ 为非齐次线性方程组(3.22)的两个解向量，则 $\boldsymbol{\eta}_1-\boldsymbol{\eta}_2$ 为其相应齐次线性方程组(3.23)的解向量.

性质 2 若 $\boldsymbol{\eta}_0$ 为非齐次线性方程组(3.22)的解向量，$\boldsymbol{\xi}$ 是其相应齐次线性方程组(3.23)的解向量，则 $\boldsymbol{\eta}_0+\boldsymbol{\xi}$ 为方程组(3.22)的解向量.

定理 3.14　如果 $\boldsymbol{\eta}_0$ 为非齐次线性方程组(3.22)的一个解向量,$\xi_1,\xi_2,\cdots,\xi_{n-r}$是其相应齐次线性方程组(3.23)的基础解系,则

$$\boldsymbol{X}=\boldsymbol{\eta}_0+k_1\boldsymbol{\xi}_1+k_2\boldsymbol{\xi}_2+\cdots+k_{n-r}\boldsymbol{\xi}_{n-r} \tag{3.24}$$

为方程组(3.22)的全部解,其中 $k_1,k_2,\cdots,k_{n-r}$为任意常数.

证　设 $\boldsymbol{X}$ 是方程组(3.22)的任一解,因 $\boldsymbol{\eta}_0$ 为方程组(3.22)的解,则 $\boldsymbol{X}-\boldsymbol{\eta}_0$ 是方程组(3.22)相应的齐次线性方程组(3.23)的解,从而 $\boldsymbol{X}-\boldsymbol{\eta}_0$ 可由方程组(3.23)的基础解系 $\boldsymbol{\xi}_1$,$\boldsymbol{\xi}_2,\cdots,\boldsymbol{\xi}_{n-r}$线性表示,即存在常数 $k_1,k_2,\cdots,k_{n-r}$,使得

$$\boldsymbol{X}-\boldsymbol{\eta}_0=k_1\boldsymbol{\xi}_1+k_2\boldsymbol{\xi}_2+\cdots+k_{n-r}\boldsymbol{\xi}_{n-r}$$

即

$$\boldsymbol{X}=\boldsymbol{\eta}_0+k_1\boldsymbol{\xi}_1+k_2\boldsymbol{\xi}_2+\cdots+k_{n-r}\boldsymbol{\xi}_{n-r}$$

至此,非齐次线性方程组(3.22)的解的结构也完全清楚了.当方程组有无穷多解时,我们只需分以下两步解决:

(1) 求非齐次线性方程组(3.22)相应的齐次线性方程组(3.23)的全部解;

(2) 求非齐次线性方程组(3.22)的一个解.

则相应齐次方程组(3.23)的全部解与非齐次方程组(3.22)的一个解之和即为非齐次方程组(3.22)的全部解.

不难观察到,在本章 3.1 中利用消元法得到非齐次线性方程组的一般解,将其改写为向量形式表示后即为式(3.24).

[**例 3.22**]　求非齐次线性方程组

$$\begin{cases}x_1+2x_2-x_3+3x_4=2\\2x_1+4x_2-2x_3+5x_4=1\\-x_1-2x_2+x_3-x_4=4\end{cases}$$

的全部解(向量形式).

解　对方程组的增广矩阵施以初等行变换

$$\widetilde{\boldsymbol{A}}=(A\ \vdots\ b)=\begin{pmatrix}1&2&-1&3&2\\2&4&-2&5&1\\-1&-2&1&-1&4\end{pmatrix}\xrightarrow[r_3+r_1]{r_2-2r_1}\begin{pmatrix}1&2&-1&3&2\\0&0&0&-1&-3\\0&0&0&2&6\end{pmatrix}$$

$$\xrightarrow[r_2\times(-1)]{r_3+2r_2}\begin{pmatrix}1&2&-1&0&-7\\0&0&0&1&3\\0&0&0&0&0\end{pmatrix}$$

得 $R(\widetilde{\boldsymbol{A}})=R(\boldsymbol{A})=2<4$,所以方程组有无穷多解,并得同解方程组为

$$\begin{cases}x_1=-2x_2+x_3-7\\x_4=3\end{cases}$$

令 $x_2=k_1,x_3=k_2$,得方程组的一般解为

$$\begin{cases}x_1=-7-2k_1+k_2\\x_2=\qquad k_1\\x_3=\qquad\qquad k_2\\x_4=3\end{cases}$$

取 $k_1=0,k_2=0$,得非齐次线性方程组的一个解 $\boldsymbol{\eta}_0=\begin{pmatrix}-7\\0\\0\\3\end{pmatrix}$.

原方程组相应的齐次方程组的同解方程为

$$\begin{cases}x_1=-2x_2+x_3\\x_4=0\end{cases}$$

取 $\begin{pmatrix}x_2\\x_3\end{pmatrix}=\begin{pmatrix}1\\0\end{pmatrix},\begin{pmatrix}0\\1\end{pmatrix}$,可得相应的齐次方程组的基础解系

$$\boldsymbol{\xi}_1=\begin{pmatrix}-2\\1\\0\\0\end{pmatrix},\boldsymbol{\xi}_2=\begin{pmatrix}1\\0\\1\\0\end{pmatrix}$$

所以原方程组的通解为 $\boldsymbol{X}=\boldsymbol{\eta}_0+c_1\boldsymbol{\xi}_1+c_2\boldsymbol{\xi}_2$,其中 c_1,c_2 为任意常数.

或:从得到原方程组的一般解后,将一般解改写为如下向量形式

$$\begin{pmatrix}x_1\\x_2\\x_3\\x_4\end{pmatrix}=\begin{pmatrix}-7\\0\\0\\3\end{pmatrix}+k_1\begin{pmatrix}-2\\1\\0\\0\end{pmatrix}+k_2\begin{pmatrix}1\\0\\1\\0\end{pmatrix}$$

此即为原方程组的全部解,其中 k_1,k_2 为任意常数.

[例 3.23]　设线性方程组为

$$\begin{cases}x_1+x_2+(1+\lambda)x_3=\lambda\\x_1+x_2+(1-2\lambda-\lambda^2)x_3=3-\lambda-\lambda^2\\\lambda x_2-\lambda x_3=3-\lambda\end{cases}$$

试问:当 λ 为何值时,方程组有唯一解、无解、无穷多解,并在有无穷多解时求其通解.

解　对方程组的增广矩阵 $\widetilde{\boldsymbol{A}}$ 施以初等行变换

$$\widetilde{\boldsymbol{A}}=(\boldsymbol{A}\mid\boldsymbol{b})=\begin{pmatrix}1&1&1+\lambda&\lambda\\1&1&1-2\lambda-\lambda^2&3-\lambda-\lambda^2\\0&\lambda&-\lambda&3-\lambda\end{pmatrix}$$

$$\xrightarrow[r_2\leftrightarrow r_3]{r_2-r_1}\begin{pmatrix}1&1&1+\lambda&\lambda\\0&\lambda&-\lambda&3-\lambda\\0&0&-\lambda(\lambda+3)&(1-\lambda)(3+\lambda)\end{pmatrix}$$

由此可知:

(1) 当 $\lambda\neq0$ 且 $\lambda\neq-3$ 时,$R(\widetilde{\boldsymbol{A}})=R(\boldsymbol{A})=3$,方程组有唯一解;

(2) 当 $\lambda=0$ 时,$R(\boldsymbol{A})=1,R(\widetilde{\boldsymbol{A}})=2,R(\boldsymbol{A})\neq R(\widetilde{\boldsymbol{A}})$,方程组无解;

(3) 当 $\lambda=-3$ 时,$R(\boldsymbol{A})=R(\widetilde{\boldsymbol{A}})=2<3$,方程组有无穷多解.

此时

$$\widetilde{\mathbf{A}}=(\mathbf{A} \vdots \boldsymbol{b})\rightarrow\begin{pmatrix}1&0&-1&-1\\0&1&-1&-2\\0&0&0&0\end{pmatrix}$$

得同解方程组为

$$\begin{cases}x_1=x_3-1\\x_2=x_3-2\end{cases}$$

令 $x_3=k$，得通解为

$$\begin{cases}x_1=-1+k\\x_2=-2+k\\x_3=\quad\quad k\end{cases}$$

则方程组当 $\lambda=-3$ 时的通解为 $\begin{pmatrix}x_1\\x_2\\x_3\end{pmatrix}=\begin{pmatrix}-1\\-2\\0\end{pmatrix}+k\begin{pmatrix}1\\1\\1\end{pmatrix}$，其中 k 为任意常数.

[例 3.24] 设 $\boldsymbol{AX}=\boldsymbol{b}$ 是四元非齐次线性方程组，$R(\mathbf{A})=3$，已知 $\boldsymbol{\eta}_1,\boldsymbol{\eta}_2,\boldsymbol{\eta}_3$ 是方程组的三个解向量，且满足

$$\boldsymbol{\eta}_1=\begin{pmatrix}2\\0\\0\\9\end{pmatrix},\boldsymbol{\eta}_2+\boldsymbol{\eta}_3=\begin{pmatrix}2\\0\\0\\8\end{pmatrix}$$

求 $\boldsymbol{AX}=\boldsymbol{b}$ 的通解.

解 因 $R(\mathbf{A})=3<n=4$，且 $\boldsymbol{\eta}_1,\boldsymbol{\eta}_2,\boldsymbol{\eta}_3$ 是方程组 $\boldsymbol{AX}=\boldsymbol{b}$ 的三个解向量，因此该方程组有无穷多解，且其相应的齐次线性方程组的基础解系含有一个解向量. 已知非齐次方程组的一个解 $\boldsymbol{\eta}_1$，故只需求得其相应的齐次线性方程组的基础解系 $\boldsymbol{\xi}$. 由齐次及非齐次线性方程组解的性质，可取

$$\boldsymbol{\xi}=(\boldsymbol{\eta}_1-\boldsymbol{\eta}_2)+(\boldsymbol{\eta}_1-\boldsymbol{\eta}_3)=2\boldsymbol{\eta}_1-(\boldsymbol{\eta}_2+\boldsymbol{\eta}_3)=\begin{pmatrix}2\\0\\0\\10\end{pmatrix}$$

所以原方程的通解为 $\boldsymbol{X}=\boldsymbol{\eta}_1+k\boldsymbol{\xi}=\begin{pmatrix}2\\0\\0\\9\end{pmatrix}+k\begin{pmatrix}2\\0\\0\\10\end{pmatrix}$，其中 k 为任意常数.

习题 3.4

1. 求下列齐次线性方程组的一个基础解系和通解.

(1) $\begin{cases}x_1+x_2-3x_4=0\\x_1-x_2-2x_3-x_4=0\\4x_1-2x_2+6x_3+3x_4=0\end{cases}$

(2) $\begin{cases}x_1+x_2-2x_3+3x_4=0\\x_1+3x_2-9x_3+7x_4=0\\3x_1-x_2+8x_3+x_4=0\\x_1-x_2+5x_3-x_4=0\end{cases}$

(3) $\begin{cases} 2x_1-4x_2+5x_3+3x_4=0 \\ 3x_1-6x_2+4x_3+2x_4=0 \\ 4x_1-8x_2+17x_3+11x_4=0 \end{cases}$

2. 求下列非齐次线性方程组的通解.

(1) $\begin{cases} x_1-2x_2+x_3+x_4=1 \\ x_1-2x_2+x_3-x_4=-1 \\ x_1-2x_2+x_3+5x_4=5 \end{cases}$

(2) $\begin{cases} x_1-2x_2+3x_3-4x_4=4 \\ x_2-x_3+x_4=-3 \\ x_1+3x_2-3x_4=1 \\ -7x_2+3x_3+x_4=-3 \end{cases}$

(3) $\begin{cases} x_1+x_2+x_3+x_4+x_5=1 \\ 3x_1+2x_2+x_3+x_4-3x_5=0 \\ x_2+2x_3+2x_4+6x_5=3 \\ 5x_1+4x_2+3x_3+3x_4-x_5=2 \end{cases}$

3. 设 $\boldsymbol{\xi}_1,\boldsymbol{\xi}_2,\cdots,\boldsymbol{\xi}_r$ 是齐次线性方程组 $\boldsymbol{AX}=\boldsymbol{0}$ 的一个基础解系，证明 $\boldsymbol{\xi}_1-\boldsymbol{\xi}_2,\boldsymbol{\xi}_2,\boldsymbol{\xi}_3,\cdots,\boldsymbol{\xi}_r$ 也是该齐次方程组的基础解系.

4. 设四元非齐次线性方程组 $\boldsymbol{AX}=\boldsymbol{b}$ 的系数矩阵 $\boldsymbol{A}$ 的秩 $R(\boldsymbol{A})=3$，已知 $\boldsymbol{\eta}_1,\boldsymbol{\eta}_2,\boldsymbol{\eta}_3$ 是方程组的三个解向量，且

$$\boldsymbol{\eta}_1+\boldsymbol{\eta}_2=\begin{pmatrix}3\\0\\2\\4\end{pmatrix},\boldsymbol{\eta}_2+\boldsymbol{\eta}_3=\begin{pmatrix}2\\0\\1\\2\end{pmatrix}$$

求 $\boldsymbol{AX}=\boldsymbol{b}$ 的通解.

5. 设 $\boldsymbol{\eta}_1,\boldsymbol{\eta}_2,\cdots,\boldsymbol{\eta}_r$ 是非齐次线性方程组 $\boldsymbol{AX}=\boldsymbol{b}$ 的 r 个解，$k_1,k_2,\cdots,k_r$ 为实数且满足

$$k_1+k_2+\cdots+k_r=1$$

证明 $k_1\boldsymbol{\eta}_1+k_2\boldsymbol{\eta}_2+\cdots+k_r\boldsymbol{\eta}_r$ 也是该方程组的解.

6. 设 $\boldsymbol{A}$ 为 $m\times n$ 矩阵，$\boldsymbol{B}$ 为 n 阶矩阵，且 $R(\boldsymbol{A})=n$，证明：

(1) 若 $\boldsymbol{AB}=\boldsymbol{O}$，则 $\boldsymbol{B}=\boldsymbol{O}$；　　(2)若 $\boldsymbol{AB}=\boldsymbol{A}$，则 $\boldsymbol{B}=\boldsymbol{E}$.

复习题三

一、判断题(对的在括号里打“√”，错的在括号里打“×”)

1. 非齐次线性方程组 $\boldsymbol{AX}=\boldsymbol{b}$ 的相应齐次线性方程组 $\boldsymbol{AX}=\boldsymbol{0}$ 只有零解，则方程组 $\boldsymbol{AX}=\boldsymbol{b}$ 有唯一解.(　　)

2. 非齐次线性方程组 $\boldsymbol{AX}=\boldsymbol{b}$ 的相应齐次线性方程组 $\boldsymbol{AX}=\boldsymbol{0}$ 有非零解，则方程 $\boldsymbol{AX}=\boldsymbol{b}$ 有无穷多解.(　　)

3. 设 $\boldsymbol{\eta}_1,\boldsymbol{\eta}_2$ 是非齐次线性方程组 $\boldsymbol{AX}=\boldsymbol{b}$ 的两个解，则 $\frac{1}{2}(\boldsymbol{\eta}_1+\boldsymbol{\eta}_2)$ 也是该方程组的解.(　　)

4. 设 $\boldsymbol{A}$ 为 $m\times n$ 矩阵，则齐次线性方程组 $\boldsymbol{AX}=\boldsymbol{0}$ 只有零解的充分必要条件为矩阵 $\boldsymbol{A}$ 的列向量组线性无关.(　　)

5. 设 $\boldsymbol{A}$ 为 $m\times n$ 矩阵，则齐次线性方程组 $\boldsymbol{AX}=\boldsymbol{0}$ 只有零解的充分必要条件为矩阵 $\boldsymbol{A}$ 的行向量组线性无关.(　　)

6. 若向量组 $\boldsymbol{\alpha}_1,\boldsymbol{\alpha}_2,\cdots,\boldsymbol{\alpha}_n$ 线性无关，则 $\boldsymbol{\alpha}_1,\boldsymbol{\alpha}_2,\cdots,\boldsymbol{\alpha}_n$ 中任意两个向量对应的分量不成比例.(　　)

7. 若向量组 $\boldsymbol{\alpha}_1,\boldsymbol{\alpha}_2,\cdots,\boldsymbol{\alpha}_n$ 线性相关，则 $\boldsymbol{\alpha}_1,\boldsymbol{\alpha}_2,\cdots,\boldsymbol{\alpha}_n$ 中至少有两个向量对应的分量成比例.(　　)

8. 向量组 $\boldsymbol{\alpha}_1,\boldsymbol{\alpha}_2,\cdots,\boldsymbol{\alpha}_n$ 中任意一个向量都不能由其余向量线性表示，则此向量组线性无关.(　　)

9. 若向量组的秩为 r，则该向量组中任意 r 个向量构成的部分组都线性无关.(　　)

10. 若向量组 $\boldsymbol{\alpha}_1,\boldsymbol{\alpha}_2,\cdots,\boldsymbol{\alpha}_n$ 线性无关，向量组 $\boldsymbol{\beta}_1,\boldsymbol{\beta}_2,\cdots,\boldsymbol{\beta}_m$ 也线性无关，则 $n+m$ 个向量 $\boldsymbol{\alpha}_1,\boldsymbol{\alpha}_2,\cdots,\boldsymbol{\alpha}_n,\boldsymbol{\beta}_1,\boldsymbol{\beta}_2,\cdots,\boldsymbol{\beta}_m$ 也线性无关.(　　)

二、填空题

1. 非齐次线性方程组 $\boldsymbol{A}_{m\times n}\boldsymbol{X}_{n\times 1}=\boldsymbol{b}_{m\times 1}$ 有解的充分必要条件是________ ；有解时，当________时，方程组有唯一解；当________时，方程组有无穷多解.
2. 齐次线性方程组 $\boldsymbol{AX}=\boldsymbol{0}$ 只有零解的充分必要条件是________ ；有非零解的充分必要条件是________.
3. 设 $m\times n$ 矩阵 $\boldsymbol{A}$ 的秩为 r，则 $\boldsymbol{AX}=\boldsymbol{0}$ 的基础解系一定由________ 个线性无关的解向量构成.
4. 若向量组 $\boldsymbol{\alpha}_1=(1,1,1)^{\mathrm{T}},\boldsymbol{\alpha}_2=(1,2,3)^{\mathrm{T}},\boldsymbol{\alpha}_3=(1,3,t)^{\mathrm{T}}$ 线性无关，则 t 满足________.
5. 已知向量组 $\boldsymbol{\alpha}_1=(1,2,3,4)^{\mathrm{T}},\boldsymbol{\alpha}_2=(2,3,4,5)^{\mathrm{T}},\boldsymbol{\alpha}_3=(3,4,5,6)^{\mathrm{T}},\boldsymbol{\alpha}_4=(4,5,6,7)^{\mathrm{T}}$，则向量组的秩为________ .
6. 设 $\boldsymbol{\alpha}_1,\boldsymbol{\alpha}_2,\boldsymbol{\alpha}_3$ 为三维列向量，且行列式 $|(\boldsymbol{\alpha}_1,\boldsymbol{\alpha}_2,\boldsymbol{\alpha}_3)|=0$，则方程组 $\boldsymbol{\alpha}_1x_1+\boldsymbol{\alpha}_2x_2+\boldsymbol{\alpha}_3x_3=0$ 有________解，而向量组 $\boldsymbol{\alpha}_1,\boldsymbol{\alpha}_2,\boldsymbol{\alpha}_3$ 的线性相关性是线性________.
7. 已知 n 阶方阵 $\boldsymbol{A}$ 的各行元素之和都等于零，且 $R(\boldsymbol{A})=n-1$，则 $\boldsymbol{AX}=\boldsymbol{0}$ 的通解为________.
8. 设 $\boldsymbol{A}$ 为 n 阶方阵，$\boldsymbol{\alpha}_1,\boldsymbol{\alpha}_2,\cdots,\boldsymbol{\alpha}_n$ 为 n 维线性无关的列向量，则 $R(\boldsymbol{A})=n$ 的充要条件是向量组 $\boldsymbol{A\alpha}_1,\boldsymbol{A\alpha}_2,\cdots,\boldsymbol{A\alpha}_n$ 线性________.
9. 设 $\boldsymbol{A}$ 为 4 阶方阵，$\boldsymbol{\xi}_1,\boldsymbol{\xi}_2$ 是非齐次线性方程组 $\boldsymbol{AX}=\boldsymbol{b}$ 的两个不同解，则 $|\boldsymbol{A}^2|=$________ .
10. 设 $\boldsymbol{A}$ 为 4 阶方阵，$\boldsymbol{\xi}_1,\boldsymbol{\xi}_2$ 是齐次线性方程组 $\boldsymbol{AX}=\boldsymbol{0}$ 的两个线性无关解，则 $\boldsymbol{A}$ 的伴随矩阵 $\boldsymbol{A}^*=$________.

三、选择题

1. 设 $\boldsymbol{A}$ 是 $m\times n$ 矩阵，齐次线性方程组 $\boldsymbol{AX}=\boldsymbol{0}$ 只有零解的充要条件是（　　）.
   (A) $\boldsymbol{A}$ 的列向量组线性无关；　(B) $\boldsymbol{A}$ 的列向量组线性相关；
   (C) $\boldsymbol{A}$ 的行向量组线性无关；　(D) $\boldsymbol{A}$ 的行向量组线性相关.
2. n 维向量组 $\boldsymbol{\alpha}_1,\boldsymbol{\alpha}_2,\cdots,\boldsymbol{\alpha}_m\ (3\leqslant m\leqslant n)$ 线性无关的充要条件是（　　）.
   (A) 存在不全为零的数 $k_1,k_2,\cdots,k_m$，使 $\sum\limits_{i=1}^{m}k_i\boldsymbol{\alpha}_i\neq 0$；
   (B) $\boldsymbol{\alpha}_1,\boldsymbol{\alpha}_2,\cdots,\boldsymbol{\alpha}_m$ 中至少有一个向量不能由其余向量线性表示；
   (C) $\boldsymbol{\alpha}_1,\boldsymbol{\alpha}_2,\cdots,\boldsymbol{\alpha}_m$ 中任意两个向量都线性无关；
   (D) $\boldsymbol{\alpha}_1,\boldsymbol{\alpha}_2,\cdots,\boldsymbol{\alpha}_m$ 中任何一个向量都不能由其余向量线性表示.
3. 设向量 $\boldsymbol{\beta}$ 可由向量组 $\boldsymbol{\alpha}_1,\boldsymbol{\alpha}_2,\cdots,\boldsymbol{\alpha}_m$ 线性表示，但不能由向量组 Ⅰ：$\boldsymbol{\alpha}_1,\boldsymbol{\alpha}_2,\cdots,\boldsymbol{\alpha}_{m-1}$ 线性表示，记向量组 Ⅱ：$\boldsymbol{\alpha}_1,\boldsymbol{\alpha}_2,\cdots,\boldsymbol{\alpha}_{m-1},\boldsymbol{\beta}$，则（　　）.
   (A) $\boldsymbol{\alpha}_m$ 不可由向量组 Ⅰ 线性表示，也不可由向量组 Ⅱ 线性表示；
   (B) $\boldsymbol{\alpha}_m$ 不可由向量组 Ⅰ 线性表示，但可由向量组 Ⅱ 线性表示；
   (C) $\boldsymbol{\alpha}_m$ 可由向量组 Ⅰ 线性表示，也可由向量组 Ⅱ 线性表示；
   (D) $\boldsymbol{\alpha}_m$ 可由向量组 Ⅰ 线性表示，但不可由向量组 Ⅱ 线性表示.
4. 要使 $\boldsymbol{\alpha}_1=(1,0,2)^{\mathrm{T}},\boldsymbol{\alpha}_2=(0,1,-1)^{\mathrm{T}}$ 都是齐次线性方程组 $\boldsymbol{AX}=\boldsymbol{0}$ 的解，只要系数矩阵 $\boldsymbol{A}$ 为（　　）.
   (A) $\boldsymbol{A}=(-2\ \ 1\ \ 1)$；　(B) $\boldsymbol{A}=\begin{pmatrix}2&0&-1\\0&1&1\end{pmatrix}$；
   (C) $\boldsymbol{A}=\begin{pmatrix}-1&0&2\\0&1&1\end{pmatrix}$；　(D) $\boldsymbol{A}=\begin{pmatrix}0&1&-1\\4&-2&-2\\0&1&1\end{pmatrix}$.
5. 设 $\boldsymbol{A}$ 是 $m\times n$ 矩阵，$\boldsymbol{B}$ 是 $n\times m$ 矩阵，则线性方程组 $(\boldsymbol{AB})\boldsymbol{X}=\boldsymbol{0}$（　　）.
   (A) 当 $n>m$ 时仅有零解；　(B) 当 $n>m$ 时必有非零解；
   (C) 当 $m>n$ 时仅有零解；　(D) 当 $m>n$ 时必有非零解.
6. 设 $\boldsymbol{A}$ 是 $m\times n$ 矩阵，且 $R(\boldsymbol{A})=r$，则非齐次线性方程组 $\boldsymbol{AX}=\boldsymbol{b}$（　　）.
   (A) $r=m$ 时，方程组 $\boldsymbol{AX}=\boldsymbol{b}$ 有解；

(B) $r=n$ 时，方程组 $\boldsymbol{AX}=\boldsymbol{b}$ 有唯一解；

(C) $m=n$ 时，方程组 $\boldsymbol{AX}=\boldsymbol{b}$ 有唯一解；

(D) $r<n$ 时，方程组 $\boldsymbol{AX}=\boldsymbol{b}$ 有无穷多解.

7. 设 $\boldsymbol{A}$ 是 $m\times n$ 矩阵，且 $R(\boldsymbol{A})=n-3$；ξ_1,ξ_2,ξ_3 是齐次线性方程组 $\boldsymbol{AX}=\boldsymbol{0}$的三个线性无关的解向量，则下列向量组是 $\boldsymbol{AX}=\boldsymbol{0}$的基础解系的是(　　).

(A) $\xi_1-\xi_2,\xi_2-\xi_3,\xi_3-\xi_1$；　　(B) $\xi_1+\xi_2,\xi_2+\xi_3,\xi_3-\xi_1$；

(C) $\xi_1,\xi_1+\xi_2,\xi_1+\xi_2+\xi_3$；　　(D) $\xi_3-\xi_1-\xi_2,\xi_1+\xi_2+\xi_3,-2\xi_3$.

8. 设 $\boldsymbol{A}$ 为 n 阶矩阵，且 $R(\boldsymbol{A})=n-1$，ξ_1,ξ_2 是齐次线性方程组 $\boldsymbol{AX}=\boldsymbol{0}$的两个不同解，$k$ 为常数，则 $\boldsymbol{AX}=\boldsymbol{0}$的通解为(　　).

(A) $k\xi_1$；　　(B)$k\xi_2$；　　(C) $k(\xi_1+\xi_2)$；　　(D) $k(\xi_1-\xi_2)$.

9. 设 $\boldsymbol{A}$ 为 n 阶矩阵，且 $|\boldsymbol{A}|=0$，则(　　).

(A) $\boldsymbol{A}$ 中必有两行(列)的元素成比例；

(B) $\boldsymbol{A}$ 中至少有一行(列)的元素全为零；

(C) $\boldsymbol{A}$ 中必有一行(列)向量是其余各行(列)向量的线性组合；

(D) $\boldsymbol{A}$ 中任意一行(列)向量是其余各行(列)向量的线性组合.

10. 设 $\boldsymbol{A},\boldsymbol{B}$ 都是方阵，$\xi_1,\xi_2,\cdots,\xi_r$ 是齐次线性方程组 $\boldsymbol{AX}=\boldsymbol{0}$的一个基础解系，也是方程组 $\boldsymbol{BX}=\boldsymbol{0}$的基础解系，则 $\xi_1,\xi_2,\cdots,\xi_r$ 必为下列哪一个齐次线性方程组的基础解系(　　).

(A) $(\boldsymbol{A}+\boldsymbol{B})\boldsymbol{X}=\boldsymbol{0}$；　　(B) $(\boldsymbol{AB})\boldsymbol{X}=\boldsymbol{0}$；

(C) $\begin{pmatrix}\boldsymbol{A}\\\boldsymbol{B}\end{pmatrix}\boldsymbol{X}=\boldsymbol{0}$；　　(D) $(\boldsymbol{A}-\boldsymbol{B})\boldsymbol{X}=\boldsymbol{0}$.

四、计算题

1. 求齐次线性方程组

$$\begin{cases}x_1+x_2+x_3+4x_4-3x_5=0\\x_1-x_2+3x_3-2x_4-x_5=0\\2x_1+x_2+3x_3+5x_4-5x_5=0\\3x_1+x_2+5x_3+6x_4-7x_5=0\end{cases}$$

的一个基础解系.

2. 当 λ 为何值时，方程组

$$\begin{cases}x_1+(\lambda^2+1)x_2+2x_3=\lambda\\\lambda x_1+\lambda x_2+(2\lambda+1)x_3=0\\x_1+(2\lambda+1)x_2+2x_3=2\end{cases}$$

有解？并求其解.

3. 判别向量组 $\boldsymbol{\alpha}_1=(1,0,2,3)^{\mathrm T},\boldsymbol{\alpha}_2=(1,1,3,5)^{\mathrm T},\boldsymbol{\alpha}_3=(1,-1,2,1)^{\mathrm T},\boldsymbol{\alpha}_4=(1,2,4,9)^{\mathrm T}$ 的线性相关性.

4. 已知向量组 $\boldsymbol{\alpha}_1=(1,1,2,1)^{\mathrm T},\boldsymbol{\alpha}_2=(1,0,0,2)^{\mathrm T},\boldsymbol{\alpha}_3=(-1,-4,-8,k)^{\mathrm T}$ 线性相关，求 k.

5. 求向量组 $\boldsymbol{\alpha}_1=(1,1,4,2)^{\mathrm T},\boldsymbol{\alpha}_2=(1,-1,-2,4)^{\mathrm T},\boldsymbol{\alpha}_3=(-3,2,3,-11)^{\mathrm T},\boldsymbol{\alpha}_4=(1,3,10,0)^{\mathrm T}$ 的一个极大无关组，并求其余向量由该极大无关组的线性表示式.

6. 设 $\boldsymbol{\alpha}_1=(1,0,0,3)^{\mathrm T},\boldsymbol{\alpha}_2=(1,1,-1,2)^{\mathrm T},\boldsymbol{\alpha}_3=(1,2,a-3,1)^{\mathrm T},\boldsymbol{\alpha}_4=(1,2,-2,a)^{\mathrm T},\boldsymbol{\beta}=(0,1,b,-1)^{\mathrm T}$，问 a,b 取何值时，

(1) $\boldsymbol{\beta}$ 能由向量组 $\boldsymbol{\alpha}_1,\boldsymbol{\alpha}_2,\boldsymbol{\alpha}_3,\boldsymbol{\alpha}_4$ 线性表示且表达式唯一；

(2) $\boldsymbol{\beta}$ 不能由向量组 $\boldsymbol{\alpha}_1,\boldsymbol{\alpha}_2,\boldsymbol{\alpha}_3,\boldsymbol{\alpha}_4$ 线性表示；

(3) $\boldsymbol{\beta}$ 能由向量组 $\boldsymbol{\alpha}_1,\boldsymbol{\alpha}_2,\boldsymbol{\alpha}_3,\boldsymbol{\alpha}_4$ 线性表示但表达式不唯一，并求出一般的表达式.

五、证明题：

1. 设 $\boldsymbol{A}$ 是 $m\times n$ 矩阵，且 $R(\boldsymbol{A})=m$，证明非齐次线性方程组 $\boldsymbol{AX}=\boldsymbol{b}$ 一定有解.

2. 设非齐次线性方程组

$$\begin{cases} a_{11}x_1+a_{12}x_2+\cdots+a_{1n}x_n=b_1 \\ a_{21}x_1+a_{22}x_2+\cdots+a_{2n}x_n=b_2 \\ \cdots\cdots \\ a_{n1}x_1+a_{n2}x_2+\cdots+a_{nn}x_n=b_n \end{cases}$$

的系数矩阵为 $\boldsymbol{A}$，记矩阵

$$\boldsymbol{B}=\begin{pmatrix} a_{11} & a_{12} & \cdots & a_{1n} & b_1 \\ a_{21} & a_{22} & \cdots & a_{2n} & b_2 \\ \vdots & \vdots & & \vdots & \vdots \\ a_{n1} & a_{n2} & \cdots & a_{nn} & b_n \\ b_1 & b_2 & \cdots & b_n & 0 \end{pmatrix}$$

已知 $R(\boldsymbol{A})=R(\boldsymbol{B})$，证明该线性方程组有解.

3. 设 $\boldsymbol{A}$ 为 3 阶矩阵，$\boldsymbol{\alpha}_1,\boldsymbol{\alpha}_2,\boldsymbol{\alpha}_3$ 是 3 维列向量组，且 $\boldsymbol{\alpha}_1\neq\boldsymbol{0}$，已知

$$\boldsymbol{A\alpha}_1=\boldsymbol{\alpha}_1,\boldsymbol{A\alpha}_2=\boldsymbol{\alpha}_1+\boldsymbol{\alpha}_2,\boldsymbol{A\alpha}_3=\boldsymbol{\alpha}_2+\boldsymbol{\alpha}_3$$

线性无关，证明：向量组 $\boldsymbol{\alpha}_1,\boldsymbol{\alpha}_2,\boldsymbol{\alpha}_3$ 线性无关.

4. 设向量组 $\boldsymbol{\xi}_1,\boldsymbol{\xi}_2,\cdots,\boldsymbol{\xi}_r$ 是齐次线性方程组 $\boldsymbol{AX}=\boldsymbol{0}$的一个基础解系，向量 $\boldsymbol{\xi}$ 不是方程组 $\boldsymbol{AX}=\boldsymbol{0}$的解，证明：$\boldsymbol{\xi}$，$\boldsymbol{\xi}+\boldsymbol{\xi}_1,\boldsymbol{\xi}+\boldsymbol{\xi}_2,\cdots,\boldsymbol{\xi}+\boldsymbol{\xi}_r$ 线性无关.

5. 已知 $\boldsymbol{A},\boldsymbol{B}$ 为同阶方阵，证明：$R(\boldsymbol{A}+\boldsymbol{B})\leqslant R(\boldsymbol{A}\vdots\boldsymbol{B})\leqslant R(\boldsymbol{A})+R(\boldsymbol{B})$.

6. 证明：$R(\boldsymbol{AA}^{\mathrm{T}})=R(\boldsymbol{A})$.

7. 设 $\boldsymbol{A}$ 为 n 阶矩阵，证明：

(1) 若 $\boldsymbol{A}^2=\boldsymbol{E}$，则 $R(\boldsymbol{A}+\boldsymbol{E})+R(\boldsymbol{A}-\boldsymbol{E})=n$；

(2) 若 $\boldsymbol{A}^2=\boldsymbol{A}$，则 $R(\boldsymbol{A})+R(\boldsymbol{A}-\boldsymbol{E})=n$.

8. 若 $\boldsymbol{A}$ 为 n 阶矩阵($n\geqslant 2$)，证明：

(1) 当 $R(\boldsymbol{A})=n$ 时，$R(\boldsymbol{A}^*)=n$；

(2) 当 $R(\boldsymbol{A})=n-1$ 时，$R(\boldsymbol{A}^*)=1$；

(3) 当 $R(\boldsymbol{A})<n-1$ 时，$R(\boldsymbol{A}^*)=0$.

9. 已知 $\boldsymbol{\eta}$ 是非齐次线性方程组 $\boldsymbol{AX}=\boldsymbol{b}$ 的一个解，$\xi_1,\xi_2,\cdots,\xi_r$ 是其相应齐次线性方程组$\boldsymbol{AX}=\boldsymbol{0}$的一个基础解系. 证明：$\boldsymbol{\eta},\boldsymbol{\eta}+\xi_1,\boldsymbol{\eta}+\xi_2,\cdots,\boldsymbol{\eta}+\xi_r$ 是方程组 $\boldsymbol{AX}=\boldsymbol{b}$ 的解向量组的极大线性无关组.

4 特征值和特征向量　矩阵的相似对角化

本章介绍矩阵的特征值和特征向量的概念、性质以及矩阵的对角化问题，这些内容是线性代数中比较重要的内容之一，它们在工程技术和经济管理以及其他许多学科中有着广泛的应用.

4.1 特征值与特征向量

4.1.1 特征值与特征向量的概念

定义 4.1 设 $\boldsymbol{A}$ 为 n 阶矩阵，如果存在数 λ 和 n 维非零列向量 $\boldsymbol{\xi}$，使得

$$\boldsymbol{A}\boldsymbol{\xi}=\lambda\boldsymbol{\xi} \tag{4.1}$$

成立，则称数 λ 为矩阵 $\boldsymbol{A}$ 的**特征值**，相应的非零向量 $\boldsymbol{\xi}$ 称为 $\boldsymbol{A}$ 的对应于（或属于）特征值 λ 的**特征向量**.

注意：矩阵的特征向量一定是非零向量，即 $\boldsymbol{\xi}\neq\boldsymbol{0}$.

从定义 4.1 可知，如果 $\boldsymbol{\xi}$ 是 $\boldsymbol{A}$ 的对应于特征值 λ 的特征向量，即有 $\boldsymbol{A}\boldsymbol{\xi}=\lambda\boldsymbol{\xi}$，则对任意非零常数 k，有

$$\boldsymbol{A}(k\boldsymbol{\xi})=k(\boldsymbol{A}\boldsymbol{\xi})=k(\lambda\boldsymbol{\xi})=\lambda(k\boldsymbol{\xi}),$$

即 $k\boldsymbol{\xi}$ 也是 $\boldsymbol{A}$ 的对应于特征值 λ 的特征向量，因此 $\boldsymbol{A}$ 的对应于特征值 λ 的特征向量有无穷多个.

若 $\boldsymbol{\xi}_1,\boldsymbol{\xi}_2$ 是 $\boldsymbol{A}$ 的对应于同一特征值 λ 的两个特征向量，则当 $\boldsymbol{\xi}_1+\boldsymbol{\xi}_2\neq\boldsymbol{0}$时，有

$$\boldsymbol{A}(\boldsymbol{\xi}_1+\boldsymbol{\xi}_2)=\boldsymbol{A}\boldsymbol{\xi}_1+\boldsymbol{A}\boldsymbol{\xi}_2=\lambda\boldsymbol{\xi}_1+\lambda\boldsymbol{\xi}_2=\lambda(\boldsymbol{\xi}_1+\boldsymbol{\xi}_2),$$

由此可得，$\boldsymbol{\xi}_1+\boldsymbol{\xi}_2$ 也是 $\boldsymbol{A}$ 的对应于特征值 λ 的特征向量.

综上可知，如果 $\boldsymbol{\xi}_1,\boldsymbol{\xi}_2,\cdots,\boldsymbol{\xi}_s$ 都是 $\boldsymbol{A}$ 的对应于同一特征值 λ 的特征向量，那么 $\boldsymbol{\xi}_1,\boldsymbol{\xi}_2,\cdots,\boldsymbol{\xi}_s$ 的任意非零线性组合

$$k_1\boldsymbol{\xi}_1+k_2\boldsymbol{\xi}_2+\cdots+k_s\boldsymbol{\xi}_s(\neq\boldsymbol{0})$$

也是 $\boldsymbol{A}$ 的对应于特征值 λ 的特征向量.

4.1.2 求矩阵的特征值和特征向量

考虑如下问题：对于给定的 n 阶矩阵 $\boldsymbol{A}$，如何求出 $\boldsymbol{A}$ 的特征值和特征向量呢？它们之间的内在联系又是什么？下面我们从特征值与特征向量的定义出发来讨论这个问题.

如果 λ 为 n 阶矩阵 $\boldsymbol{A}$ 的特征值，$\boldsymbol{\xi}$ 为 $\boldsymbol{A}$ 的对应于特征值 λ 的特征向量，则

$$\boldsymbol{A}\boldsymbol{\xi}=\lambda\boldsymbol{\xi},$$

即

$$(\lambda\boldsymbol{E}-\boldsymbol{A})\boldsymbol{\xi}=\boldsymbol{0}.$$

这就是说，特征向量 $\boldsymbol{\xi}$ 是 n 个方程 n 个未知量的齐次线性方程组

$$(\lambda\boldsymbol{E}-\boldsymbol{A})\boldsymbol{X}=\boldsymbol{0} \tag{4.2}$$

的非零解，且 n 阶方阵 $\mathbf{A}$ 的特征值 λ 使方程组(4.2)有非零解，即满足方程

$$|\lambda\mathbf{E}-\mathbf{A}|=0$$

的 λ 都是方阵 $\mathbf{A}$ 的特征值. 于是，我们给出以下概念：

定义 4.2 设 n 阶方阵

$$\mathbf{A}=\begin{pmatrix} a_{11} & a_{12} & \cdots & a_{1n} \\ a_{21} & a_{22} & \cdots & a_{2n} \\ \vdots & \vdots & & \vdots \\ a_{n1} & a_{n2} & \cdots & a_{nn} \end{pmatrix},$$

称 n 阶行列式

$$f(\lambda)=|\lambda\mathbf{E}-\mathbf{A}|=\begin{vmatrix} \lambda-a_{11} & -a_{12} & \cdots & -a_{1n} \\ -a_{21} & \lambda-a_{22} & \cdots & -a_{2n} \\ \vdots & \vdots & & \vdots \\ -a_{n1} & -a_{n2} & \cdots & \lambda-a_{nn} \end{vmatrix}$$

为矩阵 $\mathbf{A}$ 的**特征多项式**，它是关于 λ 的一个 n 次多项式，称方程 $|\lambda\mathbf{E}-\mathbf{A}|=0$ 为矩阵 $\mathbf{A}$ 的**特征方程**，称齐次线性方程组 $(\lambda\mathbf{E}-\mathbf{A})\mathbf{X}=\mathbf{0}$ 为**特征方程组**.

由上面的讨论，可以得到求 n 阶方阵 $\mathbf{A}$ 的特征值与特征向量的步骤：

(1) 求 $\mathbf{A}$ 的特征多项式 $|\lambda\mathbf{E}-\mathbf{A}|$.

(2) 求出特征方程 $|\lambda\mathbf{E}-\mathbf{A}|=0$ 的所有根 $\lambda_1,\lambda_2,\cdots,\lambda_n$(其中可能有重根)，它们就是矩阵 $\mathbf{A}$ 的全部特征值.

(3) 对于 $\mathbf{A}$ 的每一个不同的特征值 λ_j，求出相应的特征方程组 $(\lambda_j\mathbf{E}-\mathbf{A})\mathbf{X}=\mathbf{0}$ 的一个基础解系 $\boldsymbol{\xi}_{j1},\boldsymbol{\xi}_{j2},\cdots,\boldsymbol{\xi}_{jt}$，它们是 $\mathbf{A}$ 的对应于特征值 λ_j 的一组线性无关的特征向量，而 $\mathbf{A}$ 的对应于特征值 λ_j 的全部特征向量为

$$k_{j1}\boldsymbol{\xi}_{j1}+k_{j2}\boldsymbol{\xi}_{j2}+\cdots+k_{jt}\boldsymbol{\xi}_{jt},$$

其中 $k_{j1},k_{j2},\cdots,k_{jt}$ 是不全为零的任意常数，$j=1,2,\cdots,m$，其中 m 为矩阵 $\mathbf{A}$ 的相异的特征值个数.

[例 4.1] 求矩阵 $\mathbf{A}=\begin{pmatrix} 3 & 1 \\ 5 & -1 \end{pmatrix}$ 的特征值与特征向量.

解 矩阵 $\mathbf{A}$ 的特征多项式为

$$|\lambda\mathbf{E}-\mathbf{A}|=\begin{vmatrix} \lambda-3 & -1 \\ -5 & \lambda+1 \end{vmatrix}=(\lambda-4)(2+\lambda),$$

令 $|\lambda E-\mathbf{A}|=0$，所以 $\lambda_1=4,\lambda_2=-2$ 是矩阵 $\mathbf{A}$ 的特征值.

当 $\lambda_1=4$ 时，解特征方程组 $(4\mathbf{E}-\mathbf{A})\mathbf{X}=\mathbf{0}$. 由于

$$4\mathbf{E}-\mathbf{A}=\begin{pmatrix} 1 & -1 \\ -5 & 5 \end{pmatrix}\xrightarrow{r}\begin{pmatrix} 1 & -1 \\ 0 & 0 \end{pmatrix},$$

得同解方程组为

$$x_1=x_2$$

取 $x_2=1$，得到方程组的基础解系，即 $\mathbf{A}$ 的对应于 $\lambda_1=4$ 的线性无关的特征向量为

$$\boldsymbol{\xi}_{11}=\begin{pmatrix} 1 \\ 1 \end{pmatrix},$$

所以 $\boldsymbol{A}$ 的对应于 $\lambda_1=4$ 的全部特征向量为 $k_1\boldsymbol{\xi}_{11}$，其中 k_1 为任意非零常数.

当 $\lambda_2=-2$ 时，解特征方程组 $(-2\boldsymbol{E}-\boldsymbol{A})\boldsymbol{X}=\boldsymbol{0}$. 由于

$$-2\boldsymbol{E}-\boldsymbol{A}=\begin{pmatrix}-5&-1\\-5&-1\end{pmatrix}\xrightarrow{r}\begin{pmatrix}1&\frac{1}{5}\\0&0\end{pmatrix},$$

得同解方程组为

$$x_1=-\frac{1}{5}x_2$$

取 $x_2=5$，得到方程组的基础解系，即 $\boldsymbol{A}$ 的对应于 $\lambda_2=-2$ 的线性无关的特征向量为

$$\boldsymbol{\xi}_{21}=\begin{pmatrix}-1\\5\end{pmatrix},$$

所以 $\boldsymbol{A}$ 的对应于 $\lambda_2=-2$ 的全部特征向量为 $k_2\boldsymbol{\xi}_{21}$，其中 k_2 为任意非零常数.

［例 4.2］　求矩阵 $\boldsymbol{A}=\begin{pmatrix}4&2&3\\2&1&2\\-1&-2&0\end{pmatrix}$ 的特征值与特征向量.

解　矩阵 $\boldsymbol{A}$ 的特征多项式为

$$|\lambda\boldsymbol{E}-\boldsymbol{A}|=\begin{vmatrix}\lambda-4&-2&-3\\-2&\lambda-1&-2\\1&2&\lambda\end{vmatrix}=(\lambda-1)^2(\lambda-3),$$

令 $|\lambda\boldsymbol{E}-\boldsymbol{A}|=0$，所以 $\lambda_1=\lambda_2=1,\lambda_3=3$ 是矩阵 $\boldsymbol{A}$ 的特征值，其中 $\lambda_1=\lambda_2=1$ 是矩阵 $\boldsymbol{A}$ 的二重特征值.

当 $\lambda_1=\lambda_2=1$ 时，解特征方程组 $(\boldsymbol{E}-\boldsymbol{A})\boldsymbol{X}=\boldsymbol{0}$. 由于

$$\boldsymbol{E}-\boldsymbol{A}=\begin{pmatrix}-3&-2&-3\\-2&0&-2\\1&2&1\end{pmatrix}\xrightarrow{r}\begin{pmatrix}1&0&1\\0&1&0\\0&0&0\end{pmatrix},$$

得同解方程组为

$$\begin{cases}x_1=-x_3\\x_2=0\end{cases}$$

取 $x_3=1$，得到方程组的基础解系，即 $\boldsymbol{A}$ 的对应于 $\lambda_1=\lambda_2=1$ 的线性无关的特征向量为

$$\boldsymbol{\xi}_{11}=\begin{pmatrix}-1\\0\\1\end{pmatrix},$$

所以 $\boldsymbol{A}$ 的对应于 $\lambda_1=\lambda_2=1$ 的全部特征向量为 $k_1\boldsymbol{\xi}_{11}$，其中 k_1 为任意非零的常数.

当 $\lambda_3=3$ 时，解特征方程组 $(3\boldsymbol{E}-\boldsymbol{A})\boldsymbol{X}=\boldsymbol{0}$. 由于

$$3\boldsymbol{E}-\boldsymbol{A}=\begin{pmatrix}-1&-2&-3\\-2&2&-2\\1&2&3\end{pmatrix}\xrightarrow{r}\begin{pmatrix}1&0&\frac{5}{3}\\0&1&\frac{2}{3}\\0&0&0\end{pmatrix},$$

得同解方程组为

$$\begin{cases} x_1 = -\dfrac{5}{3}x_3 \\ x_2 = -\dfrac{2}{3}x_3 \end{cases}$$

取 $x_3=3$，得到方程组的基础解系，即 $\boldsymbol{A}$ 的对应于 $\lambda_3=3$ 的线性无关的特征向量为

$$\boldsymbol{\xi}_{21}=\begin{pmatrix}-5\\-2\\3\end{pmatrix},$$

所以 A 的对应于 $\lambda_3=3$ 的全部特征向量为 $k_2\boldsymbol{\xi}_{21}$，其中 k_2 为任意非零常数.

［**例 4.3**］ 求矩阵 $\boldsymbol{A}=\begin{pmatrix}-1&1&2\\-2&2&2\\-2&1&3\end{pmatrix}$ 的特征值与特征向量.

解 矩阵 $\boldsymbol{A}$ 的特征多项式

$$|\lambda\boldsymbol{E}-\boldsymbol{A}|=\begin{vmatrix}\lambda+1&-1&-2\\2&\lambda-2&-2\\2&-1&\lambda-3\end{vmatrix}=(\lambda-1)^2(\lambda-2),$$

令 $|\lambda\boldsymbol{E}-\boldsymbol{A}|=0$，所以 $\lambda_1=\lambda_2=1,\lambda_3=2$ 是矩阵 $\boldsymbol{A}$ 的特征值，其中 $\lambda_1=\lambda_2=1$ 是矩阵 $\boldsymbol{A}$ 的二重特征值.

当 $\lambda_1=\lambda_2=1$ 时，解特征方程组 $(\boldsymbol{E}-\boldsymbol{A})\boldsymbol{X}=\boldsymbol{0}$. 由于

$$\boldsymbol{E}-\boldsymbol{A}=\begin{pmatrix}2&-1&-2\\2&-1&-2\\2&-1&-2\end{pmatrix}\xrightarrow{r}\begin{pmatrix}1&-\frac{1}{2}&-1\\0&0&0\\0&0&0\end{pmatrix},$$

得同解方程组为

$$x_1=\frac{1}{2}x_2+x_3$$

取 $\begin{pmatrix}x_2\\x_3\end{pmatrix}=\begin{pmatrix}2\\0\end{pmatrix},\begin{pmatrix}0\\1\end{pmatrix}$，得 $\boldsymbol{A}$ 的对应于 $\lambda_1=\lambda_2=1$ 的线性无关的特征向量为

$$\boldsymbol{\xi}_{11}=\begin{pmatrix}1\\2\\0\end{pmatrix},\quad \boldsymbol{\xi}_{12}=\begin{pmatrix}1\\0\\1\end{pmatrix},$$

所以 $\boldsymbol{A}$ 的对应于 $\lambda_1=\lambda_2=1$ 的全部特征向量为 $k_1\boldsymbol{\xi}_{11}+k_2\boldsymbol{\xi}_{12}$，其中 k_1,k_2 为不全为零的任意常数.

当 $\lambda_3=2$ 时，解特征方程组 $(2\boldsymbol{E}-\boldsymbol{A})\boldsymbol{X}=\boldsymbol{0}$. 由于

$$2\boldsymbol{E}-\boldsymbol{A}=\begin{pmatrix}3&-1&-2\\2&0&-2\\2&-1&-1\end{pmatrix}\xrightarrow{r}\begin{pmatrix}1&0&-1\\0&1&-1\\0&0&0\end{pmatrix},$$

得同解方程组为

$$\begin{cases} x_1=x_3 \\ x_2=x_3 \end{cases}$$

取 $x_3=1$,得 $\boldsymbol{A}$ 的对应于 $\lambda_3=2$ 的线性无关的特征向量为

$$\boldsymbol{\xi}_{21}=\begin{pmatrix}1\\1\\1\end{pmatrix},$$

所以 $\boldsymbol{A}$ 的对应于 $\lambda_3=2$ 的全部特征向量为 $k_3\boldsymbol{\xi}_{21}$,其中 k_3 为任意非零常数.

比较例 4.2 和例 4.3 可以看到,$\lambda=1$ 都是例 4.2 和例 4.3 中 3 阶矩阵 $\boldsymbol{A}$ 的二重特征根,但例 4.2 中 $\boldsymbol{A}$ 的对应于二重特征值 $\lambda=1$ 的线性无关的特征向量只有 1 个,而在例 4.3 中 $\boldsymbol{A}$ 的对应于二重特征值 $\lambda=1$ 的线性无关的特征向量有 2 个. 由此看到 r 重特征值对应的线性无关的特征向量的个数小于或等于特征值的重数 r,这一现象关系到本章第 2 节要讨论的方阵能否相似对角化.

[例 4.4] 证明对角矩阵的主对角线上的元素是它的全部特征值.

证 设 n 阶对角矩阵 $\boldsymbol{A}=\begin{pmatrix}a_{11}&&&\\&a_{22}&&\\&&\ddots&\\&&&a_{nn}\end{pmatrix}$,则 $\boldsymbol{A}$ 的特征多项式

$$|\lambda\boldsymbol{E}-\boldsymbol{A}|=\begin{vmatrix}\lambda-a_{11}&&&\\&\lambda-a_{22}&&\\&&\ddots&\\&&&\lambda-a_{nn}\end{vmatrix}=(\lambda-a_{11})(\lambda-a_{22})\cdots(\lambda-a_{nn}),$$

令 $|\lambda\boldsymbol{E}-\boldsymbol{A}|=0$,故有 $\lambda_1=a_{11},\lambda_2=a_{22},\cdots,\lambda_n=a_{nn}$. 所以对角矩阵的主对角线上的元素是它的全部特征值.

同理可知,n 阶上(下)三角矩阵的主对角线上的元素也是对应三角矩阵的全部 n 个特征值.

4.1.3 特征值与特征向量的性质

性质 1 n 阶矩阵 $\boldsymbol{A}$ 与它的转置矩阵 $\boldsymbol{A}^{\mathrm{T}}$ 有相同的特征值.

证 由 $(\lambda\boldsymbol{E}-\boldsymbol{A})^{\mathrm{T}}=(\lambda\boldsymbol{E})^{\mathrm{T}}-\boldsymbol{A}^{\mathrm{T}}=\lambda\boldsymbol{E}-\boldsymbol{A}^{\mathrm{T}}$,得

$$|\lambda\boldsymbol{E}-\boldsymbol{A}^{\mathrm{T}}|=|(\lambda\boldsymbol{E}-\boldsymbol{A})^{\mathrm{T}}|=|\lambda\boldsymbol{E}-\boldsymbol{A}|,$$

则 $\boldsymbol{A}$ 和 $\boldsymbol{A}^{\mathrm{T}}$ 有相同的特征多项式,所以它们的特征值均相同.

性质 2 设 n 阶矩阵 $\boldsymbol{A}=(a_{ij})$ 的 n 个特征值为 $\lambda_1,\lambda_2,\cdots,\lambda_n$,则有

(1) $\sum\limits_{i=1}^{n}\lambda_i=\sum\limits_{i=1}^{n}a_{ii}$,

(2) $\prod\limits_{i=1}^{n}\lambda_i=|\boldsymbol{A}|$,

其中 $\sum\limits_{i=1}^{n}a_{ii}$ 为矩阵 $\boldsymbol{A}$ 的主对角线上元素之和,也称为矩阵 $\boldsymbol{A}$ 的迹,记为 $\mathrm{tr}(\boldsymbol{A})$.

证 记 $f(\lambda)=|\lambda\boldsymbol{E}-\boldsymbol{A}|$,一方面将行列式

$$|\lambda\boldsymbol{E}-\boldsymbol{A}|=\begin{vmatrix}\lambda-a_{11} & -a_{12} & \cdots & -a_{1n}\\ -a_{21} & \lambda-a_{22} & \cdots & -a_{2n}\\ \vdots & \vdots & & \vdots\\ -a_{n1} & -a_{n2} & \cdots & \lambda-a_{nn}\end{vmatrix}$$

按定义展开,其主对角线上元素的乘积项为

$$(\lambda-a_{11})(\lambda-a_{22})\cdots(\lambda-a_{nn}). \tag{4.3}$$

而展开式中其余各项至多包含 $n-2$ 个主对角线上元素,因而 λ 的次数最多为 $n-2$,所以特征多项式 $f(\lambda)$ 中含 λ^n 和 λ^{n-1} 的项只能出现在式(4.3)中,而 $f(\lambda)$ 的常数项为 $f(0)=(-1)^n|\boldsymbol{A}|$,所以

$$f(\lambda)=\lambda^n-(a_{11}+a_{22}+\cdots+a_{nn})\lambda^{n-1}+\cdots+(-1)^n|\boldsymbol{A}|. \tag{4.4}$$

另一方面,因为 $\boldsymbol{A}$ 的全部特征值为 $\lambda_1,\lambda_2,\cdots,\lambda_n$,故有

$$\begin{aligned}f(\lambda)&=(\lambda-\lambda_1)(\lambda-\lambda_2)\cdots(\lambda-\lambda_n)\\&=\lambda^n-(\lambda_1+\lambda_2+\cdots+\lambda_n)\lambda^{n-1}+\cdots+(-1)^n\lambda_1\lambda_2\cdots\lambda_n.\end{aligned} \tag{4.5}$$

比较式(4.4)和式(4.5)右端 λ^{n-1} 的系数及常数项,可得

$$\sum_{i=1}^{n}\lambda_i=\sum_{i=1}^{n}a_{ii},\quad \prod_{i=1}^{n}\lambda_i=|\boldsymbol{A}|.$$

[例 4.5] 设 3 阶矩阵 $\boldsymbol{A}=\begin{pmatrix}1 & -1 & 0\\ 2 & x & 0\\ 4 & 2 & 1\end{pmatrix}$,已知 $\boldsymbol{A}$ 有特征值 $\lambda_1=1,\lambda_2=2$,试求 x 的值和 $\boldsymbol{A}$ 的另一特征值 λ_3.

解 根据本节性质 2,有

$$\lambda_1+\lambda_2+\lambda_3=1+x+1,\lambda_1\cdot\lambda_2\cdot\lambda_3=|\boldsymbol{A}|,$$

而

$$|\boldsymbol{A}|=\begin{vmatrix}1 & -1 & 0\\ 2 & x & 0\\ 4 & 2 & 1\end{vmatrix}=x+2,$$

故可得到

$$3+\lambda_3=x+2,2\lambda_3=x+2,$$

由此解得 $x=4,\lambda_3=3$.

推论 n 阶矩阵 A 可逆的充分必要条件是 $\boldsymbol{A}$ 的 n 个特征值均不等于零.

性质 3 若 λ 是 n 阶矩阵 $\boldsymbol{A}$ 的特征值,$\boldsymbol{\xi}$ 是 $\boldsymbol{A}$ 的对应于特征值 λ 的特征向量,则

(1) $k\lambda$ 是矩阵 $k\boldsymbol{A}$ 的特征值,其中 k 是任意常数.

(2) λ^m 是矩阵 $\boldsymbol{A}^m$ 的特征值,其中 m 是正整数.

(3) $g(\lambda)=a_0+a_1\lambda+a_2\lambda^2+\cdots+a_m\lambda^m$ 是矩阵

$$g(\boldsymbol{A})=a_0\boldsymbol{E}+a_1\boldsymbol{A}+a_2\boldsymbol{A}^2+\cdots+a_m\boldsymbol{A}^m$$

的特征值,其中 m 是正整数.

(4) 当 A 可逆时,$\dfrac{1}{\lambda}$ 是 $\boldsymbol{A}^{-1}$ 的特征值,$\dfrac{|\boldsymbol{A}|}{\lambda}$ 为 $\boldsymbol{A}$ 的伴随矩阵 $\boldsymbol{A}^*$ 的特征值.

证 由 $\boldsymbol{A\xi}=\lambda\boldsymbol{\xi}$,得

(1) $(k\boldsymbol{A})\boldsymbol{\xi}=k(\boldsymbol{A}\boldsymbol{\xi})=k(\lambda\boldsymbol{\xi})=(k\lambda)\boldsymbol{\xi}$,所以 $k\lambda$ 是 $k\boldsymbol{A}$ 的特征值.

(2) $\boldsymbol{A}^2\boldsymbol{\xi}=\boldsymbol{A}(\boldsymbol{A})\boldsymbol{\xi}=\boldsymbol{A}(\lambda\boldsymbol{\xi})=\lambda(\boldsymbol{A}\boldsymbol{\xi})=\lambda^2\boldsymbol{\xi}$,即 $\boldsymbol{A}^2\boldsymbol{\xi}=\lambda^2\boldsymbol{\xi}$;如此再继续上述步骤 $m-2$ 次,得 $\boldsymbol{A}^m\boldsymbol{\xi}=\lambda^m\boldsymbol{\xi}$,所以 λ^m 是 $\boldsymbol{A}^m$ 的特征值.

(3)
$$\begin{aligned}g(\boldsymbol{A})\boldsymbol{\xi}&=a_0\boldsymbol{\xi}+a_1\boldsymbol{A}\boldsymbol{\xi}+a_2\boldsymbol{A}^2\boldsymbol{\xi}+\cdots+a_m\boldsymbol{A}^m\boldsymbol{\xi}\\&=(a_0+a_1\lambda+a_2\lambda^2+\cdots+a_m\lambda^m)\boldsymbol{\xi}=g(\lambda)\boldsymbol{\xi},\end{aligned}$$
所以 $g(\lambda)$ 是 $g(\boldsymbol{A})$ 的特征值.

(4) 当 $\boldsymbol{A}$ 可逆时,得 $\lambda\neq0$,则 $\boldsymbol{A}^{-1}(\boldsymbol{A}\boldsymbol{\xi})=\boldsymbol{A}^{-1}(\lambda\boldsymbol{\xi})=\lambda\boldsymbol{A}^{-1}\boldsymbol{\xi}$,即
$$\boldsymbol{A}^{-1}\boldsymbol{\xi}=\frac{1}{\lambda}\boldsymbol{\xi},$$
所以 $\frac{1}{\lambda}$ 是 $\boldsymbol{A}^{-1}$ 的特征值.

由 $\boldsymbol{A}^*=|\boldsymbol{A}|\boldsymbol{A}^{-1}$,得 $\boldsymbol{A}^*\boldsymbol{\xi}=|\boldsymbol{A}|(\boldsymbol{A}^{-1}\boldsymbol{\xi})=\frac{|\boldsymbol{A}|}{\lambda}\boldsymbol{\xi}$,所以 $\frac{|\boldsymbol{A}|}{\lambda}$ 是 $\boldsymbol{A}$ 伴随矩阵 $\boldsymbol{A}^*$ 的特征值.

注意:由上述证明知道,若 λ 是 n 阶矩阵 $\boldsymbol{A}$ 的特征值,ξ 是 $\boldsymbol{A}$ 的对应于特征值 λ 的特征向量,则矩阵 $k\boldsymbol{A},\boldsymbol{A}^m,g(\boldsymbol{A}),\boldsymbol{A}^{-1},\boldsymbol{A}^*$ 的特征值分别是 $k\lambda,\lambda^m,g(\lambda),\lambda^{-1},\frac{|\boldsymbol{A}|}{\lambda}$,且 $\boldsymbol{\xi}$ 依然是矩阵 $k\boldsymbol{A},\boldsymbol{A}^m,g(\boldsymbol{A}),\boldsymbol{A}^{-1},\boldsymbol{A}^*$ 的分别对应于特征值 $k\lambda,\lambda^m,g(\lambda),\lambda^{-1},\frac{|\boldsymbol{A}|}{\lambda}$ 的特征向量.

[例 4.6]　设 3 阶矩阵 $\boldsymbol{A}$ 的特征值分别为 -1、1、2,计算下列行列式的值.

(1) $|\boldsymbol{A}^3-2\boldsymbol{A}+\boldsymbol{E}|$.　　　(2) $|\boldsymbol{A}^*-\boldsymbol{A}^{-1}+\boldsymbol{A}|$.

解　因为 -1、1、2 是 3 阶矩阵 $\boldsymbol{A}$ 的特征值,所以 $|\boldsymbol{A}|=(-1)\times1\times2=-2$. 设 λ 是 $\boldsymbol{A}$ 的特征值,由本节中性质 3(3)得 $\lambda^3-2\lambda+1$ 是 $\boldsymbol{A}^3-2\boldsymbol{A}+\boldsymbol{E}$ 的特征值,$\frac{|\boldsymbol{A}|}{\lambda}-\frac{1}{\lambda}+\lambda$ 是 $\boldsymbol{A}^*-\boldsymbol{A}^{-1}+\boldsymbol{A}$ 的特征值. 则 $\boldsymbol{A}^3-2\boldsymbol{A}+\boldsymbol{E}$ 的三个特征值分别为 2、0、5,$\boldsymbol{A}^*-\boldsymbol{A}^{-1}+\boldsymbol{A}$ 的三个特征值分别为 2、-2、$\frac{1}{2}$. 所以

(1) $|\boldsymbol{A}^3-2\boldsymbol{A}+\boldsymbol{E}|=2\times0\times5=0$.

(2) $|\boldsymbol{A}^*-\boldsymbol{A}^{-1}+\boldsymbol{A}|=(-2)\times2\times\frac{1}{2}=-2$.

性质 4　不同的特征值所对应的特征向量是线性无关的.

证　设 $\lambda_1,\lambda_2,\cdots,\lambda_m$ 是矩阵 $\boldsymbol{A}$ 的 m 个互不相同的特征值,$\boldsymbol{\xi}_1,\boldsymbol{\xi}_2,\cdots,\boldsymbol{\xi}_m$ 是分别对应于特征值 $\lambda_1,\lambda_2,\cdots,\lambda_m$ 的特征向量,即 $\boldsymbol{A}\boldsymbol{\xi}_i=\lambda_i\boldsymbol{\xi}_i,i=1,2,\cdots,m$.

下面用数学归纳法证明 $\boldsymbol{\xi}_1,\boldsymbol{\xi}_2,\cdots,\boldsymbol{\xi}_m$ 线性无关.

当 $m=1$ 时,因为特征向量 $\boldsymbol{\xi}_1$ 是非零向量,而单个非零向量必定线性无关,所以结论成立.

假设 $m=k-1$ 时结论成立,即分别对应于互异的特征值 $\lambda_1,\lambda_2,\cdots,\lambda_{k-1}$ 的 $k-1$ 个特征向量 $\boldsymbol{\xi}_1,\boldsymbol{\xi}_2,\cdots,\boldsymbol{\xi}_{k-1}$ 线性无关.

下面证明当 $m=k$ 时结论也成立,即对应于 k 个互异的特征值 $\lambda_1,\lambda_2,\cdots,\lambda_k$ 的特征向量 $\boldsymbol{\xi}_1,\boldsymbol{\xi}_2,\cdots,\boldsymbol{\xi}_k$ 线性无关.

设有一组数 $l_1,l_2,\cdots,l_k$,使得
$$l_1\boldsymbol{\xi}_1+l_2\boldsymbol{\xi}_2+\cdots+l_k\boldsymbol{\xi}_k=\boldsymbol{0}.\tag{4.6}$$

首先，式(4.6)两边同时左乘$\boldsymbol{A}$，得

$$\boldsymbol{A}(l_1\boldsymbol{\xi}_1+l_2\boldsymbol{\xi}_2+\cdots+l_k\boldsymbol{\xi}_k)=\boldsymbol{0}.$$

因$\boldsymbol{A}\boldsymbol{\xi}_i=\lambda_i\boldsymbol{\xi}_i$，$i=1,2,\cdots,m$，所以有

$$l_1\lambda_1\boldsymbol{\xi}_1+l_2\lambda_2\boldsymbol{\xi}_2+\cdots+l_k\lambda_k\boldsymbol{\xi}_k=\boldsymbol{0}. \tag{4.7}$$

其次，在式(4.6)两边同时乘以λ_k，得

$$l_1\lambda_k\boldsymbol{\xi}_1+l_2\lambda_k\boldsymbol{\xi}_2+\cdots+l_k\lambda_k\boldsymbol{\xi}_k=\boldsymbol{0}. \tag{4.8}$$

将式(4.8)减去式(4.7)，得

$$l_1(\lambda_k-\lambda_1)\boldsymbol{\xi}_1+l_2(\lambda_k-\lambda_2)\boldsymbol{\xi}_2+\cdots+l_{k-1}(\lambda_k-\lambda_{k-1})\boldsymbol{\xi}_{k-1}=\boldsymbol{0}.$$

由归纳法假设知$\boldsymbol{\xi}_1,\boldsymbol{\xi}_2,\cdots,\boldsymbol{\xi}_{k-1}$线性无关，于是

$$l_i(\lambda_k-\lambda_i)=0.$$

由于$\lambda_1,\lambda_2,\cdots,\lambda_k$互不相同，所以$\lambda_k-\lambda_i\neq0$，故必有$l_i=0$，其中$i=1,2,\cdots,k-1$. 于是式(4.6)化为$l_k\boldsymbol{\xi}_k=\boldsymbol{0}$，又$\boldsymbol{\xi}_k$为非零向量，则$l_k=0$，这就证明了$\boldsymbol{\xi}_1,\boldsymbol{\xi}_2,\cdots,\boldsymbol{\xi}_k$线性无关. 根据归纳法，定理成立.

性质5　设$\lambda_1,\lambda_2,\cdots,\lambda_m$是矩阵$\boldsymbol{A}$的$m$个互不相同的特征值，$\boldsymbol{\xi}_{i1},\boldsymbol{\xi}_{i2},\cdots,\boldsymbol{\xi}_{ik_i}$是$\boldsymbol{A}$的对应于特征值$\lambda_i(i=1,2,\cdots,m)$的线性无关的特征向量，则由这些特征向量所组成的向量组

$$\boldsymbol{\xi}_{11},\boldsymbol{\xi}_{12},\cdots,\boldsymbol{\xi}_{1k_1},\boldsymbol{\xi}_{21},\boldsymbol{\xi}_{22},\cdots,\boldsymbol{\xi}_{2k_2},\cdots,\boldsymbol{\xi}_{m1},\boldsymbol{\xi}_{m2},\cdots,\boldsymbol{\xi}_{mk_m}$$

也是线性无关的.

证　略.

习题 4.1

1. 求下列矩阵的特征值和特征向量.

(1) $\begin{pmatrix}2&-4\\1&-3\end{pmatrix}$　　(2) $\begin{pmatrix}-1&2&2\\2&2&2\\-3&-6&-6\end{pmatrix}$

(3) $\begin{pmatrix}-1&1&0\\-4&3&0\\1&0&2\end{pmatrix}$　　(4) $\begin{pmatrix}4&6&0\\-3&-5&0\\-3&-6&1\end{pmatrix}$

(5) $\begin{pmatrix}1&1&1&1\\1&1&-1&-1\\1&-1&1&-1\\1&-1&-1&1\end{pmatrix}$　　(6) $\begin{pmatrix}1&3&1&2\\0&-1&1&3\\0&0&2&5\\0&0&0&2\end{pmatrix}$

2. 设$|\boldsymbol{A}|=2$，若2是$\boldsymbol{A}$的一个特征值，试求

(1)$\boldsymbol{A}^3-2\boldsymbol{E}$的一个特征值；

(2)$\boldsymbol{A}^*-\boldsymbol{A}$的一个特征值；

(3)$\boldsymbol{A}^*-\boldsymbol{A}^{-1}-\boldsymbol{A}$的一个特征值；

(4)$(\boldsymbol{A}^{\mathrm{T}})^2$的一个特征值.

3. 已知3阶方阵$\boldsymbol{A}$的三个特征值分别为$-1,0,2$，矩阵$\boldsymbol{B}=\boldsymbol{A}^2+3\boldsymbol{A}+\boldsymbol{E}$，求$\boldsymbol{B}$的特征值，并求行列式$|\boldsymbol{B}|$.

4. 已知矩阵$\boldsymbol{A}=\begin{pmatrix}3&2&-1\\a&-2&2\\3&b&-1\end{pmatrix}$，如果$\boldsymbol{A}$的特征值$\lambda_1$对应的一个特征向量$\boldsymbol{\xi}_1=\begin{pmatrix}1\\-2\\3\end{pmatrix}$，求$a$、$b$和$\lambda_1$的值.

5. 已知矩阵 $\boldsymbol{A}=\begin{pmatrix}7 & 4 & -1\\ 4 & 7 & -1\\ -4 & -4 & x\end{pmatrix}$ 的特征值为 $\lambda_1=\lambda_2=3,\lambda_3=12$，求：

(1) x 的值. (2) 矩阵 $\boldsymbol{A}$ 的特征向量.

6. 设 $\boldsymbol{A}$ 是 n 阶矩阵，试证：

(1) 如果存在正整数 k，使 $\boldsymbol{A}^k=\boldsymbol{O}$，则 $\boldsymbol{A}$ 的特征值等于零；

(2) 如果 $\boldsymbol{A}^2=\boldsymbol{A}$，则 $\boldsymbol{A}$ 的特征值等于 0 或 1.

4.2 相似矩阵

4.2.1 相似矩阵及其性质

定义 4.3 设 $\boldsymbol{A}$ 和 $\boldsymbol{B}$ 是 n 阶方阵，如果存在一个 n 阶可逆矩阵 $\boldsymbol{P}$，使得

$$\boldsymbol{P}^{-1}\boldsymbol{A}\boldsymbol{P}=\boldsymbol{B} \tag{4.9}$$

成立，则称矩阵 $\boldsymbol{A}$ **相似于**矩阵 $\boldsymbol{B}$，或称 $\boldsymbol{B}$ 是 $\boldsymbol{A}$ 的**相似矩阵**.

可以验证：对于 $\boldsymbol{A}=\begin{pmatrix}3 & 1\\ 5 & -1\end{pmatrix}$，$\boldsymbol{B}_1=\begin{pmatrix}4 & 0\\ 0 & -2\end{pmatrix}$，有 $\boldsymbol{P}_1=\begin{pmatrix}1 & 1\\ 1 & -5\end{pmatrix}$，使得

$$\boldsymbol{P}_1^{-1}\boldsymbol{A}\boldsymbol{P}_1=\begin{pmatrix}\frac{5}{6} & \frac{1}{6}\\ \frac{1}{6} & -\frac{1}{6}\end{pmatrix}\begin{pmatrix}3 & 1\\ 5 & -1\end{pmatrix}\begin{pmatrix}1 & 1\\ 1 & -5\end{pmatrix}=\begin{pmatrix}4 & 0\\ 0 & -2\end{pmatrix}=\boldsymbol{B}_1,$$

所以 $\boldsymbol{A}$ 与 $\boldsymbol{B}_1$ 相似，即 $\boldsymbol{A}=\begin{pmatrix}3 & 1\\ 5 & -1\end{pmatrix}$ 与 $\begin{pmatrix}4 & 0\\ 0 & -2\end{pmatrix}=\boldsymbol{B}_1$ 相似.

又若 $\boldsymbol{A}=\begin{pmatrix}3 & 1\\ 5 & -1\end{pmatrix}$，$\boldsymbol{B}_2=\begin{pmatrix}1 & 1\\ 9 & 1\end{pmatrix}$，有 $\boldsymbol{P}_2=\begin{pmatrix}1 & 0\\ -2 & 1\end{pmatrix}$，使得

$$\boldsymbol{P}_2^{-1}\boldsymbol{A}\boldsymbol{P}_2=\begin{pmatrix}1 & 0\\ 2 & 1\end{pmatrix}\begin{pmatrix}3 & 1\\ 5 & -1\end{pmatrix}\begin{pmatrix}1 & 0\\ -2 & 1\end{pmatrix}=\begin{pmatrix}1 & 1\\ 9 & 1\end{pmatrix}=\boldsymbol{B}_2,$$

所以 $\boldsymbol{A}$ 与 $\boldsymbol{B}_2$ 相似，即 $\boldsymbol{A}=\begin{pmatrix}3 & 1\\ 5 & -1\end{pmatrix}$ 与 $\begin{pmatrix}1 & 1\\ 9 & 1\end{pmatrix}=\boldsymbol{B}_2$ 相似.

由定义可得，与一个方阵 $\boldsymbol{A}$ 相似的方阵并不唯一，相似是方阵之间的一种关系，设 $\boldsymbol{A},\boldsymbol{B},\boldsymbol{C}$ 均为 n 阶方阵，则相似关系还具有如下三种性质：

(1) 反身性 $\boldsymbol{A}$ 与 $\boldsymbol{A}$ 相似.

(2) 对称性 若 $\boldsymbol{A}$ 与 $\boldsymbol{B}$ 相似，则 $\boldsymbol{B}$ 与 $\boldsymbol{A}$ 相似.

(3) 传递性 若 $\boldsymbol{A}$ 与 $\boldsymbol{B}$ 相似，且 $\boldsymbol{B}$ 与 $\boldsymbol{C}$ 相似，则 $\boldsymbol{A}$ 与 $\boldsymbol{C}$ 相似.

证 (1) 取 $\boldsymbol{P}=\boldsymbol{E}$，则 $\boldsymbol{E}^{-1}\boldsymbol{A}\boldsymbol{E}=\boldsymbol{A}$，即 $\boldsymbol{A}$ 与 $\boldsymbol{A}$ 相似.

(2) 由于 $\boldsymbol{A}$ 与 $\boldsymbol{B}$ 相似，故存在可逆矩阵 $\boldsymbol{P}$，使得 $\boldsymbol{P}^{-1}\boldsymbol{A}\boldsymbol{P}=\boldsymbol{B}$，则

$$(\boldsymbol{P}^{-1})^{-1}\boldsymbol{B}(\boldsymbol{P}^{-1})=\boldsymbol{A},$$

即 $\boldsymbol{B}$ 与 $\boldsymbol{A}$ 相似.

(3) 由于 $\boldsymbol{A}$ 与 $\boldsymbol{B}$ 相似，且 $\boldsymbol{B}$ 与 $\boldsymbol{C}$ 相似，故存在可逆矩阵 $\boldsymbol{P}_1,\boldsymbol{P}_2$，使得

$$\boldsymbol{P}_1{}^{-1}\boldsymbol{A}\boldsymbol{P}_1=\boldsymbol{B},\boldsymbol{P}_2{}^{-1}\boldsymbol{B}\boldsymbol{P}_2=\boldsymbol{C},$$

可得

$$C=P_2^{-1}BP_2=P_2^{-1}P_1^{-1}AP_1P_2=(P_1P_2)^{-1}A(P_1P_2),$$

即 A 与 C 相似.

彼此相似的矩阵还具有如下性质：

性质1 相似矩阵有相同的行列式.

证 若 A 与 B 相似，则存在可逆矩阵 P，使得 $P^{-1}AP=B$，两边取行列式，得

$$|B|=|P^{-1}AP|=|P^{-1}||A||P|=|A|.$$

推论 相似矩阵或同时可逆，或同时不可逆，且当它们可逆时，它们的逆矩阵也相似.

证 设 A 与 B 相似，由本节性质1，知 $|A|=|B|$，所以 A 与 B 或同时可逆，或同时不可逆.

现设 A 与 B 均可逆，因为 A 与 B 相似，则存在可逆矩阵 P，使得

$$P^{-1}AP=B,$$

两边取逆，得

$$B^{-1}=(P^{-1}AP)^{-1}=P^{-1}A^{-1}P,$$

即 A^{-1} 与 B^{-1} 相似.

性质2 相似矩阵有相同的特征多项式和特征值.

证 设 A 与 B 相似，则存在可逆矩阵 P，使得 $P^{-1}AP=B$，故

$$\begin{aligned}|\lambda E-B|&=|\lambda E-P^{-1}AP|=|P^{-1}(\lambda E)P-P^{-1}AP|=|P^{-1}(\lambda E-A)P|\\&=|P^{-1}||\lambda E-A||P|=|\lambda E-A|,\end{aligned}$$

即 A 与 B 有相同的特征多项式，从而 A 与 B 有相同的特征值.

性质3 相似矩阵有相同的秩.

证 设 A 与 B 相似，则存在可逆矩阵 P，使得 $P^{-1}AP=B$，由2.6节定理2.7的推论2得 $R(A)=R(B)$.

注意：上述三条性质为矩阵相似的必要条件而非充分条件. 例如矩阵 $A=\begin{pmatrix}1&1\\0&1\end{pmatrix}$，$B=\begin{pmatrix}1&0\\0&1\end{pmatrix}$，它们有相同的特征值 $\lambda_1=\lambda_2=1$，但 A 与 B 不相似. 事实上，若 B 与 A 相似，则存在可逆矩阵 P，使得

$$A=P^{-1}BP=P^{-1}EP=E$$

与 $A\neq E$ 矛盾，所以 A 与 B 不相似. 此例表明：单位矩阵只与自己相似. 进一步讨论还可得：数量矩阵也只与自己相似.

由上面的讨论知道，相似矩阵具有很多共同的性质. 对于 n 阶方阵 A，自然希望找到一个既简单又便于计算的与 A 相似的矩阵. 但由上面的讨论已经知道单位矩阵和数量矩阵都只能与自己相似，退而求其次，我们考虑比数量矩阵稍微复杂一些的“最简单”的矩阵，这就是对角矩阵. 下面讨论一个 n 阶方阵 A 能否与一个对角矩阵相似的问题，即所谓的矩阵相似对角化问题，具体地说，就是讨论如下问题：

(1) 是否所有的方阵都能与对角矩阵相似？若不能，则需满足怎样的条件，才能使一个方阵与一个同阶对角矩阵相似？

(2) 如果一个方阵能与一个同阶对角矩阵相似，即存在可逆矩阵 P，使得 $P^{-1}AP$ 为对角

矩阵,那么怎样求得可逆矩阵 $\boldsymbol{P}$?

(3) 如果一个方阵能与一个同阶对角矩阵相似,那么此对角矩阵的具体形式是什么?

4.2.2 矩阵可相似对角化的条件

对 n 阶方阵 $\boldsymbol{A}$,若存在可逆矩阵 $\boldsymbol{P}$,使 $\boldsymbol{P}^{-1}\boldsymbol{AP}$ 等于对角矩阵 $\boldsymbol{\Lambda}$,则称方阵 $\boldsymbol{A}$ 可以相似对角化,这个过程称之为把方阵 $\boldsymbol{A}$ 相似对角化.

定理 4.1 n 阶方阵 $\boldsymbol{A}$ 能与 n 阶对角矩阵 $\boldsymbol{\Lambda}$ 相似的充分必要条件是 $\boldsymbol{A}$ 有 n 个线性无关的特征向量.

证 先证必要性. 设 n 阶方阵 $\boldsymbol{A}$ 能与 n 阶对角矩阵 $\boldsymbol{\Lambda}$ 相似,其中

$$\boldsymbol{\Lambda}=\begin{pmatrix}\lambda_1 & & & \\ & \lambda_2 & & \\ & & \ddots & \\ & & & \lambda_n\end{pmatrix},$$

则存在可逆矩阵 $\boldsymbol{P}$,使得 $\boldsymbol{P}^{-1}\boldsymbol{AP}=\boldsymbol{\Lambda}$,即

$$\boldsymbol{AP}=\boldsymbol{P\Lambda}. \tag{4.10}$$

把 $\boldsymbol{P}$ 按列分块,设 $\boldsymbol{P}$ 的列向量分别为 $\boldsymbol{\xi}_1,\boldsymbol{\xi}_2,\cdots,\boldsymbol{\xi}_n$,则式(4.10)可写为

$$\boldsymbol{A}(\boldsymbol{\xi}_1\quad\boldsymbol{\xi}_2\quad\cdots\quad\boldsymbol{\xi}_n)=(\boldsymbol{\xi}_1\quad\boldsymbol{\xi}_2\quad\cdots\quad\boldsymbol{\xi}_n)\begin{pmatrix}\lambda_1 & & & \\ & \lambda_2 & & \\ & & \ddots & \\ & & & \lambda_n\end{pmatrix},$$

有 $(\boldsymbol{A\xi}_1\quad\boldsymbol{A\xi}_2\quad\cdots\quad\boldsymbol{A\xi}_n)=(\lambda_1\boldsymbol{\xi}_1\quad\lambda_2\boldsymbol{\xi}_2\quad\cdots\quad\lambda_n\boldsymbol{\xi}_n)$,得

$$\boldsymbol{A\xi}_1=\lambda_1\boldsymbol{\xi}_1,\boldsymbol{A\xi}_2=\lambda_2\boldsymbol{\xi}_2,\cdots,\boldsymbol{A\xi}_n=\lambda_n\boldsymbol{\xi}_n. \tag{4.11}$$

因为 $\boldsymbol{P}$ 为可逆矩阵,所以 $\boldsymbol{\xi}_1,\boldsymbol{\xi}_2,\cdots,\boldsymbol{\xi}_n$ 都是非零向量,且 $\boldsymbol{\xi}_1,\boldsymbol{\xi}_2,\cdots,\boldsymbol{\xi}_n$ 线性无关. 由式(4.11)表明 $\lambda_1,\lambda_2,\cdots,\lambda_n$ 是矩阵 $\boldsymbol{A}$ 的特征值,$\boldsymbol{\xi}_1,\boldsymbol{\xi}_2,\cdots,\boldsymbol{\xi}_n$ 是 $\boldsymbol{A}$ 的分别对应于特征值 λ_1,$\lambda_2,\cdots,\lambda_n$ 的线性无关的特征向量,所以 $\boldsymbol{A}$ 有 n 个线性无关的特征向量.

再证充分性. 设 $\boldsymbol{A}$ 有 n 个线性无关的特征向量 $\boldsymbol{\xi}_1,\boldsymbol{\xi}_2,\cdots,\boldsymbol{\xi}_n$,假设它们对应的特征值分别为 $\lambda_1,\lambda_2,\cdots,\lambda_n$,有

$$\boldsymbol{A\xi}_1=\lambda_1\boldsymbol{\xi}_1,\boldsymbol{A\xi}_2=\lambda_2\boldsymbol{\xi}_2,\cdots,\boldsymbol{A\xi}_n=\lambda_n\boldsymbol{\xi}_n.$$

令矩阵 $\boldsymbol{P}=(\boldsymbol{\xi}_1\quad\boldsymbol{\xi}_2\quad\cdots\quad\boldsymbol{\xi}_n)$,则 $\boldsymbol{P}$ 为可逆矩阵,且

$$\begin{aligned}\boldsymbol{AP}&=\boldsymbol{A}(\boldsymbol{\xi}_1\quad\boldsymbol{\xi}_2\quad\cdots\quad\boldsymbol{\xi}_n)=(\boldsymbol{A\xi}_1\quad\boldsymbol{A\xi}_2\quad\cdots\quad\boldsymbol{A\xi}_n)=(\lambda_1\boldsymbol{\xi}_1\quad\lambda_2\boldsymbol{\xi}_2\quad\cdots\quad\lambda_n\boldsymbol{\xi}_n)\\&=(\boldsymbol{\xi}_1\quad\boldsymbol{\xi}_2\quad\cdots\quad\boldsymbol{\xi}_n)\begin{pmatrix}\lambda_1 & & & \\ & \lambda_2 & & \\ & & \ddots & \\ & & & \lambda_n\end{pmatrix}=\boldsymbol{P}\begin{pmatrix}\lambda_1 & & & \\ & \lambda_2 & & \\ & & \ddots & \\ & & & \lambda_n\end{pmatrix},\end{aligned}$$

有

$$\boldsymbol{P}^{-1}\boldsymbol{AP}=\begin{pmatrix}\lambda_1 & & & \\ & \lambda_2 & & \\ & & \ddots & \\ & & & \lambda_n\end{pmatrix}=\boldsymbol{\Lambda},$$

故 $\boldsymbol{A}$ 与对角矩阵 $\boldsymbol{\Lambda}$ 相似.

注意:从定理 4.1 的证明可以得到以下结论:

(1) 可逆矩阵 $\boldsymbol{P}$ 就是以 $\boldsymbol{A}$ 的 n 个线性无关的特征向量 $\boldsymbol{\xi}_1,\boldsymbol{\xi}_2,\cdots,\boldsymbol{\xi}_n$ 作为列向量构成的矩阵.

(2) 对角矩阵 $\boldsymbol{\Lambda}$ 的主对角线上的元素 $\lambda_1,\lambda_2,\cdots,\lambda_n$ 是方阵 $\boldsymbol{A}$ 的特征值,且 $\lambda_1,\lambda_2,\cdots,\lambda_n$ 的排列顺序与它对应的特征向量 $\boldsymbol{\xi}_1,\boldsymbol{\xi}_2,\cdots,\boldsymbol{\xi}_n$ 构成矩阵 $\boldsymbol{P}$ 的列向量时的排列顺序相一致.

例如,设 $\boldsymbol{A}=\begin{pmatrix}3 & 1\\ 5 & -1\end{pmatrix}$,由本章例 4.1 知 $\boldsymbol{A}$ 有 2 个线性无关的特征向量,所以 $\boldsymbol{A}$ 一定可以相似对角化.事实上,因为 $\boldsymbol{A}$ 的特征值 $\lambda_1=4,\lambda_2=-2$,对应的特征向量分别为 $\boldsymbol{\xi}_1=\begin{pmatrix}1\\ 1\end{pmatrix}$,$\boldsymbol{\xi}_2=\begin{pmatrix}1\\ -5\end{pmatrix}$,有

如果取 $\boldsymbol{P}_1=(\boldsymbol{\xi}_1\quad \boldsymbol{\xi}_2)=\begin{pmatrix}1 & 1\\ 1 & -5\end{pmatrix}$,则 $\boldsymbol{P}_1{}^{-1}\boldsymbol{A}\boldsymbol{P}_1=\boldsymbol{\Lambda}_1=\begin{pmatrix}\lambda_1 & 0\\ 0 & \lambda_2\end{pmatrix}=\begin{pmatrix}4 & 0\\ 0 & -2\end{pmatrix}$.

如果取 $\boldsymbol{P}_2=(\boldsymbol{\xi}_2\quad \boldsymbol{\xi}_1)=\begin{pmatrix}1 & 1\\ -5 & 1\end{pmatrix}$,则 $\boldsymbol{P}_2{}^{-1}\boldsymbol{A}\boldsymbol{P}_2=\boldsymbol{\Lambda}_2=\begin{pmatrix}\lambda_2 & 0\\ 0 & \lambda_1\end{pmatrix}=\begin{pmatrix}-2 & 0\\ 0 & 4\end{pmatrix}$.

推论　若 n 阶方阵 $\boldsymbol{A}$ 有 n 个互异的特征值 $\lambda_1,\lambda_2,\cdots,\lambda_n$,则方阵 $\boldsymbol{A}$ 一定能与对角矩阵 $\boldsymbol{\Lambda}$ 相似,其中

$$\boldsymbol{\Lambda}=\begin{pmatrix}\lambda_1 & & & \\ & \lambda_2 & & \\ & & \ddots & \\ & & & \lambda_n\end{pmatrix}.$$

注意:方阵 $\boldsymbol{A}$ 有 n 个互异的特征值只是 $\boldsymbol{A}$ 可以相似对角化的充分条件而不是必要条件.

例如,设 $\boldsymbol{A}=\begin{pmatrix}-1 & 1 & 2\\ -2 & 2 & 2\\ -2 & 1 & 3\end{pmatrix}$,由本章例 4.3 知 $\boldsymbol{A}$ 有三个线性无关特征向量

$$\boldsymbol{\xi}_1=\begin{pmatrix}1\\ 2\\ 0\end{pmatrix},\boldsymbol{\xi}_2=\begin{pmatrix}1\\ 0\\ 1\end{pmatrix},\boldsymbol{\xi}_3=\begin{pmatrix}1\\ 1\\ 1\end{pmatrix},$$

所以 $\boldsymbol{A}$ 可以相似对角化.若令 $\boldsymbol{P}=(\boldsymbol{\xi}_1\quad \boldsymbol{\xi}_2\quad \boldsymbol{\xi}_3)=\begin{pmatrix}1 & 1 & 1\\ 2 & 0 & 1\\ 0 & 1 & 1\end{pmatrix}$,则

$$\boldsymbol{P}^{-1}\boldsymbol{A}\boldsymbol{P}=\boldsymbol{\Lambda}=\begin{pmatrix}1 & & \\ & 1 & \\ & & 2\end{pmatrix}.$$

这个例子说明当 $\boldsymbol{A}$ 有相同的特征值时,$\boldsymbol{A}$ 也可以相似对角化.所以推论只是一个充分条件而非必要条件.

又例如,设 $\boldsymbol{A}=\begin{pmatrix}4 & 2 & 3\\ 2 & 1 & 2\\ -1 & -2 & 0\end{pmatrix}$,由本章例 4.2 知,$\boldsymbol{A}$ 只能找到二个线性无关的特征向

量,所以 $\boldsymbol{A}$ 不能相似对角化,此时 $\boldsymbol{A}$ 的对应于二重特征值 $\lambda=1$ 的线性无关的特征向量个数仅为 1.

于是我们给出下述定理:

定理 4.2 n 阶方阵 $\boldsymbol{A}$ 能与 n 阶对角矩阵相似的充分必要条件是矩阵 $\boldsymbol{A}$ 的每个 n_i 重特征值 λ_i 所对应的线性无关的特征向量个数恰好是 n_i 个.

定理 4.2 也可以等价地如下表述.

定理 4.3 n 阶方阵 $\boldsymbol{A}$ 能与 n 阶对角矩阵相似的充分必要条件是对于 $\boldsymbol{A}$ 的每个 n_i 重特征值 λ_i,有 $R(\lambda_i\boldsymbol{E}-\boldsymbol{A})=n-n_i$.

[**例 4.7**] 设矩阵 $\boldsymbol{A}=\begin{pmatrix}1 & -1 & 1\\ 2 & -2 & 2\\ -1 & 1 & -1\end{pmatrix}$,试求:

(1) 可逆矩阵 $\boldsymbol{P}$ 及对角矩阵 $\boldsymbol{\Lambda}$,使得 $\boldsymbol{P}^{-1}\boldsymbol{A}\boldsymbol{P}=\boldsymbol{\Lambda}$. (2) $\boldsymbol{A}^m$.

解 (1) $\boldsymbol{A}$ 的特征多项式

$$|\lambda\boldsymbol{E}-\boldsymbol{A}|=\begin{vmatrix}\lambda-1 & 1 & -1\\ -2 & \lambda+2 & -2\\ 1 & -1 & \lambda+1\end{vmatrix}=\lambda^2(2+\lambda),$$

所以 $\boldsymbol{A}$ 的特征值为 $\lambda_1=\lambda_2=0,\lambda_3=-2$.

当 $\lambda_1=\lambda_2=0$ 时,解特征方程组 $(0\boldsymbol{E}-\boldsymbol{A})\boldsymbol{X}=\boldsymbol{0}$,
由

$$\begin{pmatrix}-1 & 1 & -1\\ -2 & 2 & -2\\ 1 & -1 & 1\end{pmatrix}\xrightarrow{r}\begin{pmatrix}1 & -1 & 1\\ 0 & 0 & 0\\ 0 & 0 & 0\end{pmatrix}.$$

得基础解系为

$$\boldsymbol{\xi}_{11}=\begin{pmatrix}1\\ 1\\ 0\end{pmatrix},\boldsymbol{\xi}_{12}=\begin{pmatrix}-1\\ 0\\ 1\end{pmatrix}.$$

当 $\lambda_3=-2$ 时,解特征方程组 $(-2\boldsymbol{E}-\boldsymbol{A})\boldsymbol{X}=\boldsymbol{0}$,
由

$$\begin{pmatrix}-3 & 1 & -1\\ -2 & 0 & -2\\ 1 & -1 & -1\end{pmatrix}\xrightarrow{r}\begin{pmatrix}1 & 0 & 1\\ 0 & 1 & 2\\ 0 & 0 & 0\end{pmatrix}.$$

得基础解系为

$$\boldsymbol{\xi}_{21}=\begin{pmatrix}1\\ 2\\ -1\end{pmatrix}.$$

于是 3 阶矩阵 $\boldsymbol{A}$ 有三个线性无关的特征向量,所以 $\boldsymbol{A}$ 可以相似对角化. 令

$$\boldsymbol{P}=(\boldsymbol{\xi}_{11}\ \ \boldsymbol{\xi}_{12}\ \ \boldsymbol{\xi}_{21})=\begin{pmatrix}1 & -1 & 1\\ 1 & 0 & 2\\ 0 & 1 & -1\end{pmatrix},$$

则

$$P^{-1}AP=\Lambda=\begin{pmatrix}0&&\\&0&\\&&-2\end{pmatrix}.$$

(2) 因为 $P^{-1}AP=\Lambda$，于是 $A=P\Lambda P^{-1}$，有 $A^m=P\Lambda^mP^{-1}$. 又

$$P^{-1}=\frac{1}{2}\begin{pmatrix}2&0&2\\-1&1&1\\-1&1&-1\end{pmatrix},\Lambda^m=\begin{pmatrix}0&&\\&0&\\&&(-2)^m\end{pmatrix},$$

所以

$$A^m=\frac{1}{2}\begin{pmatrix}1&-1&1\\1&0&2\\0&1&-1\end{pmatrix}\begin{pmatrix}0&&\\&0&\\&&(-2)^m\end{pmatrix}\begin{pmatrix}2&0&2\\-1&1&1\\-1&1&-1\end{pmatrix}$$

$$=\frac{1}{2}\begin{pmatrix}(-1)^m2^{m+1}&(-1)^m2^m&(-1)^{m+1}2^m\\(-1)^{m+1}2^{m+1}&(-1)^m2^{m+1}&(-1)^{m+1}2^{m+1}\\(-1)^m2^m&(-1)^{m+1}2^m&(-1)^m2^m\end{pmatrix}.$$

注意:把矩阵 A 先相似对角化再求 A^m，是计算矩阵的高次幂的基本方法之一.

[例 4.8]　已知 3 阶方阵 $A=\begin{pmatrix}-1&0&0\\-2&1&0\\2&x&1\end{pmatrix}$ 可以与对角矩阵相似，求 x 的值.

解　A 的特征多项式

$$|\lambda E-A|=\begin{vmatrix}\lambda+1&0&0\\2&\lambda-1&0\\-2&-x&\lambda-1\end{vmatrix}=(\lambda-1)^2(1+\lambda),$$

所以 A 的特征值为 $\lambda_1=-1,\lambda_2=\lambda_3=1$.

对应单根 $\lambda_1=-1$，可求得线性无关的特征向量恰有 1 个，故矩阵 A 可以相似对角化的充要条件是对应二重特征根 $\lambda_2=\lambda_3=1$ 的线性无关的特征向量个数应为 2 个，则 $R(E-A)=1$. 由

$$E-A=\begin{pmatrix}2&0&0\\2&0&0\\-2&-x&0\end{pmatrix}\xrightarrow{r}\begin{pmatrix}1&0&0\\0&x&0\\0&0&0\end{pmatrix}$$

知，要使 $R(E-A)=1$，必须 $x=0$. 因此，当 $x=0$ 时，A 可相似对角化.

习题 4.2

1. 下列矩阵中，哪些矩阵可以相似对角化？若可以，对该矩阵 A 求出可逆矩阵 P 和对角矩阵 Λ，使得 $P^{-1}AP=\Lambda$.

(1) $\begin{pmatrix}2&1\\3&4\end{pmatrix}$　　(2) $\begin{pmatrix}1&0&0\\-2&3&0\\0&0&1\end{pmatrix}$　　(3) $\begin{pmatrix}2&-1&2\\5&-3&3\\-1&0&-2\end{pmatrix}$

(4) $\begin{pmatrix} 2 & -1 & 2 \\ 5 & -3 & 3 \\ -1 & 1 & -1 \end{pmatrix}$　　(5) $\begin{pmatrix} 7 & -12 & 6 \\ 10 & -19 & 10 \\ 12 & -24 & 13 \end{pmatrix}$

2. 设 $\boldsymbol{A}=\begin{pmatrix} 0 & 0 & 1 \\ 1 & 1 & x \\ 1 & 0 & 0 \end{pmatrix}$,试问 x 为何值时,矩阵 $\boldsymbol{A}$ 可相似对角化?

3. 已知矩阵 $\boldsymbol{A}=\begin{pmatrix} 2 & 0 & 0 \\ 0 & 0 & 1 \\ 0 & 1 & x \end{pmatrix}$ 与对角矩阵 $\boldsymbol{B}=\begin{pmatrix} 2 & 0 & 0 \\ 0 & y & 0 \\ 0 & 0 & -1 \end{pmatrix}$ 相似,求 x,y 的值.

4. 设 $\boldsymbol{A},\boldsymbol{B}$ 是 n 阶矩阵,且 $\boldsymbol{A}$ 与 $\boldsymbol{B}$ 相似,证明:$\boldsymbol{A}^{\mathrm{T}}$ 与 $\boldsymbol{B}^{\mathrm{T}}$ 相似.

5. 设 $\boldsymbol{A},\boldsymbol{B}$ 是 n 阶矩阵,且 $|\boldsymbol{A}|\neq 0$,证明:$\boldsymbol{AB}$ 与 $\boldsymbol{BA}$ 相似.

6. 设矩阵 $\boldsymbol{A}$ 与 $\boldsymbol{B}$ 相似,$\boldsymbol{C}$ 与 $\boldsymbol{D}$ 相似,证明:$\begin{pmatrix} \boldsymbol{A} & \boldsymbol{O} \\ \boldsymbol{O} & \boldsymbol{C} \end{pmatrix}$ 与 $\begin{pmatrix} \boldsymbol{B} & \boldsymbol{O} \\ \boldsymbol{O} & \boldsymbol{D} \end{pmatrix}$ 相似.

4.3　内积与正交化

4.3.1　向量的内积

类似中学数学中两个向量的数量积的定义,我们可定义 n 维向量的内积.

定义 4.4　设 n 维实向量 $\boldsymbol{\alpha}=\begin{pmatrix} a_1 \\ a_2 \\ \vdots \\ a_n \end{pmatrix}$,$\boldsymbol{\beta}=\begin{pmatrix} b_1 \\ b_2 \\ \vdots \\ b_n \end{pmatrix}$,则

$$a_1b_1+a_2b_2+\cdots+a_nb_n=\sum_{i=1}^{n}a_ib_i$$

称为向量 $\boldsymbol{\alpha}$ 和 $\boldsymbol{\beta}$ 的内积,记作 $(\boldsymbol{\alpha},\boldsymbol{\beta})$,即

$$(\boldsymbol{\alpha},\boldsymbol{\beta})=a_1b_1+a_2b_2+\cdots+a_nb_n=\sum_{i=1}^{n}a_ib_i.$$

例如 $\boldsymbol{\alpha}=(1,-2,0,1)^{\mathrm{T}}$,$\boldsymbol{\beta}=(2,0,1,3)^{\mathrm{T}}$,则 $\boldsymbol{\alpha}$ 和 $\boldsymbol{\beta}$ 的内积为

$$(\boldsymbol{\alpha},\boldsymbol{\beta})=1\times2+(-2)\times0+0\times1+1\times3=5.$$

根据定义 4.4 和矩阵乘法,易得 $(\boldsymbol{\alpha},\boldsymbol{\beta})=\boldsymbol{\alpha}^{\mathrm{T}}\boldsymbol{\beta}=\boldsymbol{\beta}^{\mathrm{T}}\boldsymbol{\alpha}$.

设 $\boldsymbol{\alpha},\boldsymbol{\beta},\boldsymbol{\gamma}$ 为 n 维实向量,易得向量内积具有下述性质:

(1) $(\boldsymbol{\alpha},\boldsymbol{\beta})=(\boldsymbol{\beta},\boldsymbol{\alpha})$.

(2) $(\boldsymbol{\alpha}+\boldsymbol{\beta},\boldsymbol{\gamma})=(\boldsymbol{\alpha},\boldsymbol{\gamma})+(\boldsymbol{\beta},\boldsymbol{\gamma})$.

(3) $(k\boldsymbol{\alpha},\boldsymbol{\beta})=k(\boldsymbol{\alpha},\boldsymbol{\beta})$,其中 k 为实数.

(4) $(\boldsymbol{\alpha},\boldsymbol{\alpha})\geqslant 0$,当且仅当 $\boldsymbol{\alpha}=\boldsymbol{0}$ 时,有 $(\boldsymbol{\alpha},\boldsymbol{\alpha})=0$.

由于对任意向量 $\boldsymbol{\alpha}$,有 $(\boldsymbol{\alpha},\boldsymbol{\alpha})\geqslant 0$,因此可引入向量长度的概念.

定义 4.5　对 n 维实向量 $\boldsymbol{\alpha}=(a_1,a_2,\cdots,a_n)^{\mathrm{T}}$,称

$$\|\boldsymbol{\alpha}\|=\sqrt{(\boldsymbol{\alpha},\boldsymbol{\alpha})}=\sqrt{a_1^2+a_2^2+\cdots+a_n^2}$$

为 n 维实向量 $\boldsymbol{\alpha}$ 的长度(或模).

例如,向量 $\boldsymbol{\alpha}=(4,0,3)^{\mathrm{T}}$ 的长度

$$\|\boldsymbol{\alpha}\|=\sqrt{(\boldsymbol{\alpha},\boldsymbol{\alpha})}=\sqrt{4^2+0^2+3^2}=5.$$

向量的长度具有以下性质:

(1) $\|\boldsymbol{\alpha}\|\geqslant 0$,当且仅当 $\boldsymbol{\alpha}=\mathbf{0}$ 时,有 $\|\boldsymbol{\alpha}\|=0$.

(2) $\|k\boldsymbol{\alpha}\|=|k|\cdot\|\boldsymbol{\alpha}\|$,其中 k 为实数.

(3) $\|\boldsymbol{\alpha}+\boldsymbol{\beta}\|\leqslant\|\boldsymbol{\alpha}\|+\|\boldsymbol{\beta}\|$.

(4) 对任意两个 n 维实向量 $\boldsymbol{\alpha},\boldsymbol{\beta}$,恒有

$$|(\boldsymbol{\alpha},\boldsymbol{\beta})|\leqslant\|\boldsymbol{\alpha}\|\cdot\|\boldsymbol{\beta}\| \tag{4.12}$$

等号成立当且仅当 $\boldsymbol{\alpha},\boldsymbol{\beta}$ 线性相关.

式(4.12)又称柯西不等式,它说明了任意两个 n 维实向量的内积与它们长度之间的关系.

长度为 1 的向量称为**单位向量**. 对于任意 n 维非零向量 $\boldsymbol{\alpha}$,向量 $\frac{1}{\|\boldsymbol{\alpha}\|}\boldsymbol{\alpha}$ 显然是一个单位向量. 事实上

$$\left\|\frac{1}{\|\boldsymbol{\alpha}\|}\boldsymbol{\alpha}\right\|=\frac{1}{\|\boldsymbol{\alpha}\|}\cdot\|\boldsymbol{\alpha}\|=1.$$

用非零向量 $\boldsymbol{\alpha}$ 的长度除非零向量 $\boldsymbol{\alpha}$,得到一个单位向量的过程,称为将向量 $\boldsymbol{\alpha}$ **单位化**.

4.3.2 正交向量组与施密特(Schmidt)正交化方法

定义 4.6 如果两个 n 维实向量 $\boldsymbol{\alpha}$ 与 $\boldsymbol{\beta}$ 的内积等于零,即 $(\boldsymbol{\alpha},\boldsymbol{\beta})=0$,则称向量 $\boldsymbol{\alpha}$ 与 $\boldsymbol{\beta}$ **正交(或相互垂直)**,记为 $\boldsymbol{\alpha}\perp\boldsymbol{\beta}$.

由于零向量与任何向量的内积均为零,因此零向量与任意向量都正交.

定义 4.7 如果 n 维非零实向量组 $\boldsymbol{\alpha}_1,\boldsymbol{\alpha}_2,\cdots,\boldsymbol{\alpha}_s$ 两两正交,即

$$(\boldsymbol{\alpha}_i,\boldsymbol{\alpha}_j)=0,\quad (i\neq j;i,j=1,2,\cdots,s),$$

则称该向量组为**正交向量组**.

如 n 维单位向量组:$\boldsymbol{\varepsilon}_1=\begin{pmatrix}1\\0\\\vdots\\0\end{pmatrix},\boldsymbol{\varepsilon}_2=\begin{pmatrix}0\\1\\\vdots\\0\end{pmatrix},\cdots,\boldsymbol{\varepsilon}_n=\begin{pmatrix}0\\0\\\vdots\\1\end{pmatrix}$,因为

$$(\boldsymbol{\varepsilon}_i,\boldsymbol{\varepsilon}_j)=0,\quad (i\neq j;i,j=1,2,\cdots,n),$$

所以 $\boldsymbol{\varepsilon}_1,\boldsymbol{\varepsilon}_2,\cdots,\boldsymbol{\varepsilon}_n$ 是正交向量组.

由单位向量构成的正交向量组叫做**正交单位向量组**,也称**标准正交向量组**.

[例 4.9] 已知三维向量 $\boldsymbol{\alpha}_1=(0,1,1)^{\mathrm{T}},\boldsymbol{\alpha}_2=(1,1,-1)^{\mathrm{T}}$,试求非零向量 $\boldsymbol{\alpha}_3$,使 $\boldsymbol{\alpha}_1,\boldsymbol{\alpha}_2,\boldsymbol{\alpha}_3$ 成为正交向量组.

解 因为 $(\boldsymbol{\alpha}_1,\boldsymbol{\alpha}_2)=0$,所以 $\boldsymbol{\alpha}_1$ 与 $\boldsymbol{\alpha}_2$ 正交. 现要求出 $\boldsymbol{\alpha}_3$,使 $\boldsymbol{\alpha}_3$ 与 $\boldsymbol{\alpha}_1$、$\boldsymbol{\alpha}_3$ 与 $\boldsymbol{\alpha}_2$ 都正交即可.

设 $\boldsymbol{\alpha}_3=(x_1,x_2,x_3)^{\mathrm{T}}$,由 $\begin{cases}(\boldsymbol{\alpha}_1,\boldsymbol{\alpha}_3)=0\\(\boldsymbol{\alpha}_2,\boldsymbol{\alpha}_3)=0\end{cases}$,得齐次线性方程组为

$$\begin{cases}x_2+x_3=0\\x_1+x_2-x_3=0\end{cases}$$

由

$$\begin{pmatrix} 0 & 1 & 1 \\ 1 & 1 & -1 \end{pmatrix} \xrightarrow{r} \begin{pmatrix} 1 & 0 & -2 \\ 0 & 1 & 1 \end{pmatrix}.$$

得基础解系 $\boldsymbol{\xi}_1=(2,-1,1)^{\mathrm{T}}$，取 $\boldsymbol{\alpha}_3=(2,-1,1)^{\mathrm{T}}$ 即为所求.

定理 4.4　正交向量组必定线性无关.

证　设 $\boldsymbol{\alpha}_1,\cdots,\boldsymbol{\alpha}_i,\cdots,\boldsymbol{\alpha}_s$ 是一正交向量组. 设有一组数 $k_1,\cdots,k_i,\cdots,k_s$，使得

$$k_1\boldsymbol{\alpha}_1+\cdots+k_i\boldsymbol{\alpha}_i+\cdots+k_s\boldsymbol{\alpha}_s=0, \tag{4.13}$$

用 $\boldsymbol{\alpha}_i$ 与式(4.13)两边的向量作内积，得

$$(\boldsymbol{\alpha}_i,k_1\boldsymbol{\alpha}_1+\cdots+k_i\boldsymbol{\alpha}_i+\cdots+k_s\boldsymbol{\alpha}_s)=0,$$

即

$$k_1(\boldsymbol{\alpha}_i,\boldsymbol{\alpha}_1)+\cdots+k_i(\boldsymbol{\alpha}_i,\boldsymbol{\alpha}_i)+\cdots+k_s(\boldsymbol{\alpha}_i,\boldsymbol{\alpha}_s)=0.$$

因 $\boldsymbol{\alpha}_1,\cdots,\boldsymbol{\alpha}_i,\cdots,\boldsymbol{\alpha}_s$ 是正交向量组，得

$$k_i(\boldsymbol{\alpha}_i,\boldsymbol{\alpha}_i)=0.$$

由于 $\boldsymbol{\alpha}_i\neq 0$，则 $(\boldsymbol{\alpha}_i,\boldsymbol{\alpha}_i)>0$，所以 $k_i=0$. 由于 $i(i=1,2,\cdots,s)$ 的任意性，便得 $\boldsymbol{\alpha}_1,\cdots,\boldsymbol{\alpha}_i,\cdots,\boldsymbol{\alpha}_s$ 线性无关.

注意：定理 4.4 的逆命题不成立. 如 $\boldsymbol{\alpha}_1=\begin{pmatrix}1\\0\\0\end{pmatrix}$，$\boldsymbol{\alpha}_2=\begin{pmatrix}1\\1\\0\end{pmatrix}$，$\boldsymbol{\alpha}_3=\begin{pmatrix}1\\1\\1\end{pmatrix}$ 线性无关，但 $\boldsymbol{\alpha}_1,\boldsymbol{\alpha}_2,\boldsymbol{\alpha}_3$ 不是正交向量组.

既然线性无关的向量组 $\boldsymbol{\alpha}_1,\boldsymbol{\alpha}_2,\cdots,\boldsymbol{\alpha}_s$ 不一定是正交向量组，那么如何从线性无关的向量组 $\boldsymbol{\alpha}_1,\boldsymbol{\alpha}_2,\cdots,\boldsymbol{\alpha}_s$ 中构造出与 $\boldsymbol{\alpha}_1,\boldsymbol{\alpha}_2,\cdots,\boldsymbol{\alpha}_s$ 等价的标准正交向量组 $\boldsymbol{\eta}_1,\boldsymbol{\eta}_2,\cdots,\boldsymbol{\eta}_s$ 呢？

定理 4.5　设 $\boldsymbol{\alpha}_1,\boldsymbol{\alpha}_2,\cdots,\boldsymbol{\alpha}_s$ 是线性无关的向量组，令

$$\boldsymbol{\beta}_1=\boldsymbol{\alpha}_1,$$

$$\boldsymbol{\beta}_2=\boldsymbol{\alpha}_2-\frac{(\boldsymbol{\alpha}_2,\boldsymbol{\beta}_1)}{(\boldsymbol{\beta}_1,\boldsymbol{\beta}_1)}\boldsymbol{\beta}_1,$$

$$\boldsymbol{\beta}_3=\boldsymbol{\alpha}_3-\frac{(\boldsymbol{\alpha}_3,\boldsymbol{\beta}_1)}{(\boldsymbol{\beta}_1,\boldsymbol{\beta}_1)}\boldsymbol{\beta}_1-\frac{(\boldsymbol{\alpha}_3,\boldsymbol{\beta}_2)}{(\boldsymbol{\beta}_2,\boldsymbol{\beta}_2)}\boldsymbol{\beta}_2,$$

……

$$\boldsymbol{\beta}_s=\boldsymbol{\alpha}_s-\frac{(\boldsymbol{\alpha}_s,\boldsymbol{\beta}_1)}{(\boldsymbol{\beta}_1,\boldsymbol{\beta}_1)}\boldsymbol{\beta}_1-\frac{(\boldsymbol{\alpha}_s,\boldsymbol{\beta}_2)}{(\boldsymbol{\beta}_2,\boldsymbol{\beta}_2)}\boldsymbol{\beta}_2-\cdots-\frac{(\boldsymbol{\alpha}_s,\boldsymbol{\beta}_{s-1})}{(\boldsymbol{\beta}_{s-1},\boldsymbol{\beta}_{s-1})}\boldsymbol{\beta}_{s-1},$$

则 $\boldsymbol{\beta}_1,\boldsymbol{\beta}_2,\cdots,\boldsymbol{\beta}_s$ 是正交向量组. 上述正交化过程称为**施密特(Schimidt)正交化方法**.

再将 $\boldsymbol{\beta}_1,\boldsymbol{\beta}_2,\cdots,\boldsymbol{\beta}_s$ 单位化，得

$$\boldsymbol{\eta}_j=\frac{\boldsymbol{\beta}_j}{\|\boldsymbol{\beta}_j\|},\quad (j=1,2,\cdots,s),$$

则向量组 $\boldsymbol{\eta}_1,\boldsymbol{\eta}_2,\cdots,\boldsymbol{\eta}_s$ 是标准正交向量组，且向量组 $\boldsymbol{\eta}_1,\boldsymbol{\eta}_2,\cdots,\boldsymbol{\eta}_j$ 与向量组 $\boldsymbol{\alpha}_1,\boldsymbol{\alpha}_2,\cdots,\boldsymbol{\alpha}_j$ $(j=1,2,\cdots,s)$ 等价.

证　略.

[例 4.10]　设 $\boldsymbol{\alpha}_1=\begin{pmatrix}1\\2\\-1\end{pmatrix}$，$\boldsymbol{\alpha}_2=\begin{pmatrix}-1\\3\\1\end{pmatrix}$，$\boldsymbol{\alpha}_3=\begin{pmatrix}4\\-1\\0\end{pmatrix}$，试用施密特正交化法将向量组正交

化,再单位化.

解 取 $\boldsymbol{\beta}_1=\boldsymbol{\alpha}_1$,

$$\boldsymbol{\beta}_2=\boldsymbol{\alpha}_2-\frac{(\boldsymbol{\alpha}_2,\boldsymbol{\beta}_1)}{(\boldsymbol{\beta}_1,\boldsymbol{\beta}_1)}\boldsymbol{\beta}_1=\begin{pmatrix}-1\\3\\1\end{pmatrix}-\frac{4}{6}\begin{pmatrix}1\\2\\-1\end{pmatrix}=\frac{5}{3}\begin{pmatrix}-1\\1\\1\end{pmatrix},$$

$$\boldsymbol{\beta}_3=\boldsymbol{\alpha}_3-\frac{(\boldsymbol{\alpha}_3,\boldsymbol{\beta}_1)}{(\boldsymbol{\beta}_1,\boldsymbol{\beta}_1)}\boldsymbol{\beta}_1-\frac{(\boldsymbol{\alpha}_3,\boldsymbol{\beta}_2)}{(\boldsymbol{\beta}_2,\boldsymbol{\beta}_2)}\boldsymbol{\beta}_2=\begin{pmatrix}4\\-1\\0\end{pmatrix}-\frac{2}{6}\begin{pmatrix}1\\2\\-1\end{pmatrix}-\frac{-\frac{25}{3}}{\frac{25}{3}}\times\frac{5}{3}\begin{pmatrix}-1\\1\\1\end{pmatrix}=\begin{pmatrix}2\\0\\2\end{pmatrix}.$$

再把 $\boldsymbol{\beta}_1,\boldsymbol{\beta}_2,\boldsymbol{\beta}_3$ 单位化.因为 $\|\boldsymbol{\beta}_1\|=\sqrt{6}$, $\|\boldsymbol{\beta}_2\|=\frac{5}{\sqrt{3}}$, $\|\boldsymbol{\beta}_3\|=2\sqrt{2}$,所以

$$\boldsymbol{\eta}_1=\frac{\boldsymbol{\beta}_1}{\|\boldsymbol{\beta}_1\|}=\frac{1}{\sqrt{6}}\begin{pmatrix}1\\2\\-1\end{pmatrix},\boldsymbol{\eta}_2=\frac{\boldsymbol{\beta}_2}{\|\boldsymbol{\beta}_2\|}=\frac{1}{\sqrt{3}}\begin{pmatrix}-1\\1\\1\end{pmatrix},\boldsymbol{\eta}_3=\frac{\boldsymbol{\beta}_3}{\|\boldsymbol{\beta}_3\|}=\frac{1}{\sqrt{2}}\begin{pmatrix}1\\0\\1\end{pmatrix},$$

则 $\boldsymbol{\eta}_1,\boldsymbol{\eta}_2,\boldsymbol{\eta}_3$ 是与 $\boldsymbol{\alpha}_1,\boldsymbol{\alpha}_2,\boldsymbol{\alpha}_3$ 等价的正交单位向量组.

4.3.3 正交矩阵

定义 4.8 设 $\boldsymbol{A}$ 是一个 n 阶实矩阵,如果 $\boldsymbol{A}^{\mathrm{T}}\boldsymbol{A}=\boldsymbol{A}\boldsymbol{A}^{\mathrm{T}}=\boldsymbol{E}$,则称 $\boldsymbol{A}$ 是**正交矩阵**.

由定义 4.8 可知,单位矩阵 $\boldsymbol{E}$ 为正交矩阵;不难验证在平面解析几何中两直角坐标系间的坐标变换矩阵 $\begin{pmatrix}\cos\theta & -\sin\theta\\ \sin\theta & \cos\theta\end{pmatrix}$ 也是正交矩阵.

正交矩阵具有如下性质.

定理 4.6 设 $\boldsymbol{A}$、$\boldsymbol{B}$ 都是 n 阶正交矩阵,则

(1) $\boldsymbol{A}^{-1}=\boldsymbol{A}^{\mathrm{T}}$.

(2) $|\boldsymbol{A}|=1$ 或 -1.

(3) $\boldsymbol{A}^{\mathrm{T}}$(即 $\boldsymbol{A}^{-1}$)是正交矩阵.

(4) $\boldsymbol{AB}$ 是正交矩阵.

证 (1) 因为 $\boldsymbol{A}$ 是 n 阶正交矩阵,则有 $\boldsymbol{A}^{\mathrm{T}}\boldsymbol{A}=\boldsymbol{A}\boldsymbol{A}^{\mathrm{T}}=\boldsymbol{E}$,所以 $\boldsymbol{A}^{-1}=\boldsymbol{A}^{\mathrm{T}}$.

(2) 因为 $\boldsymbol{A}^{\mathrm{T}}\boldsymbol{A}=\boldsymbol{E}$,两边取行列式,得

$$|\boldsymbol{A}^{\mathrm{T}}\boldsymbol{A}|=|\boldsymbol{A}^{\mathrm{T}}||\boldsymbol{A}|=|\boldsymbol{E}|=1,$$

因此 $|\boldsymbol{A}|^2=1$,所以 $|\boldsymbol{A}|=\pm1$.

(3) 因为 $\boldsymbol{A}^{\mathrm{T}}(\boldsymbol{A}^{\mathrm{T}})^{\mathrm{T}}=(\boldsymbol{A}^{\mathrm{T}}\boldsymbol{A})=\boldsymbol{E}$,且 $\boldsymbol{A}^{\mathrm{T}}$ 为实矩阵,所以 $\boldsymbol{A}^{\mathrm{T}}$(即 $\boldsymbol{A}^{-1}$)也是正交矩阵.

(4) 因为 $\boldsymbol{A}$、$\boldsymbol{B}$ 都是 n 阶正交矩阵,则有

$$(\boldsymbol{AB})(\boldsymbol{AB})^{\mathrm{T}}=(\boldsymbol{AB})(\boldsymbol{B}^{\mathrm{T}}\boldsymbol{A}^{\mathrm{T}})=\boldsymbol{A}(\boldsymbol{B}\boldsymbol{B}^{\mathrm{T}})\boldsymbol{A}^{\mathrm{T}}=\boldsymbol{AEA}^{\mathrm{T}}=\boldsymbol{AA}^{\mathrm{T}}=\boldsymbol{E},$$

又 $\boldsymbol{AB}$ 为实矩阵,所以 $\boldsymbol{AB}$ 也是正交矩阵.

定理 4.7 n 阶方阵 $\boldsymbol{A}$ 为正交矩阵的充分必要条件是 $\boldsymbol{A}$ 的列(或行)向量组是正交单位向量组.

证 将 $\boldsymbol{A}$ 按列分块为 $\boldsymbol{A}=(\boldsymbol{\alpha}_1\ \ \boldsymbol{\alpha}_2\ \ \cdots\ \ \boldsymbol{\alpha}_n)$,有

$$A^TA=\begin{pmatrix}\alpha_1^T\\ \alpha_2^T\\ \vdots\\ \alpha_n^T\end{pmatrix}(\alpha_1\quad\alpha_2\quad\cdots\quad\alpha_n)=\begin{pmatrix}\alpha_1^T\alpha_1 & \alpha_1^T\alpha_2 & \cdots & \alpha_1^T\alpha_n\\ \alpha_2^T\alpha_1 & \alpha_2^T\alpha_2 & \cdots & \alpha_2^T\alpha_n\\ \vdots & \vdots & \ddots & \vdots\\ \alpha_n^T\alpha_1 & \alpha_n^T\alpha_2 & \cdots & \alpha_n^T\alpha_n\end{pmatrix},$$

易得 $A^TA=E$ 的充分必要条件是

$$\begin{cases}\alpha_i^T\alpha_i=1,\\ \alpha_i^T\alpha_j=0\end{cases}\quad i,j=1,2,\cdots,n,i\neq j.$$

即 A 的列向量组 $\alpha_1,\alpha_2,\cdots,\alpha_n$ 是正交单位向量组.

因为 A 是正交矩阵，由定理 4.6 得 A^T 也是正交矩阵，所以 A^T 的列向量组是正交单位向量组，即 A 的行向量组也是正交的单位向量组.

如 $A=\begin{pmatrix}-\frac{1}{\sqrt2} & \frac{1}{\sqrt3} & \frac{1}{\sqrt6}\\ \frac{1}{\sqrt2} & \frac{1}{\sqrt3} & \frac{1}{\sqrt6}\\ 0 & \frac{1}{\sqrt3} & -\frac{2}{\sqrt6}\end{pmatrix}$，$B=\begin{pmatrix}2 & -2 & 1\\ 1 & 2 & 2\\ 2 & 1 & -2\end{pmatrix}$，利用定理 4.7 容易验证 A 是正交矩阵，而 B 不是正交矩阵，因为 B 的行(或列)向量组虽然两两正交，但不是单位向量组.

习题 4.3

1. 计算向量 α 与 β 的内积.

(1) $\alpha=(1,2,-3)^T,\beta=(3,-2,1)^T$.

(2) $\alpha=(1,2,2,-1)^T,\beta=(3,2,8,7)^T$.

2. 试用施密特正交化方法把下列各向量组正交化，再单位化.

(1) $\alpha_1=(2,0)^T,\alpha_2=(1,1)^T$.

(2) $\alpha_1=(2,0,0)^T$，$\alpha_2=(0,1,-1)^T$，$\alpha_3=(5,6,0)^T$.

(3) $\alpha_1=(1,1,0,0)^T,\alpha_2=(0,0,1,1)^T,\alpha_3=(1,0,0,-1)^T,\alpha_4=(1,-1,-1,1)^T$.

3. 判别下列矩阵是否为正交矩阵.

(1) $\begin{pmatrix}\frac12 & \frac23\\ -\frac23 & \frac12\end{pmatrix}$　　(2) $\begin{pmatrix}\frac19 & -\frac89 & -\frac49\\ -\frac89 & \frac19 & -\frac49\\ -\frac49 & -\frac49 & \frac79\end{pmatrix}$

(3) $\begin{pmatrix}1 & -\frac12 & \frac13\\ -\frac12 & 1 & \frac12\\ \frac13 & \frac12 & -1\end{pmatrix}$　　(4) $\begin{pmatrix}\frac{1}{\sqrt2} & \frac{1}{\sqrt2} & 0 & 0\\ 0 & 0 & \frac{1}{\sqrt2} & \frac{1}{\sqrt2}\\ \frac12 & -\frac12 & -\frac12 & \frac12\\ \frac12 & -\frac12 & \frac12 & -\frac12\end{pmatrix}$

4.4 实对称矩阵的相似对角化

在4.2节中，我们已经知道不是所有的 n 阶实矩阵都可以相似对角化.然而，由于实对称矩阵的特征值和特征向量具有诸多特殊的性质，可确保任意实对称矩阵一定能相似对角化.下面我们先介绍实对称矩阵的特征值和特征向量的性质.

4.4.1 实对称矩阵的特征值和特征向量的性质

定理 4.8 实对称矩阵 $\boldsymbol{A}$ 的特征值为实数.

证 略.

定理 4.9 实对称矩阵 $\boldsymbol{A}$ 的对应于不同特征值的特征向量相互正交.

证 设 λ_1,λ_2 是 $\boldsymbol{A}$ 的任意两个互不相同的特征值，$\boldsymbol{\xi}_1,\boldsymbol{\xi}_2$ 是 $\boldsymbol{A}$ 的分别对应于特征值 λ_1，λ_2 的特征向量，有

$$\boldsymbol{A\xi}_1=\lambda_1\boldsymbol{\xi}_1,\boldsymbol{\xi}_1\neq\boldsymbol{0};\boldsymbol{A\xi}_2=\lambda_2\boldsymbol{\xi}_2,\boldsymbol{\xi}_2\neq\boldsymbol{0}.$$

因为 $\boldsymbol{A}$ 为实对称矩阵，有

$$\lambda_1\boldsymbol{\xi}_1^{\mathrm{T}}=(\lambda_1\boldsymbol{\xi}_1)^{\mathrm{T}}=(A\boldsymbol{\xi}_1)^{\mathrm{T}}=\boldsymbol{\xi}_1^{\mathrm{T}}A^{\mathrm{T}}=\boldsymbol{\xi}_1^{\mathrm{T}}A,$$

于是

$$\lambda_1\boldsymbol{\xi}_1^{\mathrm{T}}\boldsymbol{\xi}_2=\boldsymbol{\xi}_1^{\mathrm{T}}A\boldsymbol{\xi}_2=\boldsymbol{\xi}_1^{\mathrm{T}}(\lambda_2\boldsymbol{\xi}_2)=\lambda_2\boldsymbol{\xi}_1^{\mathrm{T}}\boldsymbol{\xi}_2,$$

即

$$(\lambda_1-\lambda_2)\boldsymbol{\xi}_1^{\mathrm{T}}\boldsymbol{\xi}_2=0.$$

因为 $\lambda_1\neq\lambda_2$，所以 $\lambda_1-\lambda_2\neq0$，则 $\boldsymbol{\xi}_1^{\mathrm{T}}\boldsymbol{\xi}_2=0$，即 $\boldsymbol{\xi}_1,\boldsymbol{\xi}_2$ 正交.

定理 4.10 设 λ_i 是 n 阶实对称矩阵 $\boldsymbol{A}$ 的 n_i 重特征值，则 A 的对应于特征值 λ_i 的线性无关的特征向量恰好有 n_i 个.

这个定理不予证明，上节例子已说明，此结论对于非实对称矩阵不一定成立.

4.4.2 实对称矩阵的相似对角化

设 n 阶实对称矩阵 $\boldsymbol{A}$ 有 m 个互不相同的特征值 $\lambda_1,\lambda_2,\cdots,\lambda_m$，其中 λ_i 为 $\boldsymbol{A}$ 的 k_i 重特征值$(i=1,2,\cdots,m)$，且 $k_1+k_2+\cdots+k_m=n$. 由定理4.10知，$\boldsymbol{A}$ 的对应于 k_i 重特征值 λ_i 的线性无关的特征向量恰好有 k_i 个.利用施密特正交化方法把这 k_i 个线性无关的特征向量正交化，再单位化，可求得 $\boldsymbol{A}$ 的 n 个两两正交且单位化的特征向量组.把所得正交单位向量组组成矩阵 $\boldsymbol{U}$，则 $\boldsymbol{U}$ 是正交矩阵，且 $\boldsymbol{U}^{-1}\boldsymbol{AU}$ 为对角矩阵.

定理 4.11 对于任意 n 阶实对称矩阵 $\boldsymbol{A}$，一定存在一个 n 阶正交矩阵 $\boldsymbol{U}$，使得 $\boldsymbol{U}^{-1}\boldsymbol{AU}$ 为对角矩阵.

由前面的讨论，得到对实对称矩阵 $\boldsymbol{A}$ 求正交矩阵 $\boldsymbol{U}$，使 $\boldsymbol{U}^{-1}\boldsymbol{AU}$ 为对角矩阵的方法.具体步骤如下：

(1) 求出 $\boldsymbol{A}$ 的全部互异特征值 $\lambda_1,\lambda_2,\cdots,\lambda_m$.

(2) 对 $\boldsymbol{A}$ 的每个 k_i 重特征值 $\lambda_i(i=1,2,\cdots,m)$，解特征方程组 $(\lambda_i\boldsymbol{E}-\boldsymbol{A})\boldsymbol{X}=\boldsymbol{0}$，求出它的一个基础解系 $\boldsymbol{\xi}_{i1},\boldsymbol{\xi}_{i2},\cdots,\boldsymbol{\xi}_{ik_i}$，利用施密特正交化方法将 $\boldsymbol{\xi}_{i1},\boldsymbol{\xi}_{i2},\cdots,\boldsymbol{\xi}_{ik_i}$ 先正交化，再单位化，得到 $\boldsymbol{A}$ 的对应于特征值 λ_i 的 k_i 个正交单位化的特征向量 $\boldsymbol{\eta}_{i1},\boldsymbol{\eta}_{i2},\cdots,\boldsymbol{\eta}_{ik_i}$.

(3) 将对应于 λ_i 的全部特征向量 $\boldsymbol{\eta}_{i1},\boldsymbol{\eta}_{i2},\cdots,\boldsymbol{\eta}_{ik_i}(i=1,2,\cdots,m)$ 构成矩阵

$$\boldsymbol{U}=(\boldsymbol{\eta}_{11}\ \ \boldsymbol{\eta}_{12}\ \ \cdots\ \ \boldsymbol{\eta}_{1k_1}\ \ \boldsymbol{\eta}_{21}\ \ \boldsymbol{\eta}_{22}\ \ \cdots\ \ \boldsymbol{\eta}_{2k_2}\ \ \cdots\ \ \boldsymbol{\eta}_{m1}\ \ \boldsymbol{\eta}_{m2}\ \ \cdots\ \ \boldsymbol{\eta}_{mk_m}),$$

即为所求之正交矩阵,且

$$\boldsymbol{U}^{-1}\boldsymbol{A}\boldsymbol{U}=\boldsymbol{\Lambda}=\mathrm{diag}(\underbrace{\lambda_1,\cdots,\lambda_1}_{k_1},\underbrace{\lambda_2,\cdots,\lambda_2}_{k_2},\cdots,\underbrace{\lambda_m,\cdots,\lambda_m}_{k_m}).$$

[例 4.11] 设 $\boldsymbol{A}=\begin{pmatrix}2&2&-2\\2&5&-4\\-2&-4&5\end{pmatrix}$,求正交矩阵 $\boldsymbol{U}$,使得 $\boldsymbol{U}^{-1}\boldsymbol{A}\boldsymbol{U}=\boldsymbol{\Lambda}$ 为对角矩阵.

解 $\boldsymbol{A}$ 的特征多项式

$$|\lambda\boldsymbol{E}-\boldsymbol{A}|=\begin{vmatrix}\lambda-2&-2&2\\-2&\lambda-5&4\\2&4&\lambda-5\end{vmatrix}=(\lambda-1)^2(\lambda-10),$$

得 $\boldsymbol{A}$ 的特征值 $\lambda_1=\lambda_2=1,\lambda_3=10$.

当 $\lambda_1=\lambda_2=1$ 时,解特征方程组 $(\boldsymbol{E}-\boldsymbol{A})\boldsymbol{X}=\boldsymbol{0}$,由于

$$\boldsymbol{E}-\boldsymbol{A}=\begin{pmatrix}-1&-2&2\\-2&-4&4\\2&4&-4\end{pmatrix}\xrightarrow{r}\begin{pmatrix}1&2&-2\\0&0&0\\0&0&0\end{pmatrix}$$

得基础解系

$$\boldsymbol{\xi}_1=\begin{pmatrix}-2\\1\\0\end{pmatrix},\quad \boldsymbol{\xi}_2=\begin{pmatrix}2\\0\\1\end{pmatrix},$$

正交化得

$$\boldsymbol{\beta}_1=\boldsymbol{\xi}_1=\begin{pmatrix}-2\\1\\0\end{pmatrix},\quad \boldsymbol{\beta}_2=\boldsymbol{\xi}_2-\frac{(\boldsymbol{\xi}_2,\boldsymbol{\beta}_1)}{(\boldsymbol{\beta}_1,\boldsymbol{\beta}_1)}\boldsymbol{\beta}_1=\begin{pmatrix}2\\0\\1\end{pmatrix}+\frac{4}{5}\begin{pmatrix}-2\\1\\0\end{pmatrix}=\begin{pmatrix}\frac{2}{5}\\\frac{4}{5}\\1\end{pmatrix},$$

单位化得

$$\boldsymbol{\eta}_1=\frac{\boldsymbol{\beta}_1}{\|\boldsymbol{\beta}_1\|}=\begin{pmatrix}-\frac{2}{\sqrt{5}}\\\frac{1}{\sqrt{5}}\\0\end{pmatrix},\boldsymbol{\eta}_2=\frac{\boldsymbol{\beta}_2}{\|\boldsymbol{\beta}_2\|}=\begin{pmatrix}\frac{2}{3\sqrt{5}}\\\frac{4}{3\sqrt{5}}\\\frac{5}{3\sqrt{5}}\end{pmatrix}.$$

当 $\lambda_3=10$ 时,解特征方程组 $(10\boldsymbol{E}-\boldsymbol{A})\boldsymbol{X}=0$,由于

$$10\boldsymbol{E}-\boldsymbol{A}=\begin{pmatrix}8&-2&2\\-2&5&4\\2&4&5\end{pmatrix}\xrightarrow{r}\begin{pmatrix}1&0&\frac{1}{2}\\0&1&1\\0&0&0\end{pmatrix}$$

得基础解系

$$\boldsymbol{\xi}_3=\begin{pmatrix}1\\2\\-2\end{pmatrix},$$

单位化得

$$\boldsymbol{\eta}_3=\frac{\boldsymbol{\xi}_3}{\|\boldsymbol{\xi}_3\|}=\begin{pmatrix}\frac{1}{3}\\\frac{2}{3}\\-\frac{2}{3}\end{pmatrix},$$

令正交矩阵

$$\boldsymbol{U}=(\boldsymbol{\eta}_1\quad\boldsymbol{\eta}_2\quad\boldsymbol{\eta}_3)=\begin{pmatrix}-\frac{2}{\sqrt{5}}&\frac{2}{3\sqrt{5}}&\frac{1}{3}\\\frac{1}{\sqrt{5}}&\frac{4}{3\sqrt{5}}&\frac{2}{3}\\0&\frac{5}{3\sqrt{5}}&-\frac{2}{3}\end{pmatrix},$$

有

$$\boldsymbol{U}^{-1}\boldsymbol{A}\boldsymbol{U}=\boldsymbol{\Lambda}=\begin{pmatrix}1&&\\&1&\\&&10\end{pmatrix}.$$

习题 4.4

1. 求正交矩阵 $\boldsymbol{U}$,使下列实对称矩阵 $\boldsymbol{A}$ 对角化,并写出对角矩阵 $\boldsymbol{\Lambda}$.

(1) $\boldsymbol{A}=\begin{pmatrix}1&-2&0\\-2&2&-2\\0&-2&3\end{pmatrix}$　　(2) $\boldsymbol{A}=\begin{pmatrix}4&2&2\\2&4&2\\2&2&4\end{pmatrix}$　　(3) $\boldsymbol{A}=\begin{pmatrix}0&1&1&-1\\1&0&-1&1\\1&-1&0&1\\-1&1&1&0\end{pmatrix}$

2. 已知实对称矩阵 $\boldsymbol{A}=\begin{pmatrix}1&2&2\\2&1&2\\2&2&1\end{pmatrix}$,试求 $\boldsymbol{A}^{10}$.

3. 设 $\boldsymbol{A}$ 为 3 阶实对称矩阵,$\lambda_1=1,\lambda_2=\lambda_3=-3$ 是 $\boldsymbol{A}$ 的特征值,对应于特征值 $\lambda_1=1$ 的特征向量是 $\boldsymbol{\xi}_1=(1,-1,1)^{\mathrm{T}}$,试求对应于特征值$-3$ 的全部特征向量.

*4. 设 3 阶实对称矩阵 $\boldsymbol{A}$ 的特征值是 1,2,3,矩阵 $\boldsymbol{A}$ 的对应于特征值 1,2 的特征向量分别为

$$\boldsymbol{\xi}_1=(-1,-1,1)^{\mathrm{T}},\quad \boldsymbol{\xi}_2=(1,-2,-1)^{\mathrm{T}},$$

试求:(1)矩阵 $\boldsymbol{A}$ 的对应于特征值 3 的特征向量;(2)矩阵 $\boldsymbol{A}$.

5. 设 $\boldsymbol{A},\boldsymbol{B}$ 都是 n 阶实对称矩阵,证明:存在正交矩阵 $\boldsymbol{U}$,使 $\boldsymbol{U}^{-1}\boldsymbol{A}\boldsymbol{U}=\boldsymbol{B}$ 的充分必要条件是 $\boldsymbol{A}$ 与 $\boldsymbol{B}$ 的特征多项式相同.

复习题四

一、判断题(对的在括号里打“√”,错的在括号里打“×”)

1. 设 λ_0 是方阵 $\boldsymbol{A}$ 的特征值,$\boldsymbol{A}$ 的对应于特征值λ_0 的特征向量不一定存在.(　　)

2. 设向量$\boldsymbol{\xi}$是方阵$\boldsymbol{A}$的对应于其特征值λ的特征向量，则$k\boldsymbol{\xi}$(k为任意常数)也是$\boldsymbol{A}$的对应于λ的特征向量.(　　)
3. 若$\boldsymbol{A}$与$\boldsymbol{B}$相似，且$\boldsymbol{A}$与$\boldsymbol{B}$均可逆，则$\boldsymbol{A}^{-1}$与$\boldsymbol{B}^{-1}$也相似.(　　)
4. 若$\boldsymbol{A}$与$\boldsymbol{B}$有相同的特征值，则$\boldsymbol{A}$与$\boldsymbol{B}$相似.(　　)
5. 若$\boldsymbol{A}$与$\boldsymbol{B}$相似，且$\boldsymbol{B}=\boldsymbol{P}^{-1}\boldsymbol{AP}$，则$\boldsymbol{P}$是唯一的.(　　)
6. n阶实对称矩阵必有n个线性无关的特征向量.(　　)
7. 实矩阵的所有特征向量都是实向量.(　　)
8. 设$\boldsymbol{A}$为n阶方阵，且$|\boldsymbol{A}|=1$或$|\boldsymbol{A}|=-1$，则$\boldsymbol{A}$为正交矩阵.(　　)

二、填空题

1. 设λ是n阶可逆矩阵A的一个特征值，$|A|=2$，则$\boldsymbol{A}^{-1}$必有一个特征值为(　　　　)，$\boldsymbol{A}^*$必有一个特征值为(　　　　)，$\boldsymbol{A}^m$必有一个特征值为(　　　　)，其中m为正整数.
2. 设向量$\boldsymbol{\alpha}=\begin{pmatrix}1\\k\\1\end{pmatrix}$是矩阵$\boldsymbol{A}=\begin{pmatrix}2&1&1\\1&2&1\\1&1&2\end{pmatrix}$的特征向量，则$k=$(　　　　).
3. 若$\boldsymbol{A}^2=\boldsymbol{E}$，则$\boldsymbol{A}$的特征值为(　　　　).
4. 设矩阵$\boldsymbol{A}=\begin{pmatrix}2&0&1\\3&1&x\\4&0&5\end{pmatrix}$可相似对角化，则$x=$(　　　　).
5. 设3阶矩阵$\boldsymbol{A}$的特征值为2,1,−2，则$\boldsymbol{A}$的伴随矩阵的行列式$|\boldsymbol{A}^*|$为(　　　　).
6. 已知2阶矩阵$\boldsymbol{A}$的主对角线元素之和为3，且$|\boldsymbol{A}|=2$，则$\boldsymbol{A}$的特征值为(　　　　).
7. 已知向量$\boldsymbol{\alpha}=(1,2,1)^{\mathrm{T}}$与$\boldsymbol{\beta}=(3,-2,a)^{\mathrm{T}}$正交，则$a=$(　　　　).
8. 设$\boldsymbol{A}$是10阶实对称矩阵，2是$\boldsymbol{A}$的特征方程的三重根，则$R(\boldsymbol{A}-2\boldsymbol{E})=$(　　　　)，对应于特征值2的线性无关的特征向量个数是(　　　　).

三、选择题

1. 3阶矩阵$\boldsymbol{A}$的特征值为$-3,\frac{1}{4},5$，则下列矩阵中为可逆矩阵的是(　　).

   (A) $\boldsymbol{E}-4\boldsymbol{A}$　　(B) $3\boldsymbol{E}+\boldsymbol{A}$　　(C) $2\boldsymbol{E}-\boldsymbol{A}$　　(D) $\boldsymbol{A}-5\boldsymbol{E}$
2. 设$\boldsymbol{A}$是4阶实对称矩阵，若$\boldsymbol{A}$的4个特征值中有3个不是零，则$R(\boldsymbol{A})$为(　　).

   (A) 1　　(B) 2　　(C) 3　　(D) 4
3. 方阵$\begin{pmatrix}1&1\\0&2\end{pmatrix}$相似于矩阵(　　).

   (A) $\begin{pmatrix}-1&0\\0&-2\end{pmatrix}$　　(B) $\begin{pmatrix}1&1\\2&2\end{pmatrix}$　　(C) $\begin{pmatrix}1&0\\0&2\end{pmatrix}$　　(D) $\begin{pmatrix}1&1\\0&1\end{pmatrix}$
4. 已知矩阵$\boldsymbol{A}$与$\boldsymbol{B}$相似，则下列结论不成立的是(　　).

   (A) $|\boldsymbol{A}|=|\boldsymbol{B}|$　　(B) $R(\boldsymbol{A})=R(\boldsymbol{B})$

   (C) $\boldsymbol{A},\boldsymbol{B}$有相同的特征值　　(D) $\boldsymbol{A},\boldsymbol{B}$有相同的特征向量
5. 设$\boldsymbol{A},\boldsymbol{B}$是2阶矩阵，$\boldsymbol{AB}=\boldsymbol{BX}$，若$\boldsymbol{A}$有一个特征值为3，$\boldsymbol{B}$的两个特征值为2,−2，则矩阵$\boldsymbol{X}$必有一个特征值为(　　).

   (A) 2　　(B) −2　　(C) 3　　(D) −3
6. n阶方阵$\boldsymbol{A}$具有n个不同的特征值是$\boldsymbol{A}$与n阶对角矩阵相似的(　　).

   (A) 充分必要条件　　(B) 充分而非必要条件

   (C) 必要而非充分条件　　(D) 既非充分条件也非必要条件
7. 设$\boldsymbol{A}$是4阶实对称矩阵，0是$\boldsymbol{A}$的二重特征值，则齐次线性方程组$\boldsymbol{AX}=\boldsymbol{0}$的基础解系含(　　)个解

向量.

(A) 0　　(B) 1　　(C) 2　　(D) 3

8. 已知矩阵 $\boldsymbol{A}=\begin{pmatrix}2&0&0\\0&0&1\\0&1&x\end{pmatrix}$ 与对角矩阵 $\boldsymbol{B}=\begin{pmatrix}2&0&0\\0&y&0\\0&0&-1\end{pmatrix}$ 相似,则(　　).

(A) $x=0,y=1$　　(B) $x=-1,y=0$　　(C) $x=y=0$　　(D) $x=y=1$

四、计算题

1. 已知实对称矩阵 $\boldsymbol{A}=\begin{pmatrix}1&0&1\\0&2&0\\1&0&1\end{pmatrix}$,(1)求正交矩阵 $\boldsymbol{U}$,使 $\boldsymbol{U}^{-1}\boldsymbol{A}\boldsymbol{U}$ 为对角矩阵;(2)求 $\boldsymbol{A}^{10}$.

2. 设 3 阶矩阵 $\boldsymbol{A}$ 有二重特征值 λ_1,如果

$$\boldsymbol{\xi}_1=(1,0,1)^{\mathrm{T}},\quad \boldsymbol{\xi}_2=(-1,0,-1)^{\mathrm{T}},\quad \boldsymbol{\xi}_3=(1,1,0)^{\mathrm{T}},\quad \boldsymbol{\xi}_4=(0,1,-1)^{\mathrm{T}}$$

都是 $\boldsymbol{A}$ 的对应于 λ_1 的特征向量,问 $\boldsymbol{A}$ 可否对角化?

3. 已知 $\boldsymbol{A}=\begin{pmatrix}2&-1&2\\5&a&3\\-1&b&-2\end{pmatrix}$ 的一个特征向量 $\boldsymbol{\xi}=(1,1,-1)^T$. 试求

(1) a,b 的值及 $\boldsymbol{\xi}$ 对应的特征值.

(2) $\boldsymbol{A}$ 能否相似于对角矩阵?说明理由.

***4.** 设矩阵 $\boldsymbol{A}=\begin{pmatrix}1&-1&1\\x&4&y\\-3&-3&5\end{pmatrix}$,已知 $\boldsymbol{A}$ 有 3 个线性无关的特征向量,且 $\lambda_1=2$ 是二重特征值,试求满足 $\boldsymbol{P}^{-1}\boldsymbol{A}\boldsymbol{P}=\boldsymbol{\Lambda}$ 的矩阵 $\boldsymbol{P}$,其中 $\boldsymbol{\Lambda}$ 为对角矩阵.

五、证明题

1. 设 $\boldsymbol{\xi}_1,\boldsymbol{\xi}_2$ 是矩阵 $\boldsymbol{A}$ 的两个不同特征值对应的特征向量,证明:$\boldsymbol{\xi}_1+\boldsymbol{\xi}_2$ 不是 $\boldsymbol{A}$ 的特征向量.

2. 设 $\boldsymbol{A}$ 为正交矩阵,若 $|\boldsymbol{A}|=-1$,证明:$\boldsymbol{A}$ 一定有特征值 -1.

3. 设 $\boldsymbol{A}$ 是正交矩阵,证明:$\boldsymbol{A}$ 的伴随矩阵 $\boldsymbol{A}^*$ 也是正交矩阵.

4. 设 $\boldsymbol{A}$、$\boldsymbol{B}$ 是正交矩阵,证明:$\begin{pmatrix}\boldsymbol{A}&\boldsymbol{O}\\\boldsymbol{O}&\boldsymbol{B}\end{pmatrix}$ 也是正交矩阵.

5 二次型

在解析几何中，二次曲线的一般方程是

$$Ax^2+2Bxy+Cy^2+2Dx+2Ey+F=0,$$

其中 A,B,C 不全为零，它的二次项

$$f(x,y)=Ax^2+2Bxy+Cy^2$$

是一个二元二次齐次多项式. 为便于研究这个二次曲线的几何特性，常通过线性变换把一般方程化为不含 x,y 的混合项且只含平方项的标准方程 $ax'^2+by'^2=1$.

本章我们研究的中心问题是将一个 n 元二次齐次多项式，经过非退化的线性变换，化为只含平方项的标准形，以及正定二次型（正定矩阵）的性质与判定.

5.1 二次型的基本概念

5.1.1 二次型及其矩阵

定义 5.1 含有 n 个变量 $x_1,x_2,\cdots,x_n$ 的 n 元二次齐次多项式

$$\begin{aligned} f(x_1,x_2,\cdots,x_n)=a_{11}x_1^2+2a_{12}x_1x_2+\cdots&+2a_{1n}x_1x_n \\ +a_{22}x_2^2\quad+\cdots&+2a_{2n}x_2x_n \\ +\cdots& \\ &+a_{nn}x_n^2 \end{aligned} \tag{5.1}$$

称为 $x_1,x_2,\cdots,x_n$ 的 n **元二次齐次多项式**，简称为 $x_1,x_2,\cdots,x_n$ 的 n **元二次型**.

当 $a_{ij}(i,j=1,2,\cdots,n)$ 为实数时，f 称为**实二次型**；当 a_{ij} 为复数时，f 称为**复二次型**，本章仅讨论实二次型.

令 $a_{ij}=a_{ji},i,j=1,2,\cdots,n$，则式(5.1)又可写成

$$\begin{aligned} f(x_1,x_2,\cdots,x_n)&=a_{11}x_1^2+a_{12}x_1x_2+\cdots+a_{1n}x_1x_n \\ &\quad+a_{21}x_2x_1+a_{22}x_2^2+\cdots+a_{2n}x_2x_n \\ &\quad+\cdots \\ &\quad+a_{n1}x_nx_1+a_{n2}x_nx_2+\cdots+a_{nn}x_n^2 \\ &=\sum_{i=1}^{n}\sum_{j=1}^{n}a_{ij}x_ix_j. \end{aligned} \tag{5.2}$$

进一步，有

$$\begin{aligned} f(x_1,x_2,\cdots,x_n)&=x_1(a_{11}x_1+a_{12}x_2+\cdots+a_{1n}x_n) \\ &\quad+x_2(a_{21}x_1+a_{22}x_2+\cdots+a_{2n}x_n) \\ &\quad+\cdots \\ &\quad+x_n(a_{n1}x_1+a_{n2}x_2+\cdots+a_{nn}x_n). \end{aligned}$$

利用矩阵乘法，式(5.2)可化为

$$f(x_1,x_2,\cdots,x_n)=(x_1,x_2,\cdots,x_n)\begin{pmatrix}a_{11}&a_{12}&\cdots&a_{1n}\\a_{21}&a_{22}&\cdots&a_{2n}\\\vdots&\vdots&&\vdots\\a_{n1}&a_{n2}&\cdots&a_{nn}\end{pmatrix}\begin{pmatrix}x_1\\x_2\\\vdots\\x_n\end{pmatrix}\qquad(5.3)$$

若记

$$\boldsymbol{A}=\begin{pmatrix}a_{11}&a_{12}&\cdots&a_{1n}\\a_{21}&a_{22}&\cdots&a_{2n}\\\vdots&\vdots&&\vdots\\a_{n1}&a_{n2}&\cdots&a_{nn}\end{pmatrix},\boldsymbol{X}=\begin{pmatrix}x_1\\x_2\\\vdots\\x_n\end{pmatrix},$$

其中 $a_{ij}=a_{ji}(i,j=1,2,\cdots,n)$，则二次型式(5.3)可以简洁表示为

$$f(x_1,x_2,\cdots,x_n)=\boldsymbol{X}^{\mathrm{T}}\boldsymbol{A}\boldsymbol{X},$$

其中 $\boldsymbol{A}^{\mathrm{T}}=\boldsymbol{A}$，称 n 阶实对称矩阵 $\boldsymbol{A}$ 为**二次型 f 的矩阵**，二次型 f 称为 n 阶实对称矩阵 $\boldsymbol{A}$ **的二次型**，并称矩阵 $\boldsymbol{A}$ 的秩为该**二次型的秩**.

通过上述分析可以得到：n 元实二次型与 n 阶实对称矩阵之间是一一对应的.

［例 5.1］ 求二次型 $f(x_1,x_2,x_3)=x_1^2+5x_2^2-6x_3^2-2x_1x_2+4x_1x_3+6x_2x_3$ 的矩阵及其矩阵表示式，并求二次型的秩.

解 二次型 f 的矩阵 $\boldsymbol{A}=\begin{pmatrix}1&-1&2\\-1&5&3\\2&3&-6\end{pmatrix}$，则二次型 f 的矩阵表示式为

$$f(x_1,x_2,x_3)=\boldsymbol{X}^{\mathrm{T}}\boldsymbol{A}\boldsymbol{X}=(x_1,x_2,x_3)\begin{pmatrix}1&-1&2\\-1&5&3\\2&3&-6\end{pmatrix}\begin{pmatrix}x_1\\x_2\\x_3\end{pmatrix}.$$

因为 $|\boldsymbol{A}|=\begin{vmatrix}1&-1&2\\-1&5&3\\2&3&-6\end{vmatrix}=-65\neq0$，则矩阵 $\boldsymbol{A}$ 为可逆矩阵，所以 $R(\boldsymbol{A})=3$，故二次型 $f(x_1,x_2,x_3)=\boldsymbol{X}^{\mathrm{T}}\boldsymbol{A}\boldsymbol{X}$ 的秩等于 3.

［例 5.2］ 二次型 f 的矩阵 $\boldsymbol{A}=\begin{pmatrix}-2&\sqrt{3}&5\\\sqrt{3}&1&0\\5&0&-1\end{pmatrix}$，试写出矩阵 $\boldsymbol{A}$ 所对应的二次型 f.

解 因为矩阵 $\boldsymbol{A}$ 为 3 阶实对称矩阵，故对应的二次型 f 是三元二次型，有

$$\begin{aligned}f(x_1,x_2,x_3)&=(x_1,x_2,x_3)\begin{pmatrix}-2&\sqrt{3}&5\\\sqrt{3}&1&0\\5&0&-1\end{pmatrix}\begin{pmatrix}x_1\\x_2\\x_3\end{pmatrix}\\&=-2x_1^2+x_2^2-x_3^2+2\sqrt{3}x_1x_2+10x_1x_3.\end{aligned}$$

5.1.2 矩阵合同

在解析几何中，为了研究二次齐次方程

$$Ax^2+2Bxy+Cy^2=D(A,B,C\text{ 不全为零})$$

所表示的曲线形态，通常利用坐标旋转变换

$$\begin{cases} x=x'\cos\theta-y'\sin\theta \\ y=x'\sin\theta+y'\cos\theta \end{cases} \tag{5.4}$$

选择适当的 θ，可使上面的方程化为

$$ax'^2+by'^2=1.$$

其中式(5.4)称为线性变换. 一般地，有

定义 5.2　设 $x_1,x_2,\cdots,x_n$ 与 $y_1,y_2,\cdots,y_n$ 是两组变量，称关系式

$$\begin{cases} x_1=c_{11}y_1+c_{12}y_2+\cdots+c_{1n}y_n \\ x_2=c_{21}y_1+c_{22}y_2+\cdots+c_{2n}y_n \\ \qquad\cdots\cdots \\ x_n=c_{n1}y_1+c_{n2}y_2+\cdots+c_{nn}y_n \end{cases} \tag{5.5}$$

为由变量 $x_1,x_2,\cdots,x_n$ 到 $y_1,y_2,\cdots,y_n$ 的一个**线性变换**，其中 $c_{ij}\in\mathbf{R},i,j=1,2,\cdots,n$.

若令

$$\boldsymbol{C}=\begin{pmatrix} c_{11} & c_{12} & \cdots & c_{1n} \\ c_{21} & c_{22} & \cdots & c_{2n} \\ \vdots & \vdots & & \vdots \\ c_{n1} & c_{n2} & \cdots & c_{nn} \end{pmatrix},\boldsymbol{X}=\begin{pmatrix} x_1 \\ x_2 \\ \vdots \\ x_n \end{pmatrix},\boldsymbol{Y}=\begin{pmatrix} y_1 \\ y_2 \\ \vdots \\ y_n \end{pmatrix},$$

其中矩阵 $\boldsymbol{C}$ 称为由变量 $x_1,x_2,\cdots,x_n$ 到 $y_1,y_2,\cdots,y_n$ 的**线性变换矩阵**，则式(5.5)可以表示为

$$\boldsymbol{X}=\boldsymbol{CY}. \tag{5.6}$$

如果矩阵 $\boldsymbol{C}$ 可逆，则称线性变换(5.5)[或(5.6)]为**可逆的线性变换(或非退化的线性变换)**. 如果 $\boldsymbol{C}$ 为正交矩阵，则称线性变换(5.5)[或(5.6)]为**正交变换**.

对旋转变换

$$\begin{cases} x=x'\cos\theta-y'\sin\theta \\ y=x'\sin\theta+y'\cos\theta \end{cases}$$

由于线性变换矩阵

$$C=\begin{pmatrix} \cos\theta & -\sin\theta \\ \sin\theta & \cos\theta \end{pmatrix}$$

为正交矩阵，因此这一线性变换是从 x,y 到 x',y' 的一个正交变换.

如果对实二次型 $f(x_1,x_2,\cdots,x_n)=\boldsymbol{X}^{\mathrm{T}}\boldsymbol{AX}$ 进行可逆线性变换 $\boldsymbol{X}=\boldsymbol{CY}$，则有

$$\begin{aligned} f(x_1,x_2,\cdots,x_n)&=\boldsymbol{X}^{\mathrm{T}}\boldsymbol{AX}=(\boldsymbol{CY})^{\mathrm{T}}\boldsymbol{A}(\boldsymbol{CY}) \\ &=\boldsymbol{Y}^{\mathrm{T}}(\boldsymbol{C}^{\mathrm{T}}\boldsymbol{AC})\boldsymbol{Y}=\boldsymbol{Y}^{\mathrm{T}}\boldsymbol{BY}=g(y_1,y_2,\cdots,y_n), \end{aligned}$$

其中 $\boldsymbol{B}=\boldsymbol{C}^{\mathrm{T}}\boldsymbol{AC}$，且 $\boldsymbol{B}^{\mathrm{T}}=(\boldsymbol{C}^{\mathrm{T}}\boldsymbol{AC})^{\mathrm{T}}=\boldsymbol{C}^{\mathrm{T}}\boldsymbol{AC}=\boldsymbol{B}$，从而可知 $\boldsymbol{Y}^{\mathrm{T}}\boldsymbol{BY}$ 是以 $y_1,y_2,\cdots,y_n$ 为变量的一个新的 n 元二次型.

定义 5.3　设 $\boldsymbol{A},\boldsymbol{B}$ 为 n 阶矩阵，若存在 n 阶可逆矩阵 $\boldsymbol{C}$，使得

$$\boldsymbol{C}^{\mathrm{T}}\boldsymbol{AC}=\boldsymbol{B},$$

则称矩阵 $\boldsymbol{A}$ 与 $\boldsymbol{B}$ 合同，且称 $\boldsymbol{B}$ 为 $\boldsymbol{A}$ 的**合同矩阵**.

由定义可知，二次型 $\boldsymbol{X}^{\mathrm{T}}\boldsymbol{AX}$ 的矩阵 $\boldsymbol{A}$ 与经过非退化线性变换 $\boldsymbol{X}=\boldsymbol{CY}$ 得到的新二次型 $\boldsymbol{Y}^{\mathrm{T}}\boldsymbol{BY}$ 的矩阵 $\boldsymbol{C}^{\mathrm{T}}\boldsymbol{AC}$ 是合同关系. 合同关系具有如下性质：

(1) 自反性　矩阵 $\boldsymbol{A}$ 与 $\boldsymbol{A}$ 合同.

(2) 对称性　如果矩阵 $\boldsymbol{A}$ 与 $\boldsymbol{B}$ 合同,则矩阵 $\boldsymbol{B}$ 与 $\boldsymbol{A}$ 合同.

(3) 传递性　如果矩阵 $\boldsymbol{A}$ 与 $\boldsymbol{B}$ 合同,矩阵 $\boldsymbol{B}$ 与 $\boldsymbol{C}$ 合同,则矩阵 $\boldsymbol{A}$ 与 $\boldsymbol{C}$ 合同.

对于合同矩阵,还有如下性质.

定理 5.1　若矩阵 $\boldsymbol{A}$ 与 $\boldsymbol{B}$ 合同,则 $R(\boldsymbol{A})=R(\boldsymbol{B})$.

习题 5.1

1. 写出下列二次型的矩阵.

(1) $f(x,y,z)=x^2+3y^2+z^2-6xy+4xz-2yz$.

(2) $f(x_1,x_2,x_3)=(x_1,x_2,x_3)\begin{pmatrix}2 & 1 & 7\\ 9 & 4 & -4\\ 5 & -2 & 1\end{pmatrix}\begin{pmatrix}x_1\\ x_2\\ x_3\end{pmatrix}$.

(3) $f(x_1,x_2,x_3,x_4)=x_1^2+5x_2^2+6x_3^2+x_4^2-2x_1x_2+4x_1x_4+6x_3x_4+8x_2x_3$.

2. 写出下列各实对称矩阵所对应的二次型.

(1) $\boldsymbol{A}=\begin{pmatrix}0 & -1 & 4\\ -1 & 1 & 2\\ 4 & 2 & 3\end{pmatrix}$　　(2) $\boldsymbol{A}=\begin{pmatrix}1 & 2 & 3 & 4\\ 2 & 3 & 4 & -1\\ 3 & 4 & -1 & -2\\ 4 & -1 & -2 & -3\end{pmatrix}$

3. 已知二次型 $f(x_1,x_2,x_3)=x_1^2+5x_2^2-4x_3^2+2x_1x_2-4x_1x_3$,求此二次型的秩.

5.2　二次型的标准形

本节要讨论的问题是如何通过可逆线性变换 $\boldsymbol{X}=\boldsymbol{CY}$,把 n 元二次型 $f=\boldsymbol{X}^{\mathrm{T}}\boldsymbol{AX}$ 化为变量为 $y_1,y_2,\cdots,y_n$ 的只含平方项的二次型 $d_1y_1^2+d_2y_2^2+\cdots+d_ny_n^2$. 这样的二次型称为二次型的标准形. 显然二次型的标准形的矩阵为对角矩阵

$$\boldsymbol{\Lambda}=\begin{pmatrix}d_1 & & & \\ & d_2 & & \\ & & \ddots & \\ & & & d_n\end{pmatrix}.$$

将一个 n 元二次型 $f=\boldsymbol{X}^{\mathrm{T}}\boldsymbol{AX}$ 通过可逆线性变换 $\boldsymbol{X}=\boldsymbol{CY}$ 化成标准形 $d_1y_1^2+d_2y_2^2+\cdots+d_ny_n^2$ 的过程,称为化二次型为标准形.

下面介绍两种化二次型为标准形的方法,它们分别是正交变换法、配方法.

5.2.1　正交变换法

由定理 4.11 知,对于任一 n 阶实对称矩阵 $\boldsymbol{A}$,存在正交矩阵 $\boldsymbol{U}$,使得

$$\boldsymbol{U}^{-1}\boldsymbol{AU}=\boldsymbol{U}^{\mathrm{T}}\boldsymbol{AU}=\boldsymbol{\Lambda}.$$

因此,对于二次型 $f(x_1,x_2,\cdots,x_n)=\boldsymbol{X}^{\mathrm{T}}\boldsymbol{AX}$,易得如下定理.

定理 5.2　对于任意 n 元二次型 $f=\boldsymbol{X}^{\mathrm{T}}\boldsymbol{AX}$,必存在正交变换 $\boldsymbol{X}=\boldsymbol{UY}$,使得

$$f=\boldsymbol{X}^{\mathrm{T}}\boldsymbol{AX}=\boldsymbol{Y}^{\mathrm{T}}\boldsymbol{\Lambda Y}=\lambda_1y_1^2+\lambda_2y_2^2+\cdots+\lambda_ny_n^2,$$

其中 $\lambda_1,\lambda_2,\cdots,\lambda_n$ 是 $\boldsymbol{A}$ 的 n 个特征值,$\boldsymbol{\Lambda}=\mathrm{diag}(\lambda_1,\lambda_2,\cdots,\lambda_n)$ 为对角矩阵,$\boldsymbol{U}$ 的 n 个列向量

$\boldsymbol{\eta}_1,\boldsymbol{\eta}_2,\cdots,\boldsymbol{\eta}_n$ 是$\boldsymbol{A}$ 对应于特征值$\lambda_1,\lambda_2,\cdots,\lambda_n$ 的标准正交特征向量.

由定理 5.2 可得用正交变换 $\boldsymbol{X}=\boldsymbol{UY}$ 化二次型 $f=\boldsymbol{X}^{\mathrm{T}}\boldsymbol{AX}$ 为标准形的步骤如下.

(1) 写出二次型 $f(x_1,x_2,\cdots,x_n)$的矩阵 $\boldsymbol{A}$.

(2) 求 $\boldsymbol{A}$ 的全部特征值.

(3) 对于$\boldsymbol{A}$ 的每一个不同的特征值λ_i,求出$\boldsymbol{A}$ 的对应于λ_i 的线性无关的特征向量,并分别将它们正交化、单位化,得到$\boldsymbol{A}$ 的n 个两两正交的单位特征向量.

(4) 将$\boldsymbol{A}$ 的n 个两两正交的单位特征向量作为列向量构成正交矩阵$\boldsymbol{U}$,得到正交变换$\boldsymbol{X}=\boldsymbol{UY}$.

(5) 写出二次型 $f=\boldsymbol{X}^{\mathrm{T}}\boldsymbol{AX}$ 的标准形:$f=\lambda_1y_1^2+\lambda_2y_2^2+\cdots+\lambda_ny_n^2$.

[例 5.3]　设二次型 $f(x_1,x_2,x_3)=x_1^2+2x_1x_3+2x_2^2+x_3^2$,求一个正交变换 $\boldsymbol{X}=\boldsymbol{UY}$,将二次型化为标准形.

解　二次型的矩阵为

$$\boldsymbol{A}=\begin{pmatrix}1&0&1\\0&2&0\\1&0&1\end{pmatrix},$$

$\boldsymbol{A}$ 的特征多项式

$$|\lambda\boldsymbol{E}-\boldsymbol{A}|=\begin{vmatrix}\lambda-1&0&-1\\0&\lambda-2&0\\-1&0&\lambda-1\end{vmatrix}=(\lambda-2)^2\lambda,$$

故$\boldsymbol{A}$ 的特征值为$\lambda_1=\lambda_2=2,\lambda_3=0$.

对于 $\lambda_1=\lambda_2=2$,解特征方程组$(2\boldsymbol{E}-\boldsymbol{A})\boldsymbol{X}=0$,由于

$$\begin{pmatrix}1&0&-1\\0&0&0\\-1&0&1\end{pmatrix}\xrightarrow{r}\begin{pmatrix}1&0&-1\\0&0&0\\0&0&0\end{pmatrix}.$$

得基础解系

$$\boldsymbol{\xi}_1=(0,1,0)^{\mathrm{T}},\quad \boldsymbol{\xi}_2=(1,0,1)^{\mathrm{T}}.$$

由于 $\boldsymbol{\xi}_1,\boldsymbol{\xi}_2$ 正交,故只需将它们单位化,有

$$\boldsymbol{\eta}_1=\frac{\boldsymbol{\xi}_1}{\|\boldsymbol{\xi}_1\|}=(0,1,0)^{\mathrm{T}},\quad \boldsymbol{\eta}_2=\frac{\boldsymbol{\xi}_2}{\|\boldsymbol{\xi}_2\|}=\left(\frac{1}{\sqrt{2}},0,\frac{1}{\sqrt{2}}\right)^{\mathrm{T}}.$$

对于 $\lambda_3=0$,解特征方程组$(0\boldsymbol{E}-\boldsymbol{A})\boldsymbol{X}=\boldsymbol{0}$,由于

$$\begin{pmatrix}-1&0&-1\\0&-2&0\\-1&0&-1\end{pmatrix}\xrightarrow{r}\begin{pmatrix}1&0&1\\0&1&0\\0&0&0\end{pmatrix}.$$

得基础解系

$$\boldsymbol{\xi}_3=(-1,0,1)^{\mathrm{T}},$$

将 $\boldsymbol{\xi}_3$ 单位化,得

$$\boldsymbol{\eta}_3=\frac{\boldsymbol{\xi}_3}{\|\boldsymbol{\xi}_3\|}=\left(-\frac{1}{\sqrt{2}},0,\frac{1}{\sqrt{2}}\right)^{\mathrm{T}}.$$

此时 $\boldsymbol{\eta}_1,\boldsymbol{\eta}_2,\boldsymbol{\eta}_3$ 已是一个标准正交向量组,记正交矩阵

$$\boldsymbol{U}=(\boldsymbol{\eta}_1\quad\boldsymbol{\eta}_2\quad\boldsymbol{\eta}_3)=\begin{pmatrix}0&\frac{1}{\sqrt{2}}&-\frac{1}{\sqrt{2}}\\1&0&0\\0&\frac{1}{\sqrt{2}}&\frac{1}{\sqrt{2}}\end{pmatrix},$$

得所求正交变换$X=UY$,即

$$\begin{pmatrix}x_1\\x_2\\x_3\end{pmatrix}=\begin{pmatrix}0&\frac{1}{\sqrt{2}}&-\frac{1}{\sqrt{2}}\\1&0&0\\0&\frac{1}{\sqrt{2}}&\frac{1}{\sqrt{2}}\end{pmatrix}\begin{pmatrix}y_1\\y_2\\y_3\end{pmatrix}.$$

通过此变换可将二次型化为标准形 $f=2y_1^2+2y_2^2+0y_3^2=2y_1^2+2y_2^2$.

5.2.2 配方法

下面我们用两个实例来说明如何利用配方法将二次型化为标准形.

1. 含平方项的二次型的配方法

[**例 5.4**] 利用配方法将二次型

$$f(x_1,x_2,x_3)=x_1^2+2x_2^2+3x_3^2+4x_1x_2-4x_1x_3-4x_2x_3$$

化为标准形,并求出所作的可逆线性变换.

解 由于 x_1^2 的系数不为零,先将所有含有 x_1 的项配成一个完全平方,得

$$\begin{aligned}f(x_1,x_2,x_3)&=(x_1^2+4x_1x_2-4x_1x_3)+2x_2^2+3x_3^2-4x_2x_3\\&=(x_1+2x_2-2x_3)^2-2x_2^2+4x_2x_3-x_3^2,\end{aligned}$$

再将余下的所有含 x_2 的项配成一个完全平方,得

$$\begin{aligned}f(x_1,x_2,x_3)&=(x_1+2x_2-2x_3)^2-2(x_2^2-2x_2x_3)-x_3^2\\&=(x_1+2x_2-2x_3)^2-2\,(x_2-x_3)^2+x_3^2.\end{aligned}$$

令

$$\begin{cases}y_1=x_1+2x_2-2x_3\\y_2=x_2-x_3\\y_3=x_3\end{cases}$$

即

$$\begin{cases}x_1=y_1-2y_2\\x_2=y_2+y_3\\x_3=y_3\end{cases}$$

由于 $|\boldsymbol{C}|=\begin{vmatrix}1&-2&0\\0&1&1\\0&0&1\end{vmatrix}=1\neq0$,则由 x_1,x_2,x_3 到 y_1,y_2,y_3 的可逆线性变换为

$$\begin{pmatrix}x_1\\x_2\\x_3\end{pmatrix}=\begin{pmatrix}1&-2&0\\0&1&1\\0&0&1\end{pmatrix}\begin{pmatrix}y_1\\y_2\\y_3\end{pmatrix}$$

通过此变换可将二次型化为标准形 $f=y_1^2-2y_2^2+y_3^2$.

对于 n 元二次型 $f(x_1,x_2,\cdots,x_n)$，如果 $x_i^2(i=1,2,\cdots,n)$ 的系数不全为零，参照例 5.4 的方法可将其化为标准形；如果 $x_i^2(i=1,2,\cdots,n)$ 的系数全为零，此时可按下面例 5.5 的方法，将其化为标准形.

2. 不含平方项的二次型的配方法

［例 5.5］ 设二次型 $f(x_1,x_2,x_3)=x_1x_2+x_1x_3-3x_2x_3$，试用配方法将其化为标准形，并求出所作的可逆线性变换.

解 由于二次型中没有平方项，又 x_1x_2 的系数不为零，故先作一个可逆线性变换，将二次型化为含有平方项的形式，再用例 5.4 的方法解决.

令

$$\begin{cases}x_1=y_1+y_2\\x_2=y_1-y_2\\x_3=y_3\end{cases}$$

简记为 $\boldsymbol{X}=\boldsymbol{C}_1\boldsymbol{Y}$，其中 $\boldsymbol{C}_1=\begin{pmatrix}1&1&0\\1&-1&0\\0&0&1\end{pmatrix}$ 为可逆矩阵，代入原二次型中，有

$$f=y_1^2-2y_1y_3-y_2^2+4y_2y_3$$

再参照例 5.4 中的配方法，先对含 y_1 的项配完全平方，然后对余下的含 y_2 的项配完全平方，得

$$f=(y_1-y_3)^2-(y_2^2-4y_2y_3)-y_3^2=(y_1-y_3)^2-(y_2-2y_3)^2+3y_3^2.$$

令

$$\begin{cases}z_1=y_1-y_3\\z_2=y_2-2y_3\\z_3=y_3\end{cases}$$

即

$$\begin{cases}y_1=z_1+z_3\\y_2=z_2+2z_3\\y_3=z_3\end{cases}$$

简记为 $\boldsymbol{Y}=\boldsymbol{C}_2\boldsymbol{Z}$，其中 $\boldsymbol{C}_2=\begin{pmatrix}1&0&1\\0&1&2\\0&0&1\end{pmatrix}$ 为可逆矩阵.

由 $\boldsymbol{X}=\boldsymbol{C}_1\boldsymbol{Y},\boldsymbol{Y}=\boldsymbol{C}_2\boldsymbol{Z}$，得 $\boldsymbol{X}=(\boldsymbol{C}_1\boldsymbol{C}_2)\boldsymbol{Z}$. 记

$$\boldsymbol{C}=\boldsymbol{C}_1\boldsymbol{C}_2=\begin{pmatrix}1&1&0\\1&-1&0\\0&0&1\end{pmatrix}\begin{pmatrix}1&0&1\\0&1&2\\0&0&1\end{pmatrix}=\begin{pmatrix}1&1&3\\1&-1&-1\\0&0&1\end{pmatrix},$$

从而有可逆线性变换 $\boldsymbol{X}=\boldsymbol{C}\boldsymbol{Z}$，即

$$\begin{pmatrix}x_1\\x_2\\x_3\end{pmatrix}=\begin{pmatrix}1&1&3\\1&-1&-1\\0&0&1\end{pmatrix}\begin{pmatrix}z_1\\z_2\\z_3\end{pmatrix},$$

通过此变换可将二次型化为标准形 $f=z_1^2-z_2^2+3z_3^2$.

习题 5.2

1. 用正交变换法化下列二次型为标准形,并求所作的正交变换.

(1) $f(x_1,x_2,x_3)=2x_1^2+3x_2^2+x_3^2+4x_1x_2-4x_1x_3$.

(2) $f(x_1,x_2,x_3)=2x_1x_2+2x_1x_3+2x_2x_3$.

2. 用配方法化下列二次型为标准形,并求所作的非退化的线性变换.

(1) $f(x_1,x_2,x_3)=x_1^2+5x_2^2+6x_3^2-10x_2x_3-6x_1x_3-4x_1x_2$.

(2) $f(x_1,x_2,x_3)=2x_1x_2+4x_1x_3$.

5.3 惯性定理与二次型的规范形

在上节的讨论中,我们介绍了两种化二次型为标准形的方法,可以发现两种不同方法得到的标准形不一定相同,即使用同一种方法,也可以得到不同的标准形,这说明二次型的标准形不唯一.但也发现在同一个二次型的标准形中,所含的平方项项数却是一定相同的,进一步研究还有如下定理.

定理 5.3(惯性定理) 设实二次型 $f=\boldsymbol{X}^{\mathrm{T}}\boldsymbol{A}\boldsymbol{X}$ 的秩为 r. 若存在两个可逆线性变换 $\boldsymbol{X}=\boldsymbol{C}\boldsymbol{Y}$ 和 $\boldsymbol{X}=\boldsymbol{U}\boldsymbol{Z}$,将二次型分别化为不同的标准形

$$f=d_1y_1^2+d_2y_2^2+\cdots+d_ry_r^2\ (d_i\neq 0,i=1,2,\cdots,r)$$

和

$$f=\mu_1z_1^2+\mu_2z_2^2+\cdots+\mu_rz_r^2\ (\mu_i\neq 0,i=1,2,\cdots,r),$$

则 $d_1,d_2,\cdots,d_r$ 与 $\mu_1,\mu_2,\cdots,\mu_r$ 中正的个数相等,从而负的个数也相等.

由上述定理,不妨设标准形中有 p 个正项,q 个负项,则显然 $p+q=r$. 这样标准形可以写为

$$f(y_1,y_2,\cdots,y_n)=d_1y_1^2+d_2y_2^2+\cdots+d_py_p^2-d_{p+1}y_{p+1}^2-\cdots-d_ry_r^2,$$

其中 $d_i(i=1,2,\cdots,r)$ 全大于零,若令

$$\begin{cases} y_1=\dfrac{1}{\sqrt{d_1}}z_1 \\ \quad\vdots \\ y_r=\dfrac{1}{\sqrt{d_r}}z_r \\ y_{r+1}=z_{r+1} \\ \quad\vdots \\ y_n=z_n \end{cases}$$

即作可逆的线性变换

$$\begin{pmatrix} y_1 \\ \vdots \\ y_r \\ y_{r+1} \\ \vdots \\ y_n \end{pmatrix} = \begin{pmatrix} \frac{1}{\sqrt{d_1}} & & & & & \\ & \ddots & & & & \\ & & \frac{1}{\sqrt{d_r}} & & & \\ & & & 1 & & \\ & & & & \ddots & \\ & & & & & 1 \end{pmatrix} \begin{pmatrix} z_1 \\ \vdots \\ z_r \\ z_{r+1} \\ \vdots \\ z_n \end{pmatrix},$$

可得

$$f(z_1,z_2,\cdots,z_n)=z_1^2+z_2^2+\cdots+z_p^2-z_{p+1}^2-\cdots-z_r^2.$$

定义 5.4 形如

$$f(z_1,z_2,\cdots,z_n)=z_1^2+z_2^2+\cdots+z_p^2-z_{p+1}^2-\cdots-z_r^2$$

的 n 元二次型称为二次型的**规范形**.

由上面的分析可得下述定理.

定理 5.4 二次型的规范形是唯一的.

定义 5.5 在秩为 r 的实二次型的标准形中，系数为正的平方项的个数称为二次型的**正惯性指数**，记为 p；系数为负的平方项的个数称为二次型的**负惯性指数**，记为 q；它们的差 $p-q$ 称为二次型的**符号差**.

习题 5.3

1. 求下列二次型的正、负惯性指数和秩.

(1) $f(x_1,x_2,x_3)=x_1^2-x_2^2-4x_1x_3-4x_2x_3$.

(2) $f(x_1,x_2,x_3)=x_1^2+x_2^2+x_3^2+2x_1x_3$.

(3) $f(x_1,x_2,x_3)=x_1^2-2x_2^2-2x_3^2-4x_1x_2+4x_1x_3+8x_2x_3$.

2. 设二次型 $f(x_1,x_2,x_3)=x_1^2+ax_2^2+x_3^2+2x_1x_2-2x_2x_3-2ax_1x_3$ 的正、负惯性指数都是 1，求 a 的值.

5.4 正定二次型与正定矩阵

我们知道，二元二次函数 $f(x,y)=x^2+y^2$ 在 $x=0,y=0$ 处取得最小值 $f(0,0)=0$. 此例子表明，二元二次函数 $f(x,y)=x^2+y^2$ 的最小值问题与二元二次型 x^2+y^2 的性质有密切的关系. 事实上，n 元函数的极值问题也与 n 元二次型的性质有着密切的关系. 在这一节中，我们就来研究这种关系.

定义 5.6 给定实二次型 $f=\boldsymbol{X}^{\mathrm{T}}\boldsymbol{A}\boldsymbol{X}$，对任意的 $\boldsymbol{X}=(x_1,x_2,\cdots,x_n)^{\mathrm{T}}\neq\boldsymbol{0}$，如果

(1) $f=\boldsymbol{X}^{\mathrm{T}}\boldsymbol{A}\boldsymbol{X}>0$，称二次型为正定二次型，其矩阵 $\boldsymbol{A}$ 为正定矩阵.

(2) $f=\boldsymbol{X}^{\mathrm{T}}\boldsymbol{A}\boldsymbol{X}<0$，称二次型为负定二次型，其矩阵 $\boldsymbol{A}$ 为负定矩阵.

显然 $f(0)=0$. 如果二次型 f 为正(或负)定二次型，则二次型 f 的最小(或大)值为 0.

如果 $\boldsymbol{A}$ 为负定矩阵，则 $-\boldsymbol{A}$ 必为正定矩阵，因此我们只需讨论正定矩阵.

对于二次型 $f(x,y,z)=x^2+4y^2+16z^2$，不难发现对任意的 $(x,y,z)^{\mathrm{T}}\neq\boldsymbol{0}$，有

$$f(x,y,z)=x^2+4y^2+16z^2>0,$$

所以 $f(x,y,z)=x^2+4y^2+16z^2$ 为正定二次型.

由上面的例子很容易看到，利用二次型的标准形或规范形很容易判断其是否为正定二次型. 由本章第 2、3 节知识，已能将任意二次型经过可逆的线性变换化为标准形或规范形，因此，得到下述定理.

定理 5.5 若 n 元实二次型 $f=\boldsymbol{X}^{\mathrm{T}}\boldsymbol{A}\boldsymbol{X}$ 由可逆线性变换 $\boldsymbol{X}=\boldsymbol{C}\boldsymbol{Y}$ 化为标准形

$$f=d_1y_1^2+d_2y_2^2+\cdots+d_ny_n^2,$$

则二次型为正定二次型的充分必要条件是 $d_i>0, i=1,2,\cdots,n$.

证 先证充分性. 若 $d_i>0(i=1,2,\cdots,n)$，任给 $\boldsymbol{X}\neq\boldsymbol{0}$，必有 $\boldsymbol{Y}\neq\boldsymbol{0}$，则

$$f=d_1y_1^2+d_2y_2^2+\cdots+d_ny_n^2>0,$$

即二次型 $f=\boldsymbol{X}^{\mathrm{T}}\boldsymbol{A}\boldsymbol{X}$ 为正定二次型.

再证必要性. 设二次型 $f=\boldsymbol{X}^{\mathrm{T}}\boldsymbol{A}\boldsymbol{X}$ 为正定二次型，下面用反证法证明所有的 d_i 均大于零. 假设 $d_1,d_2,\cdots,d_n$ 不全大于零，不妨设存在某个正整数 j，有 $d_j\leqslant 0$. 取

$$y_1=0,\cdots,y_{j-1}=0,y_j=1,y_{j+1}=0,\cdots,y_n=0, \text{即 } Y\neq\boldsymbol{0}.$$

有 $f=d_1y_1^2+d_2y_2^2+\cdots+d_ny_n^2=d_j\leqslant 0$，这与二次型 $f=\boldsymbol{X}^{\mathrm{T}}\boldsymbol{A}\boldsymbol{X}$ 为正定二次型矛盾，所以 $d_1,d_2,\cdots,d_n$ 均大于零.

推论 1 n 元实二次型 $f=\boldsymbol{X}^{\mathrm{T}}\boldsymbol{A}\boldsymbol{X}$ 为正定二次型的充分必要条件是其正惯性指数为 n.

推论 2 实对称矩阵 $\boldsymbol{A}$ 为正定矩阵的充分必要条件是 $\boldsymbol{A}$ 的特征值均大于零.

[例 5.6] 设 $\boldsymbol{A}$ 为正定矩阵，证明 $|\boldsymbol{E}+\boldsymbol{A}|>1$.

证 因 $\boldsymbol{A}$ 为正定矩阵，故 $\boldsymbol{A}$ 的特征值 $\lambda_1,\lambda_2,\cdots,\lambda_n$ 全大于零，从而 $\boldsymbol{A}+\boldsymbol{E}$ 的特征值分别为 $\lambda_1+1,\lambda_2+1,\cdots,\lambda_n+1$，且 $\lambda_1+1>1,\lambda_2+1>1,\cdots,\lambda_n+1>1$，所以

$$|\boldsymbol{E}+\boldsymbol{A}|=(\lambda_1+1)(\lambda_2+1)\cdots(\lambda_n+1)>1.$$

推论 3 n 元实二次型 $f=\boldsymbol{X}^{\mathrm{T}}\boldsymbol{A}\boldsymbol{X}$ 为正定二次型的充分必要条件是其规范形为

$$f=z_1^2+z_2^2+\cdots+z_n^2.$$

推论 4 n 元实二次型 $f=\boldsymbol{X}^{\mathrm{T}}\boldsymbol{A}\boldsymbol{X}$ 为正定二次型的充分必要条件是存在 n 阶可逆矩阵 $\boldsymbol{C}$，使得 $\boldsymbol{A}=\boldsymbol{C}^{\mathrm{T}}\boldsymbol{C}$，即 $\boldsymbol{A}$ 与单位矩阵合同.

由于计算二次型矩阵 $\boldsymbol{A}$ 的特征值和化二次型为标准形比较麻烦，下面介绍一个由给定的二次型直接去判断它为正定二次型的充分必要条件. 先介绍如下概念.

定义 5.7 设 $\boldsymbol{A}$ 为 n 阶矩阵，取其第 $1,2,\cdots,k$ 行和第 $1,2,\cdots,k$ 列所构成的 $k(k\leqslant n)$ 阶行列式，称为 $\boldsymbol{A}$ 的 k 阶**顺序主子式**，记为 $\boldsymbol{\Delta}_k$.

如矩阵 $\boldsymbol{A}=\begin{pmatrix}1&3&2\\2&-1&3\\1&2&2\end{pmatrix}$，则 $\boldsymbol{A}$ 的 3 个顺序主子式分别为

$$\boldsymbol{\Delta}_1=|1|,\boldsymbol{\Delta}_2=\begin{vmatrix}1&3\\2&-1\end{vmatrix},\boldsymbol{\Delta}_3=\begin{vmatrix}1&3&2\\2&-1&3\\1&2&2\end{vmatrix}=|\boldsymbol{A}|.$$

定理 5.6(霍尔维茨(Sylvester)定理)

(1) n 元实二次型 $f=\boldsymbol{X}^{\mathrm{T}}\boldsymbol{A}\boldsymbol{X}$ 为正定二次型的充分必要条件是 $\boldsymbol{A}$ 的各阶顺序主子式全大于零，即

$$\boldsymbol{\Delta}_1=a_{11}>0,\boldsymbol{\Delta}_2=\begin{vmatrix}a_{11}&a_{12}\\a_{21}&a_{22}\end{vmatrix}>0,\cdots,\boldsymbol{\Delta}_n=\begin{vmatrix}a_{11}&a_{12}&\cdots&a_{1n}\\a_{21}&a_{22}&\cdots&a_{2n}\\\vdots&\vdots&&\vdots\\a_{n1}&a_{n2}&\cdots&a_{nn}\end{vmatrix}=|\boldsymbol{A}|>0.$$

(2) n 元实二次型 $f=\boldsymbol{X}^{\mathrm{T}}\boldsymbol{A}\boldsymbol{X}$ 为负定二次型的充分必要条件是 $\boldsymbol{A}$ 的奇数阶顺序主子式小于零,偶数阶顺序主子式大于零,即

$$(-1)^k\boldsymbol{\Delta}_k=(-1)^k\begin{vmatrix}a_{11}&a_{12}&\cdots&a_{1k}\\a_{21}&a_{22}&\cdots&a_{2k}\\\vdots&\vdots&&\vdots\\a_{k1}&a_{k2}&\cdots&a_{kk}\end{vmatrix}>0,k=1,2,\cdots,n.$$

定理证明略.

[例 5.7] 判定二次型 $f(x,y,z)=5x^2+y^2+5z^2+4xy-8xz-4yz$ 是否正定.

解 二次型的矩阵

$$\boldsymbol{A}=\begin{pmatrix}5&2&-4\\2&1&-2\\-4&-2&5\end{pmatrix},$$

$\boldsymbol{A}$ 的各阶顺序主子式为

$$\boldsymbol{\Delta}_1=5>0,\boldsymbol{\Delta}_2=\begin{vmatrix}5&2\\2&1\end{vmatrix}=1>0,\boldsymbol{\Delta}_3=\begin{vmatrix}5&2&-4\\2&1&-2\\-4&-2&5\end{vmatrix}=1>0,$$

所以二次型是正定二次型.

[例 5.8] 问 λ 取何值时,二次型 $f(x_1,x_2,x_3)=2x_1^2+x_2^2+x_3^2+2x_1x_2+\lambda x_2x_3$ 是正定的?

解 二次型的矩阵

$$\boldsymbol{A}=\begin{pmatrix}2&1&0\\1&1&\frac{\lambda}{2}\\0&\frac{\lambda}{2}&1\end{pmatrix},$$

因二次型 f 是正定的,有

$$\boldsymbol{\Delta}_1=|2|>0,\boldsymbol{\Delta}_2=\begin{vmatrix}2&1\\1&1\end{vmatrix}=1>0,\boldsymbol{\Delta}_3=|\boldsymbol{A}|=1-\frac{\lambda^2}{2}>0,$$

解得 $-\sqrt{2}<\lambda<\sqrt{2}$.

[例 5.9] 设 $\boldsymbol{A},\boldsymbol{B}$ 为同阶正定矩阵,证明 $\boldsymbol{A}+\boldsymbol{B}$ 也为正定矩阵.

证 因为 $(\boldsymbol{A}+\boldsymbol{B})^{\mathrm{T}}=\boldsymbol{A}^{\mathrm{T}}+\boldsymbol{B}^{\mathrm{T}}=\boldsymbol{A}+\boldsymbol{B}$,所以 $\boldsymbol{A}+\boldsymbol{B}$ 为对称矩阵. 对于任意的 $\boldsymbol{X}\neq\boldsymbol{0}$,有

$$\boldsymbol{X}^{\mathrm{T}}(\boldsymbol{A}+\boldsymbol{B})\boldsymbol{X}=\boldsymbol{X}^{\mathrm{T}}\boldsymbol{A}\boldsymbol{X}+\boldsymbol{X}^{\mathrm{T}}\boldsymbol{B}\boldsymbol{X},$$

因为 $\boldsymbol{A},\boldsymbol{B}$ 为正定矩阵,有 $\boldsymbol{X}^{\mathrm{T}}\boldsymbol{A}\boldsymbol{X}>0,\boldsymbol{X}^{\mathrm{T}}\boldsymbol{B}\boldsymbol{X}>0$,可得 $\boldsymbol{X}^{\mathrm{T}}(\boldsymbol{A}+\boldsymbol{B})\boldsymbol{X}>0$,即 $\boldsymbol{A}+\boldsymbol{B}$ 为正定矩阵.

习题 5.4

1. 判断下列二次型是否正定?

(1) $f(x_1,x_2,x_3)=3x_1^2+4x_2^2+5x_3^2+4x_1x_2-4x_2x_3$.

(2) $f(x_1,x_2,x_3)=-2x_1^2-3x_2^2-x_3^2+x_1x_2-x_1x_3+x_2x_3$.

(3) $f(x_1,x_2,x_3)=x_1^2+2x_2^2+x_3^2$.

2. 问 k 为何值时，下列二次型为正定二次型.

(1) $f(x_1,x_2,x_3)=x_1^2+x_2^2+kx_1x_2+x_3^2+kx_1x_3+kx_2x_3$.

(2) $f(x_1,x_2,x_3)=5x_1^2+x_2^2+kx_3^2+4x_1x_2-2x_1x_3-2x_2x_3$.

3. 证明：若 $\boldsymbol{A}$ 是正定矩阵，则 $\boldsymbol{A}^{-1}$、$\boldsymbol{A}^*$ 也是正定矩阵.

4. 设 $\boldsymbol{A}$ 为 $m\times n$ 矩阵，$t>0$，$\boldsymbol{B}=t\boldsymbol{E}+\boldsymbol{A}^{\mathrm{T}}\boldsymbol{A}$. 证明：$\boldsymbol{B}$ 是正定矩阵.

复习题五

一、判断题(对的在括号里打"√"，错的在括号里打"×")

1. 已知二次型 $f(x_1,x_2)=(x_1,x_1)\begin{pmatrix}1&2\\4&3\end{pmatrix}\begin{pmatrix}x_1\\x_2\end{pmatrix}=x_1^2+6x_1x_2+3x_2^2$，则 $\begin{pmatrix}1&2\\4&3\end{pmatrix}$ 是该二次型 $f(x_1,x_2)$ 的矩阵.(　　)

2. 若矩阵 $\boldsymbol{A}$ 与 $\boldsymbol{B}$ 相似，则 $\boldsymbol{A}$ 与 $\boldsymbol{B}$ 必合同.(　　)

3. 设 $\boldsymbol{A}$,$\boldsymbol{B}$ 为实对称矩阵，且 $\boldsymbol{A}$ 与 $\boldsymbol{B}$ 相似，则 $\boldsymbol{A}$ 与 $\boldsymbol{B}$ 必合同.(　　)

4. 若 n 阶实对称矩阵 $\boldsymbol{A}$ 与 $\boldsymbol{B}$ 合同，则它们的特征值相同.(　　)

5. 任一实二次型 $\boldsymbol{X}^{\mathrm{T}}\boldsymbol{A}\boldsymbol{X}$ 都可经可逆线性变换 $\boldsymbol{X}=\boldsymbol{P}\boldsymbol{Y}$ 化为它的标准形.(　　)

6. 设 $\boldsymbol{A}$ 是 n 阶正定矩阵，k 为正实数，则 $k\boldsymbol{A}$ 也是正定矩阵.(　　)

7. 设两个 n 元二次型 $f_1=\boldsymbol{X}^{\mathrm{T}}\boldsymbol{A}\boldsymbol{X}$，$f_2=\boldsymbol{X}^{\mathrm{T}}\boldsymbol{B}\boldsymbol{X}$ 的秩相同，且负惯性指数相同，则矩阵 $\boldsymbol{A}$ 与 $\boldsymbol{B}$ 合同.(　　)

8. 实对称矩阵 $\boldsymbol{A}$ 是负定矩阵的充分必要条件是 $-\boldsymbol{A}$ 为正定矩阵.(　　)

二、填空题

1. 二次型 $f(x,y,z)=2x^2+3y^2-4xy+2xz$ 的矩阵表示式为(　　　　).

2. 设二次型的矩阵 $\boldsymbol{A}$ 的特征值为 $3,-2,-1$，则该二次型的符号差为(　　　　).

3. 二次型 $f(x_1,x_2,x_3)=a(x_1^2+x_3^2)+4x_1x_3+4x_2x_3$ 的矩阵为(　　　　).

4. 设 $f(x_1,x_2,x_3)=x_1^2+4x_2^2+4x_3^2+2\lambda x_1x_2-2x_1x_3+4x_2x_3$ 为正定二次型，则 λ 的取值范围是(　　　　).

5. 设 3 阶实对称矩阵 $\boldsymbol{A}$ 的特征值为 $5,2,-3$，则实二次型 $f(x_1,x_2,x_3)=\boldsymbol{X}^{\mathrm{T}}\boldsymbol{A}\boldsymbol{X}$ 的规范形为(　　　　).

6. 设 $\boldsymbol{A}$ 为 3 阶实对称矩阵，$\boldsymbol{A}$ 的特征值为 $-1,-2,-3$，则二次型 $f(x_1,x_2,x_3)=\boldsymbol{X}^{\mathrm{T}}\boldsymbol{A}\boldsymbol{X}$ 为(　　　　)(用"正定"或"负定"填空).

三、选择题

1. 设二次型 $f(x_1,x_2)=(x_1,x_2)\begin{pmatrix}2&1\\5&3\end{pmatrix}\begin{pmatrix}x_1\\x_2\end{pmatrix}$，则二次型的矩阵为(　　).

(A) $\begin{pmatrix}2&1\\5&3\end{pmatrix}$　　(B) $\begin{pmatrix}2&5\\1&3\end{pmatrix}$　　(C) $\begin{pmatrix}2&3\\3&3\end{pmatrix}$　　(D) $\begin{pmatrix}2&2\\2&3\end{pmatrix}$

2. 下列矩阵中，(　　)为正定矩阵.

(A) $\begin{pmatrix}1&2&3\\2&1&2\\3&2&1\end{pmatrix}$　　(B) $\begin{pmatrix}1&5&6\\5&0&7\\6&7&2\end{pmatrix}$　　(C) $\begin{pmatrix}3&2&1\\2&3&2\\1&2&3\end{pmatrix}$　　(D) $\begin{pmatrix}1&1&1\\1&2&1\\1&1&-1\end{pmatrix}$

3. 设二次型 $f(x_1,x_2,x_3)=\boldsymbol{X}^{\mathrm{T}}\boldsymbol{A}\boldsymbol{X}$ 的矩阵 $\boldsymbol{A}$ 的特征值为 $3,-3,1$，则其规范形为(　　).

(A) $y_1^2+y_2^2+y_3^2$　　(B) $y_1^2+y_2^2-y_3^2$

(C) $y_1^2-y_2^2-y_3^2$　　(D) $-y_1^2-y_2^2-y_3^2$

4. 二次型 $f(x_1,x_2,x_3)=5x_1^2+5x_2^2+tx_3^2-2x_1x_2+6x_1x_3-6x_2x_3$ 的秩为 2，则 $t=$(　　).

(A) 4　　(B) 3　　(C) 2　　(D) 1

5. 设 $\boldsymbol{A},\boldsymbol{B}$ 均为 n 阶矩阵，且 $\boldsymbol{A}$ 与 $\boldsymbol{B}$ 合同，则(　　).

(A) $\boldsymbol{A}$ 与 $\boldsymbol{B}$ 相似　　(B) $|\boldsymbol{A}|=|\boldsymbol{B}|$

(C) $\boldsymbol{A}$ 与 $\boldsymbol{B}$ 有相同的特征多项式　　(D) $R(\boldsymbol{A})=R(\boldsymbol{B})$

6. 实二次型 $f=\boldsymbol{X}^{\mathrm{T}}\boldsymbol{A}\boldsymbol{X}$ 为正定二次型的充分必要条件是(　　).

(A) 负惯性指数为零　　(B) $|\boldsymbol{A}|>0$

(C) 对任意的 $\boldsymbol{X}\neq 0$，都有 $f>0$　　(D) 存在 n 阶矩阵 $\boldsymbol{U}$，使得 $\boldsymbol{A}=\boldsymbol{U}^{\mathrm{T}}\boldsymbol{U}$

7. 实二次型 $f=\boldsymbol{X}^{\mathrm{T}}\boldsymbol{A}\boldsymbol{X}$ 为正定的充分必要条件是(　　).

(A) $\boldsymbol{A}$ 的特征值全大于零　　(B) $\boldsymbol{A}$ 的特征值全小于零

(C) $\boldsymbol{A}$ 的特征值至少有一个大于零　　(D) $\boldsymbol{A}$ 的特征值至少有一个小于零

8. 对于二次型 $f=\boldsymbol{X}^{\mathrm{T}}\boldsymbol{A}\boldsymbol{X}$，下述结论正确的是(　　).

(A) 化 f 为标准形的可逆线性变换是唯一的　　(B) f 的标准形是唯一的

(C) 化 f 为规范形的可逆线性变换是唯一的　　(D) f 的规范形是唯一的

四、计算题

1. 化二次型 $f(x_1,x_2,x_3)=x_1^2+5x_2^2-x_3^2+4x_1x_2+2x_1x_3$ 为标准形，并写出相应的非奇异线性变换，并指出二次型的秩、正惯性指数及符号差.

2. 当 t 为何值时，二次型 $f(x_1,x_2,x_3)=x_1^2+2x_2^2+tx_3^2+2x_1x_2+4x_1x_3+6x_2x_3$ 为正定二次型？

五、证明题

1. 设 $\boldsymbol{A}$ 满足条件：(1)$\boldsymbol{A}$ 是正定矩阵；(2)$\boldsymbol{A}$ 是正交矩阵. 试证 $\boldsymbol{A}$ 是单位矩阵.

2. 设 $\boldsymbol{A}$ 为 m 阶正定矩阵，$\boldsymbol{B}$ 为 n 阶正定矩阵. 证明分块矩阵 $\boldsymbol{C}=\begin{pmatrix}\boldsymbol{A} & \boldsymbol{O}\\ \boldsymbol{O} & \boldsymbol{B}\end{pmatrix}$ 为 $m+n$ 阶正定矩阵.

6 随机事件与概率

在本章中，将会学习系统地用数学的方法去研究科学研究或社会活动中发生的事件的可能性大小.

6.1 样本空间及随机事件

在科学研究或社会活动中常常会进行一定条件下的实验或观察，例如在一个大气压下水加热到 100℃是否沸腾？生产企业的产品抽检是否合格？你走到有交通灯的路口会遇到红灯还是绿灯？等等. 我们把这样的可重复进行的实验或观察统称为试验.

试验分为确定性试验(也称必然试验)及不确定性试验(也称随机试验).

在一定条件下必然发生或不发生的试验称为确定性试验；如在一个大气压下水加热到 100℃必沸腾，上抛一重物必下落等等都是确定性试验.

在一定条件下可能发生或不发生的试验称为随机试验；如企业抽检产品合格与否，人走到有交通灯的路口会遇到红灯还是绿灯等，都是随机试验.

随机试验一般具有以下特点：(1)试验的所有可能结果是可以确定的；(2)每次试验的结果在试验前是无法预知的.

概率论就是研究随机试验之现象(即**随机现象**)的数量规律的科学，是数理统计的理论基础.

先看几个随机试验的例子.

[例 6.1] 抛掷一枚骰子，观察朝上出现的点数.

[例 6.2] 从一大批产品中抽取 30 件产品，检查 30 件产品中的次品数量.

[例 6.3] 观察某路口一天内通过的车辆数.

[例 6.4] 从一批灯泡中抽取一只灯泡，检测其使用时间.

显然，对随机试验我们关注的是伴随随机试验产生的结果.

一般地，把随机试验的结果产生的现象的陈述称为**随机事件**，简称**事件**，用符号 A，B 及 A_1，A_2，…，A_n等表示. 例如上述例 6.1 中，“出现 3 点”“出现点数小于 4 点”“出现奇数点”等都是随机事件，可分别记为 A、B、C 事件；如果抛一次骰子，结果出现 5 点，我们说 A 事件不发生，B 事件也不发生，而 C 事件发生了；事件 A、B、C 还有一个特征，B、C 可以分为更小的事件，而 A 事件无法再分.

在事件中，把那些无法再分的事件称为**样本点**(也称**基本事件**)，而把那些可以再分的事件称为**复合事件**.

样本点的全体称为**样本空间**(也称**必然事件**)，记为 Ω.

不含任何样本点的事件称为**不可能事件**，记为$\varnothing$.

[例 6.5] 抛掷一枚骰子，观察朝上出现的点数. 其样本空间为 $\Omega=\{1, 2, 3, 4, 5, 6\}$，样本空间中的样本点数是有限的. 如事件“出现 8 点”是此试验的不可能事件.

[例 6.6] 从一大批产品中抽取 30 件产品，观察 30 件产品中的次品数量. 其样本空间

为 $\Omega=\{0,1,2,3,\cdots,30\}$，样本空间中的样本点数是有限的.

［例 6.7］　观察某路口一天内通过的车辆数. 其样本空间为 $\Omega=\{0,1,2,3,\cdots,100,\cdots\}$，样本空间中的样本点数是无限的，但可以排列的，此情形称为**可列的**.

［例 6.8］　从一批灯泡中抽取一只灯泡，检测其使用时间. 其样本空间为 $\Omega=\{t \mid t\geqslant 0\}$，样本空间中的样本点数是无限的，但不可列的.

必然事件和不可能事件是随机事件的特例，其本身已无随机性，但在概率论的研究中有着重要的作用.

［例 6.9］　袋中装有编号为 1 号、2 号的 2 个白球和编号为 3 号的 1 个黑球，现从袋中任意地摸出 2 个球；记随机事件 $A=\{$第一次摸得黑球$\}$，$B=\{$第二次摸得白球$\}$，$C=\{$两次都摸得白球$\}$，$D=\{$第一次摸得黑球，第二次摸得白球$\}$. 试用样本点表示 A、B、C、D 事件.

解　第一、二次取到的球号可以用数组的形式表示，即 (i,j) 表示第一、二次取到的球号. 则 $A=\{(3,1),(3,2),(3,3)\}$，

$B=\{(1,2),(3,2),(2,1),(3,1)\}$，

$C=\{(1,2),(2,1)\}$，

$D=\{(3,1),(3,2)\}$.

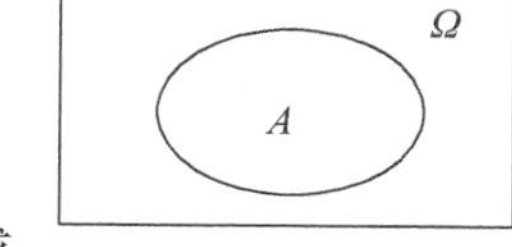

图 6－1

在概率论中，常用一个长方形表示样本空间 Ω，用其中的一个圆或其他几何图形表示事件 A，见图 6－1，这类图形称为维恩(Venn)图.

习题 6.1

1. 用集合的形式写出下列随机试验的样本空间：

(1) 一盒内有 4 张分别写有 A,B,C,D 的卡片，从中无放回地抽取 2 张，观察其所有可能性；

(2) 同时掷三颗骰子，记录三颗骰子点数之和；

(3) 有 n 枚硬币一起抛，观察结果中硬币正面朝上的数量；

(4) 在某十字路口，记录一小时内通过的机动车辆数；

(5) 在单位圆内任意取一点，记录它的坐标；

(6) 记录某城市一天内的用电量.

6.2　随机事件的关系及运算

在实际中，因为随机事件往往会比较复杂，所以需要把待解决的问题的事件分解为较简单的事件的表述，这样的过程需要用到随机事件的关系及运算. 从上一节的讨论容易发现，随机事件的关系及运算与集合间的关系及运算是非常相似的. 下面的讨论总是假设在同一样本空间 Ω（即同一随机试验）中进行.

6.2.1 随机事件的关系及运算

(1) 包含关系（子事件）

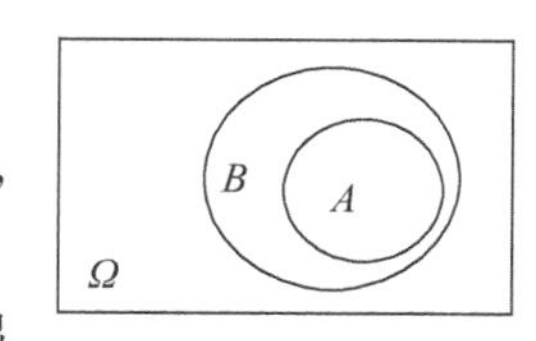

图 6－2

若 A 事件发生必然导致 B 事件发生，则称 B 事件包含 A 事件，也可称 A 是 B 的子事件，记作 $A\subset B$（图 6－2）.

例如在抛骰子试验中，记事件 $A=$“出现的点数是 2 点”，$B=$“出

现偶数点”;则 A 发生(出现 2 点)必然导致事件 B(2 点是偶数点)的发生,故 $A\subset B$.

如果 A 与 B 事件互相包含,则称事件 A 与 B 相等,记为 $A=B$.

例如在抛骰子试验中,记事件 $C=$“出现的点数是 4,5,6 点”,$D=$“出现的点数大于 3 点”;则 C 事件与 D 事件相等,即 $C=D$.

(2) 和事件(并事件)

A 事件或 B 事件的发生都导致该事件发生,此事件称为 A 事件与 B 事件的和(并)事件,记为 $A\cup B$(图 6-3),即 A 事件与 B 事件至少有一个发生.

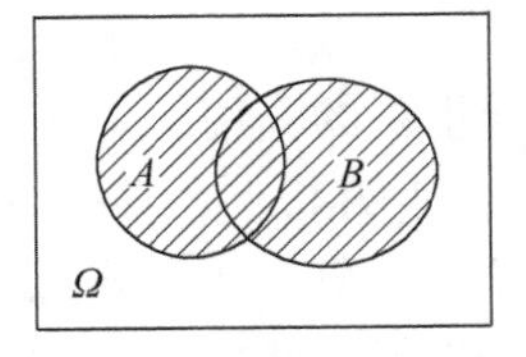

图 6-3

n 个事件 $A_1,A_2,\cdots,A_n$ 的和(并)事件可记为 $\bigcup\limits_{i=1}^{n}A_i$,表示“事件 $A_1,A_2,\cdots,A_n$ 中至少有一个发生”. 而一系列事件 $A_1,A_2,\cdots,A_n\cdots$的和(并)事件记为 $\bigcup\limits_{i=1}^{\infty}A_i$,表示“事件 $A_1,A_2,\cdots,A_n,\cdots$中至少有一个发生”.

例如在抛骰子试验中,记事件 $A=$“出现的点数是 4,5,6 点”,$B=$“出现的点数 2,3,4 点”;则 $A\cup B=$“出现的点数是 2,3,4,5,6 点”.

(3) 积事件(交事件)

一事件发生必导致 A 事件与 B 事件都发生,该事件称为 A 事件与 B 事件的积事件或交事件,记为 $A\cap B$ 或 AB(图 6-4),即事件 A 与 B 同时发生.

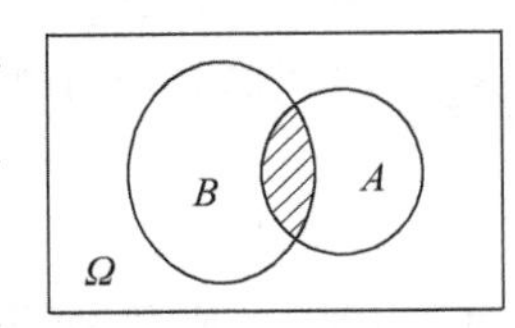

图 6-4

n 个事件 $A_1,A_2,\cdots,A_n$ 的积(交)事件可记为 $\bigcap\limits_{i=1}^{n}A_i$,表示“$n$ 个事件 $A_1,A_2,\cdots,A_n$ 同时发生”.

事件序列 $A_1,A_2,\cdots,A_n,\cdots$的积事件可记为 $\bigcap\limits_{i=1}^{\infty}A_i$,表示事件 $A_1,A_2,\cdots,A_n,\cdots$同时发生.

例如在抛骰子试验中,记事件 $A=$“出现的点数是 4,5,6 点”,$B=$“出现的点数为 1 至 4 点”;则 $A\cap B=$“出现的点数是 4 点”.

图 6-5

(4) 互不相容事件

A 事件与 B 事件不可能同时发生,称 A 事件与 B 事件为互不相容事件或互斥事件,记作 $AB=\varnothing$ 或 $A\cap B=\varnothing$,如图 6-5.

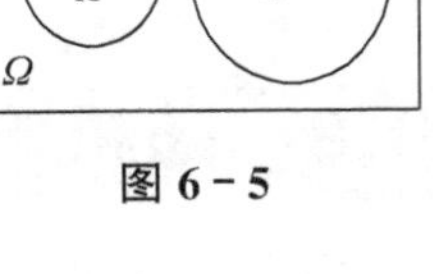

若 n 个事件 $A_1,A_2,\cdots,A_n$ 中任意两个互不相容,则称 n 个事件 $A_1,A_2,\cdots,A_n$ 互不相容,如图 6-6.

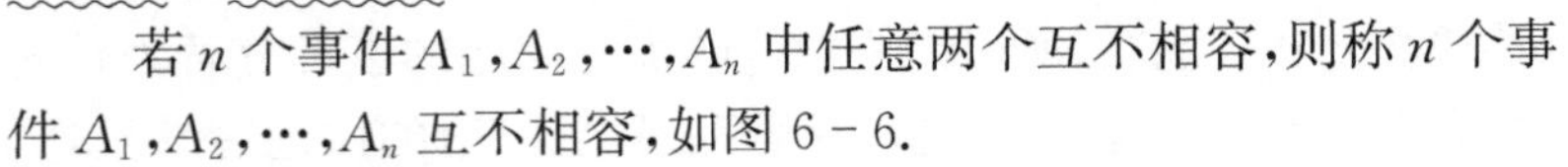

例如在抛骰子试验中,记事件 $A=$“出现的点数是 4,5,6 点”,$B=$“出现的点数 1,2 点”;则 $A\cap B=\varnothing$,即 A 事件与 B 事件互斥. 记 A_i 表示“出现点数是 i 点”,$i=1,\cdots,6$,则 $A_1,\cdots,A_6$ 是一组互不相容事件.

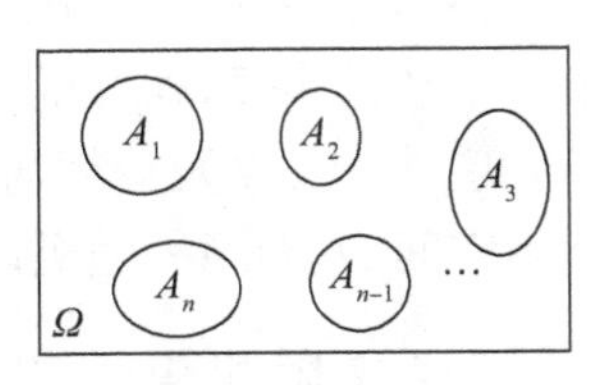

图 6-6

(5) 对立事件(逆事件)

A 事件不发生这一事件称为 A 事件的对立事件,也称逆事件,记为 $\overline{A}$,如图 6-7.

显然有 $A\cap\overline{A}=\varnothing$,$A\cup\overline{A}=\Omega$.

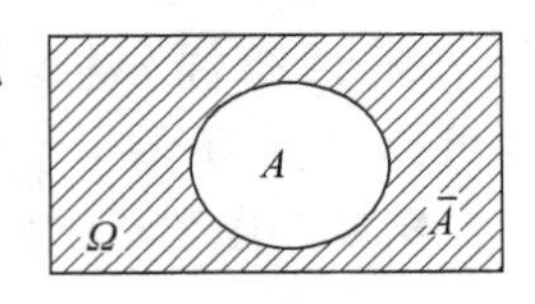

图 6-7

例如在抛骰子试验中，记事件 A=“出现的点数是 4，5，6 点”，B=“出现的点数 1，2，3 点”；则 A 事件与 B 事件互逆，即 $B=\overline{A}$，$A=\overline{B}$.

（6）差事件

A 事件发生而 B 事件不发生的事件称为事件 A 对事件 B 的差事件，记为 $A-B$，如图 6-8（阴影部分）. 例如在抛骰子试验中，记事件 A=“出现的点数 1，2，3，4 点”，B=“出现的点数 3，4，6 点”，则 $A-B$=“出现的点数 1，2 点”.

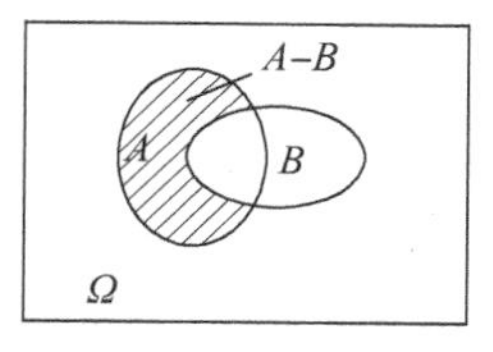

图 6-8

显然有 $A-B=A\overline{B}$，$\Omega-A=\overline{A}$.

6.2.2　随机事件运算规律

（1）交换律：$A\cup B=B\cup A$，$A\cap B=B\cap A$.

（2）结合律：$A\cup(B\cup C)=(A\cup B)\cup C$，$A\cap(B\cap C)=(A\cap B)\cap C$.

（3）分配律：$A\cup(B\cap C)=(A\cup B)\cap(A\cup C)$，$A\cap(B\cup C)=(A\cap B)\cup(A\cap C)$.

（4）对偶律（德・摩根律）：$\overline{A\cup B}=\overline{A}\cap\overline{B}$，$\overline{A\cap B}=\overline{A}\cup\overline{B}$.

对偶律可推广到多个事件及可列个事件的情况：

$$\overline{\bigcup_{i=1}^{n}A_i}=\bigcap_{i=1}^{n}\overline{A_i}，\overline{\bigcap_{i=1}^{n}A_i}=\bigcup_{i=1}^{n}\overline{A_i}，\overline{\bigcup_{i=1}^{\infty}A_i}=\bigcap_{i=1}^{\infty}\overline{A_i}，\overline{\bigcap_{i=1}^{\infty}A_i}=\bigcup_{i=1}^{\infty}\overline{A_i}.$$

6.2.3　完备事件组(样本空间的分割)

若随机试验的样本空间中的某一组事件 $A_1,A_2,\cdots,A_n$ 满足：

（1）$A_1,A_2,\cdots,A_n$ 互不相容；　　（2）$A_1\cup A_2\cup\cdots\cup A_n=\Omega$.

则称 $A_1,A_2,\cdots,A_n$ 为样本空间 Ω 的一个分割或一个完备事件组.

例如在抛骰子试验中，记事件 A=“出现的点数 1，2”，B=“出现的点数 3，4 点”，C=“出现的点数 5，6 点”，则 A、B、C 事件组就是该试验的样本空间的一个完备事件组.

利用事件的运算，把复杂事件用简单事件来表示是一件很重要的事情.

［例 6.10］　设 A,B,C 为随机试验中的三个事件，则

（1）“A 发生，而 B 与 C 不发生”可表示为 $A\overline{B}\overline{C}$；

（2）“A,B,C 都发生”可表示为 ABC；

（3）“A,B,C 中至少有一个发生”可表示 $A\cup B\cup C$；

（4）“A 或 B 发生，而 C 不发生”可表示为 $(A\cup B)\overline{C}$；

（5）“A,B,C 都不发生”可表示为 $\overline{A}\overline{B}\overline{C}$；

（6）“A,B,C 中不多于两个发生”可表示为 $\overline{A}\cup\overline{B}\cup\overline{C}$ 或 $\overline{ABC}$；

（7）“A,B,C 中至少有两个发生”可表示为 $AB\cup BC\cup AC$.

习题 6.2

1. 袋中有 10 个球，分别编有号码 1 至 10，从中任取 1 个球，记 A={取得的球号是偶数}，B={取得的球号是奇数}，C={取得的球号小于 5}，问下列运算表示何事件？

（1）$A\cup B$；（2）AB；（3）AC；（4）$\overline{AC}$；（5）$\overline{A}\overline{C}$；（6）$\overline{B\cup C}$；（7）$A-C$.

2. 一射击运动员连续向目标射击三次，事件 A_i 表示该射手第 i 次击中目标（$i=1,2,3$）. 试用 A_i 表示下列

事件：

(1) 第一次击中而第二次未击中目标；

(2) 三次都击中目标；

(3) 前两次击中目标，第三次未击中目标；

(4) 三次射击中至少有一次击中目标；

(5) 三次射击中恰有两次击中目标；

(6) 三次射击中至少两次击中目标；

(7) 三次射击中至多有一次击中目标；

(8) 前两次射击至少有一次未击中目标.

6.3 随机事件的概率

人们在科学研究或社会生活中常常会遇到诸如：明天雨天的可能性多大？这个篮球运动员投篮的命中率是多少？这个企业的产品的次品率是多少？等等问题. 且在长期的社会实践中已经总结出一个共识：虽然随机事件具有随机性，但在一次试验中发生的可能性大小是客观存在的，且是可以度量的. 例如抛均匀硬币币值面朝上的可能性大小为二分之一.

习惯上，把随机试验中事件 A 发生的可能性大小称为事件 A 的概率，记为 $P(A)$.

6.3.1 概率的古典定义

概率论发展初期，确定概率的常用方法诸如：掷一颗完全均匀的骰子，出现每一个点数的可能性都是 $\frac{1}{6}$. 这样的随机试验具有如下两个特点：

(1) 试验的所有结果只有有限个； (2) 试验的基本结果出现的可能性相同.

具有上述两个特点的随机试验称为古典概型的随机试验，简称为**古典概型**.

定义 6.1 在古典概型中，设随机试验的样本空间 Ω 由 n 个样本点构成，A 为任意一个事件且含有 n_A 个样本点，则事件 A 发生的概率

$$P(A)=\frac{n_A}{n}$$

此概率称为**古典概率**.

显然，满足古典概型的事件 A 的概率计算的方法可归结为：计算样本空间 Ω 中的样本点个数和事件 A 中含有的样本点个数；因此加法原理、乘法原理、排列、组合等计数的工具是必需的.

[例 6.11] 抛掷一颗均匀的骰子两次，求下列事件的概率.

(1) 两次点数之和为 5； (2) 两次点数相同；

(3) 两次点数差为 2； (4) 至少有一次得到 4 点.

解 抛一颗均匀的骰子两次，记第一、二次出现的点数分别为 i、j，则试验的样本空间 $\Omega=\{(i,j)\mid i,j=1,\cdots,6\}$，样本空间 Ω 中的样本点总数 $n=6\times6=36$，且各样本点出现是等可能的，这是古典概型问题.

(1) 设 A=“两次点数之和为 5”，则 A 中包含的样本点数为 $n_A=4$，所以事件 A 发生的概率为

$$P(A)=\frac{n_A}{n}=\frac{1}{9}.$$

(2) 设B="两次点数相同",则B中包含的样本点数为$n_B=6$,所以事件B发生的概率为

$$P(B)=\frac{n_B}{n}=\frac{6}{36}=\frac{1}{6}.$$

(3) 设C="两次点数差为2",则C中包含的样本点数为$n_C=8$,所以事件C发生的概率为

$$P(C)=\frac{n_C}{n}=\frac{2}{9}.$$

(4) 设D="至少有一次得4点",$\overline{D}$="没有一次得4点",其包含的样本点数为$n_{\overline{D}}=\mathrm{C}_5^1\times\mathrm{C}_5^1=25$,所以事件$D$发生的概率为

$$P(D)=1-P(\overline{D})=1-\frac{n_{\overline{D}}}{n}=1-\frac{25}{36}=\frac{11}{36}.$$

[例 6.12] **(无放回摸球模型)** 一口袋中有M个白球,$N-M$个黑球,从中无放回任取n个,求此n个球中恰有m个白球的概率.

解 设事件A表示"n个球中恰有m个白球",样本点总数为C_N^n;$n_A=\mathrm{C}_M^m\cdot\mathrm{C}_{N-M}^{n-m}$.事件$A$的概率为

$$P(A)=\frac{n_A}{n}=\frac{\mathrm{C}_M^m\cdot\mathrm{C}_{N-M}^{n-m}}{\mathrm{C}_N^n},m=0,1,\cdots,\min\{n,M\}.$$

[例 6.13] **(有放回摸球模型)** 一口袋中有M个白球,$N-M$个黑球,从中有放回任取n个,求此n个球中恰有m个白球的概率.

解 设事件A表示"n个球中恰有m个白球".因是有放回抽样的方式,可得样本空间有N^n个样本点;事件A有样本点数为$\mathrm{C}_n^m M^m(N-M)^{n-m}$.故事件$A$发生的概率

$$P(A)=\frac{n_A}{n}=\frac{\mathrm{C}_n^m M^m(N-M)^{n-m}}{N^n}=\mathrm{C}_n^m\left(\frac{M}{N}\right)^m\left(1-\frac{M}{N}\right)^{n-m},m=0,1,\cdots,n.$$

[例 6.14] 求10个人中至少有两人生日相同的概率.

解 设A="10个人中至少有两人生日相同",则$\overline{A}$="10个人的生日全不相同".所以

$$P(A)=1-P(\overline{A})=1-\frac{\mathrm{P}_{365}^{10}}{365^{10}}.$$

6.3.2 几何概型

古典概型的两个特点限制了它的适用范围.当保留随机试验的基本结果等可能性,而所有的结果可扩大至无限时,这样的试验模型称为几何概型.

在几何概型中,因试验的结果是无限的,所以无法像古典概型那样用计数的办法进行随机事件的概率的度量;但可以利用几何的度量,例如长度比、面积比、体积比等进行概率的计算.

[例 6.15] 有一均匀陀螺的圆的边缘标有[0,12)的刻度,转动陀螺直至其停下,求陀螺的边缘与桌面相切的切点落在区间[2,8]的概率.

解 设事件A表示"与桌面相切的切点落在区间[2,8]";显然,这是几何概型问题,该试

验的样本空间覆盖的长度为 12，而事件 A 的样本点覆盖的区间长度为 6. 可得事件 A 的概率

$$P(A)=\frac{6}{12}=\frac{1}{2}.$$

[例 6.16] （会面问题）甲、乙约好在某地点见面，且约定双方在 0 到 T 这时间段内到达，先到者等候另一个人，经时间 t（$t<T$）后离去（假设这两人在 0 到 T 这段时间内各时刻到达该地是等可能的），求甲、乙两人能会面的概率.

解 设 A 事件表示“甲、乙两人能会面”. 用 x,y 分别表示甲乙两人到达的时刻，则分析知样本空间为 $\Omega=\{(x,y)\mid 0<x<T,0<y<T\}$，$A$ 事件为 $A=\{(x,y)\mid 0<|x-y|<T\}$. 所以 A 事件的概率

$$P(A)=\frac{T^2-(T-t)^2}{T^2}.$$

6.3.3 概率的统计定义

先假定有一不均匀硬币，要想测得其正面朝上的概率，大家都会想到一个简单的办法，就是不断地抛硬币 n 次，记录其朝上的次数 n_A 次，那么 $\frac{n_A}{n}$ 就是我们想要的概率的近似值. 历史上曾有许多学者做过类似大量的试验，都一致地发现，随着抛硬币的次数 n 逐渐的增大，$\frac{n_A}{n}$ 会围绕一个固定值上下波动，且波动的幅度越来越小.

在相同的条件下重复进行 n 次试验，事件 A 发生的次数为 n_A（称为事件 A 发生的频数），比值 $\frac{n_A}{n}$ 称为事件 A 发生的频率，记作 $f_n(A)$，即 $f_n(A)=\frac{n_A}{n}$.

易知，频率具有下列性质：

(1) $0\leqslant f_n(A)\leqslant 1$；

(2) $f_n(\Omega)=1$；

(3) 若 $A_1,\cdots,A_k$ 是一组两两互斥的事件，$f_n(\bigcup_{i=1}^{k}A_i)=\sum_{i=1}^{k}f_n(A_i)$.

事件 A 的频率反映了在随机试验中事件 A 发生的频繁程度，即事件 A 在一次随机试验中发生的可能性大小. 在长期的社会实践中，人们逐步发现，当试验次数 n 逐渐增大时，事件 A 发生的频率 $f_n(A)$ 总会在某个确定的数值附近摆动，这一特性称为频率的稳定性，这个数值称为频率的稳定值，频率的稳定值本质上反映了事件在随机试验中出现可能性的大小.

定义 6.2 设 A 为随机试验的一个随机事件，如果随着重复试验次数 n 的增大，A 事件的频率 $f_n(A)$ 会逐渐稳定在 0 与 1 之间某个常数 P，此常数 P 就是用频率方法确定的事件 A 的概率，称之为**统计概率**，记为 $P(A)$.

统计概率提供了一个想象的数值为随机事件的概率，并且在试验重复次数 n 较大时，常常把频率当作概率的一个近似值；但要精确地获得频率的稳定值（事件的概率）是困难的，因为在现实世界里，人们无法保证每次试验都是在完全相同的条件下进行，也无法把一个试验无限次地重复下去. 然而规律却存在在那里.

6.3.4 概率的公理化定义

定义 6.3 设Ω是随机试验的样本空间,对于每一事件A有且只有一个实数$P(A)$与之对应,且满足下列三个公理(称为**概率公理**)

(1)(非负性)$0 \leqslant P(A) \leqslant 1$; (6.1)

(2)(规范性)$P(\Omega)=1$; (6.2)

(3)(可列可加性)若$A_1, A_2, \cdots, A_n, \cdots$是任意一列两两互斥的事件,有

$$P\left(\bigcup_{i=1}^{\infty} A_i\right)=\sum_{i=1}^{\infty} P(A_i); \tag{6.3}$$

则称$P(A)$为**事件A的概率**.

此定义把事件A的概率定义为一函数,自变量是随机事件,函数值是$[0,1]$中的某个数;这样把研究数学的基本方法引入到概率的研究中来,使之具有广泛的适用性.但读者必须注意的是:概率的公理化定义并未解决概率的度量问题.

6.3.5 概率的性质

根据概率公理易得如下性质.利用概率的这些性质,可以计算复杂事件的概率.

性质 1 $P(\varnothing)=0$. (6.4)

性质 2 (有限可加性) 若$A_1, A_2, \cdots, A_n$是一组两两互不相容的事件,则

$$P\left(\bigcup_{i=1}^{n} A_i\right)=\sum_{i=1}^{n} P(A_i). \tag{6.5}$$

性质 3 $P(\overline{A})=1-P(A)$. (6.6)

性质 4 $P(B-A)=P(B)-P(AB)$. (6.7)

特别,如$A \subset B$,则$P(B-A)=P(B)-P(A)$.

性质 5 $P(A \cup B)=P(A)+P(B)-P(AB)$. (6.8)

推广有

$$P(A \cup B \cup C)=P(A)+P(B)+P(C)-P(AB)-P(AC)-P(BC)+P(ABC). \tag{6.9}$$

[例 6.17] 已知$P(A)=0.6, P(A \cup B)=0.8, P(AB)=0.2$,求$P(B)$.

解 由$P(A \cup B)=P(A)+P(B)-P(AB)$得

$$P(B)=P(A \cup B)-P(A)+P(AB)=0.8-0.6+0.2=0.4.$$

[例 6.18] 设$P(A)=P(B)=P(C)=0.25, P(AB)=0, P(AC)=P(BC)=\frac{1}{12}$,求$A$,$B$,$C$都不发生的概率.

解 A,B,C都不发生,即$\overline{A}\overline{B}\overline{C}$,故

$$\begin{aligned} P(\overline{A}\overline{B}\overline{C}) &=1-P(A \cup B \cup C)=1-P(A)-P(B)-P(C)+P(AB)+P(AC)+P(BC)-P(ABC) \\ &=1-0.25-0.25-0.25+0+\frac{1}{12}+\frac{1}{12}-0=\frac{5}{12}. \end{aligned}$$

[例 6.19] 据资料,某市居民私房拥有率87%,私车拥有率45%,无房无车的占23%,求任意抽查一户居民恰为有房有车的概率.

解 A表示“居民有私房”,B表示“居民有私车”,则所求即为$P(AB)$.已知$P(A)=0.87, P(B)=0.45, P(\overline{A}\overline{B})=0.23$,则

$$P(AB)=P(A)+P(B)-P(A\cup B)=P(A)+P(B)-(1-P(\overline{A}\overline{B}))=0.55.$$

习题 6.3

1. 从一批 9 个正品,3 个次品的产品中任取 5 件,试求

(1) 恰有两件次品的概率;

(2) 至少有一件次品的概率;

(3) 至多有一件次品的概率.

2. 已知在 10 只晶体管中有 2 只次品,在其中取两次,每次任取一只,作不放回抽样,求下列事件的概率:

(1) 两只都是正品;

(2) 两只都是次品;

(3) 一只是正品,一只是次品;

(4) 第二次取出的是次品.

3. 在 52 张扑克中,任抽 2 张,试求

(1) 抽到的 2 张都是红心的概率;

(2) 抽到的 2 张是不同花色的概率.

4. 设 A, B 是两个事件,且 $P(A)=0.5$,$P(B)=0.7$,$P(A\cup B)=0.8$,求 $P(AB)$,$P(A-B)$.

5. 在区间[0, 1]中随机取两点,求它们的平方和小于 1 的概率.

6. 设 A,B,C 为三件事,且 $P(A)=P(B)=P(C)=\frac{1}{4}$,$P(AB)=P(BC)=0$,$P(AC)=\frac{1}{8}$,则 A,B,C 至少有一个发生的概率为多少?

7. 设事件 A,B 仅发生一个的概率为 0.3,且 $P(A)+P(B)=0.5$,则 A,B 至少有一个不发生的概率为多少?

6.4 条件概率 乘法公式 全概率公式 贝叶斯公式

6.4.1 条件概率

[例 6.20] 某班级有男生 23 名,女生 20 名,其中身高 1.60 米以上的男生有 18 名,身高 1.60 米以上的女生有 11 名,现随机选取一位学生,求:

(1) 该生是身高 1.60 米以上的概率是多少?该生身高是 1.60 米以上且为女生的概率是多少?

(2) 该生身高是 1.60 米以上的条件下,该生是女生的概率又是多少?

解 设 A 表示“选取的是女生”,B 表示“选取的是身高 1.60 米以上的学生”;

(1) 事件“该生身高是 1.60 米以上且为女生”可表示为 AB,易知

$$P(B)=\frac{29}{43},P(AB)=\frac{11}{43};$$

(2) 事件“该生身高是 1.60 米以上的条件下,该生是女生”设为 C 事件,C 事件发生的可能性有 11 种,但因为前提“该生身高是 1.60 米以上的条件下”,样本空间的可能性缩小到只有 29 种,所以

$$P(C)=\frac{11}{29}.$$

在上述例子的(2)中出现了一种新的情形:要考虑附加某些条件(B 事件发生)下 A 事件发生的概率;且在实际中,常常要考虑类似这样的问题.

一般地,设 A,B 为两事件,$P(B)>0$,把在 B 事件发生的条件下 A 事件发生的概率称为 B 发生的条件下 A 发生的条件概率,记为 $P(A|B)$.

至此,上述例子的(2)现在可以表示为 $P(A|B)=\frac{11}{29}$. 进一步可发现

$$P(A|B)=\frac{\frac{11}{43}}{\frac{29}{43}}=\frac{P(AB)}{P(B)}.$$

从上述结果可总结得到条件概率计算的两个方法:

(1) $P(A|B)=\frac{AB\text{ 中的样本点个数}}{B\text{ 中的样本点个数}}$,即加条件 B 事件发生,意味着把样本空间缩小到 B 发生的所有可能性.

(2) 利用公式

$$P(A|B)=\frac{P(AB)}{P(B)}\quad (P(B)>0) \tag{6.10}$$

称为事件 B 发生的条件下事件 A 的条件概率计算公式.

类似地,事件 A 发生的条件下事件 B 的条件概率计算公式为

$$P(B|A)=\frac{P(AB)}{P(A)}\ (P(A)>0) \tag{6.11}$$

[例 6.21] 设 10 件产品中有 7 件正品、3 件次品,从中不放回地抽取两件,已知第一次取到次品,求第二次又取到次品的概率.

解 设 A 表示"第一次取到次品"的事件;B 表示"第二次取到次品"的事件;所求即为 A 已发生条件下 B 发生的概率. 即第一次取得的是次品(A 发生),第二次再取产品时,所有可取的产品只有 9 件,其中次品只剩下 2 件. 所以

$$P(B|A)=\frac{2}{9}.$$

[例 6.22] 某种动物由出生算起存活超 20 年的概率为 0.8,存活超 25 年的概率为 0.4,如果已知有一该种动物已存活超 20 年,问它还能存活 5 年以上的概率是多少?

解 设 A 表示"能活超 20 年";B 表示"能活超 25 年"的事件. 由已知 $P(A)=0.8$, $P(B)=0.4$,$P(AB)=P(B)$,则所求为

$$P(B|A)=\frac{P(AB)}{P(A)}=\frac{0.4}{0.8}=\frac{1}{2}.$$

6.4.2 乘法公式

由条件概率公式易得下列乘法公式

$$P(AB)=P(B|A)P(A) \tag{6.12}$$

$$P(AB)=P(A|B)P(B) \tag{6.13}$$

推广有

$$P(ABC)=P(A)P(B|A)P(C|AB) \tag{6.14}$$

［例 6.23］ 设有一批零件 50 个，其中 10 个次品，无放回地从中一件件抽取零件，则

(1) 求第三次才取得合格品的概率；

(2) 求三次中恰有一件合格品的概率.

解 A_i 表示“第 i 次取得合格品”，$\overline{A}_i$ 表示“第 i 次取得次品”($i=1,2,3$).

(1) 所求概率为

$$P(\overline{A}_1\overline{A}_2A_3)=P(\overline{A}_1)P(\overline{A}_2|\overline{A}_1)P(A_3|\overline{A}_1\overline{A}_2)=\frac{10}{50}\times\frac{9}{49}\times\frac{40}{48}=0.0306.$$

(2) 设 B 表示事件“三次中恰有一件合格品”，即 $B=\overline{A}_1\overline{A}_2A_3\cup\overline{A}_1A_2\overline{A}_3\cup A_1\overline{A}_2\overline{A}_3$，所以

$$=P(\overline{A}_1\overline{A}_2A_3)+P(\overline{A}_1A_2\overline{A}_3)+P(A_1\overline{A}_2\overline{A}_3)$$

$$=\frac{10}{50}\times\frac{9}{49}\times\frac{40}{48}+\frac{10}{50}\times\frac{40}{49}\times\frac{9}{48}+\frac{40}{50}\times\frac{10}{49}\times\frac{9}{48}=0.0918.$$

6.4.3 全概率公式

从已知的简单事件的概率来推算未知的复杂事件的概率是解决问题的有效方法，为此需把一个复杂事件分解为若干个互不相容的简单事件之和，再通过分别计算这些简单事件的概率得到最后的结果.

定理 6.1(全概率公式) 设 $A_1,A_2,\cdots,A_n$ 是样本空间的一个完备事件组，事件 B 是同一样本空间中的事件，且满足 $B=\bigcup\limits_{i=1}^{n}BA_i$，及 $P(A_i)>0,i=1,\cdots,n$，则

$$P(B)=\sum_{k=1}^{n}P(A_K)P(B|A_K). \tag{6.15}$$

［例 6.24］ 有一批同一型号的产品，已知由甲厂生产的占 30%，乙厂生产的占 50%，丙厂生产的占 20%，又知这三个厂的产品次品率分别为 2%，1%，1%，问从这批产品中任取一件是次品的概率是多少？

解 设事件 A 为“任取一件为次品”，B_1,B_2,B_3 分别表示“此产品为甲、乙、丙厂生产的”，显然 B_1,B_2,B_3 为样本空间的一个划分. 由已知条件可得

$$P(B_1)=0.3,P(B_2)=0.5,P(B_3)=0.2,$$

$$P(A|B_1)=0.02,P(A|B_2)=0.01,P(A|B_3)=0.01,$$

于是由全概率公式得

$$P(A)=P(B_1)P(A|B_1)+P(B_2)P(A|B_2)+P(B_3)P(A|B_3)$$

$$=0.02\times0.3+0.01\times0.5+0.01\times0.2=0.013.$$

［例 6.25］ 盒内有 10 张奖票，其中只有 3 张是有奖的，其余 7 张无奖；有 10 人依次每人抽取一张，试问第一人、第二人、第三人抽到有奖奖票的概率分别是多少？

解 设 B_i 表示“第 i 人抽到有奖奖票”，$i=1,\cdots,10$，本例所求即计算 $P(B_1),P(B_2),P(B_3)$. 利用全概率公式即有

$$P(B_1)=\frac{3}{10}$$

$$P(B_2)=P(B_1B_2\cup\overline{B}_1B_2)=P(B_1)P(B_2|B_1)+P(\overline{B}_1)P(B_2|\overline{B}_1)$$

$$=\frac{3}{10}\times\frac{2}{9}+\frac{7}{10}\times\frac{3}{9}=\frac{3}{10}$$

$$P(B_3)=P(B_1B_2B_3\cup\bar{B}_1B_2B_3\cup B_1\bar{B}_2B_3\cup\bar{B}_1\bar{B}_2B_3)$$
$$=P(B_1)P(B_2|B_1)P(B_3|B_1B_2)+P(\bar{B}_1)P(B_2|\bar{B}_1)P(B_3|\bar{B}_1B_2)$$
$$+P(B_1)P(\bar{B}_2|B_1)P(B_3|B_1\bar{B}_2)+P(\bar{B}_1)P(\bar{B}_2|\bar{B}_1)P(B_3|\bar{B}_1\bar{B}_2)$$
$$=\frac{3}{10}\times\frac{2}{9}\times\frac{1}{8}+\frac{7}{10}\times\frac{3}{9}\times\frac{2}{8}+\frac{3}{10}\times\frac{7}{9}\times\frac{2}{8}+\frac{7}{10}\times\frac{6}{9}\times\frac{3}{8}=\frac{3}{10}.$$

事实上,依次类推可得,每一人抽到有奖奖票的概率都是 0.3.

6.4.4 贝叶斯(Bayes)公式

由乘法公式和全概率公式易得贝叶斯公式.

定理 6.2 (贝叶斯公式) 设 $A_1,A_2,\cdots,A_n$ 是样本空间的一个完备事件组,事件 B 是同一样本空间中的事件,且满足 $B=\bigcup\limits_{i=1}^{n}BA_i$,及 $P(A_i)>0,i=1,\cdots,n$,则

$$P(A_i\mid B)=\frac{P(A_i)P(B\mid A_i)}{\sum\limits_{k=1}^{n}P(A_k)P(B\mid A_k)},i=1,2,\ldots,n. \tag{6.16}$$

贝叶斯公式可以用来进行因、果推理,有许多“原因”可以造成某“结果”,而现已观察到这“结果”发生了,希望推断造成这个结果出现的诸多“原因”的可能性大小. 设事件 A_1, $A_2,\cdots,A_n$ 是原因,而事件 B 是由这些原因导致的结果,那么 $P(B|A_i)$表示由“原因”A_i 造成结果 B 发生的概率;反之,结果 B 发生了,希望知道结果 B 是由原因 A_i 导致的概率 $P(A_i|B)$. 因此,习惯上把 $P(A_i|B)$称为**后验概率**,而 $P(A_i)$称为**先验概率**.

[例 6.26] 接上例 6.24 问随机抽取一件产品,发现是次品,问它是哪家厂生产的概率最大?

解 由贝叶斯公式得

$$P(B_1|A)=\frac{P(B_1)P(A\mid B_1)}{\sum\limits_{i=1}^{3}P(B_i)P(A\mid B_i)}=0.4615$$

$$P(B_2|A)=\frac{P(B_2)P(A\mid B_2)}{\sum\limits_{i=1}^{3}P(B_i)P(A\mid B_i)}=0.3846$$

$$P(B_3|A)=\frac{P(B_3)P(A\mid B_3)}{\sum\limits_{i=1}^{3}P(B_i)P(A\mid B_i)}=0.1538$$

显然,甲厂的可能性最大.

[例 6.27] 临床诊断记录表明,利用某种试验检查甲疾病具有如下数据:对甲疾病患者进行试验结果呈阳性反应者占 95%,对非甲疾病患者进行试验结果呈阴性反应者占 95%. 假定某一特定人群中患有甲疾病的概率为 0.001(发病率);现从此人群中随机地抽取一个人进行该试验检测,结果为阳性,问这个人患有这种疾病的概率有多大?

解 记 A 表示“此人患有甲疾病”,B 表示“此人检查结果为阳性”;由题意得 $P(A)=0.001$,$P(B|A)=0.95$,$P(\bar{B}|\bar{A})=0.95$,可得 $P(B|\bar{A})=1-P(\bar{B}|\bar{A})=1-0.95=0.05$. 利用贝叶斯公式得

$$P(A|B)=\frac{P(A)P(B|A)}{P(A)P(B|A)+P(\bar{A})P(B|\bar{A})}$$
$$=\frac{0.001\times 0.95}{0.001\times 0.95+0.999\times 0.05}$$
$$=0.0187.$$

此数值说明，尽管检验方法非常精确，一个经检测为阳性的人仍然不大可能患有这种疾病(患有这种疾病的概率不到2%)；这是一般人的这一认识的一个误区.

习题 6.4

1. 抛2颗骰子，已知2颗骰子点数之和为7，求其中有一颗为1点的概率.

2. 已知事件 A,B，且 $P(A)=0.5,P(B)=0.6,P(B|A)=0.8$，求 $P(AB),P(A\bar{B})$.

3. 袋中有50个乒乓球，其中20个黄球，30个白球，甲、乙两人依次各取一球，取后不放回，求：

(1) 甲取到黄球的条件下乙取得黄球的概率；

(2) 甲取到黄球的条件下乙取得白球的概率；

(3) 甲、乙都取到黄球的概率；

(4) 乙取到黄球的概率.

4. 设某工厂有 A,B,C 三个车间，都生产同一种产品，每个车间的产量分别占总产量的25%,35%,40%；每个车间中出的次品占该车间的产量的5%,4%,2%. 现从中抽取一件，问：

(1) 求抽到的是次品的概率；

(2) 已知抽到的是次品，则它分别来自哪一个车间的?

5. 已知男子有25%是色盲患者，女子有5%是色盲患者，现从男女人数相等的人群中随机抽取1人，发现是色盲患者，问此人是男性的概率是多少?

6. 假设一批产品中一、二、三等品各占60%、30%、10%，今从中随机取一件产品，结果不是三等品，则它是二等品的概率为多少?

6.5 事件的独立性

[**例 6.27**]　一盒内放有7个白球及3个黑球，从中连续有放回取球2次，求

(1) 第一次取到白球的概率? 第二次取到白球的概率?

(2) 求第一次取到白球的条件下第二次还取到白球的概率?

解　设 A 事件表示“第一次取到白球”，B 事件表示“第二次取到白球”；则易得

(1) 第一次取到白球的概率即为 $P(A)=\frac{7}{10}$

第二次取到白球的概率即为 $P(B)=\frac{7}{10}$

(2) 第一次取到白球的条件下第二次还取到白球的概率即为 $P(B|A)=\frac{7}{10}$.

一般情形下 $P(B|A)\neq P(B)$，即意味着事件 A 的发生对事件 B 发生的概率是有影响的；但上例却发现一个新的情形，即事件 A 的发生并不影响到事件 B 的发生.

6.5.1　两个事件的独立性

对同一随机试验的两个事件 A,B，如果

$$P(A|B)=P(A)(\text{或 }P(B|A)=P(B)) \tag{6.17}$$

则称事件A是独立于事件B的(或称事件B是独立于事件A的).结合条件概率公式易得

$$P(AB)=P(A)P(B) \tag{6.18}$$

定义 6.4 对于两事件A与B,如果

$$P(AB)=P(A)P(B)$$

成立,则称A与B **相互独立**,简称A与B **独立**.

[**例 6.28**] 甲家庭中有若干个小孩,假定生男生女是等可能的,记A表示"家庭中男女孩都有",B表示"家庭中最多有一个女孩".试问以下两种情形下事件A与B是否独立?

(1) 家庭中有两个小孩; (2) 家庭中有三个小孩.

解 (1) 样本空间中含有4个样本点,且它们是等可能出现的.所以

$$P(A)=\frac{2}{4}=\frac{1}{2},\quad P(B)=\frac{3}{4},\quad P(AB)=\frac{1}{2}$$

于是$P(AB)\neq P(A)P(B)$即事件A与B是不相互独立的.

(2) 样本空间中含有$2^3=8$个样本点,且它们是等可能出现的,易得

$$P(A)=\frac{6}{8}=\frac{3}{4},\quad P(B)=\frac{4}{8}=\frac{1}{2},\quad P(AB)=\frac{3}{8}$$

所以有$P(AB)=P(A)P(B)$,即事件A与B相互独立.

在实际问题中,人们往往从直观经验判断独立性,即:如果两个事件的发生与否彼此间没有影响,则认为这两个事件是相互独立的.

[**例 6.29**] 甲、乙两射手独立地向同一目标射击一次,命中率分别为0.9和0.8,求目标被击中的概率.

解 设A表示"甲击中目标",B表示"乙击中目标",C表示"目标被击中",由经验可知A与B独立,且$C=A\cup B$.已知$P(A)=0.9$,$P(B)=0.8$,于是所求概率

$$\begin{aligned}P(C)&=P(A\cup B)=P(A)+P(B)-P(AB)=P(A)+P(B)-P(A)P(B)\\&=0.9+0.8-0.9\times0.8=0.98\end{aligned}$$

定理 6.3 下列四组事件:A与B;$\bar{A}$与B;A与$\bar{B}$;$\bar{A}$与$\bar{B}$相互独立是等价的.

证明 只证A与B独立和A与$\bar{B}$独立是等价的.

如A与B独立,由概率的性质知

$$P(A\bar{B})=P(A)-P(AB).$$

因A与B独立,即

$$P(AB)=P(A)P(B).$$

所以有

$$P(A\bar{B})=P(A)-P(A)P(B)=P(A)(1-P(B))=P(A)P(\bar{B}).$$

即A与$\bar{B}$独立.

反之,如A与$\bar{B}$独立,即$P(A\bar{B})=P(A)P(\bar{B})=P(A)(1-P(B))$

又$P(A\bar{B})=P(A)-P(AB)$,可得$P(AB)=P(A)P(B)$,即A与B独立.

特别注意,一般情形下两事件间的独立性与两事件的互不相容没有关联,千万不要混淆,因为事件A与事件B互不相容($P(A)>0$,$P(B)>0$),即$AB=\varnothing$,则有$P(AB)=0$,但

$P(AB)\neq P(A)P(B)>0$,也即 A 与 B 是不相互独立的.

6.5.2 三个事件的独立性

两个事件的相互独立性概念可推广到三个及以上事件的相互独立性,但在实际应用中会有两种不同的情形.

定义 6.5 设 A、B、C 是三个随机事件,如果满足

$$\begin{cases}P(AB)=P(A)P(B)\\P(AC)=P(A)P(C)\\P(BC)=P(B)P(C)\end{cases}$$

则称 A、B、C 是**两两相互独立**的随机事件(简称**两两独立**).

定义 6.6 设 A、B、C 是三个随机事件,如果满足

$$\begin{cases}P(AB)=P(A)P(B)\\P(BC)=P(B)P(C)\\P(AC)=P(A)P(C)\\P(ABC)=P(A)P(B)P(C)\end{cases}$$

则称 A、B、C 是**相互独立**的随机事件.

显然,A、B、C 是相互独立必有 A、B、C 是两两独立,反之则不然.

三个以上事件的相互独立与两两独立类似可定义.

[例 6.30] 设有 4 张卡片,其中 3 张分别涂上红色、白色、黄色,余下的那张在不同的部位同时涂上红、白、黄三色. 从 4 张中任意抽取 1 张,事件 A 表示“抽到的卡片有红色”,事件 B 表示“抽到的卡片有白色”,事件 C 表示“抽到的卡片有黄色”,试问: A、B、C 是两两相互独立吗? A、B、C 是相互独立吗?

解 由已知,易得

$$P(A)=P(B)=P(C)=\frac{2}{4}=\frac{1}{2}$$

$$P(AB)=P(BC)=P(AC)=\frac{1}{4}$$

$$P(ABC)=\frac{1}{4}$$

从而 $P(AB)=P(A)P(B)$,$P(BC)=P(B)P(C)$,$P(AC)=P(A)P(C)$,因此 A、B、C 是两两相互独立.

但因为 $P(ABC)=\frac{1}{4}\neq P(A)P(B)P(C)=\frac{1}{8}$,所以 A、B、C 是不相互独立的.

[例 6.31] 已知甲、乙、丙三人的命中率分别为 60%、70%、80%,为提高目标被命中的概率,三人向同一目标射击,求目标被命中的概率是多少?

解 设 A_1,A_2,A_3 分别表示甲、乙、丙命中目标这一事件,显然相互独立,所求即为事件 $A=A_1\cup A_2\cup A_3$ 的概率. 由已知 $P(A_1)=0.6$,$P(A_2)=0.7$,$P(A_3)=0.8$,所以

$$\begin{aligned}P(A)&=P(A_1\cup A_2\cup A_3)=1-P(\overline{A}_1\overline{A}_2\overline{A}_3)\\&=1-P(\overline{A}_1)P(\overline{A}_2)P(\overline{A}_3)\\&=1-(1-0.6)(1-0.7)(1-0.8)=0.976\end{aligned}$$

［例 6.32］ 已知有 4 个正常工作的概率都为 0.8 的元件，全部串联构成 A 系统，先 2 个串联再并联组成 B 系统，全部并联组成 C 系统. 假设各元件正常工作相互独立，求 A、B、C 三个系统正常工作的可靠性.

解 设用事件 A、B、C 分别表示 A、B、C 三个系统正常工作，A_i"表示第 i 个元件正常工作"，$i=1,2,3,4$. 则

$$P(A)=P(A_1A_2A_3A_4)=P(A_1)P(A_2)P(A_3)P(A_4)=0.8^4=0.4096$$

$$\begin{aligned}P(B)&=P(A_1A_2\cup A_3A_4)=P(A_1A_2)+P(A_3A_4)-P(A_1A_2A_3A_4)\\&=P(A_1)P(A_2)+P(A_3)P(A_4)-P(A_1)P(A_2)P(A_3)P(A_4)\\&=0.8^2+0.8^2-0.8^4=0.8704\end{aligned}$$

$$\begin{aligned}P(C)&=P(A_1\cup A_2\cup A_3\cup A_4)=1-P(\overline{A}_1\overline{A}_2\overline{A}_3\overline{A}_4)=1-P(\overline{A}_1)P(\overline{A}_2)P(\overline{A}_3)P(\overline{A}_4)\\&=1-(1-0.8)^4=0.9984\end{aligned}$$

6.5.3 重复独立试验

实际中，了解某些随机现象时会进行相同条件下的重复试验，如抽检产品，投币试验等；对某个随机试验多次的重复进行且每次试验的结果相互独立的，这样的试验称为独立重复试验，重复试验的次数称为重数.

定义 6.7 若某种试验可能的结果只有两个结果：A 或 $\overline{A}$，则称这样的试验为**伯努利试验**. 将伯努利试验独立重复进行 n 次，则称这 n 次重复试验为 **n 重伯努利试验**.

对于 n 重伯努利试验，最关注的是事件"n 次重复试验中事件 A 发生的次数恰好为 k 次"的概率，$k=0,1,2,\cdots,n$.

定理 6.4 在 n 重伯努利试验中，设事件 A 出现的概率为 p；若记事件 A_k 表示"n 重伯努利试验中事件 A 出现的次数为 k 次"，则

$$P(A_k)=C_n^k p^k(1-p)^{n-k},k=0,1,2,\cdots,n. \tag{6.19}$$

证 n 次伯努利试验中事件 A 发生的次数恰好为 k 次，$\overline{A}$ 恰好发生 $n-k$ 次的概率为

$$p^k(1-p)^{n-k}$$

在 n 次试验中，k 次 A 事件及 $n-k$ 次 $\overline{A}$ 事件出现在第 1 次至第 n 次中的各种可能性有 C_n^k 种，所以

$$P(A_k)=C_n^k p^k(1-p)^{n-k},k=0,1,2,\cdots,n.$$

因该公式与二项式的展开式的通项公式十分相似，故此公式称为**二项概率公式**.

［例 6.33］ 某厂生产的灯泡使用时间 1000 小时以上的概率为 0.2，求 5 只灯泡中使用 1000 小时以上的恰有 3 只的概率及至多有 3 只可用 1000 小时以上的概率.

解 设 A_k 表示 5 只灯泡中能使用 1000 小时以上灯泡的只数为 k，则 5 只灯泡中在使用 1000 小时以上的恰有 3 只的概率即为

$$P(A_3)=C_5^3\,0.2^3(1-0.2)^{5-3}=0.0512$$

至多有 3 只可用 1000 小时以上的概率为

$$\begin{aligned}P(A_0)+P(A_1)+P(A_2)+P(A_3)&=1-P(A_4)-P(A_5)\\&=1-C_5^4\,0.2^4(1-0.2)^{5-4}-0.2^5=0.9933\end{aligned}$$

习题 6.5

1. 两人独立破译密码，他们能独立破译出的概率分别为 0.25 与 0.35，求此密码能被译出的概率.

2. 一个产品须经过两道工序，每道工序产生次品的概率分别为 0.3 和 0.2，则一个产品出厂后是次品的概率为多少？

3. 设 A,B,C 是三个相互独立的事件，且 $0<P(C)<1$，证明下列三对事件相互独立：

(1) $\overline{A\cup B}$与C；　(2) $\overline{A-B}$与$\overline{C}$；　(3) $\overline{AB}$与$\overline{C}$.

4. 某类灯泡使用时数在 1000 小时以上的概率为 0.2，则三个灯泡在使用 1000 小时以后最多只有一个坏的概率为多少.

5. 有 5 个独立工作的原件 1,2,3,4,5，它们的可靠性均为 p，将它们按下图 A,B 方式连接，求这两个系统的可靠性.

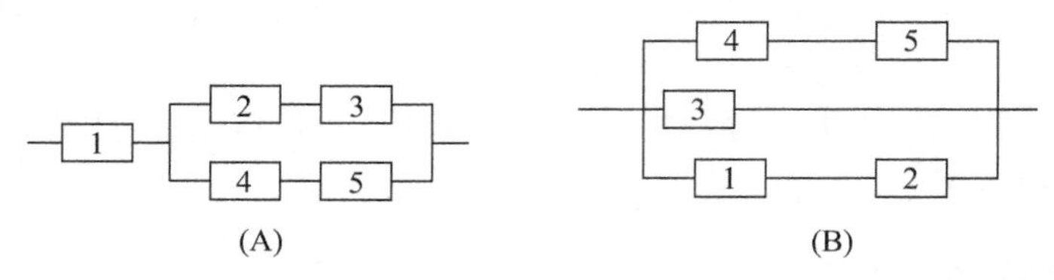

复习题六

1. 已知 $P(\overline{A})=0.3$，$P(B)=0.4$，$P(A\overline{B})=0.5$，求 $P(B\mid A\cup\overline{B})$.

2. $P(A)=0.25$，$P(B\mid A)=\frac{1}{3}$，$P(A\mid B)=\frac{1}{2}$，求 $P(A\cup B)$.

3. 甲盒中有 2 个白球和 3 个黑球，乙盒中有 3 个白球和 2 个黑球，今从每个盒中各取 2 个球，发现它们是同一颜色的，则这颜色是黑色的概率为多少？

4. 第 16 届亚运会于 2010 年 11 月 12 日在中国广州举行，运动会期间有来自 A 大学 2 名大学生和 B 大学 4 名大学生共计 6 名志愿者，现从这 6 名志愿者中随机抽取 2 人到体操比赛场馆服务，试求至少有一名 A 大学志愿者的概率.

5. 将 3 只小球随机地放入 5 只盒子中去，设每只球落入各个盒子是等可能的. 求下列事件概率：

(1) 前 3 个盒子中各有一球；

(2) 恰有 3 个盒子中各有一球；

(3) 第一个盒子中恰有 2 个球.

6. 两船欲停同一码头，两船在一昼夜内独立随机地到达码头. 若两船到达后需在码头停留的时间分别是 1 小时与 2 小时，试求在一昼夜内，任一船到达时，需要等待空出码头的概率.

7. 据以往资料表明，某一 3 口之家，患某种传染病的概率有以下规律：P{孩子得病}$=0.6$，P{母亲得病 | 孩子得病}$=0.5$，P{父亲得病 | 母亲及孩子得病}$=0.4$. 求母亲及孩子得病但父亲未得病的概率.

8. 装有 10 件某产品(其中一等品 5 件，二等品 3 件，三等品 2 件)的箱子中丢失一件产品，但不知是几等品，今从箱中任取 2 件产品，结果都是一等品，求丢失的也是一等品的概率.

9. 已知一批产品中 90%是合格品，检查时，一个合格品被误认为是次品的概率为 0.05，一个次品被误认为是合格品的概率为 0.02，求

(1) 一个产品经检查后被认为是合格品的概率；

(2) 一个经检查后被认为是合格品的产品确是合格品的概率.

10. 有两箱同种类的零件，第一箱装 50 只，其中 10 只一等品；第二箱装 30 只，其中 18 只一等品. 今从两箱中任挑出一箱，然后从该箱中取零件两次，每次任取一只，不放回抽样. 试求

(1) 第一次取到的零件是一等品的概率；

(2) 第一次取到的零件是一等品的条件下，第二次取到的也是一等品的概率.

11. 设第一只盒子中装有 3 只蓝球，2 只绿球，2 只白球；第二只盒子中装有 2 只蓝球，3 只绿球，4 只白球. 独立地分别在两只盒子中各取一只球.

(1) 求至少有一只蓝球的概率;

(2) 求有一只蓝球一只白球的概率;

(3) 已知至少有一只蓝球,求有一只蓝球一只白球的概率.

12. 设玻璃杯整箱出售,每箱 20 只,各箱含 0,1,2 只残次品的概率分别为 0.8,0.1,0.1,一顾客欲购买一箱玻璃杯,由售货员任取一箱,经顾客随机察看 4 只,若无残次品,则买此箱玻璃杯,否则不买.求:

(1) 顾客买此箱玻璃杯的概率;

(2) 在顾客买的此箱玻璃杯中,确实没有残次品的概率.

13. 设考生的报名表来自三个地区,分别有 10 份,15 份,25 份,其中女生的分别为 3 份,7 份,5 份.随机地从一地区先后任取两份报名表,求:

(1) 先取的那份报名表是女生的概率;

(2) 已知后取到的报名表是男生的,而先取的那份报名表是女生的概率.

14. 三人独立地破译一份密码,已知各人能译出的概率分别为 1/5,1/3,1/4,问三人中至少有一人能将此密码译出的概率为多少?

15. 设两个相互独立的事件 A 和 B 都不发生的概率为 1/9,A 发生 B 不发生的概率与 B 发生 A 不发生的概率相等,试求 $P(A)$.

16. A、B、C 三人在同一办公室工作,房间里有一部电话,据统计知,打给 A、B、C 的电话的概率分别为 2/5,2/5,1/5;他们三人常因工作外出,A、B、C 三人外出的概率分别为 1/2,1/4,1/4;设三人的行动相互独立,求:

(1) 无人接电话的概率;

(2) 被呼叫人在办公室的概率;

(3) 若某一时间段打进 3 个电话,则这 3 个电话打给同一个人的概率;

(4) 若某一时间段打进 3 个电话,这 3 个电话打给不相同的人的概率;

(5) 若某一时间段打进 3 个电话,这 3 个电话都打给 B,而 B 却都不在的概率.

17. 某厂生产的每台仪器,可直接出厂的占 0.7,需调试的占 0.3,调试后可出厂的占 0.8,不能出厂的不合格品占 0.2,现新生产 $n(n\geqslant 2)$ 台仪器(设每台仪器的生产过程相互独立),求:

(1) 全部能出厂的概率;

(2) 恰有两台不能出厂的概率;

(3) 至少有两台不能出厂的概率.

18. 设甲、乙、丙三导弹向同一敌机射击,甲、乙、丙击中敌机的概率分别为 0.4,0.5,0.7;如果只有一弹击中,飞机坠毁的概率为 0.2;如果有两弹击中,飞机坠毁的概率为 0.6;如果三弹全中,飞机坠毁的概率为 0.9,试求:

(1) 飞机坠毁的概率;

(2) 现已知飞机坠毁,求是两弹击中的概率.

19. 一条自动生产线上生产的产品一级品率为 0.6,现从中随机抽取 10 件检查,试求:

(1) 恰有两件一级品的概率;

(2) 至少有两件一级品的概率.

7 随机变量及其分布

引入随机变量是为了把微积分的方法、方式等应用到研究随机事件发生的概率中来，使得概率的研究更具有规律性.

7.1 随机变量及分布函数

7.1.1 随机变量

在前一章中，我们系统地介绍了随机试验及随机事件，而现实中的随机现象是通过随机试验的众多结果——随机事件来表现的. 然而，大千世界，随机试验多之又多，同一随机试验的随机事件同样多之又多，要归纳总结出它们的规律性几乎是一件不可能的事；再者，假如能找到所有随机试验的随机事件发生概率的规律性，也只能是静态的对每一个事件发生可能性大小的估计，而无法得到随机试验的整个随机现象的统计规律性. 导致这一现象的原因是研究随机事件的概率的方法还不够数学化，如概率 $P(A)=0.3$ 是集合(随机事件)到数值的对应关系，而不是数到数的对应关系. 而随机变量的引入很好地弥补了这一缺陷，且把概率论的研究提高到一个崭新的高度.

如何用数值的形式代替上一章表示事件 A 的符号“A”，我们创造性地引入一个叫随机变量的量，常用大写字母 X,Y,Z 等表示，因为这个变量取值有随机性，我们称它为随机变量. 例如，大家熟悉的抛掷骰子试验，设 A 表示“朝上的点数为 3”，且 $P(A)=\frac{1}{6}$，现在可以用“$X=3$”来代替用 A 表示“朝上的点数为 3”，也就有 $P(X=3)=\frac{1}{6}$；设 B 表示“朝上的点数为 1 至 4”，则 $P(B)=\frac{4}{6}=\frac{2}{3}$，现在可以用“$1\leqslant X\leqslant 4$”来代替用 B 表示“朝上的点数为 1 至 4”，也就有 $P(1\leqslant X\leqslant 4)=\frac{2}{3}$. 当我们熟悉了这样的表达后，会发现实际中的随机试验到处都是这样的量——随机变量，如观察某路段一年内发生的交通事故数；从一批灯泡中抽取一只灯泡的使用寿命等等. 如投掷一枚均匀的硬币的结果或为正面朝上或反面朝上，与数字没有关系，但是可以用当正面朝上时对应数字“1”，当反面朝上时对应数字“0”来解决.

定义 7.1 设随机试验的样本空间为 Ω，如果对每一个样本点 $\omega\in\Omega$，均有唯一实数 $X(\omega)$与之对应，则称 $X(\omega)$为定义在样本空间 Ω 上的随机变量，简记为 X.

说明：(1)随机变量是一个函数，但它与普通的函数是有着本质差别的，普通函数是定义在实数域上的，而随机变量是定义在样本空间上的(样本空间的元素不一定是实数)；

(2)随机试验的随机事件发生的概率规律的研究将转化为随机试验的随机变量取值的概率规律的研究. 我们把随机变量取值的概率规律称为随机变量的分布.

(3)如果 X 是一随机变量，a,b 是实数，则$(X=a)$，$(X<a)$，$(X\leqslant a)$，$(a<X\leqslant b)$等等都是随机事件.

7.1.2 分布函数

定义 7.2 设 X 是一随机变量,对任意的实数 x,函数

$$F(x)=P(X\leqslant x) \tag{7.1}$$

称为随机变量 X 的**分布函数**.

[例 7.1] 一盒中装有 6 张卡片,分别有 3 张、2 张、1 张写有数字 $-1,0,5$;现从盒子任取 1 张卡片,随机变量 X 表示取得的卡片上的数字,求 X 的分布函数.

解 易得随机变量 X 可能取值为 $-1,0,5$,取值的概率分别为 $\frac{1}{2},\frac{1}{3},\frac{1}{6}$. 则

当 $x<-1$ 时,$(X\leqslant x)$ 是不可能事件,所以 $F(x)=0$;

当 $-1\leqslant x<0$ 时,$(X\leqslant x)$ 与 $(X=-1)$ 是相等事件,所以 $F(x)=\frac{1}{2}$;

当 $0\leqslant x<5$ 时,$(X\leqslant x)$ 与 $(X=-1)\cup(X=0)$ 是相等事件,所以 $F(x)=\frac{5}{6}$;

当 $x\geqslant 5$ 时,$(X\leqslant x)$ 是必然事件,所以 $F(x)=1$.

综合可得

$$F(x)=\begin{cases}0, & x<-1,\\ \frac{1}{2}, & -1\leqslant x<0,\\ \frac{5}{6}, & 0\leqslant x<5,\\ 1, & x\geqslant 5.\end{cases}$$

分布函数的图形见图 7-1.

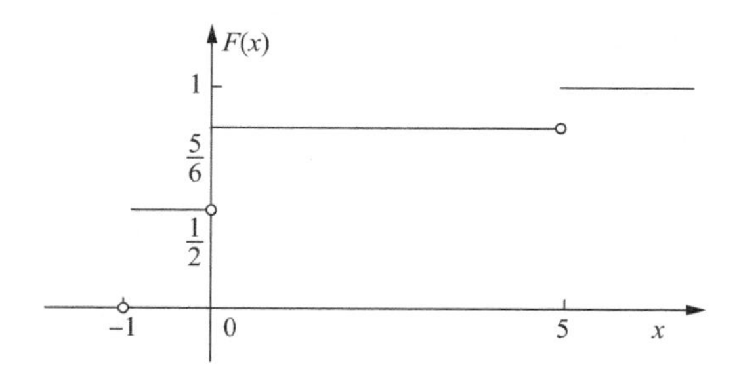

图 7-1

[例 7.2] 一陀螺的周边标有刻度 $[0,12)$,旋转陀螺直至其停下,随机变量 X 表示陀螺停下时与桌面相切的切点的刻度,求 X 的分布函数.

解 易得随机变量 X 可能取值为任意实数,但只有在 $[0,12)$ 取值是有意义的,且理论上 X 取 $[0,12)$ 中的某一确定值的概率是趋于 0 的. 则

当 $x<0$ 时,$(X\leqslant x)$ 是不可能事件,所以 $F(x)=0$;

当 $0\leqslant x<12$ 时,$(X\leqslant x)$ 与 $(0\leqslant X\leqslant x)$ 是相等事件,而 X 取值的概率与区间的长度成正比,所以 $F(x)=\frac{x}{12}$;

当 $x \geqslant 12$ 时,$(X \leqslant x)$是必然事件,所以 $F(x)=1$.
综合可得

$$F(x)=\begin{cases}0, & x<0,\\ \dfrac{x}{12}, & 0 \leqslant x \leqslant 12,\\ 1, & x \geqslant 12.\end{cases}$$

分布函数的图形见图 7-2.

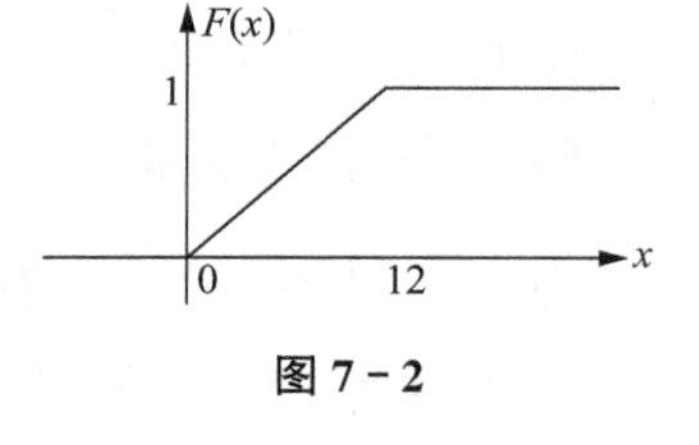

图 7-2

分布函数具有如下基本性质:

(1) $0 \leqslant F(x) \leqslant 1, -\infty < x < +\infty$;

(2) 若 $x_1 < x_2$,则 $F(x_1) \leqslant F(x_2)$(单调不减);

(3) $F(-\infty)=\lim\limits_{x \to -\infty} F(x)=0$ 及 $F(+\infty)=\lim\limits_{x \to +\infty} F(x)=1$;

(4) 右连续性:对任意的实数 x_0, $\lim\limits_{x \to x_0^+} F(x)=F(x_0)$.

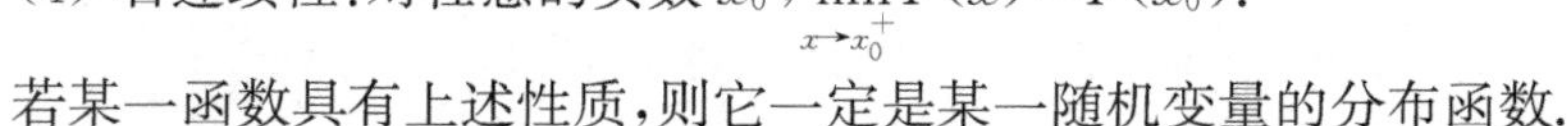
若某一函数具有上述性质,则它一定是某一随机变量的分布函数.

习题 7.1

1. 函数 $F(x)=\dfrac{1}{1+x^2}$ 能作为某个随机变量的分布函数吗?理由是什么?

2. 设 $F_1(x)$ 与 $F_2(x)$ 分别为随机变量 X_1 与 X_2 的分布函数. 试问

(1) $F_1(x)+F_2(x)$是否为某个随机变量的分布函数?理由是什么?

(2) $3F_1(x)-2F_2(x)$是否为某个随机变量的分布函数?理由是什么?

(3) 为使 $F(x)=aF_1(x)+bF_2(x)$是某一随机变量的分布函数,a,b 应满足什么条件?

7.2 离散型随机变量

7.2.1 离散型随机变量定义

随机变量的全部可能取值是有限个或可列无限多个,我们称这类随机变量为**离散型随机变量**.

定义 7.3 设随机变量 X 的可能取值为 $x_k(k=1,2,\cdots)$,且 X 取值 x_k 的概率为 p_k,即

$$P\{X=x_k\}=p_k, \ k=1,2,\cdots, \tag{7.2}$$

且满足条件:

(1) $p_k \geqslant 0$, $k=1,2,\cdots$;　　(2) $\sum\limits_{k=1}^{\infty} p_k = 1$.

则称(7.1)式为随机变量 X 的**分布律**或**概率分布**.

分布律也可以用表格的形式表示如下.

X	x_1	x_2	$\cdots$	x_k	$\cdots$
P	p_1	p_2	$\cdots$	p_k	$\cdots$

[例 7.2] 有一堆产品共 10 件,其中 3 件次品,7 件正品,现从中抽取 3 件,随机变量 X

表示 3 件中所包含的次品数，求 X 的分布律.

解　分析可知随机变量 X 的可能取值为 0,1,2,3. 利用古典概率的计算方法易得

$$P(X=0)=\frac{C_7^3}{C_{10}^3}=0.29167;$$

$$P(X=1)=\frac{C_7^2\cdot C_3^1}{C_{10}^3}=0.525;$$

$$P(X=2)=\frac{C_7^1\cdot C_3^2}{C_{10}^3}=0.175$$

$$P(X=3)=\frac{C_3^3}{C_{10}^3}=0.00833$$

所以 X 的分布律为

X	0	1	2	3
P	0.29167	0.525	0.175	0.00833

[**例 7.3**]　有一射击成绩不佳的选手进行射击，设其命中率为 p，现有 5 发子弹，规则是命中目标就停止射击；随机变量 X 表示选手耗用的子弹数，求 X 的分布律.

解　随机变量 X 的可能取值为 1,2,3,4,5. 利用前、后次射击的独立性，易计算得

$$P(X=1)=p$$
$$P(X=2)=(1-p)p$$
$$P(X=3)=(1-p)^2p$$
$$P(X=4)=(1-p)^3p$$
$$P(X=5)=(1-p)^4p+(1-p)^5=(1-p)^4$$

所以 X 的分布律为

X	1	2	3	4	5
P	p	$(1-p)p$	$(1-p)^2p$	$(1-p)^3p$	$(1-p)^4$

7.2.2　几类常见离散型随机变量

(1) 两点分布

如果随机变量 X 的分布律为

$$P\{X=k\}=p^k(1-p)^{1-k},k=0,1,\tag{7.3}$$

其中 $0<p<1$，则称随机变量 X 服从**两点分布**或者**(0—1)分布**. 也可以用表格的形式表示：

X	0	1
P	$1-p$	p

两点分布是一种简单又常用的分布. 例如在质量检验中，产品质量是否合格可以用两点分布来描述，动物的性别，医用检测的阴性阳性等；但凡随机试验的结果只有 2 个分布，都服从两点分布.

(2) 二项分布

如果随机变量 X 的分布律为

$$P(X=k)=C_n^k p^k (1-p)^{n-k}, k=0,1,\cdots,n \tag{7.4}$$

其中 $0<p<1$,则称 X 服从参数为 n 和 p 的**二项分布**,记为 $X\sim B(n,p)$,如下表.

X	0	1	$\cdots$	k	$\cdots$	n
P	$(1-p)^n$	$C_n^1 p(1-p)^{n-1}$	$\cdots$	$C_n^k p^k (1-p)^{n-k}$	$\cdots$	p^n

特别地,当 $n=1$ 时,二项分布 $B(1,p)$ 就是两点分布.

二项分布是一个非常重要的分布,实际中的许多随机现象都服从二项分布.如果随机试验是 n 重伯努利试验,即每次试验的结果只有 2 个,即事件 A 发生或 A 不发生,关注的随机变量 X 是 A 发生的次数,则 X 一定服从 $B(n,p)$.

[**例 7.4**] 已知某保险公司的一人寿险种有 1000 人投保,由以往数据可知他们一年中意外死亡的概率为 0.005,且相互间独立.试求在未来的一年里这 1000 人中死亡人数不超过 10 人的概率.

解 设随机变量 X 是在未来的一年里这 1000 人中死亡的人数,1000 人的投保可看成同一人投保 1000 次,所以 $X\sim B(1000,0.005)$.则在未来的一年里这 1000 人中死亡人数不超过 10 人的概率为

$$P(X\leqslant 10)=\sum_{k=0}^{10} C_{1000}^k (0.005)^k (1-0.005)^{1000-k}=0.986$$

(3) 泊松分布

如果随机变量 X 的概率分布为

$$P(X=k)=\frac{\lambda^k}{k!}e^{-\lambda}, \quad k=0,1,2,\cdots. \tag{7.5}$$

其中 $\lambda>0$ 是常数,则称 X 服从参数为 λ 的**泊松分布**,记为 $X\sim P(\lambda)$ 或 $X\sim\pi(\lambda)$.

定理 7.1(泊松定理) 设 $\lambda>0$ 是常数,n 为任意正整数,且满足 $np_n=\lambda$,则对任意固定的非负整数 k,有

$$\lim_{n\to\infty} C_n^k p_n^k (1-p_n)^{n-k}=\frac{\lambda^k}{k!}e^{-\lambda}, \quad k=0,1,2,\cdots. \tag{7.6}$$

证明略.

这一结论告诉我们,当 n 很大,而 p 很小时可以将二项分布的计算转化为泊松分布来近似计算,即

$$C_n^k p_n^k (1-p_n)^{n-k}\approx\frac{\lambda^k}{k!}e^{-\lambda}.$$

在实际应用中也有大量随机现象会服从泊松分布.例如一本书中的印刷错误数;某地区一个月内快递丢失的数量;医院在一天内到来的急诊的人数;火车站候车室的乘客人数;放射性物质在某单位时间内放射的粒子数等.

[**例 7.5**] 某商店中出售一商品,根据历史记录分析,每月销售量服从泊松分布,参数为 7,问在月初进货时要库存多少件此种商品,才能以 0.99 的概率充分满足顾客的需求.

解 设商店每月销售此种商品 X,月初的进货量为 x 件,由假设可知当 $X\leqslant x$ 时就能充分满足顾客的需求,故有

$$P(X\leqslant x)\geqslant 0.99$$

因为 $X\sim P(7)$，上式等价于

$$\sum_{k=0}^{x}\frac{7^k}{k!}e^{-7}\geqslant 0.99$$

通过试根可得

$$\sum_{k=0}^{13}\frac{7^k}{k!}e^{-7}\approx 0.987<0.99\ ,\quad \sum_{k=0}^{14}\frac{7^k}{k!}e^{-7}\approx 0.994>0.99$$

因此这家商店只要在月初进货时保证库存不少于 14 件，就能以 0.99 的概率充分满足顾客的需求.

（4）几何分布

如果随机变量 X 的概率分布为

$$P(X=k)=(1-p)^{k-1}p,\quad k=1,2\cdots \tag{7.7}$$

其中 $0<p<1$，则称 X 服从参数为 p 的**几何分布**，记为 $X\sim G(p)$.

如随机试验 E 只有两个可能的结果 A 与 $\overline{A}$，记 A 发生的概率为 p，则将实验独立重复进行下去，直到事件 A 发生为止，如果用 X 表示所需进行试验的总次数，则 X 是一个随机变量并服从几何分布(俗称首次成功模型).

［**例 7.6**］ 某市发行某种彩票，每张 1 元，中奖率为 0.0001；某人每次购买 1 张彩票，如果不中奖则再继续购买 1 张，直到中奖为止. 试求该人购买多少次才以 98%的概率保证中奖.

解 设随机变量 X 表示该人购买的次数，则易判断 X 服从几何分布，$p=0.0001$；假设该人购买 n 次才以 98%的概率保证中奖，则有

$$P(X\leqslant n)=0.0001+0.0001\times(1-0.0001)+\cdots+0.0001\times(1-0.0001)^{n-1}\geqslant 0.98$$

解得 $n\geqslant 39119$，即该人购买 39119 次才以 98%的概率保证中奖.

（5）超几何分布

如果随机变量 X 的概率分布是

$$P(X=k)=\frac{C_M^k C_{N-M}^{n-k}}{C_N^n},\quad k=1,2,\cdots,\min\{n,M\}, \tag{7.8}$$

则称 X 服从**超几何分布**.

这实际就是从含有 M 件次品的总共 N 件产品中任取 n 件产品，随机变量 X 表示 n 件产品里恰好包含的次品数，那么 n 件产品里恰好包含的次品数为 k 件的概率为 $\frac{C_M^k C_{N-M}^{n-k}}{C_N^n}$.

习题 7.2

1. 下列给出的表示式中哪些能作为某个随机变量的分布律，并说明理由

（1）$P(X=x_i)=\frac{i}{15},\quad i=0,1,2,3,4,5.$

（2）$P(X=x_i)=\frac{i+1}{25},\quad i=1,2,3,4,5.$

（3）$P(X=x_i)=\frac{5-i^2}{6},\quad i=0,1,2,3.$

2. 确定常数 a，使得 $P(X=i)=\frac{a}{2^i}$，$i=0,1,2,3,4$ 成为某个随机变量的分布律，并求 $P(X>2)$；

$P\left(X>\frac{3}{2}\right)$.

3. 已知随机变量 X 的概率分布为 $P(X=1)=0.2, P(X=2)=0.3, P(X=3)=0.5$，试求 X 的分布函数 $F(x)$ 并画出其图形；求 $P(0.5\leqslant X\leqslant 2)$.

4. 设离散型随机变量 X 的分布函数为

$$F(x)=\begin{cases}0, & x<-1,\\ 0.4, & -1\leqslant x<1,\\ 0.8, & 1\leqslant x<3,\\ 1, & x\geqslant 3.\end{cases}$$

试求 X 的概率分布.

5. 一口袋中装有 6 个球，分别标上数字 0,1,2,2,3,3；从口袋中任取一个球，假设每个球被取到是均等的，求取到的球的数字 X 的分布律.

6. 一口袋装有编号 1,2,3,4,5 的乒乓球，一次性任取 3 个球，X 表示取出的 3 个球号的最大值，求 X 的分布律.

7. 把 5 枚硬币一起抛，X 表示最后硬币正面朝上的个数，求 X 的分布律.

8. 一张考卷上有 5 道选择题，每道题列出 4 个可能答案，其中有 1 个答案是正确的. 求某学生靠猜测能答对至少 4 道题的概率是多少？

9. 设随机变量 X 服从参数为 λ 的泊松分布，且 $P(X=0)=\frac{1}{2}$，求(1)λ；(2)$P(X>1)$.

7.3 连续型随机变量

实际中，有一些随机变量的取值是连续变化的，例如电子元件的使用寿命，陀螺停转后与桌面相切的切点的刻度，某车次的列车到达某车站的时间等. 这类取值可充满一个或若干区间的且连续变化的随机变量称为连续型随机变量. 这样的随机变量因无法罗列所有可能的取值，而不能用类似离散型随机变量的分布律来描述其概率规律.

7.3.1 连续型随机变量及其概率密度函数

仔细观察已知离散型随机变量的分布律求它的分布函数 $F(x)=P(X\leqslant x)$ 时，只是把满足 $(X\leqslant x)$ 取值的所有概率值相加，那么如果在连续型随机变量的分布函数已知时，也可以看成把满足 $(X\leqslant x)$ 取值的所有概率值（只是趋于 0）相加，而这正好契合了微积分中的积分的概念. 例如在例 7.2 中，随机变量 X 的分布函数为

$$F(x)=\begin{cases}0, & x<0,\\ \frac{x}{12}, & 0\leqslant x\leqslant 12,\\ 1, & x\geqslant 12.\end{cases}$$

记

$$f(x)=\begin{cases}\frac{1}{12}, & 0\leqslant x\leqslant 12,\\ 0, & 其他.\end{cases}$$

这是一个类似离散型随机变量分布律的函数，$F(x)$ 可表示为 $f(x)$ 的在区间 $(-\infty,x)$ 上的积分，即

$$F(x)=\int_{-\infty}^{x}f(x)\mathrm{d}x\text{，对任意的 }x.$$

事实上，当 $x<0$ 时，$F(x)=\int_{-\infty}^{x}f(x)\mathrm{d}x=\int_{-\infty}^{x}0\mathrm{d}x=0$；

当 $0\leqslant x<12$ 时，$F(x)=\int_{-\infty}^{x}f(x)\mathrm{d}x=\int_{-\infty}^{0}0\mathrm{d}x+\int_{0}^{x}\frac{1}{12}\mathrm{d}x=\frac{x}{12}$；

当 $x\geqslant 12$ 时，$F(x)=\int_{-\infty}^{x}f(x)\mathrm{d}x=\int_{-\infty}^{0}0\mathrm{d}x+\int_{0}^{12}\frac{1}{12}\mathrm{d}x+\int_{12}^{x}0\mathrm{d}x=1$.

归纳就有下列定义.

定义 7.4 如果随机变量 X 的分布函数 $F(x)$ 总存在非负可积函数 $f(x)$，使得对任意的实数 x，有

$$F(x)=\int_{-\infty}^{x}f(t)\mathrm{d}t \tag{7.9}$$

成立，则称 X 为连续型随机变量，称 $f(x)$ 为 X 的**概率密度函数**，简称**密度函数**.

连续型随机变量的密度函数 $f(x)$ 有下以性质：

性质 7.1 $f(x)\geqslant 0$.

性质 7.2 $\int_{-\infty}^{+\infty}f(t)\mathrm{d}t=1$.

性质 7.3 对任意 $a,b\in\mathbf{R}$，有

$$P\{a<X\leqslant b\}=F(b)-F(a)=\int_{a}^{b}f(x)\mathrm{d}x$$

由以上的性质可知：概率密度函数曲线总位于 x 轴上方；介于它和 x 轴之间的面积等于 1，如图 7-3；随机变量落在区间 $(a,b]$ 的概率 $P\{a<X\leqslant b\}$ 等于区间 $(a,b]$ 上曲线 $y=f(x)$ 与 x 轴所围成的曲边梯形的面积，如图 7-4.

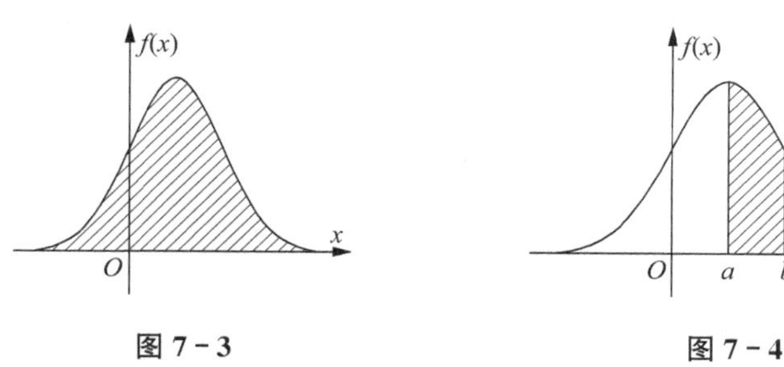

图 7-3 **图 7-4**

性质 7.4 对任意的实数 a，$P\{X=a\}=0$.

证 对任意 $\Delta x>0$，有

$$0\leqslant P\{X=a\}\leqslant P\{a-\Delta x<X\leqslant a\}=\int_{a-\Delta x}^{a}f(x)\mathrm{d}x=\Delta x\cdot f(\xi),\xi\in(a-\Delta x,a),$$

令 $\Delta x\to 0$，由夹逼定理可得 $P\{X=a\}=0$.

此性质表明：不可能事件的概率必为 0，但概率等于零的事件可以不是不可能事件；同样地，必然事件的概率必为 1，但概率等于 1 的事件可以不是必然事件.

性质 7.5 $F'(x)=f(x)$.

此性质给出了连续型随机变量的分布函数与密度函数之间的关系：分布函数的导数是概率密度函数，反之，概率密度函数的积分函数是分布函数，如式(7.9).

［**例 7.7**］ 设随机变量 X 的密度函数为

$$f(x)=\begin{cases} a, & 1\leqslant x\leqslant 2, \\ ax, & 2<x<3, \\ 0, & \text{其他}. \end{cases}$$

其中 $a>0$,试求:(1)常数 a;(2) $P\{-1<X\leqslant 2.5\}$;(3) X 的分布函数 $F(x)$.

解 (1) 由密度函数的性质 $\int_{-\infty}^{+\infty}f(x)\mathrm{d}x=1$,有

$$\int_{-\infty}^{1}0\mathrm{d}x+\int_{1}^{2}a\mathrm{d}x+\int_{2}^{3}ax\,\mathrm{d}x+\int_{3}^{+\infty}0\mathrm{d}x=1$$

计算得 $a=\frac{2}{7}$.

(2) $P\{-1<X\leqslant 2.5\}=\int_{-1}^{2.5}f(x)\mathrm{d}x=\int_{-1}^{1}0\mathrm{d}x+\int_{1}^{2}\frac{2}{7}\mathrm{d}x+\int_{2}^{2.5}\frac{2}{7}x\mathrm{d}x$

$$=\frac{2}{7}x\Big|_{1}^{2}+\frac{1}{7}x^{2}\Big|_{2}^{2.5}=\frac{17}{28}$$

(3) 当 $x\leqslant 1$ 时, $F(x)=\int_{-\infty}^{x}f(t)\mathrm{d}t=\int_{-\infty}^{x}0\mathrm{d}t=0$;

当 $1<x\leqslant 2$ 时,$F(x)=\int_{-\infty}^{x}f(t)\mathrm{d}t=\int_{-\infty}^{1}0\mathrm{d}t+\int_{1}^{x}\frac{2}{7}\mathrm{d}t=\frac{2}{7}x-\frac{2}{7}$;

当 $2<x\leqslant 3$ 时,$F(x)=\int_{-\infty}^{x}f(t)\mathrm{d}t=\int_{-\infty}^{1}0\mathrm{d}t+\int_{1}^{2}\frac{2}{7}\mathrm{d}t+\int_{2}^{x}\frac{2}{7}t\mathrm{d}t=\frac{1}{7}x^{2}-\frac{2}{7}$;

当 $x>3$ 时,$F(x)=\int_{-\infty}^{x}f(t)\mathrm{d}t=1$.

综合得 X 的分布函数 $F(x)$ 为

$$F(x)=\begin{cases} 0, & x\leqslant 1, \\ \frac{2}{7}x-\frac{2}{7}, & 1<x\leqslant 2, \\ \frac{1}{7}x^{2}-\frac{2}{7}, & 2<x\leqslant 3, \\ 1, & x>3. \end{cases}$$

［**例 7.8**］ 设连续型随机变量 X 的分布函数为

$$F(x)=\begin{cases} A+B\mathrm{e}^{-\frac{x^{2}}{2}}, & x\geqslant 0, \\ 0, & x<0. \end{cases}$$

试求 (1)常数 A 和 B;(2)$P\{X\leqslant 2\}$;(3)X 的概率密度函数.

解 由连续型随机变量分布函数性质得

$$\lim_{x\to 0}A+B\mathrm{e}^{-\frac{x^{2}}{2}}=0 \text{ 且 } \lim_{x\to+\infty}A+B\mathrm{e}^{-\frac{x^{2}}{2}}=1$$

即

$$\begin{cases} A+B=0, \\ A=1, \end{cases}$$

解得

$$\begin{cases} A=1, \\ B=-1. \end{cases}$$

(2) $P\{X\leqslant 2\}=F(2)=1-e^{-2}$.

(3) $f(x)=F'(x)=\begin{cases} xe^{-\frac{x^2}{2}}, & x\geqslant 0, \\ 0, & x<0. \end{cases}$

7.3.2 常用连续型随机变量的分布

(1) 均匀分布

设随机变量 X 的密度函数为

$$f(x)=\begin{cases} \dfrac{1}{b-a}, & a<x<b, \\ 0, & 其他. \end{cases} \tag{7.10}$$

则称 X 在区间 (a,b) 上服从**均匀分布**，其中 a,b 为参数，记作 $X\sim U(a,b)$.

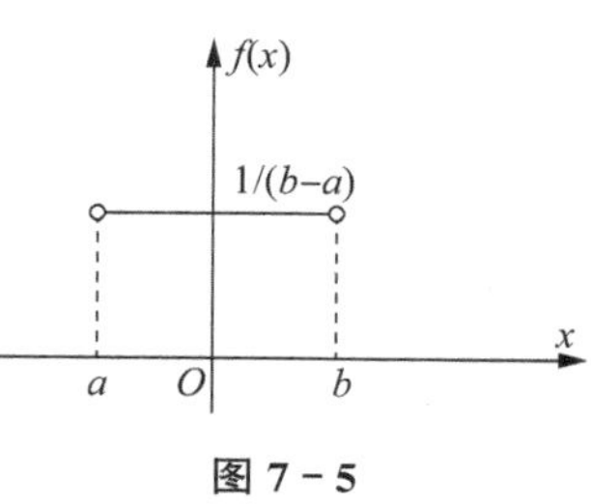

图 7-5

均匀分别的密度函数图形如图 7-5.

均匀分布在实际中有广泛的应用，如第 6 章的几何概型中涉及的随机变量都服从均匀分布；乘客的候车时间 X；在某个区间随机取一个数 X 等.

[例 7.9] 设区间 $(0,5)$ 中任意取一个数 X，求一元二次方程 $4x^2+4Xx+X+2=0$ 有实根的概率.

解 设"一元二次方程 $4x^2+4Xx+X+2=0$ 有实根"事件为 A；因 $X\sim U(0,5)$，而"方程 $4x^2+4Xx+X+2=0$ 有实根"事件等于"$(\Delta=(4X)^2-4\times 4\times(X+2)\geqslant 0)$"事件. 故所求概率为

$$P(A)=P(X\leqslant -1)+P(X\geqslant 2)=P\{2\leqslant X<5\}=\frac{3}{5}.$$

(2) 指数分布

设随机变量 X 的密度函数为

$$f(x)=\begin{cases} \lambda e^{-\lambda x}, & x\geqslant 0, \\ 0, & x<0. \end{cases} \tag{7.11}$$

其中 $\lambda>0$ 是常数，则称 X 服从参数为 λ 的指数分布，记作 $X\sim E(\lambda)$.

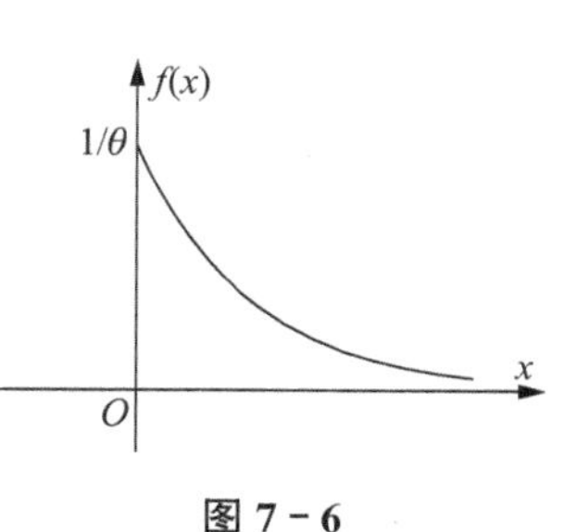

图 7-6

指数分布的密度函数图形分别如图 7-6.

指数分布有很广泛的应用，如电子元件的寿命，保险丝的寿命，随机服务系统中的服务时间，系统的可靠性等.

[例 7.10] 某个系统有 5 个独立工作的同类型电子元件，每个元件的寿命 X 服从参数为 $\frac{1}{600}$ 的指数分布；求该系统在最初使用的 200 小时内至少有 1 只电子元件损坏的概率.

解 设一只电子元件寿命超过 200 小时的概率为 p，则

$$p=P\{X\geqslant 200\}=\int_{200}^{\infty}\frac{1}{600}e^{-\frac{x}{600}}dx=e^{-\frac{1}{3}}$$

令 Y 表示 5 个电子元件中损坏的个数，显然有 $Y \sim B(5, 1-p)$，故所求概率为

$$P\{Y \geqslant 1\} = 1 - P\{Y=0\} = 1 - C_5^0\,(1-p)^0\,p^5 = 1 - (e^{-\frac{1}{3}})^5 = 1 - e^{-\frac{5}{3}}.$$

指数分布的有趣的特性：

对任意 $s, t > 0$，有

$$P(X > s+t \mid X > s) = P(X > t) \tag{7.12}$$

称为指数分布的**无记忆性**.

事实上

$$\begin{aligned} P(X > s+t \mid X > s) &= \frac{P((X > s+t) \cap (X > t))}{P(X > s)} \\ &= \frac{P(X > s+t)}{P(X > s)} = \frac{1 - \int_0^{s+t} \lambda e^{-\lambda x}\,dx}{1 - \int_0^{s} \lambda e^{-\lambda x}\,dx} = \frac{e^{-\lambda(s+t)}}{e^{-\lambda s}} \\ &= e^{-\lambda t} = P(X > t) \end{aligned}$$

式(7.12)表明：如果 X 表示的是某元件的使用寿命，那么在元件已经使用了 s 小时的条件下还能使用 t 小时(即该元件总共使用了 $s+t$ 小时)的概率，等于此元件从开始到至少使用 t 小时的概率. 通俗地说就是元件对已使用过 s 小时是没有记忆的，这也是指数分布广泛应用的重要原因.

(3) 正态分布

设随机变量 X 的密度函数为

$$f(x) = \frac{1}{\sqrt{2\pi}\sigma} e^{-\frac{(x-\mu)^2}{2\sigma^2}},\ -\infty < x < +\infty \tag{7.13}$$

其中 $\mu, \sigma(\sigma > 0)$ 是常数，则称 X 服从参数为 μ, σ^2 的**正态分布**或**高斯分布**，记作 $X \sim N(\mu, \sigma^2)$. 正态分布的密度函数图形如图 7-7.

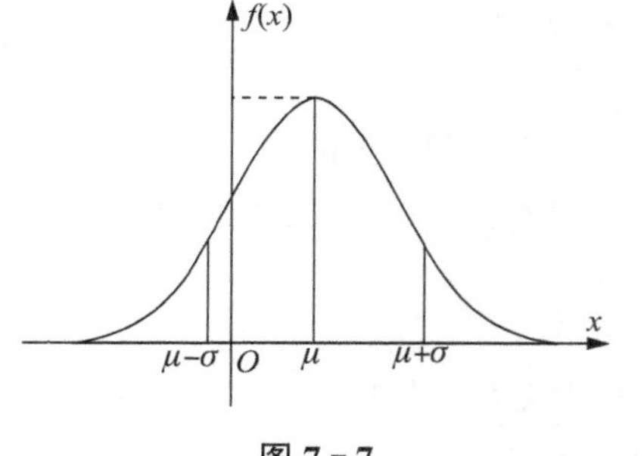

图 7-7

正态分布的密度函数曲线有如下特性：

(1) 关于 $x = \mu$ 对称，并在 $x = \mu$ 处取得最大值 $\frac{1}{\sqrt{2\pi}\sigma}$；

(2) 在 $x = \mu \pm \sigma$ 处有拐点，x 轴是其渐近线；

(3) 固定 σ，改变 μ 值，曲线沿 x 轴方向左右平移，但形状不变，可见 μ 为位置参数(如图 7-8)；固定 μ，σ 值越大，曲线越平坦，σ 值越小，曲线越陡峭，因此 σ 为形状参数(如图 7-9).

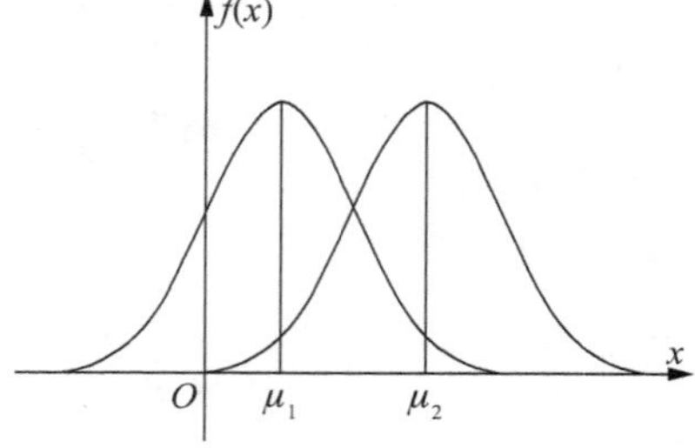

图 7-8

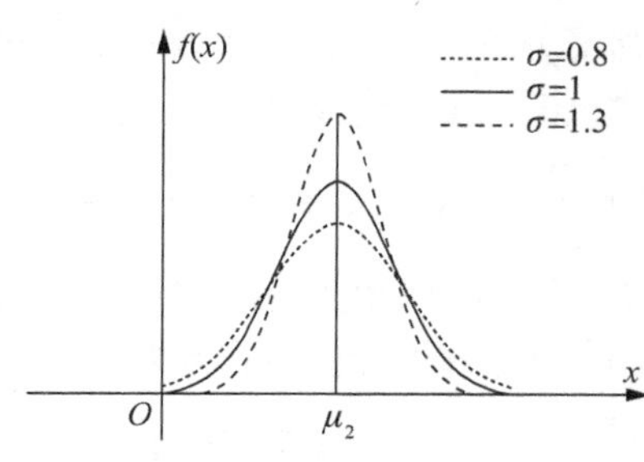

图 7-9

在自然及社会现象中,大量的随机现象都服从正态分布,因而正态分布在概率论中有非常特殊的地位. 如测量误差,袋装物体的重量,人的身高、体重等都服从正态分布. 一般地,如果一个随机变量受到众多微小独立的随机因素的影响,那么该随机变量近似服从正态分布.

当 $X\sim N(\mu,\sigma^2)$ 时,其中 $\mu=0,\sigma=1$ 时,则称 X 服从**标准正态分布**,记作 $X\sim N(0,1)$. 它的密度函数和分布函数分别用专用符号 $\varphi(x)$ 和 $\Phi(x)$ 表示,即

$$\varphi(x)=\frac{1}{\sqrt{2\pi}}e^{-\frac{x^2}{2}},\quad -\infty<x<+\infty, \tag{7.14}$$

$$\Phi(x)=\int_{-\infty}^{x}\frac{1}{\sqrt{2\pi}}e^{-\frac{t^2}{2}}dt,\quad -\infty<x<+\infty, \tag{7.15}$$

它们的图像分别如图 7 - 10 和图 7 - 11.

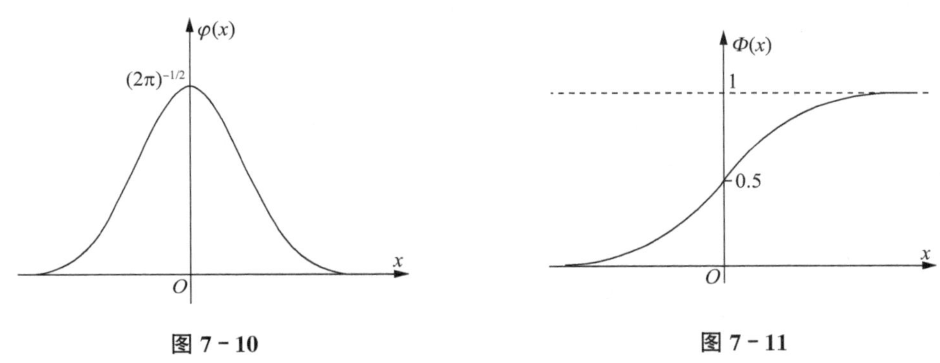

图 7 - 10 **图 7 - 11**

由对称性可得标准正态分布的性质:

性质 7.6 $\Phi(-x)=1-\Phi(x),\quad -\infty<x<+\infty.$ (7.16)

对随机变量服从标准正态分布时概率的计算,专家已专门编制了 $\Phi(x)$ 的函数值表(见附表一),供查用.

[**例 7.11**] 设 $X\sim N(0,1)$,求

(1) $P(1<X<3)$; (2) $P(|X|<1)$; (3) $P(|X|>2)$; (4) $P(|X|>-1)$;

解 利用性质及查附表

(1) $P(1<X<3)=\Phi(3)-\Phi(1)=0.9987-0.8413=0.1574$

(2) $P(|X|<1)=P(-1<X<1)=\Phi(1)-\Phi(-1)=\Phi(1)-(1-\Phi(1))$
$=2\Phi(1)-1=2\times0.8413-1=0.6826$

(3) $P(|X|>2)=1-P(-2<X<2)=2(1-\Phi(2))=2(1-0.9772)=0.0456$

(4) $P(|X|>-1)=1.$

随机变量服从非标准正态分布时概率的计算可以通过线性变换转化为标准正态分布,再求得.

性质 7.7 若 $X\sim N(\mu,\sigma^2)$,则 $P(a<X\leqslant b)=\Phi\left(\frac{b-\mu}{\sigma}\right)-\Phi\left(\frac{a-\mu}{\sigma}\right)$ (7.17)

证 $P(a<X\leqslant b)=\int_a^b\frac{1}{\sqrt{2\pi}\sigma}e^{\frac{(x-\mu)^2}{2\sigma^2}}dx\overset{令\frac{x-\mu}{\sigma}=t}{=}\int_{\frac{a-\mu}{\sigma}}^{\frac{b-\mu}{\sigma}}\frac{1}{\sqrt{2\pi}\sigma}e^{\frac{t^2}{2}}\cdot\sigma dt$

$=\int_{\frac{a-\mu}{\sigma}}^{\frac{b-\mu}{\sigma}}\frac{1}{\sqrt{2\pi}}e^{\frac{t^2}{2}}dt=\Phi(\frac{b-\mu}{\sigma})-\Phi(\frac{a-\mu}{\sigma}).$

［例 7.12］ 设 $X \sim N(3,4)$，求

(1) $P(2 \leqslant X < 5)$；　(2) $P(X \geqslant 4.3)$；

(3) 确定常数 c，使得 $P(X < c) = 0.6554$；

(4) 确定常数 d，使得 $P(X < d) = P(X > d)$

解 (1) $P\{2 \leqslant X < 5\} = \Phi\left(\frac{5-3}{2}\right) - \Phi\left(\frac{2-3}{2}\right)$

$$= \Phi(1) - \Phi(-0.5) = \Phi(1) + \Phi(0.5) - 1$$

$$= 0.8413 + 0.6915 - 1 = 0.5328;$$

(2) $P\{X \geqslant 4.3\} = 1 - \Phi\left(\frac{4.3-3}{2}\right) = 1 - \Phi(0.65) = 1 - 0.7422 = 0.2578$；

(3) 因为 $P(X < c) = 0.6554$，查附表得 $c = 0.4$；

(4) $P(X < d) = P(X > d) = 1 - P(X < d)$，即

$$P(X < d) = 0.5$$

由非标准正态分布的对称轴特征有 $d = 3$.

［例 7.13］ 某城市的公共汽车车门的高度是按该市成年男性乘车时碰头机会不超过1%来设计的，假设成年男性身高 $X \sim N(170, 6^2)$（单位为 mm），问车门高度 h 设定多高才合理.

解 由已知得

$$P(X > h) \leqslant 0.01 \text{，即 } P(X \leqslant h) \geqslant 0.99$$

由(7.17)得

$$\Phi\left(\frac{h-170}{6}\right) \geqslant 0.99$$

查附表一可得

$$\Phi\left(\frac{h-170}{6}\right) \geqslant \Phi(2.33)$$

由分布函数的不减性可得

$$\frac{h-170}{6} \geqslant 2.33 \text{，计算得 } h \geqslant 170 + 6 \times 2.33 \approx 184,$$

因此车门高度 h 定为 184mm 才合理.

习题 7.3

1. 设随机变量 X 的密度函数为 $f(x) = \begin{cases} ax + \frac{1}{2}, & 0 < x < 1, \\ 0, & \text{其他}, \end{cases}$，试求：

(1) 常数 a；　(2) $P(X > 1/2)$.

2. 设随机变量 X 的分布函数为 $F(x) = \begin{cases} 1 - e^{-x}, & x \geqslant 0, \\ 0, & x < 0 \end{cases}$，求：

(1) $P(X > 2)$；　(2) X 的密度函数.

3. 设 X 为$[-a, a]$上均匀分布的随机变量，确定满足关系 $P(X > 1) = 1/3$ 的正常数 a.

4. 设 $X \sim N(0,1)$，求 $P(X \leqslant -1.4)$及 $P(|X| > 1.8)$.

5. 设 $X \sim N(0,1)$，试计算：

(1) $P(X<2.44)$； (2) $P(X>-1.5)$； (3) $P(|X|<4)$； (4) $P(|X-1|>1)$；
(5) $P(X<-2.5)$.

6. 设 $X\sim N(-1,16)$，试计算：
(1) $P(X<2.44)$； (2) $P(X>-1.5)$； (3) $P(|X|<4)$； (4) $P(|X-1|>1)$.

7. 已知某元件的寿命 X(小时)服从正态分布 $N(1600,\sigma^2)$，如果要求元件寿命在 1200 小时以上的概率不少于 0.96，试确定 σ.

复习题七

1. 一个袋子中装有编号为 1,2,3,3,4 的 5 个球，现从袋中同时取出 3 个，以 X 表示取出的 3 个球中的最小号码，试求 X 的分布律及分布函数.

2. 据统计我国著名篮球运动员姚明在 NBA 效力期间罚球命中率高达 83.2%，假定姚明在某次训练罚球中持续进行，直到罚中为止，试求姚明投篮次数 X 的概率分布.

3. 设随机变量 X 服从 $B(1,p)$，随机变量 Y 服从 $B(3,p)$，若 $P(X\geqslant 1)=\frac{5}{9}$，试求 p，$P(Y<2)$.

4. 从学校乘汽车到火车站的途中有 3 个交通岗，假设在各个交通岗遇到红灯的事件是相互独立的，并且概率都是$\frac{2}{5}$. 设 X 为途中遇到红灯的次数，求随机变量 X 的分布律.

5. 已知随机变量 X 服从泊松分布，且 $P(Y=1)$ 和 $P(Y=2)$ 相等，求 $P(Y=4)$.

6. 随机变量 X 的密度函数为 $f(x)=\begin{cases}2x, & 0<x<1,\\ 0, & \text{其他}\end{cases}$，以 Y 表示对 X 的三次独立重复观测中事件$\{X\leqslant\frac{1}{2}\}$出现的次数，求随机变量 Y 的分布律.

7. 设随机变量 X 在(2,5)上服从均匀分布；现对 X 进行三次独立观测，试求至少有两次观测值大于 3 的概率.

8. 假设随机变量 X 的绝对值不大于 1；$P(X=-1)=\frac{1}{8}$，$P(X=1)=\frac{1}{4}$；在事件$(-1<X<1)$出现的条件下，X 在$(-1,1)$内的任一子区间上取值的条件概率与该子区间长度成正比；试求 X 的分布函数 $F(x)$.

9. 为了保证设备正常工作，总共 80 台设备需要配备适当数量的维修人员，根据经验每台设备发生故障的概率为 0.01，各台设备工作情况相互独立. 现有两种方案：
(1) 每 1 人负责维修 20 台设备，共需 4 人； (2) 配 3 人共同维护这 80 台设备.
分别求两种方案下设备发生故障后不能及时维修的概率.

10. 设书籍上每页的印刷错误的个数 X 服从泊松分布. 经统计发现在某本书上，有一个印刷错误与有两个印刷错误的概率相同，求任意检验 4 页，每页上都没有印刷错误的概率.

11. 设顾客排队等待服务的时间 X(分钟)服从 $\lambda=\frac{1}{5}$的指数分布. 某顾客等待服务，若超过 10 分钟，他就离开. 他一个月要去等待服务 5 次，以 Y 表示一个月内他未等到服务而离开的次数，试求 Y 的概率分布.

12. 设连续型随机变量 X 的分布函数为

$$F(x)=\begin{cases}A+Be^{-2x}, & x>0,\\ 0, & x\leqslant 0.\end{cases}$$

试求：(1) A,B 的值； (2) $P(-1<X<1)$； (3) 概率密度函数 $f(x)$.

13. 设 X 为连续型随机变量，其分布函数为

$$F(x)=\begin{cases}a, & x<1,\\ bx\ln x+cx+d, & 1\leqslant x\leqslant e,\\ d, & x>e.\end{cases}$$

试确定 $F(x)$ 中的 a,b,c,d 的值.

14. 设随机变量 X 具有概率密度

$$f(x)=\begin{cases}Ke^{-3x}, & x>0,\\ 0, & x\leqslant 0.\end{cases}$$

求：(1) 试确定常数 K；(2) 求 $P\{X>0.1\}$；(3) 求 $P\{-1<X\leqslant 1\}$.

15. 设连续型随机变量 X 的概率密度为

$$f(x)=\begin{cases}\sin x, & 0\leqslant x\leqslant a,\\ 0, & \text{其他}.\end{cases}$$

试确定常数 a，并求 $P\left(X>\frac{\pi}{6}\right)$.

附录二

标准正态分布表

$$\Phi(z)=\int_{-\infty}^{z}\frac{1}{\sqrt{2\pi}}e^{-\frac{t^2}{2}}dt=P(Z\leqslant z)$$

$\Phi(z)$	0.00	0.01	0.02	0.03	0.04	0.05	0.06	0.07	0.08	0.09
0.0	0.5000	0.5040	0.5080	0.5120	0.5160	0.5199	0.5239	0.5279	0.5319	0.5359
0.1	0.5398	0.5438	0.5478	0.5517	0.5557	0.5596	0.5636	0.5675	0.5714	0.5753
0.2	0.5793	0.5832	0.5871	0.5910	0.5948	0.5987	0.6026	0.6064	0.6103	0.6141
0.3	0.6179	0.6217	0.6255	0.6293	0.6331	0.6368	0.6404	0.6443	0.6480	0.6517
0.4	0.6554	0.6591	0.6628	0.6664	0.6700	0.6736	0.6772	0.6808	0.6844	0.6879
0.5	0.6915	0.6950	0.6985	0.7019	0.7054	0.7088	0.7123	0.7157	0.7190	0.7224
0.6	0.7257	0.7291	0.7324	0.7357	0.7389	0.7422	0.7454	0.7486	0.7517	0.7549
0.7	0.7580	0.7611	0.7642	0.7673	0.7703	0.7734	0.7764	0.7794	0.7823	0.7852
0.8	0.7881	0.7910	0.7939	0.7967	0.7995	0.8023	0.8051	0.8078	0.8106	0.8133
0.9	0.8159	0.8186	0.8212	0.8238	0.8264	0.8289	0.8355	0.8340	0.8365	0.8389
1.0	0.8413	0.8438	0.8461	0.8485	0.8508	0.8531	0.8554	0.8577	0.8599	0.8621
1.1	0.8643	0.8665	0.8686	0.8708	0.8729	0.8749	0.8770	0.8790	0.8810	0.8830
1.2	0.8849	0.8869	0.8888	0.8907	0.8925	0.8944	0.8962	0.8980	0.8997	0.9015
1.3	0.9032	0.9049	0.9066	0.9082	0.9099	0.9115	0.9131	0.9147	0.9162	0.9177
1.4	0.9192	0.9207	0.9222	0.9236	0.9251	0.9265	0.9279	0.9292	0.9306	0.9319
1.5	0.9332	0.9345	0.9357	0.9370	0.9382	0.9394	0.9406	0.9418	0.9430	0.9441
1.6	0.9452	0.9463	0.9474	0.9484	0.9495	0.9505	0.9515	0.9525	0.9535	0.9535
1.7	0.9554	0.9564	0.9573	0.9582	0.9591	0.9599	0.9608	0.9616	0.9625	0.9633
1.8	0.9641	0.9648	0.9656	0.9664	0.9672	0.9678	0.9686	0.9693	0.9700	0.9706
1.9	0.9713	0.9719	0.9726	0.9732	0.9738	0.9744	0.9750	0.9756	0.9762	0.9767
2.0	0.9772	0.9778	0.9783	0.9788	0.9793	0.9798	0.9803	0.9808	0.9812	0.9817
2.1	0.9821	0.9826	0.9830	0.9834	0.9838	0.9842	0.9846	0.9850	0.9854	0.9857
2.2	0.9861	0.9864	0.9868	0.9871	0.9874	0.9878	0.9881	0.9884	0.9887	0.9890
2.3	0.9893	0.9896	0.9898	0.9901	0.9904	0.9906	0.9909	0.9911	0.9913	0.9916
2.4	0.9918	0.9920	0.9922	0.9925	0.9927	0.9929	0.9931	0.9932	0.9934	0.9936
2.5	0.9938	0.9940	0.9941	0.9943	0.9945	0.9946	0.9948	0.9949	0.9951	0.9952
2.6	0.9953	0.9955	0.9956	0.9957	0.9959	0.9960	0.9961	0.9962	0.9963	0.9964
2.7	0.9965	0.9966	0.9967	0.9968	0.9969	0.9970	0.9971	0.9972	0.9973	0.9974
2.8	0.9974	0.9975	0.9976	0.9977	0.9977	0.9978	0.9979	0.9979	0.9980	0.9981
2.9	0.9981	0.9982	0.9982	0.9983	0.9984	0.9984	0.9985	0.9985	0.9986	0.9986
3	0.9987	0.9990	0.9993	0.9995	0.9997	0.9998	0.9998	0.9999	0.9999	1.0000

附录二 习题及复习题参考答案

第1章

习题 1.1

1. (1) 1.　(2) 1.　(3) -18.　(4) -1.　(5) 21.　(6) $8(a^2+b^2)$.

2. (1) $k=1$ 或 $k=3$.　(2) $x=2$ 或 $x=3$.

习题 1.2

1. (1) 5.　(2) 8.　(3) k^2.　(4) n^2.

2. (1) 负号.　(2) 负号.

3. (1) $i=8, j=3$.　(2) $i=3, j=6$.

4. (1) -24.　(2) $-abcd$.　(3) $ahcf-ahed-bgcf+bged$.

5. -1.

习题 1.3

1. (1) 40.　(2) -7.　(3) $4abcdef$.　(4) a^2b^2.　(5) -3645.

(6) 264.　(7) $(-1)^{n-1}(n-1)$.　(8) $\prod\limits_{k=1}^{n-2}(k-x)$.

2. (1) $x=0$(四重).　(2) $x=-3$ 或 $x=1$(三重).

习题 1.4

1. (1) -136.　(2) -142.　(3) $abcd+ab+cd+ad+1$.　(4) x^4-y^4.

(5) a^4.　(6) 12.　(7) $\prod\limits_{i=1}^{n}(x-a_i)$.　(8) $\frac{1}{2}(-1)^{n-1}(n+1)!$.

2. (1) $x=4$ 或 $x=-5$.　(2) $x=1$ 或 $x=-1$ 或 $x=2$.

4. (1) 4.　(2) 0.

习题 1.5

1. (1) $x_1=3, x_2=0, x_3=-1, x_4=1$.　(2) $x_1=1, x_2=-2, x_3=0, x_4=\frac{1}{2}$.

(3) $x_1=1, x_2=-1, x_3=-1, x_4=1$.　(4) $x_1=0, \cdots, x_{n-1}=0, x_n=2$.

2. $\begin{cases} 100x_1+200x_2+200x_3=61 \\ 100x_2+30x_3=18 \\ 500x_1+400x_2+100x_3=125 \end{cases}$,其中 x_1, x_2, x_3 分别表示三种食物的量(千克).解得 $x_1=0.11, x_2=0.15$, $x_3=0.1$.

3. $\lambda\neq0$ 且 $\lambda\neq2$ 且 $\lambda\neq3$.

4. $\mu=0$ 或 $\lambda=1$.

复习题一

一、

1. ×.　**2.** √.　**3.** ×.　**4.** ×.　**5.** √.　**6.** √.

二、

1. $i=8, j=6$.

2. $k=3$ 或 $k=1$.

3. 0.

4. $(x-a)^{n-1}$.

5. $-14,8$.

6. 2.

三、

1. B.　**2.** B.　**3.** C.　**4.** A.　**5.** C.　**6.** C.　**7.** B.　**8.** C.　**9.** A.　**10.** B.

四、

1. 0.

2. $(a+b+c+d)(a-b)(a-c)(a-d)(b-c)(b-d)(c-d)$.

3. $-2\cdot(n-2)!$.

4. $3^{n+1}-2^{n+1}$.

5. $\left(1+\sum_{j=1}^{n}\frac{a_j}{b_j}\right)b_1b_2\cdots b_n$.

6. $-9,18$.

7. $(-1)^{\frac{(n-1)n}{2}}n^{n-1}\frac{(n+1)}{2}$.

第 2 章

习题 2.1

1. $\begin{pmatrix}2&2&3&1\\1&-3&2&-2\\1&0&-1&5\end{pmatrix}$.

2. $x=6,y=8,a=5$.

3. $\begin{pmatrix}8&0&5\\3&0&7\end{pmatrix},\begin{pmatrix}1&7&2\\2&0&8\end{pmatrix}$.

习题 2.2

1. $\begin{pmatrix}2&0&1\\1&4&0\end{pmatrix},\begin{pmatrix}8&-4&1\\5&4&-2\end{pmatrix},\begin{pmatrix}19&-10&2\\12&8&-5\end{pmatrix}$.

2. $\begin{cases}x_1=-6z_1+z_2+3z_3,\\x_2=12z_1-4z_2+9z_3,\\x_3=-10z_1-z_2+16z_3.\end{cases}$

3. (1) $\begin{pmatrix}3\\8\end{pmatrix}$.　(2) $\begin{pmatrix}2&0\\3&2\\1&4\end{pmatrix}$.　(3) $\begin{pmatrix}8&-2&1\\-1&9&0\\-9&-3&0\\-1&2&1\end{pmatrix}$.　(4) 0.

(5) $\begin{pmatrix}2&3&-1\\-2&-3&1\\-2&-3&1\end{pmatrix}$.　(6) $(9\quad 2\quad -1)$.　(7) $a_{11}x^2+a_{12}xy+a_{21}xy+a_{22}y^2$.

(8) $\begin{pmatrix}0&4&0\\0&4&0\\0&0&1\end{pmatrix}$.

4. $\begin{pmatrix}1&5&8\\-1&-5&6\\3&9&0\end{pmatrix},\begin{pmatrix}6&0&2\\1&-7&5\\7&5&-3\end{pmatrix},\begin{pmatrix}-5&5&6\\-2&2&1\\-4&4&3\end{pmatrix},\begin{pmatrix}1&5&8\\-1&-5&6\\3&9&0\end{pmatrix}$.

5. 略.

6. (1) $\begin{pmatrix}1 & k\lambda\\0 & 1\end{pmatrix}$. (2) $\begin{pmatrix}\lambda_1^k & 0 & 0\\0 & \lambda_2^k & 0\\0 & 0 & \lambda_3^k\end{pmatrix}$. (3) $\begin{pmatrix}\cos k\theta & \sin k\theta\\-\sin k\theta & \cos k\theta\end{pmatrix}$.

(4) $\begin{pmatrix}\lambda^k & k\lambda^{k-1} & \frac{k(k-1)}{2}\lambda^{k-2}\\0 & \lambda^k & k\lambda^{k-1}\\0 & 0 & \lambda^k\end{pmatrix}$.

7. 27.

8. $3^{n-1}\begin{bmatrix}1 & \frac{1}{2} & \frac{1}{3}\\2 & 1 & \frac{2}{3}\\3 & \frac{3}{2} & 1\end{bmatrix}$, $\begin{pmatrix}2 & \frac{3}{2} & 1\\6 & 2 & 2\\9 & \frac{9}{2} & 2\end{pmatrix}$.

习题 2.3

1. (1) $\begin{pmatrix}\frac{5}{17} & \frac{1}{17}\\\frac{2}{17} & -\frac{3}{17}\end{pmatrix}$. (2) $\begin{pmatrix}\cos\theta & \sin\theta\\-\sin\theta & \cos\theta\end{pmatrix}$. (3) $\begin{pmatrix}1 & -4 & -3\\1 & -5 & -3\\-1 & 6 & 4\end{pmatrix}$.

(4) $\begin{pmatrix}1 & 3 & -2\\-\frac{3}{2} & -3 & \frac{5}{2}\\1 & 1 & -1\end{pmatrix}$.

2. (1) $\begin{pmatrix}2 & -23\\0 & 8\end{pmatrix}$. (2) $\begin{pmatrix}1 & 1\\\frac{1}{4} & 0\end{pmatrix}$. (3) $\begin{pmatrix}2 & -1 & 0\\1 & 3 & -4\\1 & 0 & -2\end{pmatrix}$.

3. $-\frac{16}{27}$.

4. $A^{-1}=\frac{1}{10}(A-3E)$, $(A-4E)^{-1}=\frac{1}{6}(A+E)$.

习题 2.4

1. (1) $=\begin{pmatrix}1 & 2 & 5 & 2\\0 & 1 & 2 & -4\\0 & 0 & -4 & 3\\0 & 0 & 0 & -9\end{pmatrix}$. (2) $\begin{pmatrix}d & ac\\ac & d\\bd & c\\c & bd\end{pmatrix}$.

2. (1) $\begin{pmatrix}\boldsymbol{O} & \boldsymbol{B}^{-1}\\\boldsymbol{A}^{-1} & \boldsymbol{O}\end{pmatrix}$. (2) $\begin{pmatrix}\boldsymbol{A}^{-1} & \boldsymbol{O}\\-\boldsymbol{B}^{-1}\boldsymbol{C}\boldsymbol{A}^{-1} & \boldsymbol{B}^{-1}\end{pmatrix}$.

3. (1) $\begin{bmatrix}1 & -2 & 0 & 0\\-2 & 5 & 0 & 0\\0 & 0 & \frac{1}{3} & \frac{2}{3}\\0 & 0 & -\frac{1}{3} & \frac{1}{3}\end{bmatrix}$. (2) $\begin{bmatrix}1 & 0 & 0 & 0\\-\frac{1}{2} & \frac{1}{2} & 0 & 0\\-\frac{1}{2} & -\frac{1}{6} & \frac{1}{3} & 0\\\frac{1}{8} & -\frac{5}{24} & -\frac{1}{12} & \frac{1}{4}\end{bmatrix}$.

(3) $\begin{pmatrix} 0 & \cdots & 0 & a_n^{-1} \\ a_1^{-1} & \cdots & 0 & 0 \\ \vdots & \ddots & \vdots & \vdots \\ 0 & \cdots & a_{n-1}{}^{-1} & 0 \end{pmatrix}$.

4. 10^{16}, $\begin{pmatrix} 5^4 & 0 & 0 & 0 \\ 0 & 5^4 & 0 & 0 \\ 0 & 0 & 2^4 & 0 \\ 0 & 0 & 2^6 & 2^4 \end{pmatrix}$.

习题 2.5

1. (1) $\begin{pmatrix} 1 & 0 & 0 & 0 \\ 0 & 1 & 0 & 0 \\ 0 & 0 & 0 & 0 \end{pmatrix}$.　(2) $\begin{pmatrix} 1 & 0 & 0 \\ 0 & 1 & 0 \\ 0 & 0 & 1 \end{pmatrix}$.　(3) $\begin{pmatrix} 1 & 0 & 0 \\ 0 & 1 & 0 \\ 0 & 0 & 0 \end{pmatrix}$. (4) $\begin{pmatrix} 1 & 0 \\ 0 & 1 \\ 0 & 0 \end{pmatrix}$.

2. (1) $\begin{pmatrix} -\frac{3}{2} & \frac{1}{2} & 1 \\ \frac{7}{2} & -\frac{5}{2} & -2 \\ -\frac{3}{2} & \frac{3}{2} & 1 \end{pmatrix}$.　(2) $\begin{pmatrix} -1 & -3 & 2 \\ 2 & 5 & -3 \\ -1 & -1 & 1 \end{pmatrix}$.

(3) $\begin{pmatrix} 1 & 0 & 0 & 0 \\ -\frac{1}{2} & \frac{1}{2} & 0 & 0 \\ 0 & -\frac{1}{3} & \frac{1}{3} & 0 \\ 0 & 0 & -\frac{1}{4} & \frac{1}{4} \end{pmatrix}$.　(4) $\begin{pmatrix} \frac{1}{4} & \frac{1}{4} & \frac{1}{4} & \frac{1}{4} \\ \frac{1}{4} & \frac{1}{4} & -\frac{1}{4} & -\frac{1}{4} \\ \frac{1}{4} & -\frac{1}{4} & \frac{1}{4} & -\frac{1}{4} \\ \frac{1}{4} & -\frac{1}{4} & -\frac{1}{4} & \frac{1}{4} \end{pmatrix}$.

3. $\begin{pmatrix} -1 & -\frac{1}{2} & 0 \\ -3 & -\frac{7}{4} & -\frac{1}{2} \\ -1 & 0 & -1 \end{pmatrix}$

习题 2.6

1. (1) 2.　(2) 4.　(3) 2.　(4) 2.

2. 当 $\lambda=1$ 时 $R(A)=2$,当 $\lambda\neq1$ 时 $R(A)=3$.

3. 2.

4. $a=-1, b=-2$.

复习题二

一、

1. ×.　**2.** ×.　**3.** √.　**4.** ×.　**5.** ×.　6. √.　**7.** √.　**8.** ×.

二、

1. $\begin{pmatrix} 0 & 1 & 0 & 0 \\ 1 & 0 & 0 & 0 \\ 0 & 0 & 2 & -1 \\ 0 & 0 & -1 & 1 \end{pmatrix}$.

2. $|A|^{2n-1}$.

3. $|A|^{1-n}$.

4. 1.

5. 4.

6. 5.

三、

1. B，　**2.** D，　**3.** C，　**4.** A，　**5.** B，　**6.** C，　**7.** A，　**8.** B，　**9.** A，　**10.** D.

四、

1. $\frac{1}{20}\begin{pmatrix}1 & -1 & 0\\ 2 & 2 & 0\\ 3 & 4 & 5\end{pmatrix}$.

2. $\begin{pmatrix}\frac{1}{2} & \frac{\sqrt{3}}{2}\\ -\frac{\sqrt{3}}{2} & \frac{1}{2}\end{pmatrix}$.

3. $\begin{pmatrix}0 & 3 & 3\\ -1 & 2 & 3\\ 1 & 1 & 0\end{pmatrix}$.

4. $\begin{pmatrix}2 & 0 & 1\\ 0 & 3 & 0\\ 1 & 0 & 2\end{pmatrix}$.

5. $\begin{pmatrix}2 & 0 & 0\\ 0 & -4 & 0\\ 0 & 0 & 2\end{pmatrix}$.

6. $\begin{pmatrix}1 & 1 & 1\\ -1 & -1 & -1\\ 1 & 1 & 1\end{pmatrix}$.

7. (1) 当 $k=1$ 时 $R(A)=1$.　(2) 当 $k=-2$ 时 $R(A)=2$.　(3) 当 $k\neq 1$ 且 $k\neq -2$ 时 $R(A)=3$.

8. 0.

五、

2. $(A+E)^{-1}=\frac{1}{2}(2E-A)$.

4. $A^{-1}=\frac{1}{2}(2E-B)$.

第3章

习题 3.1

1. (1) ×；(2) ×；(3) ×；(4) ×；(5) √.

2. (1) $\begin{cases}x_1=0\\ x_2=0\\ x_3=0\end{cases}$；(2) $\begin{cases}x_1=3\\ x_2=-4\\ x_3=-1\\ x_4=1\end{cases}$；(3) $\begin{cases}x_1=2k_1-k_2\\ x_2=k_1\\ x_3=k_2\\ x_4=1\end{cases}$，$k_1,k_2$ 为常数；(4) 无解；

(5) $\begin{cases}x_1=-3k_1-k_2\\ x_2=7k_1-2k_2\\ x_3=2k_1\\ x_4=k_2\end{cases}$，$k_1,k_2$ 为常数；(6) $\begin{cases}x_1=3-3k_1-6k_2\\ x_2=-2+6k_1+7k_2\\ x_3=k_1\\ x_4=k_2\end{cases}$，$k_1,k_2$ 为常数.

3. （1）$a=1,b=3$；（2）$\begin{cases}x_1=-2+k_1+k_2+5k_3\\x_2=3-2k_1-2k_2-6k_3\\x_3=k_1\\x_4=k_2\\x_5=k_3\end{cases}$，$k_1,k_2,k_3$ 为常数.

4. （1）$k\neq1$ 且 $k\neq-2$；（2）$k=-2$；（3）$k=1$，$\begin{cases}x_1=1-k_1-k_2\\x_2=k_1\\x_3=k_2\end{cases}$，$k_1,k_2$ 为常数.

5. $a\neq1$ 或 $b\neq-1$ 无解；$a=1$ 且 $b=-1$ 有无穷多解，$\begin{cases}x_1=-4k_2\\x_2=1+k_1+k_2\\x_3=k_1\\x_4=k_2\end{cases}$，$k_1,k_2$ 为常数.

6. $a\neq1$ 唯一解 $\begin{cases}x_1=-1\\x_2=a+2\\x_3=-1\end{cases}$；$a=1$ 有无穷多解，$\begin{cases}x_1=1-k_1-k_2\\x_2=k_1\\x_3=k_2\end{cases}$，$k_1,k_2$ 为常数.

习题 3.2

1. （1）正确，因为 $\boldsymbol{\alpha}_1-\boldsymbol{\alpha}_2=-(\boldsymbol{\alpha}_2-\boldsymbol{\alpha}_3)-(\boldsymbol{\alpha}_3-\boldsymbol{\alpha}_1)$；

（2）错误，因为 $\boldsymbol{\alpha}_1-\boldsymbol{\alpha}_2=-(\boldsymbol{\alpha}_2-\boldsymbol{\alpha}_3)-(\boldsymbol{\alpha}_3-\boldsymbol{\alpha}_1)$；

（3）不正确，应该为向量组 $\boldsymbol{\alpha}_1,\boldsymbol{\alpha}_2,\cdots,\boldsymbol{\alpha}_n$ 中至少有一个向量可由其余向量组线性表示，并非 $\boldsymbol{\alpha}_1$ 一定可由向量组 $\boldsymbol{\alpha}_2,\cdots,\boldsymbol{\alpha}_n$ 线性表示；

（4）不正确，如 $\boldsymbol{\alpha}_1=\begin{pmatrix}1\\0\end{pmatrix}$，$\boldsymbol{\alpha}_2=\begin{pmatrix}0\\1\end{pmatrix}$ 线性无关，$\boldsymbol{\beta}_1=\begin{pmatrix}-1\\0\end{pmatrix}$，$\boldsymbol{\beta}_2=\begin{pmatrix}0\\1\end{pmatrix}$ 也线性无关，但 $\boldsymbol{\alpha}_1+\boldsymbol{\beta}_1=\begin{pmatrix}0\\0\end{pmatrix}$，$\boldsymbol{\alpha}_2+\boldsymbol{\beta}_2=\begin{pmatrix}0\\2\end{pmatrix}$ 线性相关.

2. （1）$(-4,-3,15)^{\mathrm{T}}$；（2）$(22,-11,5)^{\mathrm{T}}$；（3）$(-4,-3,15)^{\mathrm{T}}$；（4）$(22,-11,5)^{\mathrm{T}}$.

3. （1）$\boldsymbol{\beta}=-11\boldsymbol{\alpha}_1+14\boldsymbol{\alpha}_2+9\boldsymbol{\alpha}_3$；（2）$\boldsymbol{\beta}=3\boldsymbol{\alpha}_1+\boldsymbol{\alpha}_2+\boldsymbol{\alpha}_3$；（3）$\boldsymbol{\beta}=2\boldsymbol{\alpha}_1-\boldsymbol{\alpha}_2$.

4. （1）线性无关；（2）线性相关；（3）线性相关；（4）线性无关.

7. 当 $k=3$ 或 $k=-2$ 时，$\boldsymbol{\alpha}_1,\boldsymbol{\alpha}_2,\boldsymbol{\alpha}_3$ 线性相关；当 $k\neq3$ 且 $k\neq-2$ 时，$\boldsymbol{\alpha}_1,\boldsymbol{\alpha}_2,\boldsymbol{\alpha}_3$ 线性无关.

9. 当 $m\neq2n-n^2$ 时，$\boldsymbol{\beta}_1,\boldsymbol{\beta}_2,\boldsymbol{\beta}_3$ 线性无关；当 $m=2n-n^2$ 时，$\boldsymbol{\beta}_1,\boldsymbol{\beta}_2,\boldsymbol{\beta}_3$ 线性相关.

习题 3.3

1. （1）矩阵的第 1、3 列组成的向量组是一个极大无关组；

（2）矩阵的第 1、2、3 列组成的向量组是一个极大无关组.

2. （1）$r=2$；$\boldsymbol{\alpha}_1,\boldsymbol{\alpha}_2$；$\boldsymbol{\alpha}_3=\boldsymbol{\alpha}_1+2\boldsymbol{\alpha}_2$.

（2）$r=3$；$\boldsymbol{\alpha}_1,\boldsymbol{\alpha}_2,\boldsymbol{\alpha}_3$；$\boldsymbol{\alpha}_4=\boldsymbol{\alpha}_1+2\boldsymbol{\alpha}_2+\boldsymbol{\alpha}_3$.

（3）$r=3$；$\boldsymbol{\alpha}_1,\boldsymbol{\alpha}_2,\boldsymbol{\alpha}_3$.

（4）$r=2$；$\boldsymbol{\alpha}_1,\boldsymbol{\alpha}_2$；$\boldsymbol{\alpha}_3=2\boldsymbol{\alpha}_1-\boldsymbol{\alpha}_2$，$\boldsymbol{\alpha}_4=\boldsymbol{\alpha}_1+\boldsymbol{\alpha}_2$，$\boldsymbol{\alpha}_5=\boldsymbol{\alpha}_1-3\boldsymbol{\alpha}_2$.

3. $t=3$.

4. $a=2,b=5$.

习题 3.4

1. （1）基础解系为 $\xi=(5,7,-3,4)^{\mathrm{T}}$；通解为 $k\xi$，其中 k 为任意常数.

（2）基础解系为 $\xi_1=(-3,7,2,0)^{\mathrm{T}}$，$\xi_2=(-1,-2,0,1)^{\mathrm{T}}$；通解为 $k_1\xi_1+k_2\xi_2$，其中 k_1,k_2 为任意常数.

（3）基础解系为 $\xi_1=(2,1,0,0)^{\mathrm{T}}$，$\xi_2=(2,0,-5,7)^{\mathrm{T}}$；通解为 $k_1\xi_1+k_2\xi_2$，其中 k_1,k_2 为任意常数.

2. (1) $(0,0,0,1)^{T}+k_1(2,1,0,0)^{T}+k_2(-1,0,1,0)^{T}$,其中 k_1,k_2 为任意常数;

(2) $(-8,3,6,0)^{T}+k(0,1,2,1)^{T}$,其中 k 为任意常数;

(3) $(-2,3,0,0,0)^{T}+k_1(1,-2,1,0,0)^{T}+k_2(1,-2,0,1,0)^{T}+k_3(5,-6,0,0,1)^{T}$,其中 k_1,k_2,k_3 为任意常数.

4. $\left(\frac{3}{2},0,1,2\right)^{T}+k(1,0,1,2)^{T}$,其中 k 为任意常数.

复习题三

一、

1. ×;　**2.** ×;　3. √;　**4.** √;　**5.** ×;　**6.** √;　**7.** ×;　**8.** √;　**9.** ×;　**10.** ×.

二、

1. $R(\mathbf{A}\vdots b)=R(\mathbf{A})$;$R(\mathbf{A})=n$;$R(\mathbf{A})<n$.

2. $R(\mathbf{A})=n$;$R(\mathbf{A})<n$.

3. $n-r$.

4. $t\neq 5$.

5. 2.

6. 非零解;相关.

7. $X=k(1,1,\cdots,1)^{T}$,k 为任意常数.

8. 无关.

9. 0.

10. **0.**

三、

1. A;　**2.** D;　**3.** B;　**4.** A,　**5.** D;　**6.** A;　**7.** C;　**8.** D;　**9.** C;　**10.** C.

四、

1. $(-2,1,1,0,0)^{T},(-1,-3,0,1,0)^{T},(2,1,0,0,1)^{T}$.

2. $\lambda\neq 0$ 且 $\lambda\neq 2$ 时,有唯一解 $\begin{cases}x_1=-\frac{1}{\lambda}\\x_2=\frac{1}{\lambda}\\x_3=0\end{cases}$;当 $\lambda=2$ 时有无穷多解,通解为 $\begin{pmatrix}-\frac{1}{2}\\\frac{1}{2}\\0\end{pmatrix}+k\begin{pmatrix}-\frac{21}{8}\\\frac{1}{8}\\1\end{pmatrix}$($k$ 为任意常数).

3. 线性无关.

4. 2.

5. 极大无关组为 $\boldsymbol{\alpha}_1,\boldsymbol{\alpha}_2$;$\boldsymbol{\alpha}_3=-\frac{1}{2}\boldsymbol{\alpha}_1-\frac{5}{2}\boldsymbol{\alpha}_2$,$\boldsymbol{\alpha}_4=2\boldsymbol{\alpha}_1-\boldsymbol{\alpha}_2$.

6. (1) 当 $a\neq 1,b\in\mathbf{R}$ 时,$\boldsymbol{\beta}$ 能由向量组 $\boldsymbol{\alpha}_1,\boldsymbol{\alpha}_2,\boldsymbol{\alpha}_3,\boldsymbol{\alpha}_4$ 线性表示且表达式唯一;

(2) 当 $a=1,b\neq -1$ 时,$\boldsymbol{\beta}$ 不能由向量组 $\boldsymbol{\alpha}_1,\boldsymbol{\alpha}_2,\boldsymbol{\alpha}_3,\boldsymbol{\alpha}_4$ 线性表示;

(3) 当 $a=1,b=-1$ 时,$\boldsymbol{\beta}$ 能由向量组 $\boldsymbol{\alpha}_1,\boldsymbol{\alpha}_2,\boldsymbol{\alpha}_3,\boldsymbol{\alpha}_4$ 线性表示且表达式不唯一,其一般表达式为 $\boldsymbol{\beta}=(-1+c_1+c_2)\boldsymbol{\alpha}_1+(1-2c_1-2c_2)\boldsymbol{\alpha}_2+c_1\boldsymbol{\alpha}_3+c_2\boldsymbol{\alpha}_4$,其中 $c_1,c_2\in\mathbf{R}$.

第4章

习题 4.1

1. (1) 特征值 $\lambda_1=1,\lambda_2=-2$. 属于 $\lambda_1=1$ 的全部特征向量为 $k_1\begin{pmatrix}4\\1\end{pmatrix}$,$(k_1\neq 0)$. 属于 $\lambda_2=-2$ 的全部特征向量 $k_2\begin{pmatrix}1\\1\end{pmatrix}$,$(k_2\neq 0)$.

(2) 特征值 $\lambda_1=0,\lambda_2=-2,\lambda_3=-3$. 属于 $\lambda_1=0$ 的全部特征向量为 $k_1\begin{pmatrix}0\\-1\\1\end{pmatrix}$, $(k_1\neq0)$. 属于 $\lambda_2=-2$ 的全部特征向量 $k_2\begin{pmatrix}-2\\1\\0\end{pmatrix}$, $(k_2\neq0)$. 属于 $\lambda_3=-3$ 的全部特征向量 $k_3\begin{pmatrix}-1\\0\\1\end{pmatrix}$, $(k_3\neq0)$.

(3) 特征值 $\lambda_1=\lambda_2=1,\lambda_3=2$. 属于 $\lambda_1=\lambda_2=1$ 的全部特征向量为 $k_1\begin{pmatrix}-1\\-2\\1\end{pmatrix}$, $(k_1\neq0)$. 属于 $\lambda_3=2$ 的全部特征向量 $k_2\begin{pmatrix}0\\0\\1\end{pmatrix}$, $(k_2\neq0)$.

(4) 特征值 $\lambda_1=\lambda_2=1,\lambda_3=-2$. 属于 $\lambda_1=\lambda_2=1$ 的全部特征向量为 $k_1\begin{pmatrix}-2\\1\\0\end{pmatrix}+k_2\begin{pmatrix}0\\0\\1\end{pmatrix}$, ($k_1,k_2$ 不全为零). 属于 $\lambda_3=-2$ 的全部特征向量 $k_3\begin{pmatrix}-1\\1\\1\end{pmatrix}$, $(k_3\neq0)$.

(5) 特征值 $\lambda_1=\lambda_2=\lambda_3=2,\lambda_4=-2$. 属于 $\lambda_1=\lambda_2=\lambda_3=2$ 的全部特征向量为 $k_1\begin{pmatrix}1\\1\\0\\0\end{pmatrix}+k_2\begin{pmatrix}1\\0\\1\\0\end{pmatrix}+k_3\begin{pmatrix}1\\0\\0\\1\end{pmatrix}$, ($k_1,k_2,k_3$ 不全为零). 属于 $\lambda_4=2$ 的全部特征向量 $k_4\begin{pmatrix}-1\\1\\1\\1\end{pmatrix}$, $(k_4\neq0)$.

(6) 特征值 $\lambda_1=\lambda_2=2,\lambda_3=-1,\lambda_4=1$. 属于 $\lambda_1=\lambda_2=2$ 的全部特征向量为 $k_1\begin{pmatrix}2\\\frac{1}{3}\\1\\0\end{pmatrix}$, ($k_1$ 为不为零的常数). 属于 $\lambda_3=-1$ 的全部特征向量 $k_2\begin{pmatrix}-\frac{3}{2}\\1\\0\\0\end{pmatrix}$, $(k_2\neq0)$. 属于 $\lambda_4=1$ 的全部特征向量 $k_3\begin{pmatrix}1\\0\\0\\0\end{pmatrix}$, $(k_3\neq0)$.

2. (1) 6.　(2) -1.　(3) $-\frac{3}{2}$.　(4) 4.

3. $\lambda_1=-1,\lambda_2=1,\lambda_3=11,|B|=-11$.

4. $a=-2,b=6,\lambda_1=-4$.

5. $x=4$, 属于 $\lambda_1=\lambda_2=3$ 的全部特征向量为 $k_1\begin{pmatrix}-1\\1\\0\end{pmatrix}+k_2\begin{pmatrix}1\\0\\4\end{pmatrix}$, ($k_1,k_2$ 不全为零). 属于 $\lambda_3=12$ 的全部特征

向量 $k_3\begin{pmatrix}-1\\-1\\1\end{pmatrix},(k_3\neq 0)$.

6. 略

习题 4.2

1. (1) 可以.存在 $\boldsymbol{P}=\begin{pmatrix}1&-1\\3&1\end{pmatrix}$,使得 $\boldsymbol{P}^{-1}\boldsymbol{AP}=\begin{pmatrix}5&\\&1\end{pmatrix}$.

(2) 可以.存在 $\boldsymbol{P}=\begin{pmatrix}1&0&0\\1&0&1\\0&1&0\end{pmatrix}$,使得 $\boldsymbol{P}^{-1}\boldsymbol{AP}=\begin{pmatrix}1&&\\&1&\\&&3\end{pmatrix}$.

(3) 不可以.

(4) 可以.存在 $\boldsymbol{P}=\begin{pmatrix}-1&5&-1\\-1&7&-2\\1&1&1\end{pmatrix}$,使得 $\boldsymbol{P}^{-1}\boldsymbol{AP}=\begin{pmatrix}-1&&\\&1&\\&&-2\end{pmatrix}$.

(5) 可以.存在 $\boldsymbol{P}=\begin{pmatrix}2&-1&3\\1&0&5\\0&1&6\end{pmatrix}$,使得 $\boldsymbol{P}^{-1}\boldsymbol{AP}=\begin{pmatrix}1&&\\&1&\\&&-1\end{pmatrix}$.

2. $x=-1$.

3. $x=0,y=1$.

4. 略　　**5.** 略　　**6.** 略

习题 4.3

1. (1) $(\boldsymbol{\alpha},\boldsymbol{\beta})=-4$. (2) $(\boldsymbol{\alpha},\boldsymbol{\beta})=16$.

2. (1) $\boldsymbol{\eta}_1=(1,0),\boldsymbol{\eta}_2=(0,1)$.

(2) $\boldsymbol{\eta}_1=(1,0,0),\boldsymbol{\eta}_2=\left(0,\frac{1}{\sqrt{2}},-\frac{1}{\sqrt{2}}\right),\boldsymbol{\eta}_3=\left(0,\frac{1}{\sqrt{2}},\frac{1}{\sqrt{2}}\right)$.

(3) $\boldsymbol{\eta}_1=\left(\frac{1}{\sqrt{2}},\frac{1}{\sqrt{2}},0,0\right)^{\mathrm{T}},\boldsymbol{\eta}_2=\left(0,0,\frac{1}{\sqrt{2}},\frac{1}{\sqrt{2}}\right)^{\mathrm{T}},\boldsymbol{\eta}_3=\left(\frac{1}{2},-\frac{1}{2},\frac{1}{2},-\frac{1}{2}\right)^{\mathrm{T}},\boldsymbol{\eta}_4=\left(\frac{1}{2},-\frac{1}{2},-\frac{1}{2},\frac{1}{2}\right)^{\mathrm{T}}$.

3. (1) 否.　(2) 是.　(3) 否.　(4) 是.

习题 4.4

1. (1) $\boldsymbol{U}=\begin{pmatrix}\frac{2}{3}&-\frac{2}{3}&\frac{1}{3}\\\frac{2}{3}&\frac{1}{3}&-\frac{2}{3}\\\frac{1}{3}&\frac{2}{3}&\frac{2}{3}\end{pmatrix},\boldsymbol{U}^{\mathrm{T}}\boldsymbol{AU}=\begin{pmatrix}-1&&\\&2&\\&&5\end{pmatrix}$.

(2) $\boldsymbol{U}=\begin{pmatrix}-\frac{1}{\sqrt{2}}&-\frac{1}{\sqrt{6}}&\frac{1}{\sqrt{3}}\\\frac{1}{\sqrt{2}}&-\frac{1}{\sqrt{6}}&\frac{1}{\sqrt{3}}\\0&\frac{2}{\sqrt{6}}&\frac{1}{\sqrt{3}}\end{pmatrix},\boldsymbol{U}^{\mathrm{T}}\boldsymbol{AU}=\begin{pmatrix}2&&\\&2&\\&&8\end{pmatrix}$.

(3) $U=\begin{pmatrix} \frac{1}{\sqrt{2}} & \frac{1}{\sqrt{6}} & -\frac{1}{\sqrt{12}} & \frac{1}{2} \\ \frac{1}{\sqrt{2}} & -\frac{1}{\sqrt{6}} & \frac{1}{\sqrt{12}} & -\frac{1}{2} \\ 0 & \frac{2}{\sqrt{6}} & \frac{1}{\sqrt{12}} & -\frac{1}{2} \\ 0 & 0 & \frac{3}{\sqrt{12}} & \frac{1}{2} \end{pmatrix}$, $U^{T}AU=\begin{pmatrix} 1 & & & \\ & 1 & & \\ & & 1 & \\ & & & -3 \end{pmatrix}$.

2. $A^{10}=\frac{1}{3}\begin{pmatrix} 2+5^{10} & -1+5^{10} & -1+5^{10} \\ -1+5^{10} & 2+5^{10} & -1+5^{10} \\ -1+5^{10} & -1+5^{10} & 2+5^{10} \end{pmatrix}$.

3. $k_1(1,1,0)^T+k_2(-1,0,1)^T$,其中 k_1,k_2 不全为0.

*__4.__ (1) $\xi_3=k(1,0,1)^T$ 其中 k 为任意非零常数. (2) $A=\frac{1}{6}\begin{pmatrix} 13 & -2 & 5 \\ -2 & 10 & 2 \\ 5 & 2 & 13 \end{pmatrix}$.

5. 略

复习题四

一、

1. × 　**2.** × 　**3.** √ 　**4.** × 　**5.** × 　**6.** √ 　**7.** × 　**8.** ×

二、

1. $\frac{1}{\lambda},\frac{2}{\lambda},\lambda^m$. 　**2.** $k=-2$ 或 1 　**3.** $\lambda=\pm1$. 　**4.** $x=3$ 　**5.** 16. 　**6.** 1或2 　**7.** $a=1$.

8. 7、3

三、

1. C 　**2.** C 　**3.** C 　**4.** D 　**5.** C 　**6.** B 　**7.** C 　**8.** A

四、

1. (1) $U=\begin{pmatrix} -\frac{1}{\sqrt{2}} & \frac{1}{\sqrt{2}} & 0 \\ 0 & 0 & 1 \\ \frac{1}{\sqrt{2}} & \frac{1}{\sqrt{2}} & 0 \end{pmatrix}$, $U^{-1}AU=\begin{pmatrix} 0 & & \\ & 2 & \\ & & 2 \end{pmatrix}$. (2) $A^{10}=\begin{pmatrix} 2^9 & 0 & 2^9 \\ 0 & 2^{10} & 0 \\ 2^9 & 0 & 2^9 \end{pmatrix}$.

2. A 可相似对角化.

3. (1) $\lambda=-1,a=-3,b=0$. (2) A 不能与对角矩阵相似.

*__4.__ $P=\begin{pmatrix} -1 & 1 & 1 \\ 1 & 0 & -2 \\ 0 & 1 & 3 \end{pmatrix}$,满足 $P^{-1}AP=\Lambda$.

五、略.

第5章

习题5.1

1. (1) $A=\begin{pmatrix} 1 & -3 & 2 \\ -3 & 3 & -1 \\ 2 & -1 & 1 \end{pmatrix}$. (2) $A=\begin{pmatrix} 2 & 5 & 6 \\ 5 & 4 & -3 \\ 6 & -3 & 1 \end{pmatrix}$. (3) $A=\begin{pmatrix} 1 & -1 & 0 & 2 \\ -1 & 5 & 4 & 0 \\ 0 & 4 & 6 & 3 \\ 2 & 0 & 3 & 1 \end{pmatrix}$.

2. (1) $f(x_1,x_2,x_3)=x_2^2+3x_3^2-2x_1x_2+8x_1x_3+4x_2x_3$.

(2) $f(x_1,x_2,x_3,x_4)=x_1^2+3x_2^2-x_3^2-3x_4^2+4x_1x_2+6x_1x_3+8x_1x_4+8x_2x_3-2x_2x_4-4x_3x_4$

3. $r=3$.

习题 5.2

1. (1) 标准形为$-y_1^2+2y_2^2+5y_3^2$,可逆的线性变换 $\boldsymbol{X}=\begin{pmatrix} \frac{2}{3} & -\frac{1}{3} & -\frac{2}{3} \\ -\frac{1}{3} & \frac{2}{3} & -\frac{2}{3} \\ \frac{2}{3} & \frac{2}{3} & \frac{1}{3} \end{pmatrix}Y$.

(2) 标准形为 $2y_1^2-y_2^2-y_3^2$,正交变换 $\boldsymbol{X}=\begin{pmatrix} \frac{1}{\sqrt{3}} & -\frac{1}{\sqrt{2}} & -\frac{1}{\sqrt{6}} \\ \frac{1}{\sqrt{3}} & \frac{1}{\sqrt{2}} & -\frac{1}{\sqrt{6}} \\ \frac{1}{\sqrt{3}} & 0 & \frac{2}{\sqrt{6}} \end{pmatrix}Y$.

2. (1) 标准形为 $y_1^2+y_2^2-124y_3^2$,可逆的线性变换$\begin{cases} x_1=y_1+2y_2+25y_3 \\ x_2=y_2+11y_3 \\ x_3=y_3 \end{cases}$.

(2) 标准形为 $2z_1^2-2z_2^2$,非可逆的线性变换$\begin{cases} x_1=z_1+z_2 \\ x_2=z_1-z_2-2z_3 \\ x_3=z_3 \end{cases}$.

习题 5.3

1. (1) $p=1,q=1,r=2$. (2) $p=2,q=0,r=2$. (3) $p=2,q=1,r=3$.

2. $a=-2$.

习题 5.4

1. (1) 正定. (2) 负定. (3) 正定.

2. (1) $-1<k<2$. (2) $k>2$.

3. 略 4. 略

复习题五

一、

1. × **2.** × **3.** √ **4.** × **5.** √ **6.** √ **7.** √ **8.** √

二、

1. $f(x_1,x_2)=(x,y,z)\begin{pmatrix} 2 & -2 & 1 \\ -2 & 3 & 0 \\ 1 & 0 & 0 \end{pmatrix}\begin{pmatrix} x \\ y \\ z \end{pmatrix}$ **2.** -1 **3.** $A=\begin{pmatrix} a & 0 & 2 \\ 0 & 0 & 2 \\ 2 & 2 & a \end{pmatrix}$ **4.** $-2<\lambda<1$

5. $f=y_1^2+y_2^2-y_3^2$ **6.** 负定

三、

1. C **2.** C **3.** B **4.** B **5.** D **6.** C **7.** A **8.** D

四、

1. 标准形为 $y_1^2+y_2^2-6y_3^2$,可逆的线性变换$\begin{cases} x_1=y_1-2y_2-5y_3 \\ x_2=y_2+2y_3 \\ x_3=y_3 \end{cases}$,$r=3,p=2,q=1$,符号差为 1.

2. $t>5$.

五、略.

第6章

习题6.1

1. (1) $\{(A,B),(A,C),(A,D),(B,A),(B,C),(B,D),(C,A),(C,B),(C,D),(D,A),(D,B),(D,C)\}$;
(2) $\{k \mid 3\leqslant k\leqslant 18, k\in\mathbf{N}\}$;　(3) $\{k \mid 0\leqslant k\leqslant n, k\in\mathbf{N}\}$;　(4) $\{k \mid k\geqslant 0, k\in\mathbf{N}\}$;
(5) $\{(x,y) \mid x^2+y^2\leqslant 1, x,y\in\mathbf{R}\}$;　(6) $\{x \mid x\geqslant 0, x\in\mathbf{R}\}$.

习题6.2

1. (1) $\{1,2,\dots,10\}$;　(2) $\varnothing$;　(3) $\{2,4\}$;　(4) $\{1,3,5,6,7,8,9,10\}$;　(5) $\{5,7,9\}$;
(6) $\{6,8,10\}$;　(7) $\{6,8,10\}$.

2. (1) $A_1\overline{A}_2$;　(2) $A_1A_2A_3$;　(3) $A_1A_2\overline{A}_3$;　(4) $A_1\cup A_2\cup A_3$;
(5) $A_1A_2\overline{A}_3\cup A_1\overline{A}_2A_3\cup\overline{A}_1A_2A_3$;　(6) $A_1A_2\cup A_1A_3\cup A_2A_3$;　(7) $\overline{A}_1\overline{A}_2\cup\overline{A}_1\overline{A}_3\cup\overline{A}_2\overline{A}_3$;
(8) $\overline{A}_1\cup\overline{A}_2$.

习题6.3

1. (1) $\dfrac{C_3^2C_9^3}{C_{12}^5}$;　(2) $1-\dfrac{C_9^5}{C_{12}^5}$;　(3) $\dfrac{C_9^5+C_3^1C_9^4}{C_{12}^5}$.

2. (1) $\dfrac{C_8^2}{C_{10}^2}$;　(2) $\dfrac{C_2^2}{C_{10}^2}$;　(3) $\dfrac{C_8^1C_2^1}{C_{10}^2}$;　(4) 0.2.

3. (1) $\dfrac{C_{13}^2}{C_{52}^2}$;　(2) $\dfrac{C_{13}^1C_{39}^1}{C_{52}^2}$.

4. 0.4,0.1.

5. $\dfrac{\pi}{4}$.

6. 0.625.

7. 0.4.

习题6.4

1. $\dfrac{1}{3}$.

2. 0.4,0.1.

3. (1) $\dfrac{19}{49}$;　(2) $\dfrac{30}{49}$;　(3) $\dfrac{38}{245}$;　(4) $\dfrac{2}{5}$.

4. (1) 0.0345;　(2) 0.3623;0.4058;0.2319.

5. $\dfrac{5}{6}$.

6. $\dfrac{1}{3}$.

习题6.5

1. 0.5125.

2. 0.44.

3. 略.

4. 0.104.

5. $2p^3-p^5$; $p+2p^2-2p^3-p^4+p^5$.

复习题六

1. 0.25.

2. $\frac{1}{3}$.

3. 0.5.

4. 0.6.

5. (1) $\frac{3!}{5^3}$； (2) $\frac{C_5^3 \cdot 3!}{5^3}$； (3) $\frac{4C_3^2}{5^3}$.

6. 0.1206.

7. 0.18.

8. $\frac{3}{8}$.

9. (1) 0.143； (2) 0.3147.

10. (1) $\frac{2}{5}$； (2) $\frac{690}{1421}$.

11. (1) $\frac{5}{9}$； (2) $\frac{16}{63}$； (3) $\frac{16}{35}$.

12. (1) 0.948； (2) 0.8438.

13. (1) $\frac{29}{90}$； (2) $\frac{20}{61}$.

14. $\frac{3}{5}$.

15. $\frac{2}{3}$.

16. (1) $\frac{3}{10}$； (2) $\frac{1}{5}$;$\frac{3}{10}$;$\frac{3}{20}$； (3) $\frac{17}{125}$； (4) $\frac{24}{125}$； (5) $\frac{2}{125}$.

17. (1) 0.94^n； (2) $C_n^2 \cdot 0.94^{n-2} \cdot 0.06^2$； (3) $1-C_n^1 \cdot 0.94^{n-1} \cdot 0.06-0.94^n$.

18. (1) 0.438； (2) 0.5616.

19. (1) 0.0106； (2) 0.9985.

第7章

习题 7.1

1. 不.

2. (1) 不； (2) 可以； (3) $a+b=1$.

习题 7.2

1. (1) 能； (2) 不能； (3) 不能.

2. $\frac{3}{31}$;$\frac{7}{31}$.

3. 图略;0.5.

4.

X	-1	1	3
P	0.4	0.4	0.2

5.

X	0	1	2	3
P	$\frac{1}{6}$	$\frac{1}{6}$	$\frac{2}{6}$	$\frac{2}{6}$

6.

X	3	4	5
P	$\frac{1}{10}$	$\frac{3}{10}$	$\frac{6}{10}$

7. $X \sim B(5,0.5)$.

8. $\frac{1}{64}$.

9. (1) $\ln 2$；(2) $\frac{1}{2}-\frac{1}{2}\ln 2$.

习题 7.3

1. (1) 1；　(2) $\frac{5}{8}$.

2. (1) e^{-2}；　(2) $\begin{cases} e^{-x}, x \geqslant 0 \\ 0, x<0 \end{cases}$.

3. 3.

4. 0.0808, 0.9282.

5. (1) 0.9929；　(2) 0.9332；　(3) 0.9544；　(4) 0.5228；　(5) 0.0062.

6. (1) 0.8051；　(2) 0.55；　(3) 0.6678；　(4) 0.3721.

7. 228.57.

复习题七

1.

X	1	2	3
P	$\frac{6}{10}$	$\frac{3}{10}$	$\frac{1}{10}$

$$\begin{cases} 0, x<3 \\ 0.4, 3 \leqslant x<4 \\ 1, x \geqslant 4 \end{cases}.$$

2.

X	1	2	…	n	…
P	p	$p(1-p)$	…	$p(1-p)^{n-1}$	…

3. $\frac{5}{9}$；$\frac{304}{729}$.

4. $X \sim B(3,0.4)$.

5. $\frac{2}{3}e^{-2}$.

6. $Y \sim B(3,0.25)$.

7. $\frac{20}{27}$.

8. $\begin{cases} 0, x<-1 \\ \frac{1}{8}, x \leqslant -1 \\ \frac{5x+7}{16}, -1<x<1 \\ 1, x \geqslant 1 \end{cases}$.

9. (1) 至少 0.0169； (2) 0.0087.

10. e^{-8}.

11. $Y \sim B(5, e^{-2})$.

12. (1) 1, −1； (2) $1-e^{-2}$； (3) $\begin{cases} 2e^{-2x}, x \geqslant 0, \\ 0, x < 0. \end{cases}$

13. 0, 1, −1, 1.

14. (1) 3； (2) $e^{-0.3}$； (3) $1-e^{-3}$.

15. $\frac{\pi}{2}, \frac{\sqrt{3}}{2}$.

参考文献

[1] 陈治中. 线性代数. 2版. 北京:科学出版社,2009.
[2] 赵树嫄. 线性代数. 4版. 北京:中国人民大学出版社,2013.
[3] 居余马,等. 线性代数. 2版. 北京:清华大学出版社,2002.
[4] 苏德矿,裘哲勇. 线性代数. 北京:高等教育出版社,2005.
[5] 柴惠文,宗云南. 线性代数. 北京:高等教育出版社,2011.
[6] 蔡光兴,李逢高. 线性代数. 4版. 北京:科学出版社,2016.
[7] (美)*StevenJ. Leon*. 线性代数. 9版. 北京:机械工业出版社,2017.
[8] 同济大学应用数学系. 线性代数. 4版. 北京:高等教育出版社,2003.
[9] 张顺燕. 数学的思想、方法和应用. 北京:北京大学出版社,2009.
[10] 陈建龙,周建华,等. 线性代数. 北京:科学出版社,2008.
[11] 吴赣昌. 线性代数. 2版. 北京:中国人民大学出版社,2012.
[12] 陈维新. 线性代数简明教程. 北京:科学出版社,2008.
[13] 刘剑平,等. 线性代数及其应用. 2版. 上海:华东理工大学出版社,2008.
[14] 上海交通大学数学系. 线性代数. 北京:科学出版社,2012.
[15] 卢刚,冯翠莲. 线性代数. 3版. 北京:北京大学出版社,2009.
[16] 陈水林. 线性代数同步练习册. 武汉:长江出版社,2013.
[17] 盛骤,谢式千,潘承毅. 概率论与数理统计. 北京:高等教育出版社,2014.
[18] 杨荣,郑文瑞. 概率论与数理统计. 北京:清华大学出版社,2013.
[19] 同济大学数学系. 概率统计简明教程. 北京:高等教育出版社,2011.
[20] 柴惠文,姚永芳,邓燕. 线性代数. 上海:华东理工大学出版社,2014.